Hermann Nienhaus
Physik für das Lehramt
De Gruyter Studium

Weitere empfehlenswerte Titel

Physik für das Lehramt. Band 1: Mechanik und Wärmelehre
Hermann Nienhaus, 2017
ISBN 978-3-11-046912-7, e-ISBN (PDF) 978-3-11-046913-4,
e-ISBN (EPUB) 978-3-11-046917-2

Physik für das Lehramt. Band 2: Elektrodynamik und Optik
Hermann Nienhaus, 2018
ISBN 978-3-11-046908-0, e-ISBN (PDF) 978-3-11-046909-7,
e-ISBN (EPUB) 978-3-11-046923-3

Physik für das Lehramt. Band 4: Kondensierte Materie
Hermann Nienhaus, 2023
ISBN 978-3-11-046914-1, e-ISBN (PDF) 978-3-11-046915-8,
e-ISBN (EPUB) 978-3-11-046914-1

Experimentalphysik. Band 5: Quanten, Atome, Kerne, Teilchen
Wolfgang Pfeiler, 2021
ISBN 978-3-11-067564-1, e-ISBN (PDF) 978-3-11-067572-6,
e-ISBN (EPUB) 978-3-11-067584-9

Quantentheorie
Gernot Münster, 2020
ISBN 978-3-11-047995-9, e-ISBN (PDF) 978-3-11-047996-6,
e-ISBN (EPUB) 978-3-11-048000-9

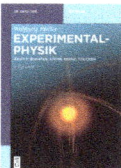

Hermann Nienhaus

Physik für das Lehramt

Band 3: Atom-, Kern- und Quantenphysik

DE GRUYTER

Autor
Prof. Dr. Hermann Nienhaus
Universität Duisburg-Essen
Fakultät für Physik
Lotharstr. 1
47057 Duisburg
Germany
hermann.nienhaus@uni-due.de

ISBN 978-3-11-046890-8
e-ISBN (PDF) 978-3-11-046897-7
e-ISBN (EPUB) 978-3-11-046918-9

Library of Congress Control Number: 2022938933

Bibliografische Information der Deutschen Nationalbibliothek
Die Deutsche Nationalbibliothek verzeichnet diese Publikation in der Deutschen
Nationalbibliografie; detaillierte bibliografische Daten sind im Internet über
http://dnb.dnb.de abrufbar.

© 2022 Walter de Gruyter GmbH, Berlin/Boston
Coverabbildung: Foto Frontcover: Jun Ye, Joint Institute for Laboratory Astrophysics (JILA), Boulder,
USA; Foto Backcover: Rolf Möller, Universität Duisburg-Essen
Satz: VTeX UAB, Lithuania
Druck und Bindung: CPI books GmbH, Leck

www.degruyter.com

Vorwort

Angehende Physiklehrer und -lehrerinnen im Sekundarbereich benötigen eine eigenständige Ausbildung im Fach Physik, die die besonderen Herausforderungen des Lehrers als Brückenbauer zwischen Fachwelt und Alltag der Schüler berücksichtigt. Die auf vier Bände angelegte Reihe *Physik für das Lehramt* richtet sich gezielt an Studierende für das Lehramt, indem der moderne physikalische Kanon anschaulich und mit vielen Bezügen zu Effekten und Anwendungen aus der Erfahrungswelt behandelt wird. Die unumgängliche mathematische Beschreibung der Gesetzmäßigkeiten wird auf das notwendige Maß zurückgenommen und gelegentlich nur skizzenhaft diskutiert. Die Reihe entwickelte sich aus dem viersemestrigen Kurs der Experimentalphysik für das Lehramt an der Universität Duisburg-Essen, an der seit vielen Jahren eine auf das Lehramt zugeschnittene Fachausbildung stattfindet.

Die Themen dieses Buches umfassen Teile der modernen Physik, die sich zu Beginn des 20. Jahrhunderts etablierte, als die Naturwissenschaften begannen, die mikroskopische und atomare Welt zu erforschen. Zur modernen Physik gehört die Quantenmechanik, die die klassische Physik ablöste bzw. als Grenzfall enthält. Sie kann die Phänomene und experimentellen Beobachtungen widerspruchsfrei erklären. Ebenso sind Atom-, Kern- und Teilchenphysik nur quantenmechanisch zu verstehen. Auf der anderen Seite ist dieser Themenbereich von so großer Relevanz für unser Alltagsleben, dass er auch im Kanon des fortgeschrittenen Schulunterrichts behandelt werden sollte. Eine Besonderheit der Quantenphysik ist ihre scheinbare Unvereinbarkeit mit unserer sinnlichen Erfahrung oder gar unserer Alltagslogik. Daher sind einfache Beschreibungen der quantenphysikalischen Welt schwierig, ja manchmal falsch.

Dieses Buch versucht die schwierige Aufgabe zu lösen, die Physik des Mikroskopischen ohne komplizierten mathematischen Formalismus, aber dennoch möglichst in der Essenz korrekt darzustellen. Dazu wird zunächst die neue Physik historisch motiviert. Es werden die Experimente diskutiert, bei denen die klassische Beschreibung versagt und die die tiefe Krise der Physik zum Ende des 19. Jahrhunderts auslösten. Aus den Beobachtungen wird schnell klar, in welche Richtung eine neue wellenmechanische Physik des Kleinen gehen muss. Die Kapitel über den Welle-Teilchen-Dualismus und die Konzepte der Quantenmechanik stellen die Entwicklung des neuen physikalischen Weltbilds dar. Dabei sind die betrachteten Modelle möglichst einfach und eindimensional gehalten und sollen doch den inhaltlichen Kern der Quantenwelt widerspiegeln.

Die elektronische Struktur des Wasserstoffatoms wird bis in die Feinstruktur hinein genau besprochen, um das Periodensystem der Elemente und wichtige atomphysikalische Anwendungen wie den Laser oder die Atomuhr zu verstehen. Bei der komplexen Kernphysik beschränkt sich die Darstellung auf anschauliche Modelle und insbesondere auf die Instabilität und Umwandlung der Kerne und deren Relevanz für den Strahlenschutz. Die tiefere Struktur der Physik im Kosmos der Elementarteilchen und der Grundkräfte wird phänomenologisch vorgestellt und die Verbindung zur

https://doi.org/10.1515/9783110468977-201

Kosmologie aufgezeigt. Die Themen dieses Buches bieten eine besondere Chance, das Interesse und die Neugier von Schülerinnen und Schülern an der Physik durch Faszination zu wecken. Es ist jene Faszination für eine Physik, die auch heute noch durch immer genauere Messungen und Beobachtungen tief in unbekannte Welten voller Rätsel vorstößt. Dort gibt es noch vieles zu entdecken.

Bei aller Sorgfalt lassen sich Fehler vor allem in einer Erstauflage nicht vollständig vermeiden. Ich bin für jeden Korrekturvorschlag und für konstruktive Kritik dankbar. Diese können Sie gerne an mich persönlich per Email unter *hermann.nienhaus@uni-due.de* richten.

Danksagungen

Dieses Buch wäre ohne die umfassende Hilfe anderer nicht in dieser Form entstanden. Besonders herzlich bedanke ich mich bei Frau Dr. Anne-Kristin Pusch (Universität Duisburg-Essen) für die aufmerksame Durchsicht des Manuskripts. Herrn Christoph Höfges (Vorlesungssammlung Campus Essen) danke ich für die Unterstützung bei der Erstellung der Fotografien. Herrn Prof. Dr. Jun Ye (JILA, USA), Herrn Prof. Dr. Rolf Möller (Universität Duisburg-Essen), Herrn Prof. Dr. Michael Block (Universität Mainz) und Herrn Reiner Keller (Universität Ulm) danke ich für die freundliche Überlassung herausragender Abbildungen und Fotografien. Für die geduldige Betreuung bei der Abfassung des Manuskripts in schwierigen Zeiten danke ich Frau Dr. Vivien Schubert (DeGruyter-Verlag Berlin). Für die kompetente Unterstützung gilt mein Dank auch der Physikalisch Technischen Bundesanstalt.

Duisburg, im Juli 2022   Hermann Nienhaus

Inhalt

1 Einführung

1.1 Das Atom als philosophische Hypothese

Das Wort *Atom* leitet sich vom griechischen Wort *á-tomos* ab, das wörtlich mit ‚unzerschneidbar' oder im übertragenen Sinne mit ‚unteilbar' übersetzt werden kann. Es steht für die kleinsten Bestandteile der Materie, die – wie man damals glaubte – nicht weiter zerlegt werden können. Der Ursprung des Gedankens liegt in der griechischen Antike, in der es noch keine Naturwissenschaft im modernen Sinne gab. Die Wahrnehmungen und die Naturerscheinungen wurden innerhalb einer umfassenden Philosophie erklärt und gedeutet. Der Atomismus in der griechischen Antike geht auf den Vorsokratiker **Leukipp** (5. Jh. v. Chr.) und dessen Schüler **Demokrit** (460–370 v. Chr.) zurück. Letzterer prägte den Atombegriff und arbeitete das Konzept weiter aus. In der Kunst wird Demokrit oft als lachender Philosoph dargestellt, so in dem Gemälde von Peter Paul Rubens in Abb. 1.1. Seine Lehre zielte auf eine heitere Stimmung der Seele.

Abb. 1.1: Demokrit als lachender Philosoph von Peter Paul Rubens (um 1600). Bayerische Staatsgemäldesammlungen – Alte Pinakothek München.

Demokrits Atomlehre ist ein genialer Gedanke, welcher die sich stetig wandelnde Welt des Vergehens und Entstehens mit der Vorstellung eines konstanten unwandelbaren Kerns des Stofflichen in Einklang bringt. Die gedanklichen Atome des Demokrit sind stofflich gleich, aber unterscheiden sich in Form und Gestalt. Alle Materie setzt sich aus Atomen zusammen. Sie kann je nach Verbindung verschiedene Ausprägungen haben, z. B. als Wasser, Feststoff oder als Feuer, das nach antiker Auffassung ebenfalls stofflich ist.

https://doi.org/10.1515/9783110468977-001

Neben den unveränderlichen Atomen brachte die Lehre von Leukipp und Demokrit einen weiteren innovativen Begriff hervor, den des *Vakuums*. Ein oft zitierter Satz sagt: *Der gebräuchlichen Redeweise nach gibt es Farbe, Süßes, Bitteres, in Wahrheit aber nur Atome und Leeres* [1.1]. Die Vorstellung des Stofflichen hat kurioserweise große Ähnlichkeit mit der modernen kinetischen Gastheorie, denn auch Demokrit geht auf eine durch Druck und Stöße beeinflusste Bewegung der Atome im leeren Raum aus. Es sollte noch weit über 2 000 Jahre dauern, bis der Gedanke in der Physik wiederentdeckt wurde.

Nicht nur in Griechenland, sondern auch in der Naturphilosophie der Upanishaden (vermutlich 800–500 v. Chr.) in Indien findet sich die Vorstellung unteilbarer Atome, die die Materie zusammensetzen. In Lukrez' *Naturgedicht* um 50 v. Chr. wird die antike Vorstellung von den Atomen noch einmal ausführlich dargestellt [1.2]. Danach verliert sich der Gedanke in der Philosophie und führt bis in die Neuzeit ein Schattendasein.

1.2 Entstehung der Quantenmechanik

In den folgenden Kapiteln dieses Bandes wird die Wiederentdeckung des Atombegriffs zunächst durch die Chemie und später durch die aufkommende moderne Physik im 19. Jahrhundert aufgezeigt. Das Atom entwickelt sich von einer schlichten Hypothese zum Gegenstand der Forschung. In raffinierten experimentellen Anordnungen entschlüsselte man die innere Struktur der Atome. Es stellte sich heraus, dass sich Atome nach ihren chemischen Eigenschaften ordnen lassen und dass sie alles andere als unteilbar sind. Sie setzen sich aus noch kleineren Bestandteilen, Protonen, Neutronen und Elektronen zusammen. Demokrits Atomvorstellung wird in der modernen Naturwissenschaft dennoch insofern perfektioniert, als der Aufbau der Materie jetzt durch klare Gesetze und Regeln erklärt und verständlich wird.

Die Ergebnisse der frühen Experimente standen aber mit der damals etablierten Physik der klassischen Mechanik und Elektrodynamik im Widerspruch. Zum Anfang des 20. Jahrhunderts gab es eine Vielzahl faszinierender Beobachtungen, die aber infolge ihrer Unerklärbarkeit die Physik in eine tiefe Krise führten.

Die Relativitätstheorie Albert Einsteins (1879–1955) konnte die Widersprüche aufheben, die durch die Konstanz der Lichtgeschwindigkeit und den Fall der Ätherhypothese erwuchsen. In den 1920er Jahren entstand schließlich, vor allem durch geniale Ideen junger Physiker, ein völlig neues Fundament der Physik, die Quantenmechanik bzw. Quantenphysik. Sie wird in diesem Band noch weitreichend besprochen werden. Wir werden sehen, dass sie oft mit unserer alltäglichen Anschauung und Sprache nicht harmoniert und daher ein dauerhafter Keim der Interpretation und der philosophischen Diskussion ist.

Die Quantenmechanik wurde von vielen herausragenden Wissenschaftlern und Wissenschaftlerinnen entwickelt und in Experimenten verifiziert. Besonders förder-

Abb. 1.2: Foto der Teilnehmer an der Solvay-Konferenz von 1927. 1 – Irving Langmuir, 2 – Max Planck, 3 – Marie Curie, 4 – Hendrik Antoon Lorentz, 5 – Albert Einstein, 6 – Paul Langevin, 7 – Charles-Eugéne Guye, 8 – Charles Thomson Rees Wilson, 9 – Owen Willans Richardson, 10 – Peter Debye, 11 – Martin Knudsen, 12 – William Lawrence Bragg, 13 – Hendrik Anthony Kramers, 14 – Paul Dirac, 15 – Arthur Holly Compton, 16 – Louis-Victor de Broglie, 17 – Max Born, 18 – Niels Bohr, 19 – Auguste Piccard, 20 – Émile Henriot, 21 – Paul Ehrenfest, 22 – Édouard Herzen, 23 – Théophile de Donder, 24 – Erwin Schrödinger, 25 – Jules-Émile Verschaffelt, 26 – Wolfgang Pauli, 27 – Werner Heisenberg, 28 – Ralph Howard Fowler, 29 – Léon Brillouin. Fotografie von Benjamin Couprie, Institut International de Physique Solvay, Brüssel, Belgien.

lich war seinerzeit eine Serie von Arbeitskonferenzen, die auf Initiative des Physikers und Chemikers Walther Nernst und mit Hilfe des belgischen Großindustriellen und Mäzenaten Ernest Solvay ab 1911 in Brüssel stattfand. Auf diesen **Solvay-Konferenzen** wurden die offenen Fragen und Probleme der Physik von den bedeutendsten Physikern und Physikerinnen ihrer Zeit verhandelt. So manchem Konferenzteilnehmer werden wir namentlich in den folgenden Kapiteln wieder begegnen. Die Abb. 1.2 zeigt die Teilnehmer an der Solvay-Konferenz des Jahres 1927, die Elektronen und Photonen sowie die neu formulierte Quantenmechanik zum Thema hatte. Mehr als die Hälfte der dargestellten Personen sind Nobelpreisträger. Explizit seien die wichtigen jungen Physiker im Alter unter 35 Jahren erwähnt. Das sind Werner Heisenberg (1901–1976), Paul Dirac (1902–1984), Wolfgang Pauli (1900–1958), Louis-Victor Pierre Raymond de Broglie (1892–1987) und Arthur Holly Compton (1892–1962).

1.3 Tabellen

In der Tabelle 1.1 sind die numerischen Werte der für die Bände 1–3 dieser Reihe wichtigen Natur- und Fundamentalkonstanten mit Unsicherheiten angegeben. Es sind die korrigierten Werte nach der Neudefinition der physikalischen Einheiten (2019) aufgelistet. Viele Naturkonstanten haben darin keine Messunsicherheit mehr, weil sie exakt festgelegt sind.

Tab. 1.1: Natur- und Fundamentalkonstanten, die in den Bänden 1–3 der Buchreihe verwendet werden. Die Werte gelten nach der Festlegung und Neudefinition der physikalischen Größen von 2019.

Name	Zeichen	Wert	Einheit
Allgemeine Gaskonstante	R	$8{,}314\,462\,618\ldots$	$\mathrm{J\,mol^{-1}\,K^{-1}}$
Avogadro-Konstante	N_A	$6{,}022\,140\,76 \cdot 10^{23}$	$\mathrm{mol^{-1}}$
Atomare Masseneinheit	u; amu	$1{,}660\,539\,066\,60(50) \cdot 10^{-27}$	kg
Bohr-Magneton	μ_B	$927{,}401\,007\,83(28) \cdot 10^{-26}$	$\mathrm{J\,T^{-1}}$
Bohr-Radius	a_B	$5{,}291\,772\,109\,03(80) \cdot 10^{-11}$	m
Boltzmann-Konstante	k_B	$1{,}380\,649 \cdot 10^{-23}$	$\mathrm{J\,K^{-1}}$
Dielektrische Feldkonstante	ϵ_0	$8{,}854\,187\,812\,8(13) \cdot 10^{-12}$	$\mathrm{A\,s\,V^{-1}\,m^{-1}}$
Elektronenmasse	m_e	$9{,}109\,383\,701\,5(28) \cdot 10^{-31}$	kg
Elementarladung	e_0	$1{,}602\,176\,634 \cdot 10^{-19}$	C
Faraday-Konstante	F	$96\,485{,}332\,12\ldots$	$\mathrm{C\,mol^{-1}}$
Feinstrukturkonstante	α	$7{,}297\,352\,569\,3(11) \cdot 10^{-3}$	
g-Faktor des Elektrons	g	$2{,}002\,319\,304\,362\,56(35)$	
Gravitationskonstante	G	$6{,}674\,30(15) \cdot 10^{-11}$	$\mathrm{m^3\,kg^{-1}\,s^{-2}}$
Magnetische Feldkonstante	μ_0	$1{,}256\,637\,062\,12(19) \cdot 10^{-6}$	$\mathrm{V\,s\,A^{-1}\,m^{-1}}$
Neutronenmasse	m_n	$1{,}674\,927\,498\,04(95) \cdot 10^{-27}$	kg
Plancksches Wirkungsquantum	h	$6{,}626\,070\,15 \cdot 10^{-34}$	Js
Reduzierte Planck-Konstante	$\hbar = h/(2\pi)$	$1{,}054\,571\,817\ldots \cdot 10^{-34}$	Js
Rydberg-Konstante	$R_\infty = Ry$	$13{,}605\,693\,119\,3(26)$	eV
Protonenmasse	m_p	$1{,}672\,621\,923\,69(51) \cdot 10^{-27}$	kg
Vakuumlichtgeschwindigkeit	c_0	$299\,792\,458$	$\mathrm{m\,s^{-1}}$

In den Tabellen 1.2 sind abgeleitete physikalische Größen und deren Einheiten aufgelistet, wie sie in den drei ersten Bänden der Buchreihe vorkommen. Die Tabellen 1.3 und 1.4 geben das griechische Alphabet bzw. Vorsätze zur Vergrößerung und Verkleinerung der Einheiten wieder.

Tab. 1.2: Übersicht über abgeleitete physikalische Größen und deren Einheiten aus den drei ersten Bänden der Reihe.

Name	Zeichen	Einheiten
Abbildungsmaßstab	M_T	
Absorptionskoeffizient	α	m^{-1}
Aktivität	A	$Bq = s^{-1}$
Äquivalentdosis	H	$J\,kg^{-1} = Sv$
Arbeit	W	$J = N\,m = kg\,m^2\,s^{-2}$
Atommassenzahl	A	
Austrittsarbeit	Φ	J
Bahndrehimpuls-Quantenzahl	ℓ	
Beschleunigung	$\vec{a}$	$m\,s^{-2}$
Beweglichkeit	μ	$m^2\,V^{-1}\,s^{-1}$
Bildhöhe	B	m
Bildweite	b	m
Blindwiderstand	X	Ω
Brechkraft	D^*	$dpt = m^{-1}$
Brechungsindex	n	
Brennweite	f	m
Brewster-Winkel	α_B	
Coulomb-Kraft	$\vec{F}_C$	$N = kg\,m\,s^{-2}$
Deutliche Sehweite	s_0	m
Dichte/Massendichte	ρ	$kg\,m^{-3}$
Dielektrische Funktion	$\epsilon(\omega)$	
Dielektrische Suszeptibilität	χ_e	
Dielektrische Verschiebung	$\vec{D}$	$C\,m^{-2}$
Drehimpuls	$\vec{L}$	$kg\,m^2\,s^{-1}$
Drehmoment	$\vec{M}$	$N\,m$
Driftgeschwindigkeit	$\vec{v}_D$	$m\,s^{-1}$
Druck	p	$Pa = N\,m^{-2}$
Effektive Spannung	U_{eff}	$V = J\,C^{-1}$
Effektive Stromstärke	I_{eff}	$A = C\,s^{-1}$
Elektrische Feldenergiedichte	w_{el}	$J\,m^{-3}$
Elektrische Feldstärke	$\vec{E}$	$N\,C^{-1} = V\,m^{-1}$
Elektrische Leitfähigkeit	σ	$\Omega^{-1}\,m^{-1}$
Elektrische Stromstärke	I	$A = C\,s^{-1}$
Elektrischer Fluss	Φ_{el}	$V\,m$
Elektrisches Dipolmoment	$\vec{p}_{el}$	$C\,m$
Elektrisches Potenzial	φ_e, φ_{el}	$J\,C^{-1}$
Elektromagnetische Feldenergiedichte	$w_{e\text{-}m}$	$J\,m^{-3}$
Elektronegativität	χ	
Energie	E	$J = N\,m = kg\,m^2\,s^{-2}$
Energiedichte	w	$J\,m^{-3}$
Energiedosis	D	$J\,kg^{-1} = Gy$
Entropie	S	$J\,K^{-1}$
Erdbeschleunigung	$\vec{g}$	$m\,s^{-2}$

Tab. 1.2 (Fortsetzung)

Name	Zeichen	Einheiten
Extinktionskoeffizient	κ	
Federkonstante	D	$N\,m^{-1} = kg\,s^{-2}$
Fläche	A	m^2
Flächenladungsdichte	σ_{el}	$C\,m^{-2}$
Flächenstoßrate	ν_S	$m^{-2}\,s^{-1}$
Frequenz	f	$Hz = s^{-1}$
g-Faktor	g	
Gegenstandshöhe	G	m
Gegenstandsweite	g	m
Gesamtdrehimpuls	$\vec{J} = \vec{L} + \vec{S}$	$kg\,m^2\,s^{-1}$
Geschwindigkeit	$\vec{v}$	$m\,s^{-1}$
Gewichtskraft	$\vec{F}_g$	$N = kg\,m\,s^{-2}$
Gitterfaktor	$|G|^2$	
Gleitreibungskoeffizient	μ_G	
Gravitationskraft	$\vec{F}_G$	$N = kg\,m\,s^{-2}$
Gravitationspotenzial	φ_G	$J\,kg^{-1}$
Grenzwinkel	β_G	
Gruppengeschwindigkeit	$\vec{v}_G$	$m\,s^{-1}$
Güte	Q	
Gyromagnetisches Verhältnis	γ	$C\,kg^{-1}$
Haftreibungskoeffizient	μ_H	
Halbwertszeit	$t_{1/2}$	s
Hall-Konstante	R_H	$m^3\,C^{-1}$
Hauptquantenzahl	n	
Impedanz	$|Z|$	$\Omega = V\,A^{-1}$
Impuls	$\vec{p}$	$kg\,m\,s^{-1}$
Induktionsspannung	U_{ind}	V
Induktivität	L	$H = V\,s\,A^{-1} = \Omega\,s$
Innere Energie	U	$J = N\,m = kg\,m^2\,s^{-2}$
Intensität	I	$W\,m^{-2}$
Kapazität	C	$C\,V^{-1} = F$
Kernladungszahl	Z	
Kernspin	$\vec{I}$	$kg\,m^2\,s^{-1}$
Kinetische Energie	E_{kin}	$J = N\,m = kg\,m^2\,s^{-2}$
Komplexer Brechungsindex	$\tilde{n}$	
Komplexer Wechselstromwiderstand	Z	Ω
Kraft	$\vec{F}$	$N = kg\,m\,s^{-2}$
Kreisradiusvektor	$\vec{R}$	m
Ladung	q, Q	C
Ladungsdichte	ρ_q	$C\,m^{-3}$
Ladungsträgerdichte	n_q	m^{-3}
Leistung	P	$W = J/s = kg\,m^2\,s^{-3}$
Linearer Ausdehnungskoeffizient	α	K^{-1}
Lorentz-Kraft	$\vec{F}_L$	$N = kg\,m\,s^{-2}$
Luftwiderstandsbeiwert	c_w	

Tab. 1.2 (Fortsetzung)

Name	Zeichen	Einheiten
Mach-Zahl	M	
Magnetische Feldenergiedichte	w_{mag}	$J\,m^{-3}$
Magnetische Feldstärke	$\vec{B}$	$T = V\,s\,m^{-2} = kg\,A^{-1}\,s^{-2}$
Magnetische Suszeptibilität	χ_m	
Magnetische Quantenzahl	m	
Magnetischer Fluss	Φ_{mag}	$T\,m^2$
Magnetisches Dipolmoment	$\vec{p}_{mag}$	$A\,m^2$
Magnetisierung	$\vec{M}$	$A\,m^{-1}$
Masse	m, M	kg
Massendefekt	ΔM	kg
Mittlere freie Weglänge	Λ	m
Neutronenzahl	N	
Numerische Apertur	NA	
Pegel	Q	$B = 10\,dB$
Periodendauer, Umlaufzeit	T	s
Polarisation	$\vec{P}$	$C\,m^{-2}$
Potenzielle Energie	E_{pot}	$J = N\,m = kg\,m^2\,s^{-2}$
Poynting-Vektor	$\vec{S}$	$W\,m^{-2}$
Quadrupolmonent	Q_{xy}	$C\,m^2$
Relaxationszeit	τ	s
Raumwinkel	Ω	sr
Relative DK/Permittivität	ϵ_r	
Relative Permeabilität	μ_r	
Reduzierte Masse	μ	kg
Reflexionsvermögen	R	
Rotationsenergie, Zentrifugalpotenzial	E_{rot}	$J = N\,m = kg\,m^2\,s^{-2}$
Solarkonstante	E_0	$W\,m^{-2}$
Spannung	U	$V = J\,C^{-1}$
Spin	$\vec{S}$	$kg\,m^2\,s^{-1}$
Spezifische Wärme	c	$J\,K^{-1}\,kg^{-1}$
Spezifischer Widerstand	ρ_{el}	$\Omega\,m$
Stopping Power	$-dE/dx$	$J\,m^{-1}$
Strahlungsdruck	p_S	Pa
Stromdichte	$\vec{j}$	$A\,m^{-2}$
Strukturfaktor	$|F|^2$	
Temperatur	T	K
Trägheitsmoment	I	$kg\,m^2$
Transmissionsvermögen	T	
Vektorpotenzial	$\vec{A}_M, \vec{A}$	$V\,s\,m^{-1}$
Viskosität (dynamisch)	η	$kg\,m^{-1}\,s^{-1}$
Volumen	V	m^3
Volumenausdehnungskoeffizient	γ	K^{-1}
Wärme, Wärmemenge	Q	$J = N\,m = kg\,m^2\,s^{-2}$
Wärmekapazität	C	$J\,K^{-1}$
Weg, Länge, Strecke, Ortsvektor	$\vec{r}, x, s, d, \ell \dots$	m

Tab. 1.2 (Fortsetzung)

Name	Zeichen	Einheiten
Wellenlänge	λ	m
Wellenvektor, Wellenzahl	$\vec{k}, k$	m^{-1}
Wellenfunktion	$\psi, \phi \ldots$	$m^{-3/2}$
Widerstand	R	$\Omega = V\,A^{-1}$
Winkel	$\alpha, \beta, \varphi, \vartheta \ldots$	$^\circ$, rad $= (\pi/180^\circ)^\circ$
Winkelbeschleunigung	$\vec{\alpha}$	s^{-2}
Winkelgeschwindigkeit, Kreisfrequenz	$\vec{\omega}, \omega$	s^{-1}
Wirkungsgrad	η	
Wirkungsquerschnitt	σ	m^2
Zentripetalbeschleunigung	$\vec{a}_z$	$m\,s^{-2}$
Zentrifugalkraft	$\vec{F}_{zf}$	$N = kg\,m\,s^{-2}$
Zentripetalkraft	$\vec{F}_z$	$N = kg\,m\,s^{-2}$
Zeit	t	s
Zyklotronfrequenz	ω_c	s^{-1}

Tab. 1.3: Griechisches Alphabet.

A, α	alpha	I, ι	iota	P, ρ	rho
B, β	beta	K, κ	kappa	Σ, σ	sigma
Γ, γ	gamma	Λ, λ	lambda	T, τ	tau
Δ, δ	delta	M, μ	mü	Y, υ	ypsilon
E, ϵ	epsilon	N, ν	nü	Φ, ϕ, φ	phi
Z, ζ	zeta	Ξ, ξ	xi	X, χ	chi
H, η	eta	O, o	omikron	Ψ, ψ	psi
$\Theta, \theta, \vartheta$	theta	Π, π	pi	Ω, ω	omega

Tab. 1.4: Vorsilben zur Vergrößerung und Verkleinerung von Einheiten.

Potenz	Name	Zeichen	Potenz	Name	Zeichen
10^{15}	Peta	P	10^{-1}	Dezi	d
10^{12}	Tera	T	10^{-2}	Zenti	c
10^{9}	Giga	G	10^{-3}	Milli	m
10^{6}	Mega	M	10^{-6}	Mikro	µ
10^{3}	Kilo	k	10^{-9}	Nano	n
10^{2}	Hekto	h	10^{-12}	Piko	p
10^{1}	Deka	da	10^{-15}	Femto	f

Quellenangaben

[1.1] Istvan Szabó, *Geschichte der mechanischen Prinzipien*, 2. Auflage (Birkhäuser, 1979) S. 71.

[1.2] Lukrez, Über die Natur der Dinge, Übersetzung aus dem Lateinischen von Hermann Diels, 4. Auflage (Holzinger, 2015).

2 Das Atom als wissenschaftliche Hypothese

Mit dem Erwachen der experimentellen Naturwissenschaft gegen Ende des 18. Jahrhunderts entwickelte sich der Atombegriff von einer schlichten, philosophischen Idee zu einer konzeptionellen Voraussetzung für neue Modellvorstellungen. In diesem Kapitel werden drei Beispiele von physikalisch-chemischen Modellen in Kürze behandelt, in denen das Atom im Zentrum steht, obwohl damals sein innerer Aufbau noch vollkommen unbekannt und sogar seine Existenz noch ungewiss waren. Der chemische Atomismus lieferte erste Regeln, wie aus elementaren Bausteinen Verbindungen entstehen. Die kinetische Gastheorie entwickelte sich zu einer umfangreichen statistischen Theorie, die die Wärmelehre revolutionierte und die Brownsche Bewegung erklären konnte.

2.1 Chemischer Atomismus

Das Atomkonzept entwickelte sich im späten 18. und frühen 19. Jahrhundert, als Forscher zu überlegen begannen, wie sich Stoffe aus elementaren, d. h. chemisch nicht weiter zerlegbaren Grundstoffen zusammensetzen. In der Regel wurden die leicht zugänglichen Massenanteile der Produkte gewogen. Der Begriff **Element** für einen Stoff, der mit chemischen Mitteln nicht weiter zerlegt werden kann, wurde bereits im chemischen Lehrbuch von Antoine Laurent de Lavoisier (1743–1794) ausführlich diskutiert.

Neben den neuen Experimenten konnte man zu dieser Zeit auch auf eine umfangreiche Sammlung von Phänomenen und Erfahrungen mit Reaktionen zurückgreifen, welche die bis dato verbreitete *Alchemie* hervorbrachte. Die Alchemisten suchten den Stein der Weisen, mit dem unedle Stoffe/Metalle in edlere wie Gold verwandelt werden sollten, was man als *Transmutation* bezeichnet. Wir werden in Kapitel 10 auf die Transmutation von Elementen mit kernphysikalischen Methoden nochmal zurückkommen. Weil es keine chemische Transmutation von Elementen gibt, scheiterte die Alchemie, jedoch brachten die fantasievollen Versuche ihrer Anhänger eine Fülle von chemischen Entdeckungen, darunter 1708 die des Porzellans durch Ehrenfried Walther von Tschirnhaus und Johann Friedrich Böttger oder 1664 die Entdeckung des weißen Phosphors durch Hennig Brand.

Einer der ersten Schritte zur modernen chemischen Betrachtung von Stoffen war die Formulierung des **Gesetzes der konstanten Proportionen**, auch *stöchiometrisches Grundgesetz* genannt, das um 1797 von Joseph Louis Proust (1754–1826) formuliert wurde. Es lautet in heutigen Worten:

> Die Massen der in einer chemischen Verbindung vorhandenen Elemente stehen in einem konstanten Verhältnis zueinander.

https://doi.org/10.1515/9783110468977-002

Der Satz berücksichtigt noch nicht die verschiedenen Isotope eines Elements (siehe Kapitel 3.1). Er postuliert aber, dass man Materie aus elementaren Stoffen durch feste Formeln ihrer Zusammensetzung eindeutig beschreiben kann. Damit war das Atom als Grundbaustein alles Stofflichen über eine Messung von Massen eingeführt.

Darauf aufbauend veröffentlichte der britische Chemiker John Dalton (1766–1844) im Jahr 1808 das bedeutende Werk *A new system of chemical philosophy* [2.1], in dem der Aufbau der Materie aus Atomen der Grundelemente systematisch und umfangreich beschrieben wurde. Das Wort *Philosophie* weist schon auf den hypothetischen Charakter des Atombilds hin. Daltons Atomhypothese war zu seiner Zeit sehr umstritten. John Dalton verallgemeinerte das stöchiometrische Grundgesetz zu dem **Gesetz der multiplen Proportionen**, das besagt:

> Die Massenverhältnisse zweier sich zu verschiedenen chemischen Verbindungen vereinigender Elemente stehen im Verhältnis einfacher ganzer Zahlen zueinander.

Beispielsweise können die Elementatome Wasserstoff (H) und Sauerstoff (O) die beiden Verbindungen Wasser (H_2O) und Wasserstoffperoxid (H_2O_2) bilden, in denen die Elemente die ganzzahligen Verhältnisse 2:1 und 1:1 bilden.

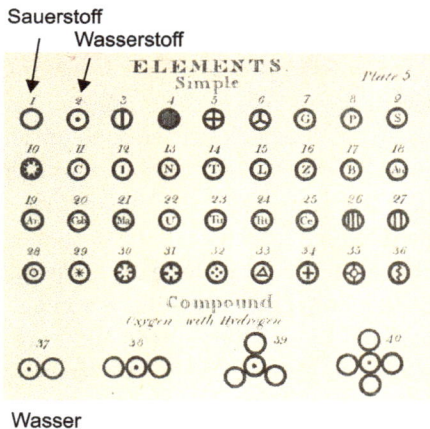

Abb. 2.1: Ausschnitt aus einer Tafel in Daltons Werk *A new system of chemical philosophy* aus dem Jahr 1808 [2.1]. Das Molekül Wasser wird nicht korrekt als Verbindung eines Sauerstoff- und eines Wasserstoffatoms beschrieben.

Die Abb. 2.1 ist Daltons Buch [2.1] entnommen und zeigt Elemente und deren Zusammensetzungen, die wir heute *Moleküle* nennen. Die Atome sind als Kugeln mit elementspezifischen Kennzeichen skizziert. Eigenschaften der Atome oder die Ursache der Bindung bleiben unbekannt und werden erst über 100 Jahre später durch die Quantenmechanik geklärt. Man erkennt, dass Dalton fälschlicherweise Wasser noch aus einem H- und einem O-Atom zusammensetzte. Die Atomhypothese brachte eine ganz neue Sichtweise auf die Materie mit sich und begründete die moderne Chemie.

Zu Daltons Zeiten waren ungefähr 20 Atommassen bekannt, die aber nur ungenau gemessen werden konnten. Die vom englischen Arzt William Prout (1785–1850) aufgestellte kühne Hypothese konnte deshalb nicht überprüft werden und wurde von Wissenschaftlern als abwegig verworfen. Sie sagt:

Die Atommasse eines jeden Elements ist ein Vielfaches der Masse des Wasserstoff-Atoms.

Sie ist aus heutiger Sicht aber geradezu prophetisch, weil die Proutsche Hypothese die Zusammensetzung des Atoms aus massiven, physikalisch elementaren Teilchen vorwegnimmt. Heute wissen wir, dass die Masse eines Atoms im Kern konzentriert ist, der aus Protonen und Neutronen besteht. Proton und Neutron haben ähnliche Massen. Der Wasserstoffatomkern besteht aber nur aus einem Proton (siehe Kapitel 3). William Prout lag mit seiner Vermutung also nicht falsch. Die richtige Deutung erfolgte jedoch erst mit dem Streuversuch von Rutherford 100 Jahre später.

2.2 Kinetische Gastheorie

In Kapitel 10.2 (Band 1) wird das ideale Gas als ein Ensemble aus unermesslich vielen mikroskopischen Gasteilchen diskutiert, die sich in einem Gefäß mit unterschiedlichen Geschwindigkeiten gleichförmig bewegen. Abbildung 2.2(a) veranschaulicht die Situation. Die roten Pfeile symbolisieren die Geschwindigkeitsvektoren. Das Attribut *ideal* bedeutet, dass
- die Teilchen keine eigene Ausdehnung aufweisen,
- keine Kräfte aufeinander ausüben und
- nur elastisch mit den Gefäßwänden unter Beachtung des Reflexionsgesetzes stoßen.

Die innere Energie U des Gases, das sich durch Wärmezufuhr bzw. -abfuhr oder durch Arbeit ändern kann, entspricht der Summe aller mechanischen, hier kinetischen, Energien der Teilchen. Durch elastische Stöße mit den Gefäßwänden wirkt eine Kraft pro Gefäßflächeneinheit, die wir als Druck p bezeichnen. Die Geschwindigkeitsverteilung der Teilchen haben wir im Kapitel 10 des ersten Bandes aus einem experimentellen Ergebnis als

$$f_{\mathrm{M}}(v) = \frac{4}{\sqrt{\pi}} \left(\frac{m}{2k_{\mathrm{B}}T} \right)^{\frac{3}{2}} v^2 \exp\left(-\frac{mv^2}{2k_{\mathrm{B}}T} \right) \tag{2.1}$$

hergeleitet. Die Verteilung $f_{\mathrm{M}}(v)$ mit der Temperatur T, der Masse m eines Teilchens und der Boltzmann-Konstante k_{B} wird als *Maxwell-Geschwindigkeitsverteilung* bezeichnet. Sie ist in Abb. 2.2(b) für Argon mit $m = 40$ u dargestellt. Die Wahrscheinlichkeit, dass der Betrag der Geschwindigkeit eines Teilchens in einem Intervall $[v, v + dv]$

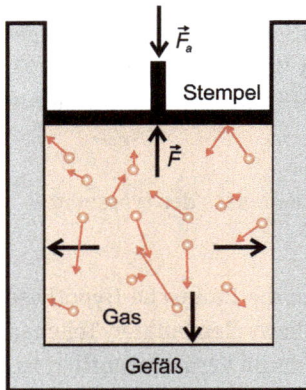

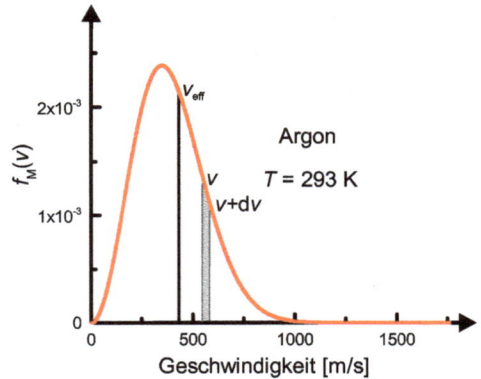

(a)   (b)

Abb. 2.2: (a) Modellvorstellung eines idealen Gases. Punktförmige Gasteilchen mit unterschiedlichen kinetischen Energien stoßen im thermischen Gleichgewicht elastisch mit den Gefäßwänden und erzeugen wegen der Impulserhaltung einen Druck auf die Flächen. (b) Geschwindigkeitsverteilung nach Maxwell für Argon bei Zimmertemperatur. Die graue Fläche unter der Kurve entspricht der Wahrscheinlichkeit, dass ein Teilchen eine Geschwindigkeit im Intervall $[v, v + dv]$ besitzt.

liegt, ist gleich der Fläche unter der Kurve in diesem Intervall, wie in Abb. 2.2(b) in Grau skizziert. In der theoretischen Ergänzung wird begründet, wie diese Verteilung auch aus Prinzipien der klassischen statistischen Physik herleitbar ist.

Mit dieser Verteilung lassen sich innere Energie und Druck durch eine kinetische Größe, der mittleren effektiven Geschwindigkeit

$$v_{\text{eff}} = \sqrt{\frac{3k_B T}{m}} \tag{2.2}$$

ausdrücken. Daraus folgt die kalorische Zustandsgleichung des idealen Gases mit N Teilchen

$$U = N\frac{mv_{\text{eff}}^2}{2} = N\frac{3k_B T}{2} \tag{2.3}$$

und das ideale Gasgesetz

$$pV = \frac{1}{3}Nmv_{\text{eff}}^2 = Nk_B T. \tag{2.4}$$

Die kinetische Gastheorie macht also von dem atomaren Aufbau der Materie explizit Gebrauch, gibt aber den Teilchen nur einige minimale, mechanische Eigenschaften, um das thermische Verhalten zu erklären. Das Modell lässt sich erweitern, indem man weitere mechanische Bewegungsformen beachtet. In mehratomigen Molekülen

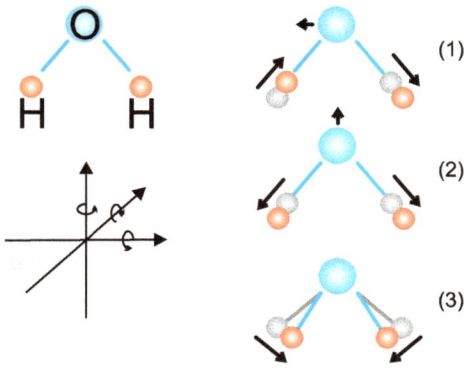

Abb. 2.3: Die drei Rotations- und die drei Schwingungsfreiheitsgrade des Wassermoleküls. (1) Antisymmetrische Streckschwingung, (2) symmetrische Streckschwingung, (3) Biegeschwingung.

kann Energie auch in inneren Freiheitsgraden, das sind die Schwingungs- und Rotationsfreiheitsgrade, enthalten sein, wie in Abb. 2.3 beispielhaft für das Wassermolekül dargestellt. Das Wassermolekül besitzt drei unabhängige Rotationsfreiheitsgrade für jede Raumrichtung und drei unabhängige Schwingungsfreiheitsgrade – die symmetrische Streckschwingung, die antisymmetrische Streckschwingung und die Biegeschwingung. Dieses macht sich z. B. in der Wärmekapazität des Gases bemerkbar, was uns in Band 4 dieser Reihe beschäftigen wird.

Bis zu (2.3) und (2.4) war es historisch ein weiter Weg, denn die Verbindung zwischen atomarer/molekularer Bewegung auf der einen und Wärme auf der anderen Seite unter der Voraussetzung der Atomhypothese stellte damals einen kühnen Gedanken dar. Daniel Bernoulli (1700–1782) war seiner Zeit weit voraus, als er 1738 die Bewegung von Gasteilchen mit dem Druck auf die Gefäßwände wie in (2.4) verband. Für ihn waren die Gasteilchen aber noch keine gleichen Moleküle oder Atome.

Erst der Erfolg der kinetischen Gastheorie innerhalb der sich im 19. Jahrhundert rapide entwickelnden statistischen Physik untermauerte auch die physikalische Bedeutung des Atoms, dessen innere Struktur es nun aufzuklären galt. Ein Pionier der kinetischen Gastheorie war John J. Waterston (1811–1883), dessen bahnbrechende Arbeit aus dem Jahr 1843 keine Würdigung erfuhr, weil er als Wissenschaftler vollkommen unbekannt war und damit als unbedeutend galt. Seine Arbeit wurde erst 50 Jahre später von Lord Rayleigh wiederentdeckt. Es gibt eine Reihe bedeutender Wissenschaftler, die die statistische Mechanik als Grundlage der Wärmelehre maßgeblich erschufen. Hier sei namentlich Rudolf Clausius (1822–1888) genannt, der (2.4) 1857 explizit niederschrieb.

Beispiel

Gleichung (2.4) bestätigt auch beiläufig die erst spät anerkannte Hypothese von Amedeo Avagadro (1776–1856) aus dem Jahr 1811, dass

bei gleicher Temperatur und gleichem Druck gleiche Volumina verschiedener Gase die gleiche Anzahl Moleküle/Atome enthalten.

Ein Mol eines idealen Gases füllt unter Normalbedingungen von $T = 273,15\,\mathrm{K}$ und $p = 101\,325\,\mathrm{Pa}$ ein Volumen von

$$V = \frac{N_A k_B T}{p} = \frac{6,022 \cdot 10^{23} \cdot 1,381 \cdot 10^{-23}\mathrm{J} \cdot 273,15\,\mathrm{K\,mol}}{\mathrm{K\,mol}\ 101\,325\,\mathrm{Pa}}$$

$$= 0,022\,42\,\mathrm{m}^3 = 22,42\,\mathrm{Liter}.$$

Es sei angemerkt, dass Avogadro als der Schöpfer des Begriffs *Molekül* gilt. Es bezeichnet ein Teilchen, das aus mehreren Atomen zusammengesetzt ist.

2.3 Brownsche Bewegung

An mikroskopischen Teilchen in viskosen Medien wie Flüssigkeiten oder Gasen wird beobachtet, dass diese sich unregelmäßig und zitternd bewegen, was als **Brownsche Bewegung** oder **Brownsche Molekularbewegung** bezeichnet wird. Erste mikroskopische Beobachtungen wurden von Jan Ingenhousz 1784 an Rußteilchen auf Alkoholoberflächen und von Robert Brown 1827 an Teilchen in Flüssigkeiten berichtet. Die richtige statistische Deutung gelingt aber erst Albert Einstein im Jahr 1905 und unabhängig von ihm Marian Smoluchowski (1872–1917) in bedeutenden Arbeiten über die *Diffusion* von Teilchen in Medien.

Die Brownsche Bewegung ist in Abb. 2.4 für ein Teilchen schematisch skizziert, wobei die Größenverhältnisse nicht real sind. Das mikroskopisch sichtbare Teilchen (blau) stösst mit den thermisch bewegten, unsichtbaren Atomen/Molekülen der Flüssigkeit bzw. des Gases. Ein elastischer, impulserhaltender Stoß eines Mediumteilchens (rot) mit dem großen Partikel ist in Abb. 2.4 beispielhaft eingezeichnet. Solche Stöße finden billionenfach in der Sekunde statt. Die Bewegung beruht also auf *Fluktuationen* im Medium, die auch im thermischen Gleichgewicht existieren, und lässt sich daher auch bei konstanter Temperatur und festem Druck beobachten. Der Weg des Partikels im Medium ist rein zufällig und beispielhaft eingetragen. Das Phänomen belegt daher die Existenz kleinster Teilchen, die in ihrer Bewegung statistisch verteilt Impuls auf das Partikel übertragen.

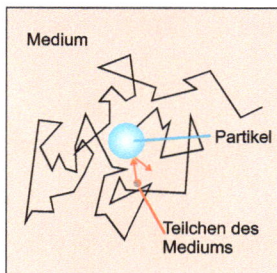

Abb. 2.4: Schematisch gezeichnete Zitterbewegung eines mikroskopisch beobachtbaren Partikels in einem viskosen Medium. Sie wird als Brownsche Bewegung bezeichnet.

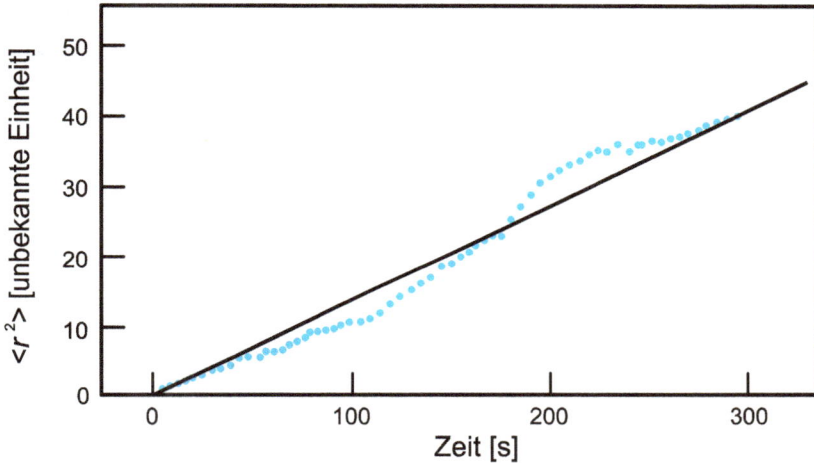

(a)

(b)

Abb. 2.5: (a) Bilder aus einer Videosequenz eines 2 μm großen Kunststoffkügelchens in Ethylengly-kol unter dem Mikroskop (nach [2.2]). (b) Mittleres Abstandsquadrat als Funktion der Beobachtungs-zeit. Die Linie verdeutlicht den proportionalen Zusammenhang aus der Theorie.

Abbildung 2.5(a) zeigt Einzelaufnahmen aus einer Videosequenz eines Schulexperi-ments [2.2]. Unter dem Mikroskop wird ein Kunststoffkügelchen mit einem Durchmes-ser von 2 μm in Ethylenglykol zeitlich beobachtet. Das mittlere Abstandsquadrat $\langle r^2 \rangle$ wird aus den vielen Einzelbildern des Videos berechnet. Sind zur Zeit t insgesamt N Bilder aufgenommen worden, gilt

$$\langle r^2 \rangle (t) = \frac{\sum_{j=1}^{N} r_j^2}{N},$$

(2.5)

mit r_j als Abstand des Teilchens vom Ursprung im j-ten Bild. In Abb. 2.5(b) ist das mittlere Abstandsquadrat als Funktion der Beobachtungszeit aufgetragen. Der von Einstein vorhergesagte proportionale Zusammenhang wird gut bestätigt. In dem dargestellten Fall wird die dreidimensionale Bewegung des Kügelchens auf die Be-trachterebene projiziert. Das statistische Modell, dessen Detail in [2.2] gut nachvoll-ziehbar ist, sagt den linearen Zusammenhang

$$\langle r^2 \rangle(t) = \frac{2k_B T}{3\pi\eta R} t \tag{2.6}$$

voraus. In der Gleichung bezeichnet R den Kugelradius und η die dynamische Viskosität des Mediums, wie wir sie schon bei der Stokesschen Reibung in Band 1 kennengelernt haben. Die Gleichung gilt nur für Zeiten, die erheblich länger sind als die Zeit zwischen zwei Stößen. Dieser Fall ist in der Praxis fast immer erfüllt, weil bei Normaldruck die Stöße der Atome/Moleküle im Abstand von ps erfolgen.

ⓘ Beispiel
Für den in Abb. 2.5(a) gezeigten Fall mit $R = 10^{-6}$ m soll der mittlere beobachtete Abstand vom Ursprung $\sqrt{\langle r^2 \rangle}$ nach einer Zeit von 300 s nach (2.6) berechnet werden. Ethylenglykol hat bei Zimmertemperatur $T = 293$ K eine Viskosität von ungefähr $2 \cdot 10^{-2}$ Pa s. Daraus folgt

$$\sqrt{\langle r^2 \rangle} = \sqrt{\frac{2 \cdot 1{,}38 \cdot 10^{-23}\text{J}\,293\,\text{K}\,300\,\text{s}}{3\pi \cdot 2 \cdot 10^{-2}\text{Pa s}\,10^{-6}\text{m K}}} = 3{,}6 \cdot 10^{-6}\text{ m},$$

also ungefähr dem drei- bis vierfachen Kugelradius.

In der Praxis geht man meist umgekehrt vor, weil aus den Beobachtungen der Bewegungsfluktuationen die Boltzmann-Konstante bestimmt werden kann. So lässt sich die Zitterbewegung auch an einem mechanischen Oszillator beobachten. Die Masse in einem Feder- oder Torsionspendel wird von Luftmolekülen getroffen und so in eine sehr kleine fluktuierende Bewegung gebracht. Tatsächlich kann eine solche thermische Bewegung auch im Vakuum, also ohne das viskose Medium festgestellt werden, weil sich die Atome im Versuchsaufbau des Oszillators auch statistisch bewegen. Nach der statistischen Mechanik gilt für die potenzielle Energie, die in der eindimensionalen Zitterbewegung des Oszillators enthalten ist,

$$\frac{1}{2}D\langle x^2 \rangle = \frac{1}{2}k_B T, \tag{2.7}$$

wobei die Auslenkung x hier sowohl für die lineare Bewegung der Masse im Federpendel, als auch für die Drehung der Masse im Torsionspendel steht. Auf der rechten Seite steht die thermische Energie für einen Bewegungsfreiheitsgrad. Gleichung (2.7) gilt erstaunlicherweise *unabhängig von der Masse*, jedoch wird bei schwereren Massen mehr Zeit benötigt, um einen verlässlichen Wert für das mittlere Auslenkungsquadrat $\langle x^2 \rangle$ zu erhalten.

Wegen der Winzigkeit der Boltzmann-Konstante sind extrem kleine Werte für $\sqrt{\langle x^2 \rangle}$ zu erwarten, z. B. bei Federpendeln im Sub-nm-Bereich. Im Experiment wird daher ein Torsionspendel wie in Abb. 2.6(a) mit Lichtzeiger eingesetzt, das aus einem feinen Torsionsfaden mit Spiegel besteht. Diesen Aufbau haben wird im Band 1 bereits für die Cavendish-Drehwaage besprochen. Durch Messung der Abweichung des Lichtstrahls, der durch Reflexion am Spiegel als Zeiger fungiert, kann die thermische Fluktuation des Systems sehr genau vermessen werden. In Abb. 2.6(b) sind die

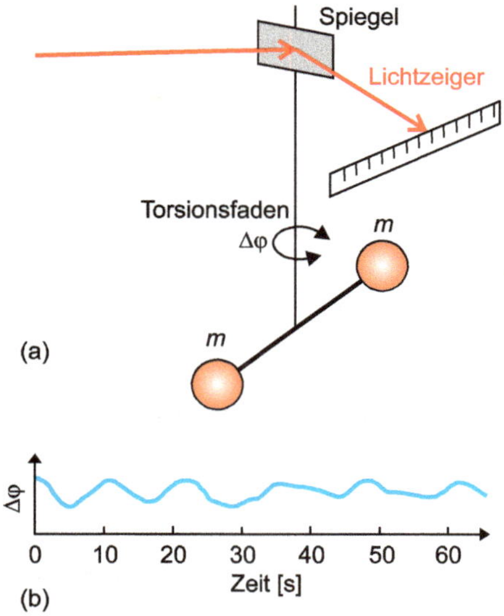

Abb. 2.6: (a) Schematische Zeichnung eines Torsionspendels mit Lichtzeiger zur Messung kleinster Auslenkungen. (b) Messung der Winkelfluktuation an einem Drehpendel als Nachweis der Brownschen Bewegung (nach [2.3]).

Fluktuationen eines Drehpendels mit einer Schwingungsdauer von ungefähr 15 s bei Zimmertemperatur und einem Luftdruck von 1 Pa dargestellt. Die Winkelfluktuation beträgt ungefähr eine Bogenminute. Dieses Experiment aus den 1930er Jahren diente der Bestimmung der Boltzmann- und der Avogadro-Konstante [2.3].

Theoretische Ergänzung: Boltzmann-Faktor

Ein physikalisches System mit vielen Teilchen hat in der Regel eine unbegrenzte Zahl von möglichen Zuständen verschiedener Energien, in denen sich die Teilchen befinden können. Im idealen Gas können die Teilchen jede positive kinetische Energie besitzen. Die Boltzmann-Statistik macht nun eine klare Vorhersage, wie sich die Teilchen auf die Energiezustände verteilen, wenn das System bei einer festen Temperatur T im thermischen Gleichgewicht ist. Die Wahrscheinlichkeit zur Besetzung eines Zustands mit Energie E ist dabei proportional zum *Boltzmann-Faktor*

$$f(E) \propto e^{-\frac{E}{k_B T}}. \qquad (2.8)$$

Im Exponenten steht die Energie in Einheiten der *thermischen Energie* $k_B T$. Auch in der Maxwell-Geschwindigkeitsverteilung findet sich der Boltzmann-Faktor in der Form $e^{-\frac{m v^2/2}{k_B T}}$ wieder. In den weiteren Kapiteln dieses Bandes wird uns der Boltzmann-Faktor immer wieder bei der Frage nach der Besetzungswahrscheinlichkeit von Zuständen begegnen.

Wir wollen eine leicht nachvollziehbare Begründung für (2.8) nach [2.4] vorstellen. Betrachten wir ein großes System mit N Teilchen, die nur zwei Energieniveaus zur Verfügung haben. Ein solches Zwei-Niveau-System ist ein Grundmodell in der Physik und schematisch in Abb. 2.7 dargestellt. Die Temperatur sei T, und es stellt sich die Frage, wie viele Teilchen im unteren Energiezustand (*Grundzustand*) und wie viele Teilchen im angeregten, energiereicheren Zustand sind. Die Frage ist gleichbedeutend mit der Frage nach der Wahrscheinlichkeit, dass ein Teilchen den angeregten Zustand besetzt.

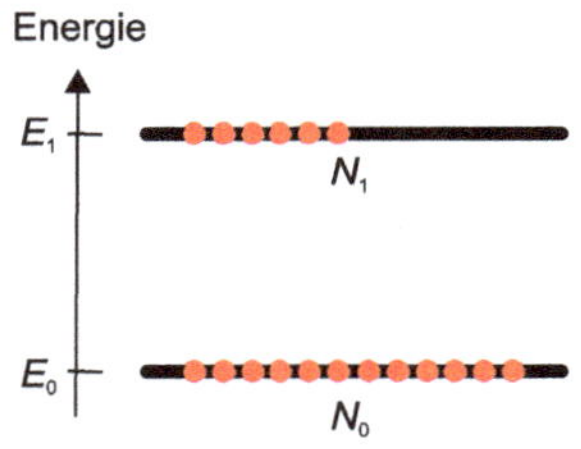

Energie

E_1 ———————————————

N_1

E_0 ———————————————

N_0

Abb. 2.7: Zwei-Niveau-System. Die roten Punkte sollen die Besetzung mit Teilchen symbolisieren.

Ausgangspunkt ist die Entropie des Systems, die sich aus der Anzahl der Mikrozustände/ Möglichkeiten bei einer festen Aufteilung der N Teilchen auf die beiden Unterzustände herleitet. Sind N_0 Teilchen im Grundzustand und $N_1 = N - N_0$ Teilchen im angeregten Zustand, gibt es stochastisch

$$\Omega = \frac{N(N - 1)(N - 2) \cdots 2 \cdot 1}{(N_0(N_0 - 1)(N_0 - 2) \cdots 1)(N_1(N_1 - 1)(N_1 - 2) \cdots 1)} = \frac{N!}{N_0! \cdot N_1!}$$

Möglichkeiten, die N Teilchen mit N_0 und N_1 auf die beiden Zustände zu verteilen. Die innere Energie des Systems ist dann

$$U = N_0 \cdot E_0 + N_1 \cdot E_1.$$

Die Entropie folgt entsprechend aus

$$S = k_B \ln \Omega \approx k_B (N \ln N - N_1 \ln N_1 - N_0 \ln N_0).$$

Dabei haben wir die Stirling-Formel $\ln N! \approx N \ln N - N$ für sehr große Teilchenzahlen eingesetzt. Die Terme ohne Logarithmus heben sich auf.

Fügen wir dem System Energie $\epsilon = E_1 - E_0$ hinzu, indem wir ein Teilchen vom Grundzustand in den angeregten Zustand heben, steigt die innere Energie um

$$\Delta U = E_1 - E_0 = \epsilon,$$

und die Entropie ändert sich unter der Bedingung, dass $N_1 \gg 1$ um

$$\Delta S = k_B \left[N_1 \ln N_1 + N_0 \ln N_0 - (N_1 + 1) \ln(N_1 + 1) - (N_0 - 1) \ln(N_0 - 1) \right] \approx -k_B \ln \left(\frac{N_1}{N_0} \right).$$

Aus der Wärmelehre kennen wir die physikalische Beziehung zwischen Entropie, innerer Energie und Temperatur für physikalische Systeme im thermischen Gleichgewicht,

$$\Delta U = T \cdot \Delta S.$$

Einsetzen der Größen ergibt

$$E_1 - E_0 = -k_B T \ln \left(\frac{N_1}{N_0} \right),$$

oder

$$\frac{N_1}{N_0} = e^{-\frac{E_1-E_0}{k_B T}} = \frac{e^{-E_1/(k_B T)}}{e^{-E_0/(k_B T)}},$$

was dem Verhältnis der Boltzmann-Faktoren entspricht.

Wir wenden den Boltzmann-Faktor auf freie Teilchen der Masse m an, die sich nur eindimensional, z. B. entlang der x-Achse bewegen können. Die Wahrscheinlichkeitsdichte ist proportional zum Boltzmann-Faktor. Die Wahrscheinlichkeit, dass ein Teilchen die Geschwindigkeit im Intervall $[v_x, v_x + dv_x]$ besitzt, ist gleich

$$f_x(v_x)\, dv_x = \text{const.}\, e^{-\frac{mv_x^2}{2k_B T}}\, dv_x. \tag{2.9}$$

Die Konstante folgt aus der Bedingung, dass das Integral der Wahrscheinlichkeitsdichte über die gesamte Geschwindigkeitsachse = 1 sein muss. Gleiches gilt im Übrigen für die beiden anderen Raumrichtungen. Betrachtet man nun den Betrag der Gesamtgeschwindigkeit $v = \sqrt{v_x^2 + v_y^2 + v_z^2}$, geht man von den kartesischen Geschwindigkeitskoordinaten mit dem differenziellen Volumen $dv_x dv_y dv_z$ zu Kugelkoordinaten mit dem differenziellen Volumen $v^2 \sin \vartheta\, dv\, d\vartheta\, d\varphi$ über. Über die Winkelanteile integriert man, was den Faktor 4π für den gesamten Raumwinkel ergibt. So folgt schließlich für die Wahrscheinlichkeitsdichte des Geschwindigkeitsbetrags die bekannte Maxwell-Verteilung,

$$f_M(v) \propto 4\pi v^2 \exp\left(-\frac{mv^2}{2k_B T}\right).$$

Quellenangaben

[2.1] John Dalton, *A new system of chemical philosophy, Part 1*, Manchester (Bickerstaff, London, 1808) S. 561.

[2.2] Dongdong Jia, Jonathan Hamilton, Lenu M. Zaman, and Anura Goonewardene, *The time, size, viscosity, and temperature dependence of the Brownian motion of polystyrene microspheres*, American Journal of Physics, Band 75 (2007) S. 111 ff.

[2.3] E. Kappler, *Über Geschwindigkeitsmessungen bei der Brownschen Bewegung einer Drehwaage*, Annalen der Physik, Band 31 (1938) S. 25 ff.

[2.4] Sean A. C. McDowell, *A Simple Derivation of the Boltzmann Distribution*, Journal of Chemical Education, Band 76 (1999) S. 1393.

Übungen

1. Bestimmen Sie den Wert der thermischen Energie $k_B T$ bei Zimmertemperatur und drücken Sie ihn in Elektronenvolt aus.

2. Wie groß ist der Boltzmann-Faktor für freie Argonatome ($m = 40$ u) bei Zimmertemperatur $T = 293$ K, die sich mit der effektiven Geschwindigkeit aus der Maxwell-Geschwindigkeitsverteilung bewegen?

3. Wie lautet die Konstante in der Wahrscheinlichkeitsdichte in (2.9)?

4. Ein Mol eines idealen Gases aus Argonatomen befinde sich im thermischen Gleichgewicht bei $T = 300$ K. Wie viele Atome besitzen eine kinetische Energie, die größer ist als 1 eV?
   Hinweis: Diese Aufgabe lässt sich analytisch nicht einfach lösen, aber sie kann durch numerische Integration (z. B. mit Wolfram-alpha) gelöst oder aber abgeschätzt werden.

3 Das Atom als physikalisches Objekt

Wie in Band 2 dieser Reihe dargestellt, liegt der Ursprung elektrischer Ladungen im Aufbau der Atome. Die ersten Experimente zum Atomaufbau zeigen klar, dass die Atome eine innere Struktur haben und aus elementareren Bausteinen zusammengesetzt sind.

3.1 Die moderne Anschauung vom Atom

Unsere Anschauung des Atombaus resultiert aus vielen experimentellen Erkenntnissen. Einige geläufige Tatsachen wollen wir zunächst zusammenstellen.

- *Atome sind elektrisch neutral*, weil sie gleich viele positive wie negative Ladungen enthalten. Träger der positiven (negativen) Elementarladungen sind die **Protonen (Elektronen)**. In neutralen Atomen existieren genauso viele Elektronen wie Protonen.
- Mit Ausnahme des Wasserstoffatoms sind in allen anderen Atomen neben Protonen und Elektronen auch elektrisch neutrale **Neutronen** vorhanden, die aber eine intrinsische Ladungsstruktur aufweisen, weil sie ein magnetisches Dipolmoment besitzen. Einige fundamentale Eigenschaften der elementaren Bausteine des Atoms sind in Tabelle 3.1 zusammengestellt. Protonen und Neutronen kann eine ungefähre Ausdehnung zugeschrieben werden, weil sie aus elementareren Teilchen aufgebaut sind. Das Elektron ist an sich schon elementar und besitzt keine innere Struktur oder Ausdehnung. Seine Masse ist über 1 800-mal kleiner als die des Protons oder Neutrons. Die Spinquantenzahl ist eine wichtige, intrinsische Eigenschaft des Teilchens, die einen inneren Drehimpuls angibt und die in Kapitel 6.2 genauer diskutiert wird.

Tab. 3.1: Grundbausteine der Atome. Die Zahlenwerte wurden auf drei Stellen hinter dem Komma gerundet.

Teilchen	Symbol	Masse [kg]	Ladung [e_0]
Elektron	e$^-$	$m_e = 9{,}109 \cdot 10^{-31}$	-1
Proton	p$^+$, p	$m_p = 1{,}673 \cdot 10^{-27}$	$+1$
Neutron	n	$m_n = 1{,}675 \cdot 10^{-27}$	0

Teilchen	Durchmesser [10^{-15} m] [3.1]	Spinquantenzahl	Magnetisches Moment [A m^2]
Elektron	0	1/2	$-928{,}476 \cdot 10^{-26}$
Proton	$\sim 1{,}68$	1/2	$+1{,}411 \cdot 10^{-26}$
Neutron	$\sim 1{,}72$	1/2	$-0{,}966 \cdot 10^{-26}$

https://doi.org/10.1515/9783110468977-003

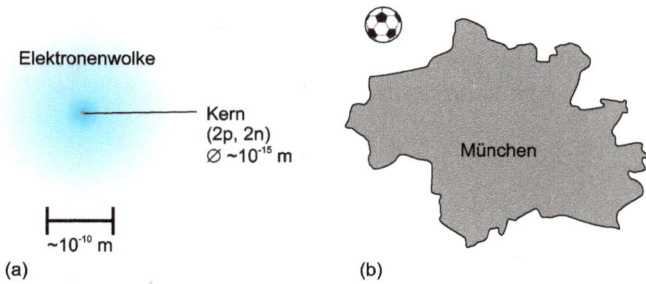

Abb. 3.1: (a) Schematischer Aufbau eines Heliumatoms mit zwei Protonen und zwei Neutronen im Kern und zwei Elektronen in der Elektronenwolke. Obwohl um fünf Größenordnungen kleiner als die Elektronenwolke, trägt der Kern nahezu die gesamte Masse des Atoms. (b) Veranschaulichung der Größenverhältnisse. Wäre der He-Kern so groß wie ein Fußball, wäre nahezu die gesamte Elektronenhülle innerhalb einer Kugel mit dem Durchmesser der Stadt München.

– Protonen und Neutronen bilden den **Atomkern**, der mehr als 99,95 % der Gesamtmasse trägt, aber eine 100 000-mal kleinere Ausdehnung als das Atom hat. In Abb. 3.1(a) ist schematisch ein Querschnitt durch ein Heliumatom (He) mit zwei Protonen, zwei Neutronen und zwei Elektronen gezeigt. Der Kerndurchmesser liegt im fm-Bereich ($\sim 10^{-15}$ m). Der Kern wird von einer leichten Elektronenhülle umgeben, deren Ausdehnung nicht exakt anzugeben ist, weil die Hülle nicht scharf eingegrenzt werden kann. Atomdurchmesser lassen sich rechnerisch angeben, wenn die Elektronenverteilung um den Kern bekannt ist. Sie sind erst dann sinnvoll messbar, wenn sie aus Abständen zwischen Atomen z. B. in Molekülen oder Festkörpern folgen. In Abb. 3.1(b) soll durch einen Größenvergleich der immense Unterschied zwischen den Ausdehnungen von Elektronenhülle und Atomkern veranschaulicht werden. Hätte der He-Kern die Größe eines Fußballs, wäre fast die gesamte Elektronenwolke innerhalb einer Kugel von 23 km im Durchmesser, was ungefähr der Ausdehnung der Stadt München entspricht.
– Die Gesamtmasse eines Atoms entspricht der Summe der Massen aller Protonen, Neutronen und Elektronen, reduziert um den kleinen Wert des sogenannten **Massendefekts** ΔM, der aus der Bindungsenergie der Kernteilchen folgt (siehe Kapitel 9). Die Atommasse m_A schreibt sich folglich als

$$m_A = Z \cdot m_p + Z \cdot m_e + N \cdot m_n - \Delta M, \qquad (3.1)$$

mit der **Kernladungszahl** Z, die die Zahl der Protonen im Kern bzw. der Elektronen in der Hülle beziffert, und mit der **Neutronenzahl** N im Kern. Die einheitenlose **Atommassenzahl** A ist die Maßzahl der Atommasse in atomaren Masseneinheiten,

$$A = \frac{m_A}{1u}. \qquad (3.2)$$

Das Wasserstoffatom (chemisches Zeichen: H) ist das denkbar einfachste Atom, weil es nur aus einem Proton im Kern und einem Elektron in der umgebenden Hülle besteht. Mit $m_\mathrm{H} = m_p + m_e$ kann (3.1) auch durch

$$m_\mathrm{A} = Z \cdot m_\mathrm{H} + N \cdot m_n - \Delta M \tag{3.3}$$

ausgedrückt werden.

– Die Stoffchemie betrachtet Materialien, die entweder aus Atomen einer Sorte bestehen (**Elemente**) oder sich aus Verbindungen verschiedener elementarer Atome zusammensetzen (Moleküle, Festkörper etc.). Weil chemische Bindungen zwischen Atomen durch die äußeren Elektronen gebildet werden, bestimmt die Elektronenhülle eines Atoms die chemischen Eigenschaften.

Atome mit der gleichen Kernladungszahl Z und folglich der gleichen Anzahl von Elektronen verhalten sich chemisch gleich.

Atome mit gleichem Z aber unterschiedlichen Neutronenzahlen gehören zum gleichen chemischen Element, unterscheiden sich aber in der Masse. Sie werden als **Isotope** eines Elements bezeichnet. Um Atome zu benennen, verwenden wir die Notation

$$_{Z}^{A}\mathrm{Symbol}_{N}, \quad \text{z. B.} \quad _{2}^{4}\mathrm{He}_{2},$$

wobei oft in verkürzter Schreibweise die Indizes Z und N weggelassen werden. Beispiele sind die beiden Heliumisotope ^{4}He mit zwei Neutronen im Kern und ^{3}He mit einem Neutron. Nur für Wasserstoff werden die drei Isotope mit verschiedenen Symbolen gekennzeichnet: Wasserstoff ^{1}H, Deuterium (schwerer Wasserstoff) ^{2}D, Tritium (superschwerer Wasserstoff) ^{3}T.

– Isotope eines chemischen Elements besitzen die gleiche Kernladungszahl. Man identifiziert Z daher mit einem chemischen Symbol des dazugehörigen Elements. Die Elemente ordnet man nach aufsteigendem Z im **Periodensystem**, wie es in Abb. 3.2 dargestellt ist. Die Kernladungszahl wird auch als **Ordnungszahl** bezeichnet.

Im Periodensystem der Elemente gibt es 18 Spalten, wobei die Spalten 1, 2, 13–18 **Hauptgruppen** und die Spalten 3–12 **Nebengruppen** (auch Übergangsmetalle) genannt werden. Es fügen sich ab den Ordnungszahlen $Z = 58$ und $Z = 90$ noch jeweils 14 weitere Elemente ein. Jene mit den kleineren Kernladungszahlen werden **Lanthanide** bzw. seltene Erden genannt. Die **Actinide** sind die 14 zusätzlichen Elemente mit hohem Z. Neben der Ordnungszahl und dem chemischen Namen und Zeichen ist die mittlere Atommasse angegeben, die die Isotopenverteilung in der Erdkruste widerspiegelt.

Die Hintergrundfarben in Abb. 3.2 repräsentieren die Stoffklassen unter Normalbedingungen, wobei Grün für ein Gas, Blau für ein Metall, Magenta für ein Nicht-

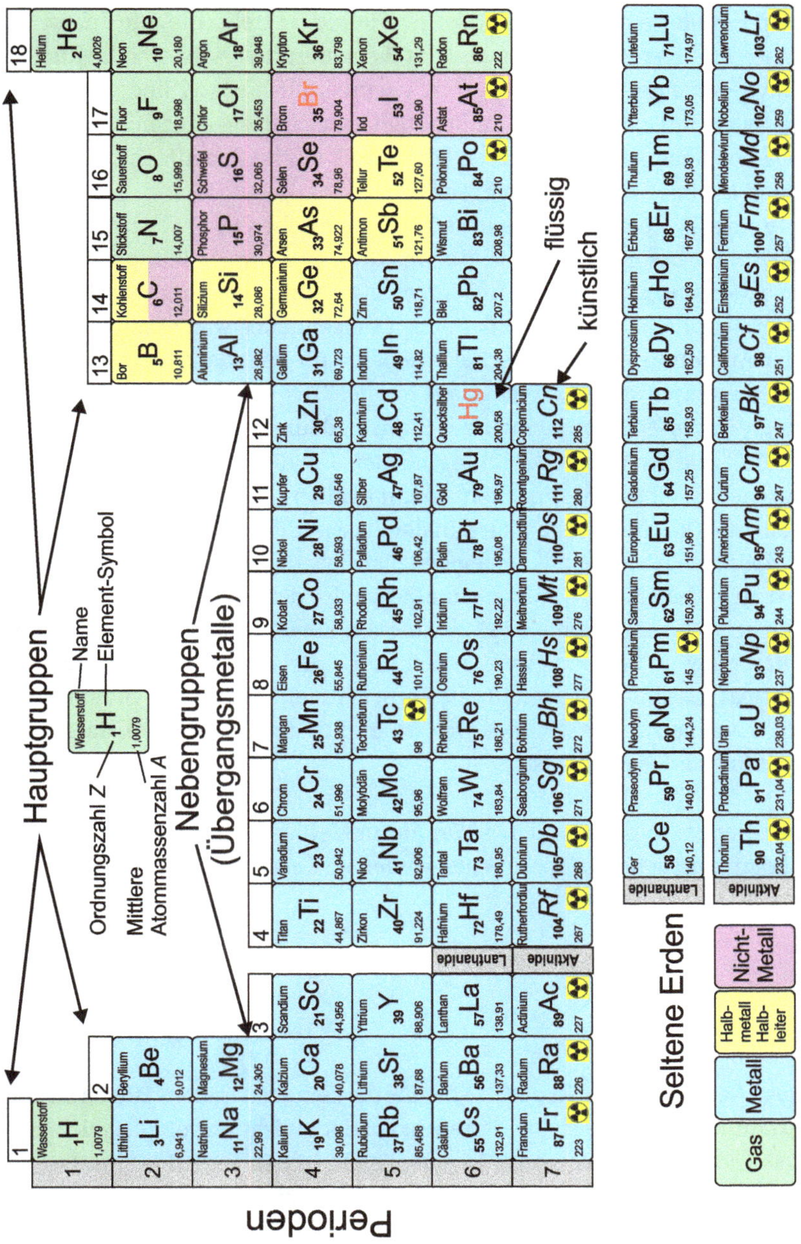

Hauptgruppen

Ordnungszahl Z — Name
Mittlere Atommassenzahl A — Element-Symbol

Wasserstoff ₁H 1,0079

Nebengruppen (Übergangsmetalle)

Perioden

Gruppe	1	2	3	4	5	6	7	8	9	10	11	12	13	14	15	16	17	18
1	H 1 1,0079																	He 2 4,0026
2	Li 3 6,941	Be 4 9,012											B 5 10,811	C 6 12,011	N 7 14,007	O 8 15,999	F 9 18,998	Ne 10 20,180
3	Na 11 22,99	Mg 12 24,305											Al 13 26,982	Si 14 28,086	P 15 30,974	S 16 32,065	Cl 17 35,453	Ar 18 39,948
4	K 19 39,098	Ca 20 40,078	Sc 21 44,956	Ti 22 44,867	V 23 50,942	Cr 24 51,996	Mn 25 54,938	Fe 26 55,845	Co 27 58,933	Ni 28 58,693	Cu 29 63,546	Zn 30 65,38	Ga 31 69,723	Ge 32 72,64	As 33 74,922	Se 34 78,96	Br 35 79,904	Kr 36 83,798
5	Rb 37 85,468	Sr 38 87,68	Y 39 88,906	Zr 40 91,224	Nb 41 92,906	Mo 42 95,96	Tc 43 98	Ru 44 101,07	Rh 45 102,91	Pd 46 106,42	Ag 47 107,87	Cd 48 112,41	In 49 114,82	Sn 50 118,71	Sb 51 121,76	Te 52 127,60	I 53 126,90	Xe 54 131,29
6	Cs 55 132,91	Ba 56 137,33	La 57 138,91	Hf 72 178,49	Ta 73 180,95	W 74 183,84	Re 75 186,21	Os 76 190,23	Ir 77 192,22	Pt 78 195,08	Au 79 196,97	Hg 80 200,58	Tl 81 204,38	Pb 82 207,2	Bi 83 208,98	Po 84 210	At 85 210	Rn 86 222
7	Fr 87 223	Ra 88 226	Ac 89 227	Rf 104 267	Db 105 268	Sg 106 271	Bh 107 272	Hs 108 277	Mt 109 276	Ds 110 281	Rg 111 280	Cn 112 285						

flüssig
künstlich

Lanthanide:
Ce 58 140,12 | Pr 59 140,91 | Nd 60 144,24 | Pm 61 145 | Sm 62 150,36 | Eu 63 151,96 | Gd 64 157,25 | Tb 65 158,93 | Dy 66 162,50 | Ho 67 164,93 | Er 68 167,26 | Tm 69 168,93 | Yb 70 173,05 | Lu 71 174,97

Actinide:
Th 90 232,04 | Pa 91 231,04 | U 92 238,03 | Np 93 237 | Pu 94 244 | Am 95 243 | Cm 96 247 | Bk 97 247 | Cf 98 251 | Es 99 252 | Fm 100 257 | Md 101 258 | No 102 259 | Lr 103 262

Seltene Erden

Gas | Metall | Halbmetall Halbleiter | Nicht-Metall

Abb. 3.2: Periodensystem der Elemente. Neben Namen, Zeichen und Ordnungszahl ist die mittlere Atommasse angegeben. Hintergrundfarben: Grün: Gas, Blau: Metall, Gelb: Halbmetall/Halbleiter, Magenta: Nichtmetall. Rote Schriftfarbe: Flüssigkeiten unter Normalbedingungen. Kursive Schrift: Künstlich erzeugte Elemente. Radioaktivitätszeichen: instabile Elemente.

metall und Gelb für ein Halbmetall oder ein Halbleiter steht. Die rote Schrift bedeutet einen flüssigen Aggregatzustand des Elements unter Normalbedingungen. Radioaktive Elemente, deren Isotope durch Kernzerfälle instabil sind, werden im Periodensystem mit einem gelben Radioaktivitätszeichen gekennzeichnet. Kursiv geschriebene Elemente wurden durch kernphysikalische Experimente künstlich erzeugt und kommen natürlich nicht vor.

Innerhalb einer Hauptgruppe ähneln sich die chemischen Eigenschaften der Elemente. Das wird besonders klar bei den reaktiven Alkalimetallen, plus Wasserstoff, der ersten Hauptgruppe und bei den nichtreaktiven Edelgasen der 18. Gruppe. Warum sich chemische Eigenschaften mit steigendem Z wiederholen und was hinter der Anordnung der chemischen Elemente im Periodensystem steckt, erklärt die Quantenphysik der Atome (siehe Kapitel 7).

– Wir werden in diesem Band genau auf Sinn, Bedeutung und Aussehen der in Abb. 3.1(a) skizzierten Elektronenhülle eingehen. Um die Eigenschaften eines mikroskopischen Teilchens zu verstehen, bedarf es einer neuen Anschauung, deren Fundament die Quantenmechanik ist. In der klassischen Mechanik geht man davon aus, dass eine Messung das System möglichst wenig beeinflusst und eine wesenhafte Eigenschaft misst, die auch ohne Messung existiert. Im Bild der Quantenmechanik beeinflusst dagegen jede Messung das Ergebnis. Ja, die zu messenden Eigenschaften eines Teilchens werden erst durch die Messung augenscheinlich und festgelegt. Das gilt z. B. auch für die Form der Elektronenhülle. In Abb. 3.1(a) ist sie kugelsymmetrisch gezeichnet, weil wir intuitiv davon ausgehen, dass keine Raumrichtung ausgezeichnet ist.

Es war ein schwieriger und gewundener Weg zur modernen Atomvorstellung. Einige der ersten und grundlegenden Experimente werden im Folgenden beschrieben.

3.2 Elektrische Ladungen im Atom

3.2.1 Gasentladungen

In Band 2 dieser Reihe wurde im Kapitel 3.5 bereits die Leitung des elektrischen Stroms durch ein verdünntes Gas vorgestellt. Sie beruht auf der Ionisation von Gasteilchen in positive Ionen und negative Elektronen in einem elektrischen Feld. Zur Entschlüsselung der inneren Struktur der Atome spielen daher Entladungsexperimente in Gasen in der zweiten Hälfte des 19. Jahrhunderts eine wichtige Rolle. Als Pionier dieser Arbeiten sei Johann Wilhelm Hittorf (1824–1914) erwähnt, der ab 1860 an der Universität Münster mit einfachsten Mitteln das beobachtete Glimmlicht spektroskopierte und die Ladungsträger untersuchte.

Die Phänomene lassen sich besonders gut in einer einfachen Gasentladungsröhre studieren, die in Abb. 3.3(a) als Fotografie eines Schulmodells und im schematischen

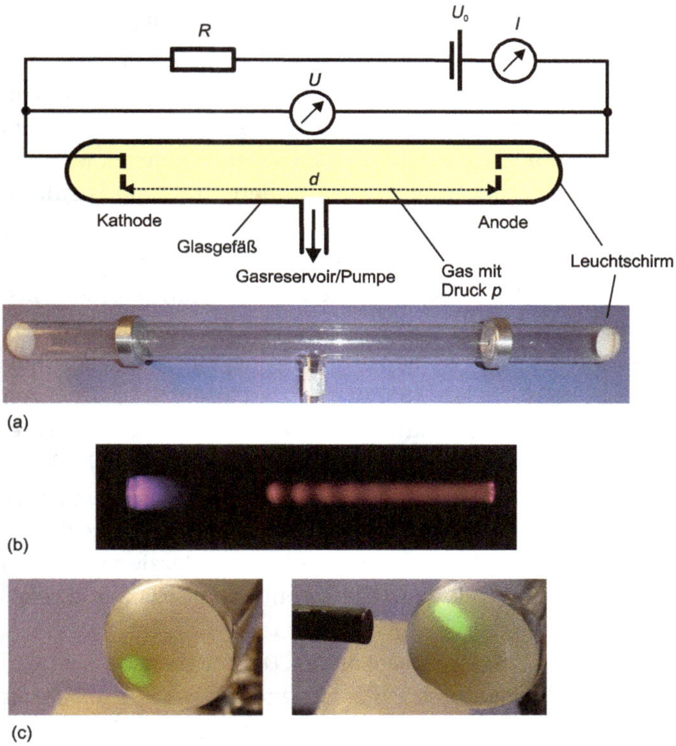

Abb. 3.3: (a) Fotografie und schematischer Aufbau einer Gasentladungsröhre als Demonstrationsversuch. (b) Glimmentladung mit charakteristischen Leuchterscheinungen in der Gasentladungsröhre. (c) Ablenkung des Kathodenstrahls mit einem Stabmagneten.

Aufbau dargestellt ist. In einer Glasröhre stehen sich die zwei Elektroden *Kathode* und *Anode* gegenüber. Zwischen ihnen wird eine hohe Spannung im Kilovoltbereich angelegt, wobei der Pluspol an der Anode liegt. Der Druck in der Röhre lässt sich durch Abpumpen reduzieren bzw. einstellen.

Ab einem bestimmten Druck entspricht die angelegte Spannung der Zündspannung, die von Druck und Elektrodenabstand abhängt (siehe Paschen-Kurve in Band 2). Es entsteht eine selbständige Gasentladung im verdünnten Gas. Die Spannung zwischen den Elektroden fällt wegen des einsetzenden Stroms, und es bilden sich Leuchterscheinungen mit einem Wechsel von hellen und dunklen Streifen, wie in Abb. 3.3(b) bei abnehmendem Druck gezeigt. Diese *Glimmentladung* verrät viel über die Energie der Elektronen in den Gasatomen bzw. -molekülen, wie in Kapitel 3.4 noch im Detail erklärt wird.

Sinkt der Druck in der Gasentladungsröhre weiter, ziehen sich die Lichterscheinungen mehr und mehr zurück. Man kann aber zwischen Kathode und Anode weiterhin einen Strom bei jetzt steigender Spannung messen, d. h. es stehen Elektronen und Ionen zum Stromtransport zur Verfügung. Sie gewinnen mehr kinetische Energie, weil sie bei fallendem Druck seltener an anderen Gasteilchen gestreut werden.

Im Versuchsaufbau sind die Elektroden durchbohrt, wodurch auf den Leuchtschirmen hinter den Elektroden Lichtflecke zu beobachten sind. Abbildung 3.3(c) zeigt den Leuchtfleck hinter der Anode mit und ohne äußerem Magneten. Man benannte die damals unbekannten Teilchenströme als **Kathoden-** und **Kanalstrahlen** mit folgenden Eigenschaften:

–   **Kathodenstrahlen** werden hinter der Anode beobachtet und heißen so, weil sie offensichtlich von der Kathode ausgehen. Wie schon Hittorf feststellt, lassen sie sich einfach mit magnetischen und elektrischen Feldern ablenken, wie in Abb. 3.3(c) zu sehen. Daraus schließt man auf einen negativ geladenen Teilchenstrom mit sehr kleiner Masse. In Jahr 1897 identifiziert Joseph John Thomson (1856–1940) die Kathodenstrahlen als Elektronen, indem er die Wirkung magnetischer und elektrischer Felder auf die Strahlen genau untersucht (siehe Kapitel 3.2.2). Philip Lenard (1862–1947) entdeckt 1892, dass Kathodenstrahlen bzw. schnelle Elektronen sogar eine dünne Aluminiumfolie von 500 nm Dicke durchdringen können. Ein solches *Lenard-Fenster*, wie in Abb. 3.4(a) skizziert und in (b) gezeichnet, erlaubt Streuversuche außerhalb der Gasentladungsröhre und zeigt, dass die Materie von Elektronen durchdringbar ist.

–   **Kanalstrahlen** werden hinter der Kathode beobachtet. Der Teilchenstrom ist also elektrisch positiv geladen und kann durch äußere Magnetfelder kaum abgelenkt werden. Wir wissen heute, dass die Kanalstrahlen ein Strom positiv geladener Ionen sind. Ihre Masse führt dazu, dass sie bei diesen Energien durch Magnetfelder nur wenig abgelenkt werden können.

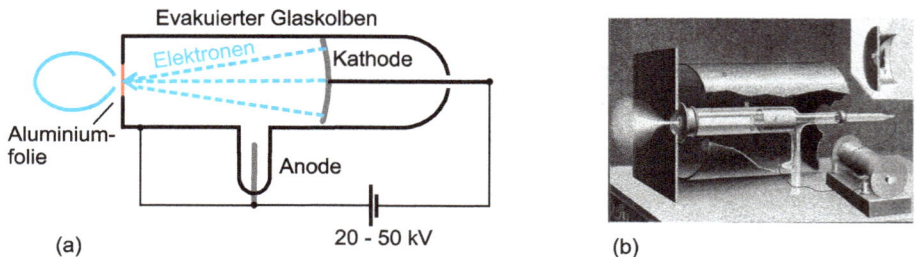

(a)

(b)

Abb. 3.4: (a) Schematischer Aufbau einer Kathodenröhre mit Lenard-Fenster. (b) Historische Zeichnung eines Lenard-Rohrs von Louis Poyet (1895).

3.2.2 Die Entdeckung des Elektrons

In seiner Arbeit über Kathodenstrahlen aus dem Jahr 1897 beschreibt J. J. Thomson eine Reihe von präzisen Experimenten, in denen die ihm noch unbekannten Elektronen durch homogene elektrische oder magnetische Felder abgelenkt werden. Eine Originalapparatur ist als Fotografie in Abb. 3.5(a) gezeigt. Abbildungen 3.5(b) und (c) skizzieren die einzelnen Arbeitsweisen der Apparatur, die im Folgenden erklärt werden. Die Kathodenstrahlen werden in einer Gasentladung bei geringem Druck zwischen Kathode und Anode erzeugt, wobei unterschiedliche Gase und Kathodenmaterialien eingesetzt werden können. Der (Elektronen-)Strahl passiert das homogene Feld eines Plattenkondensators innerhalb des Glasrezipienten (Abb. 3.5(b)) und wird durch die elektrische Feldkraft

$$F_{el} = \frac{qU}{d} \tag{3.4}$$

(a)

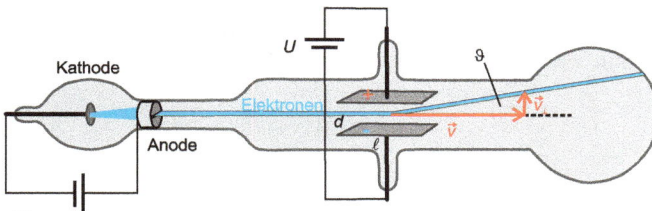

(b)

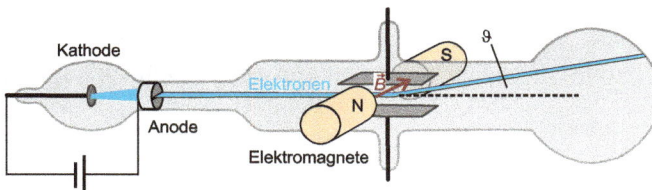

(c)

Abb. 3.5: (a) Fotografie der Apparatur, die J. J. Thomson zum Nachweis des Elektrons verwendete. (b) Betrieb der Röhre mit elektrischem Feld zwischen den geladenen Platten. (c) Betrieb der Röhre mit magnetischem Feld zwischen den Spulen.

abgelenkt, wobei U die Spannung an den Kondensatorplatten, d der Plattenabstand und q die Ladung der Teilchen sind. Der Ablenkwinkel ϑ in Abb. 3.5(b) lässt sich aus dem Verhältnis der Geschwindigkeit senkrecht zu den Platten $v_\perp$ und der konstanten parallelen Teilchengeschwindigkeit v im Bogenmaß als

$$\vartheta = \arctan \frac{v_\perp}{v} \approx \frac{v_\perp}{v} \tag{3.5}$$

bestimmen. Die Näherung ist gut, weil wir kleine Winkel annehmen. Die Flugzeit durch den Kondensator der Länge ℓ beträgt $t_F = \ell/v$ und damit gilt

$$v_\perp = \frac{F_{el} t_F}{m} = \frac{qU t_F}{dm} = \frac{qU\ell}{dmv}, \tag{3.6}$$

mit m als der Masse der Teilchen. Verbindet man die Ergebnisse von (3.5) und (3.6), erhält man

$$\vartheta \approx \frac{qU\ell}{dmv^2}. \tag{3.7}$$

Der Ablenkwinkel im elektrischen Feld ist umgekehrt proportional zur kinetischen Energie des Teilchens $\frac{1}{2}mv^2$. Relativistische Effekte seien hier vernachlässigt, was bei hinreichend kleinen Geschwindigkeiten erfüllt ist.

Thomson kennt nicht die Geschwindigkeit der Elektronen aus der Entladung. Er muss sie messen und verwendet dazu ein magnetisches Sektorfeld $\vec{B}$ der gleichen Länge ℓ, dessen Feldlinien senkrecht zum elektrischen Feld des Kondensators und zum Strahl stehen (siehe Abb. 3.5(c)). Das Magnetfeld wird mit kleinen Spulen wie in Abb. 3.5(a) erzeugt, die um den evakuierten Glaskolben angebracht sind. Auch hier lässt sich der kleine Ablenkungswinkel näherungsweise mit der Lorentz-Kraft $F_L = qvB$ durch

$$\vartheta \approx \frac{v_\perp}{v} \approx \frac{F_L t_F}{mv} = \frac{qB\ell}{mv} \tag{3.8}$$

ausdrücken. *Der Ablenkwinkel im magnetischen Feld ist umgekehrt proportional zum Impuls des Teilchens* mv.

Die magnetische Feldstärke wird jetzt so eingestellt, dass der Strahl durch das Magnetfeld um den gleichen Winkel abgelenkt wird wie durch den Plattenkondensator, so dass

$$\frac{qU\ell}{dmv^2} = \frac{qB\ell}{mv}$$
$$\Rightarrow \quad v = \frac{U}{Bd} \tag{3.9}$$

folgt. Damit kann die Geschwindigkeit bestimmt und das Verhältnis m/q von Masse und Ladung der Teilchen durch Einsetzen in (3.8) als

$$\frac{m}{q} = \frac{B^2 d\ell}{\vartheta U}$$
(3.10)

gemessen werden. Thomson zieht aus diesen Experimenten folgende Schlüsse:

- Das Verhältnis m/q ist für Kathodenstrahlen extrem klein, was zuvor bei keinem anderen Experiment z. B. mit Ionen in Flüssigkeiten beobachtet wurde. Heute wissen wir, dass m und q der Elektronenmasse bzw. der Elementarladung entsprechen, was einen Wert von ungefähr $m/q \approx 5{,}7 \cdot 10^{-12}$ kg/C ergibt.
- Der Wert von m/q ist unabhängig vom verwendeten Gas, d. h. die Kathodenstrahlen bestehen aus elementaren Bausteinen der Materie, die in jedem Atom in gleicher Art vorhanden sind. Diese Erkenntnis wird allgemein als die Entdeckung des Elektrons angesehen.

Anmerkung

Thomsons Erklärung der Kathodenstrahlen als Elektronen fällt in die vier Jahre des ausgehenden 19. Jahrhunderts, die man auch als *goldene Jahre* bezeichnet. Zwischen 1895 und 1898 wurden verschiedene Strahlenphänomene entdeckt, die ein grundlegend neues physikalisches Weltbild erforderten. Dazu zählen die Entdeckungen

- der Röntgenstrahlen (1895) durch Wilhelm Conrad Röntgen durch Abbremsen schneller Elektronen in Materie. Wie schon in Band 2 erklärt, sind Röntgenstrahlen elektromagnetische Wellen;
- der Radioaktivität (1896) durch Antoine Henri Becquerel, indem er Uransalz auf eine Photoplatte legt, die sich ohne Lichteinfluss daraufhin schwärzt;
- des Elektrons (1897) durch J. J. Thomson und
- der Elemente Radium und Polonium (1898) durch Marie und Pierre Curie, was die Radioaktivität als Eigenschaft bestimmter Isotope belegt.

3.2.3 Massenspektrometrie

Die Kanalstrahlen verhalten sich in elektromagnetischen Feldern abhängig vom Gas unterschiedlich. Sie bestehen aus den ionisierten Gasteilchen, die je nach Isotop andere Massen haben und damit unterschiedlich stark in elektromagnetischen Feldern abgelenkt werden. Im Band 2 dieser Reihe wurde im Kapitel 4.3.2 ein *Massenspektrometer* mit einem magnetischen Sektorfeld und einem vorgeschalteten Geschwindigkeitsfilter vorgestellt. Dieser Aufbau ist technisch aufwendig.

Ausgehend von seinen Erkenntnissen über die Kanalstrahlen entwickelt J. J. Thomson bereits 1912 das erste Massenspektrometer, damals auch als *Massenspektrograph* oder *Thomson-Parabelapparat* bezeichnet, der atomare und molekulare Ionen nach ihrem q/m-Verhältnis sortiert. Da z. B. in der Gasentladung der überwiegende Teil der Ionen eine einfache positive Elementarladung trägt, ist die Ladung der Ionen

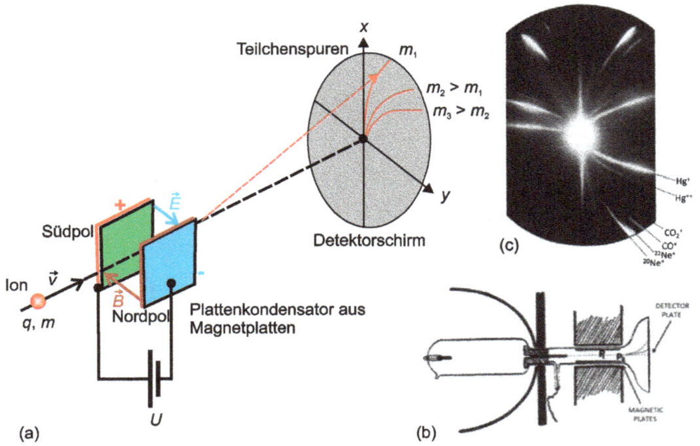

Abb. 3.6: (a) Prinzipieller Aufbau eines Thomsonschen Massenspektrometers/Parabelapparats. Der Aufbau befindet sich in einem nicht eingezeichneten, evakuierten Rezipienten. (b) Schnitt durch eine Apparatur, die J. J. Thomson als Massenspektrometer verwendete. (c) Bild einer Fotoplatte aus Thomsons Originalarbeit, die die beiden Neon-Isotope nachweist [3.2].

gleich, und durch Messung von e_0/m kann die Masse der Gasteilchen bestimmt werden. Thomson gelang damit der Nachweis der zwei Neon-Isotope mit den Massen 20 u und 22 u.

Die Funktionsweise der Thomsonschen Konstruktion ist ein beliebtes Thema im fortgeschrittenen Physikunterricht, um die Wirkung elektromagnetischer Felder auf bewegte Ladungen anschaulich zu machen. Abbildung 3.6(a) zeigt den prinzipiellen Aufbau. Ionisierte Gasteilchen mit einem bestimmten Ladung-Masse-Verhältnis q/m, aber unterschiedlichen Geschwindigkeiten v, treten senkrecht in ein Sektorfeld ein, in dem ein elektrisches Feld $\vec{E}$ und ein magnetisches Feld $\vec{B}$ existieren. Beide Felder sind *homogen* und *parallel* zueinander. In Abb. 3.6(a) stehen $\vec{E}$ und $\vec{B}$ antiparallel zueinander, was an der Funktionsweise nichts ändert. Heute lässt sich dies durch starke Plattenmagnete verwirklichen, die gleichzeitig Kondensatorplatten sind.

Das $\vec{E}$-Feld lenkt die Ionen in y-Richtung ab, da sie sich innerhalb des Plattenkondensators auf einer parabolischen Trajektorie bewegen. Das $\vec{B}$-Feld erzeugt eine Lorentz-Kraft auf das Ion und bringt es innerhalb des Sektors auf eine Kreisbahn, die eine Ablenkung in x-Richtung hervorruft. Der zweidimensionale Detektor, z. B. eine Fotoplatte, steht im Abstand z_0 vom Mittelpunkt des Sektors. Wir nehmen an, dass die Fluglänge durch das Sektorfeld gleich ℓ ist. In Abb. 3.6(b) ist ein Schnitt durch die Originalapparatur von Thomson gezeigt [3.2]. Die Ionen werden links in einer Gasentladung erzeugt.

Wie in Abb. 3.6(a) eingezeichnet, liegen Teilchen mit gleichem q/m-Betrag auf einer Parabellinie. Dieses lässt sich leicht nachvollziehen, wenn wir wieder kleine Ablenkwinkel annehmen und (3.7) und (3.8) verwenden, was

$$x = \vartheta_x z_0 = \frac{q|\vec{B}|\ell z_0}{mv}, \tag{3.11}$$

$$y = \vartheta_y z_0 = \frac{q|\vec{E}|\ell z_0}{mv^2} \tag{3.12}$$

ergibt. Ersetzen wir v in der zweiten Gleichung durch x, folgt für den beobachteten Ast der Parabel

$$y = \frac{m}{q}\frac{|\vec{E}|}{|\vec{B}|^2 \ell z_0}x^2. \tag{3.13}$$

Neben den elektrischen Größen und den Abmessungen hängt die Steilheit der Parabel nur von q/m ab. Liegen ausschließlich Ionen mit einer Elementarladung vor, verlaufen Parabeln für Ionen mit kleinerer Masse flacher. Ionen mit doppelter Ladung $2e_0$ im Strahl sind von einfach geladenen Ionen mit halber Masse nicht zu unterscheiden. Wo auf der Parabel ein Ion auftrifft, hängt von seiner Anfangsgeschwindigkeit ab. Schnellere Ionen werden weniger ausgelenkt und treffen entsprechend dichter am Ursprung auf dem Detektor auf.

In Abb. 3.6(c) ist eine Fotoplattenaufnahme aus der Originalarbeit von Thomson abgebildet [3.2]. In der Messung an einem Neongas lassen sich die Isotope ^{22}Ne und ^{20}Ne unterscheiden. Die schwereren Molekülionen CO^+ und CO_2^+ sind auf steileren Parabelästen zu finden. Das Gleiche gilt für die Quecksilberionen, die wegen der mit Hg betriebenen Vakuumpumpe in großer Menge vorhanden sind.

Nach Thomsons Arbeit kommt es zu einer rasanten Entwicklung von besseren Instrumenten. So sind die statischen, elektromagnetischen Massenspektrometer von Arthur Jeffrey Dempster (1918) und von Francis William Aston (1919) zu nennen, deren Auflösungsvermögen um den Faktor 100 höher ist als bei Thomson. Heute werden oft elektromagnetische Wechselfelder (dynamische Massenspektrometrie) und Flugzeitmessungen (*time-of-flight*) bei Molekülen hoher Masse verwendet. Ionen mit über 10^6 u lassen sich nachweisen. Bei der Bildung des Ions zerfallen aber komplizierte Moleküle, so dass die Spektren umfangreiche Bruchstückverteilungen zeigen.

Stehen in der Anfangszeit die Bestimmung der Atommassen und damit der Isotope der Elemente im Mittelpunkt, stellt die Massenspektroskopie heute eine weit verbreitete und extrem empfindliche Methode zum Nachweis chemischer Substanzen dar. Auch Feststoffe lassen sich analysieren, wenn Atome oder Moleküle mit hochenergetischen Ionen oder Lichtimpulsen aus der Oberfläche herausgeschlagen werden. Dieses Verfahren nennt man *Zerstäubung*.

Technische Ergänzung: Erzeugung freier Elektronen im Vakuum

Freie Elektronen können sich in Luft unter Normalbedingungen nicht ausbreiten, weil sie auf Strecken unter $1\,\mu$m bereits absorbiert und gestreut werden. Ausbreitung freier Elektronen erfordert idealerweise ein Ultrahochvakuum unter 10^{-5} Pa. Innerhalb eines gut evakuierten Rezipienten ist es relativ einfach, freie Elektronen zu erzeugen, die dann mit Hilfe von elektrischen und magnetischen Feldern beschleunigt, fokussiert und gelenkt werden können. In der Regel werden Elektronen aus Festkörpern

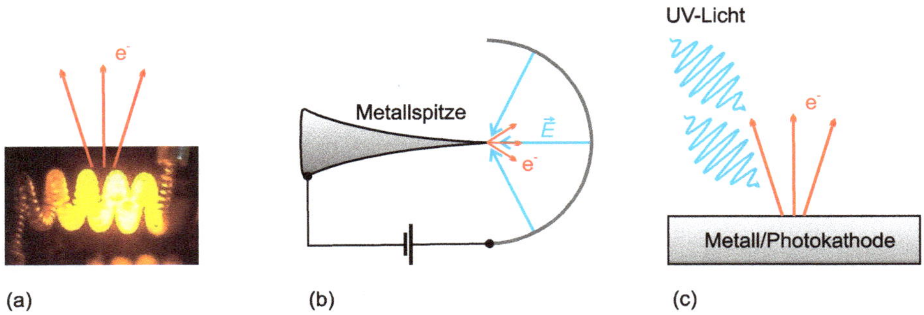

Abb. 3.7: Verbreitete Verfahren zur Erzeugung freier Elektronen im Vakuum. (a) Thermische Emission. (b) Feldemission. (c) Photoemission.

ausgelöst, da in ihnen die Atomdichte und damit die Zahl der Elektronen groß ist. Oft werden Metalle verwendet, um durch Ströme die entnommenen Elektronen nachzuführen und Aufladungen zu vermeiden. Weil beim Herauslösen eines Elektrons aus einem Festkörper die sogenannte **Austrittsarbeit** pro Elektron aufgebracht werden muss, ist in allen Methoden dem Festkörper und genauer den Elektronen Energie zuzuführen. Es werden im Prinzip drei Methoden für die Kathoden-Elektronenemission angewendet:

1. **Thermische Elektronenemission**

   Der Festkörper wird auf eine hohe Temperatur gebracht, bis eine nennenswerte Glühemission einsetzt. Ein großer Teil der Elektronen gewinnt genügend Energie, um den Festkörper zu verlassen. Diese Methode ist sehr einfach und lässt sich mit stromdurchflossenen Glühwendeln bzw. Glühfilamenten wie in Abb. 3.7(a) leicht verwirklichen. Die Stärke der Emission wird wieder vom Boltzmann-Faktor $e^{-E/(k_B T)}$ bestimmt. Liegt die Austrittsarbeit z. B. bei 4 eV, beträgt dieser bei einer Glühtemperatur von 2 300 K ungefähr $e^{-20} \approx 10^{-9}$. Dieser Wert erscheint klein, ruft aber bei der großen Zahl von Elektronen einen gut messbaren Strom hervor.

2. **Feldemission von Elektronen**

   Aus Metallspitzen können Elektronen ausgelöst werden, wenn sie auf einem hohen, negativen elektrischen Potenzial liegen, wie in Abb. 3.7(b) gezeigt. Die Feldstärke an der Spitze wird durch den *Spitzeneffekt* so groß, dass die Austrittsarbeit abgesenkt wird und die Elektronen die Potenzialbarriere direkt oder durch den Tunneleffekt (siehe Kapitel 5) überwinden können. Viele 1 000 V sind an der Spitze gegenüber der Anode anzulegen. Der genaue Wert hängt empfindlich von Schärfe und Eigenschaft der Spitze ab.

3. **Photoemission von Elektronen**

   An sogenannten Photokathoden werden Elektronen durch Bestrahlung mit ultraviolettem Licht leicht ausgelöst. Die Photonen des Lichts verfügen über genügend Energie, um nach Energieübertrag Elektronen auszulösen. Die Energie der Photonen darf aber auch nicht zu hoch sein, damit sie die Elektronen auch nur an der Oberfläche anregen. In Abb. 3.7(c) ist das Prinzip der Photoemission dargestellt.

3.3 Die Entdeckung des Atomkerns – Rutherford-Streuung

3.3.1 Streuung und Struktur

Die Streuung von Teilchen ist eine wichtige Methode, mehr über den inneren Aufbau und die Struktur von Materie zu erfahren. Wie in der Abb. 3.8 im schematischen Schnitt dargestellt, lässt man bekannte Teilchen mit der Masse m, der Ladung q und der kinetischen Energie E_{kin} auf eine zu untersuchende Probe der Dicke d einfallen. Die Probe, die auch als *target* bezeichnet wird, kann ein Festkörper, eine dünne Folie, aber auch ein viskoses Medium, z. B. ein Gas, sein.

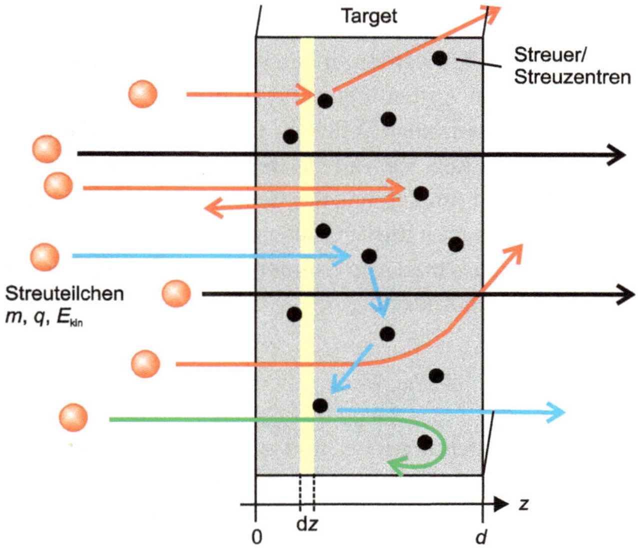

Abb. 3.8: Schematische Darstellung von Streuprozessen in einer Probe. Trajektorien mit Einfachstreuung sind rot und mit Vielfachstreuung blau gezeichnet. Entlang der grünen Trajektorie wird das Teilchen absorbiert. Schwarze Pfeile zeigen Trajektorien ohne Wechselwirkungen.

Man beobachtet, dass ein beträchtlicher Teil der Teilchen von ihrer geradlinigen Bahn abgelenkt wird. Diese Teilchen werden an Streuzentren innerhalb der Probe *gestreut*. Einige typische Streutrajektorien sind in Abb. 3.8 eingezeichnet. Erfährt das Teilchen beim Durchgang durch die Probe nur einen Streuprozess (rote Trajektorien), spricht man von einem *Einzelstreuprozess*. Dementsprechend liegt auf der blauen Trajektorie ein Vielfachstreuprozess vor, der nur mit statistischen Methoden erfasst werden kann. Es ist leicht einzusehen, dass für das Verständnis der inneren Struktur die Einzelstreuung aussagekräftiger ist.

Ändert sich die kinetische Energie des gestreuten Teilchens beim Durchgang nicht, liegt *elastische* Streuung vor. Inelastische Streuung hat oft das Verschlucken bzw. die *Absorption* von Teilchen durch die Probe (grüne Trajektorie) zur Folge. Auch in diesen Fällen erfährt man nicht viel über die innere Struktur.

Wir sind Streuvorgängen schon in Kapiteln der ersten Bände begegnet. Ein Beispiel für die elastische Einfachstreuung war der Vorbeiflug eines Asteroiden an einer großen Zentralmasse, z. B. der Erde (Kapitel 5.7.2 in Band 1). Zwischen gestreutem Teilchen und Streuer wirkt eine Zentralkraft. Wir werden im Kapitel 3.3.2 über die Rutherford-Streuung darauf zurückkommen. Der elektrische Widerstand beim Strom von Elektronen durch ein Metall beruht auf einer unermesslich großen Zahl von Streuvorgängen, die wir statistisch durch eine mittlere Streuzeit erfasst haben (Kapitel 3.2.4 in Band 2).

Im Folgenden soll schrittweise erklärt werden, inwiefern die Messung der Aufstreuung Information über den inneren Aufbau der Materie gibt. Wir beschränken uns zunächst auf die Messung der *ungestreuten* Teilchen. Betrachten wir die infinitesimal dünne Schicht dz der Probe in Abb. 3.8. Auf sie treffen N Teilchen pro Zeit. In der Schicht werden nun dN Teilchen pro Zeit aus der Geradeausrichtung herausgestreut. Man erkennt hier bereits, dass man die Geradeausrichtung nur näherungsweise angeben kann. Bei Messungen muss man also definieren, was als ungestreutes, durchgehendes Teilchen gilt. Die relative Änderung

$$\frac{dN}{N} = -n_S \sigma_{\text{tot}}\, dz \qquad (3.14)$$

ist proportional zur räumlichen Dichte der Streuer n_S und zur Dicke der Schicht dz.

Der Proportionalitätsfaktor σ_{tot} heißt **totaler Streuquerschnitt** oder auch **totaler Wirkungsquerschnitt**. Das Minuszeichen zeigt an, dass sich die Zahl der ungestreuten Teilchen verringert. Nimmt man an, dass sich alle infinitesimalen Schichten gleich verhalten, kann man (3.14) von $z = 0$ m bis d integrieren, so dass die Zahl der ungestreuten Teilchen pro Zeit exponentiell mit

$$\frac{\Delta N}{\Delta t}(d) = \frac{\Delta N}{\Delta t}(0)e^{-n_S \sigma_{\text{tot}} d} \qquad (3.15)$$

abnimmt. Der Verlauf der Abnahme ist in Abb. 3.9(a) als Funktion gezeichnet, wobei die Schichtdicke in Einheiten der **mittleren freien Weglänge**

$$\Lambda = \frac{1}{n_S \sigma_{\text{tot}}}, \quad [\Lambda] = \text{m} \qquad (3.16)$$

angegeben ist. Sie entspricht im Mittel der Flugstrecke in Materie, bis das Teilchen an einem Streuzentrum gestreut wird. Gleichung (3.15) entspricht dem *Beer-Gesetz* der optischen Absorption von Licht in Materie aus Kapitel 7.5 (Band 2).

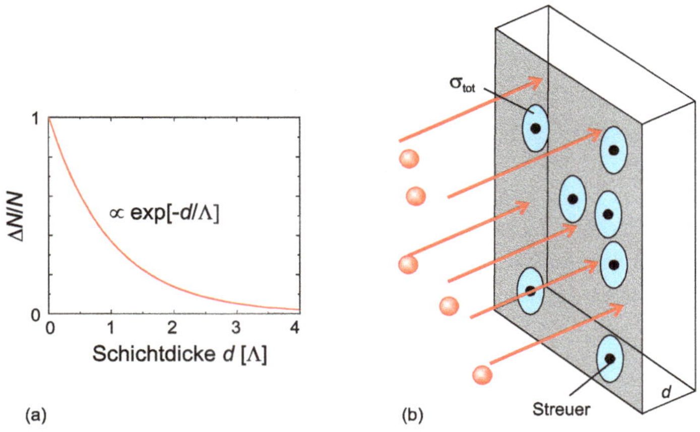

Abb. 3.9: (a) Beer-Gesetz: exponentielle Abnahme der Zahl ungestreuter Teilchen mit der Schichtdicke d, die in Einheiten der mittleren freien Weglänge Λ angegeben ist. (b) Gedankliche Darstellung des totalen Wirkungsquerschnitts als Fläche um den Streuer.

Der totale Wirkungsquerschnitt hat die Einheit einer Fläche, $[\sigma_{tot}] = m^2$. Gibt es nur Einfachstreuung, lässt er sich als gedankliche Fläche um einen einzelnen Streuer veranschaulichen, wie in Abb. 3.9(b) skizziert. Trifft das einlaufende Teilchen die Fläche σ_{tot}, wird es aus seiner Geradeausrichtung herausgestreut. Diese virtuelle Flächenkonstruktion gilt auch dann, wenn es zwischen Streuer und gestreutem Teilchen ein ausgedehntes Kraftfeld gibt.

Beispiel: Stoß harter Kugeln

Bei der Kontaktstreuung z. B. zwischen zwei Kugeln ist der totale Wirkungsquerschnitt besonders anschaulich. Abbildung 3.10 zeigt den elastischen Einzelstoß bzw. den Einzelstreuprozess zwischen der einlaufenden Kugel mit Radius R_1 als Streuteilchen an einer ortsfesten Kugel mit R_2 als Streuer. Die Zeichenebene entspricht der Streuebene,

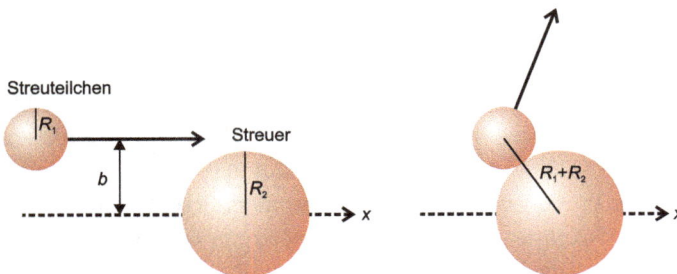

Abb. 3.10: Elastischer Stoß zwischen zwei harten Kugeln. Die größere Kugel wird als unbeweglich und ortsfest angenommen. Es kommt nur zum Stoß, wenn der Stoßparameter b kleiner als die Summe der Radien ist.

in der sich die Schwerpunkte der beiden Kugeln befinden. Es kommt nur zum Stoß, wenn der **Stoßparameter** b kleiner als $R_1 + R_2$ ist. Die Größe b ist in Abb. 3.10 definiert und entspricht dem Abstand zwischen der einlaufenden Trajektorie weit vor dem Stoß und der x-Achse, die parallel durch das Streuzentrum verläuft. Der totale Streu- bzw. Wirkungsquerschnitt entspricht der Kreisfläche $\pi(R_1 + R_2)^2$ um das Streuzentrum.

Als Anwendungsbeispiel betrachten wir fallende, gedanklich kugelförmige Regentropfen mit einem Radius von 2 mm. Sie fallen durch ein Gebiet, in dem (kugelförmige) Schwebfliegen mit dem Radius von 5 mm in der Luft stehen, wie in Abb. 3.11 gezeichnet. Daher ist für den einfachen Stoß $\sigma_{tot} = \pi(7\,\text{mm})^2 \approx 1,54 \cdot 10^{-4}\,\text{m}^2$.

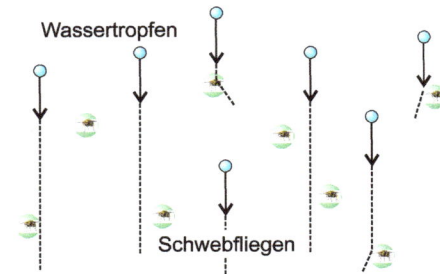

Abb. 3.11: Fallende Wassertropfen stoßen mit Schwebfliegen, die wir als kugelförmig annehmen.

Sind in einem Kubikmeter 400 Schwebfliegen, beträgt die Wahrscheinlichkeit, dass auf einem Meter Länge *keine* Fliege von einem Tropfen getroffen wird,

$$e^{-n_S \sigma_{tot} d} = \exp\left(-400\,\text{m}^{-3} \cdot 1,54 \cdot 10^{-4}\,\text{m}^2 \cdot 1\,\text{m}\right) = 94\,\%.$$

Dementsprechend beträgt die mittlere freie Weglänge eines fallenden Tropfens durch die Schwebfliegenwolke $1/n_S \sigma_{tot} = 16,2\,\text{m}$.

Das Beispiel der Kontaktstreuung zeigt klar, dass die Messung des totalen Streuquerschnitts keine eindeutige Information über die innere Struktur des Streuers gibt. Ob wie in Abb. 3.10 Streuer kugelförmig sind oder aus einer Scheibe mit Radius R_2 bestehen, kann nicht entschieden werden.

Um die Form des Streuers bzw. allgemein die richtige Wechselwirkung zwischen gestreutem Teilchen und Streuzentrum herauszufinden, ist die winkelaufgelöste Messung der gestreuten Teilchen notwendig. Diese ist deutlich aufwendiger. In Abb. 3.12 ist der schematische Aufbau dieser Messung gezeigt. Der Fluss der Streuteilchen treffe homogen auf die Probe mit der Fläche A und der Dicke d. Durch die Wechselwirkung mit den Streuzentren in der Probe werden Teilchen unter dem **Streuwinkel** ϑ und dem Azimutwinkel φ aus der Geradeausrichtung herausgestreut. Der Detektor kann gestreute Teilchen nun winkelaufgelöst nachweisen, indem er z. B. durch Variation der Winkel um die Probe geschwenkt wird. Er sei dabei weit von der Probe entfernt. Die Detektorfläche bestimmt den Raumwinkel $d\Omega$ um die Probe, in dem die gestreuten Teilchen detektiert werden. Heute werden in der Regel großflächige Detektoren mit

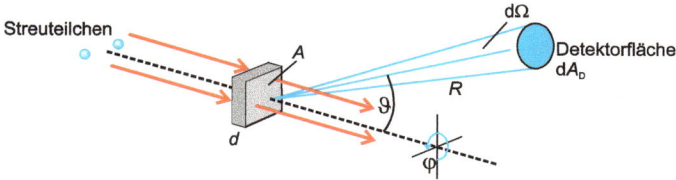

Abb. 3.12: Einen differenziellen Wirkungsquerschnitt erhält man durch einen kleinen Detektor, der die gestreuten Teilchen, aufgelöst nach dem Streuwinkel ϑ und dem Azimuthwinkel φ, nachweist.

vielen kleinen Kanälen eingesetzt, die unabhängig voneinander Teilchen nachweisen können. Um eine gute Auflösung und einen kleinen Raumwinkel zu erreichen, ist die Detektorfläche $dA_D = R^2 d\Omega$ möglichst klein.

Man misst das Verhältnis zwischen den in den Raumwinkel gestreuten Teilchen gegenüber den einfallenden Teilchen,

$$\frac{dN}{N} = n_S \, d \frac{d\sigma}{d\Omega} d\Omega, \tag{3.17}$$

mit n_S als Dichte der Streuer, d als Dicke der Probe und

$$\frac{d\sigma}{d\Omega}, \quad \left[\frac{d\sigma}{d\Omega}\right] = \mathrm{m}^2 \tag{3.18}$$

als **differenziellen Streuquerschnitt** bzw. **differenziellen Wirkungsquerschnitt**. Natürlich hängen die Messgrößen in (3.17) und der differenzielle Wirkungsquerschnitt im Allgemeinen vom Streuwinkel ϑ ab. Die Abhängigkeit vom Azimutwinkel φ können wir wegen folgender Voraussetzungen ausschließen, die die Diskussion anschaulich hält:

- Es gebe nur elastische Einzelstreuprozesse beim Durchgang der Teilchen durch die Probe.
- Zwischen gestreutem Teilchen und ortsfestem Streuzentrum herrsche eine Zentralkraft $\vec{F}(r) = F(r)\vec{e}_r$, wie sie in Abb. 3.13(a) für eine Trajektorie eingezeichnet ist. In der Abbildung wird ohne Beschränkung der Allgemeinheit eine abstoßende Kraft zwischen Teilchen und Streuzentrum angenommen. Der Stoßparameter b ist ebenfalls eingezeichnet. Der Drehimpuls $\vec{L}$ steht senkrecht auf der Zeichenebene.
- Das Zentralkraftfeld bedeutet, dass Energie und Drehimpuls beim Streuprozess erhalten bleiben. Die Streuung findet daher in einer Ebene statt, die wir auch als Zeichenebene wählen. In Abb. 3.13(b) ist der Prozess räumlich dargestellt. Der Azimutwinkel φ ändert sich durch die Streuung nicht. Wir können sogar annehmen, dass die Streuung vollkommen symmetrisch gegenüber einer Drehung um die x-Achse ist.

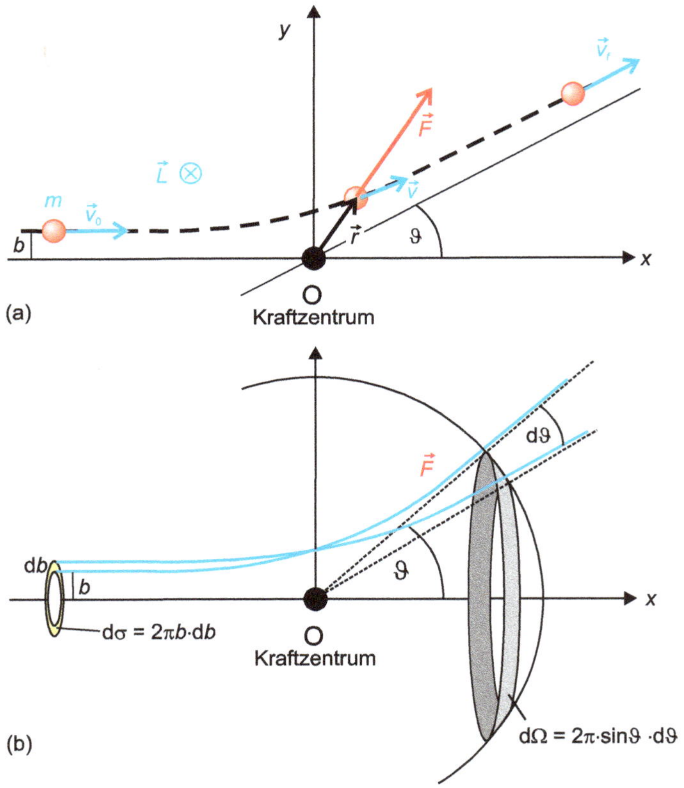

Abb. 3.13: (a) Darstellung des Einzelstreuprozesses in der Streuebene. Hier ist eine abstoßende Zentralkraft angenommen. (b) Dreidimensionale Darstellung des Einzelstreuprozesses. Weil eine Zentralkraft wirkt, findet die Streuung in einer Ebene statt und die Streuung ist rotationssymmetrisch um die x-Achse.

Gleichung (3.17) gibt an, wie aus den Messgrößen auf den differenziellen Wirkungsquerschnitt geschlossen werden kann. Durch Umformen erhalten wir eine Beziehung zwischen dem Stoßparameter und dem Streuwinkel. Dazu beachten wir die Rotationssymmetrie um die x-Achse wie in Abb. 3.13(b) dargestellt und schreiben für die gelb eingezeichnete Ringfläche $d\sigma = 2\pi b db$ und für den grau gefärbten Raumwinkel $d\Omega = 2\pi \sin\vartheta \, d\vartheta$. Jedes Teilchen, dass durch die Ringfläche auf die Probe einfällt, wird in den grau eingezeichneten Raumwinkelbereich gestreut. Damit gilt

$$\frac{d\sigma}{d\Omega} = \frac{b}{\sin\vartheta} \left| \frac{db}{d\vartheta} \right|. \tag{3.19}$$

In der Größe $\frac{db}{d\vartheta}$ ist das Kraftgesetz zwischen gestreutem Teilchen und streuendem Zentrum enthalten. Das bedeutet, dass unter den gemachten Annahmen die Messung der gestreuten Teilchen das Kraftgesetz zwischen den Teilchen ergibt. Im nächsten Abschnitt werden wir dieses für das Coulomb-Gesetz anwenden.

3.3.2 Rutherford-Streuung

Die Experimente von J. J. Thomson belegen, dass leichte, negativ geladene Elektronen und schwere, positiv geladene Teilchen in einem Atom vorhanden sein müssen. Ihre Anordnung blieb solange spekulativ, bis die beiden jungen Wissenschaftler Ernest Marsden (1889–1970) und Hans Geiger (1882–1945) zwischen 1909 und 1913 im Labor von Ernest Rutherford (1871–1937) an der Universität Manchester Streuexperimente durchführten. Rutherford gelang 1911 die Erklärung der überraschenden Ergebnisse. Sein Atommodell bestimmt bis heute unsere Vorstellung vom Atom.

Abbildung 3.14(a) zeigt den Aufbau des Instruments von Marsden und Geiger, sowohl als Schnittzeichnung aus der Originalarbeit [3.3] als auch in der Aufsicht. Als Streuteilchen werden α-Teilchen verwendet, das sind zweifach positiv geladene ^{4}He-Kerne mit zwei Protonen und zwei Neutronen. Sie entstammen einer Quelle aus einem Radiumsalz als Präparat, das Teilchen mit der kinetischen Energie von ungefähr

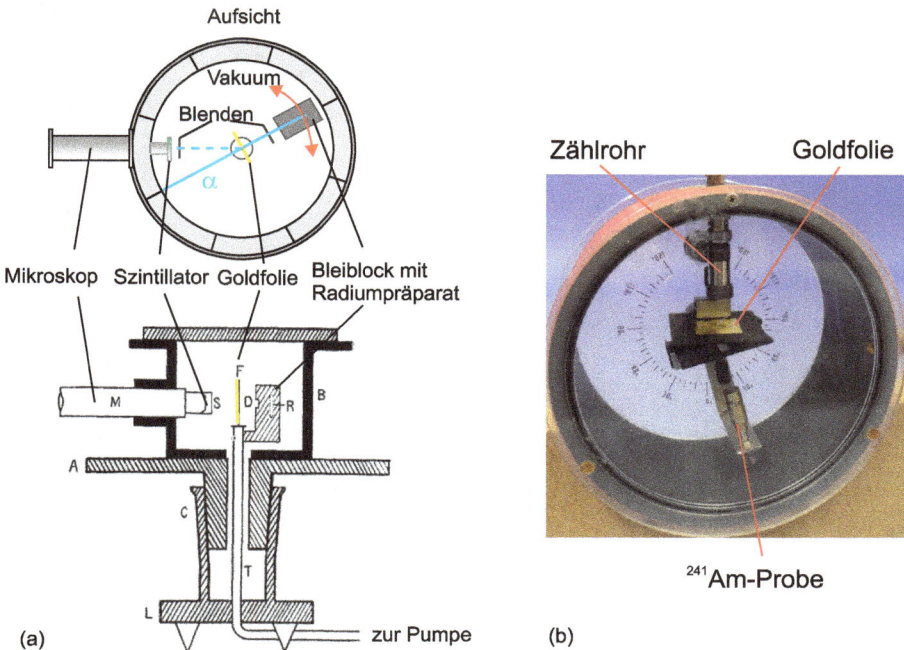

Abb. 3.14: (a) Versuchsaufbau zur Rutherford-Streuung von Geiger und Marsden (nach [3.3]). (b) Fotografie eines Rutherford-Experiments für die Schule mit einer ^{241}Am-Probe und einem schwenkbaren Detektor.

5 MeV $\approx 8 \cdot 10^{-13}$ J aussendet. Das Salz ist ansonsten von einer abschirmenden Bleischicht umgeben. Dünne Metallfolien werden als Proben eingesetzt, wobei Gold besonders dünn gewalzt werden kann. Aussagekräftige Messungen werden an Au-Folien mit einer Stärke von weniger als 1 μm durchgeführt, was ungefähr 3 000 Atomlagen entspricht. Quelle und Folie sind gegenüber dem Detektor schwenkbar, der aus einem Szintillationsschirm mit Mikroskop besteht. Auftreffende α-Teilchen erzeugen im Szintillator Lichtblitze, die beobachtet und gezählt werden. Durch die schwenkbare Quelle ist der Streuwinkel einstellbar. Die Anordnung befindet sich in einem evakuierten Behälter, um die Reichweite der Teilchen zu erhöhen. Abbildung 3.14(b) zeigt eine Fotografie eines Schulexperiments mit einer ^{241}Am-Probe als α-Strahler und einem kleinen, schwenkbaren Zählrohr als Detektor.

Die erstaunlichen Beobachtungen lassen sich so zusammenfassen:

- Nahezu alle α-Teilchen durchqueren die Goldfolie ungestreut. Dieses Ergebnis würde man auch erwarten, wenn das Atom aus einem *Elektronenteig* mit darin gleichmäßig verteilten positiven Masseteilchen bestünde. Dieses historische, aber falsche Atommodell wird oft als *Thomsonsches Rosinenkuchenmodell* bezeichnet.
- Es überraschte Rutherford und seine Kollegen, dass ein kleiner Teil der α-Teilchen unter relativ großen Winkeln gestreut wird. Manche α-Teilchen werden sogar zurückgestreut. Abbildung 3.15 zeigt Messpunkte aus der Originalarbeit von Marsden und Geiger [3.3]. An Gold gibt Rutherford an, dass eins von 20 000 α-Teilchen unter einem Winkel größer als 90° abgelenkt wird.
- Die relativ weite Aufstreuung folgt einem $1/(\sin \vartheta/2)^4$-Verlauf, wie die rote Linie in Abb. 3.15 belegt. Man beachte, dass die Ordinate logarithmisch unterteilt ist.

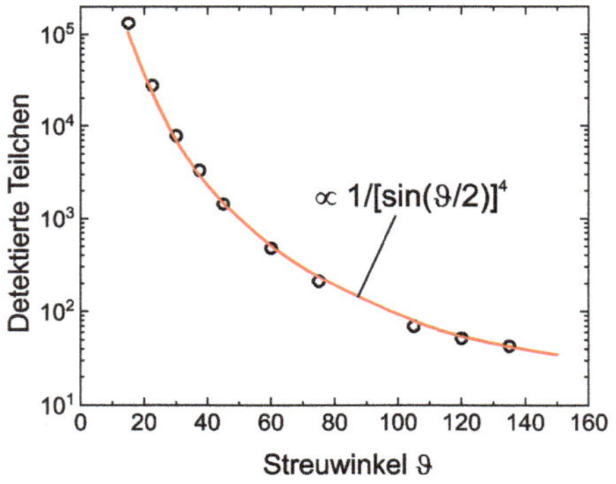

Abb. 3.15: Messwerte zur Rutherford-Streuung von 5 MeV α-Teilchen an Gold aus der Originalarbeit von Geiger und Marsden (nach [3.3]). Die durchgezogene Linie folgt einem $1/[\sin(\vartheta/2)]^4$-Verlauf.

Die Leistung Rutherfords besteht darin, dass er die Messergebnisse korrekt und quantitativ erklärt. Er prägt den Begriff des massiven Kerns, in dem die gesamte positive Ladung und mehr als 99,9 % der Masse vereint sind. In seinem Modell werden die α-Teilchen ausschließlich am Kern gestreut. Die Elektronen des Goldatoms umgeben den Kern als Wolke, die praktisch keine Wirkung auf die Streuteilchen ausübt. Für die

Streuung ist die starke, abstoßende Coulomb-Kraft zwischen α-Teilchen mit $q_1 = 2e_0$ und Goldkern mit $q_2 = 79e_0$ bestimmend. Dieses wollen wir auch quantitativ nachweisen. Wie in Kapitel 5.7.2 (Band 1) gezeigt, besteht zwischen Stoßparameter und Streuwinkel im Falle der Coulomb-Wechselwirkung die Beziehung

$$\cot\frac{\vartheta}{2} = \frac{8\pi\epsilon_0 E_{kin}}{q_1 q_2}b,$$ (3.20)

so dass sich (3.19) in

$$\frac{d\sigma}{d\Omega} = \left(\frac{q_1 q_2}{8\pi\epsilon_0 E_{kin}}\right)^2 \cot\frac{\vartheta}{2}\frac{1}{2\sin\vartheta\sin^2\frac{\vartheta}{2}}$$

$$= \left(\frac{q_1 q_2}{16\pi\epsilon_0 E_{kin}}\right)^2 \frac{1}{\sin^4\frac{\vartheta}{2}}$$ (3.21)

umformen lässt. Gleichung (3.21) ist die berühmte **Rutherford-Streuformel**, die die Aufstreuung der α-Teilchen quantitativ richtig wiedergibt.

Die historischen Messergebnisse weichen nicht von der Rutherford-Streuformel ab, d. h. der Kern ist so klein, dass die 5 MeV α-Teilchen nicht direkt mit dem Kern stoßen können. Die Größe des Goldkerns lässt sich mit (3.20) abschätzen. Wir nehmen in Abb. 3.15 den maximalen Streuwinkel 130° an, bei dem die Rutherford-Kurve die Messergebnisse sicher beschreibt. Teilchen mit diesem Streuwinkel kommen dem Kern mit einem Stoßparameter von

$$b = \frac{q_1 q_2}{8\pi\epsilon_0 E_{kin}}\cot\frac{\vartheta}{2} = 1{,}1 \cdot 10^{-14}\text{ m}$$

nahe. Der Durchmesser des He-Kerns spielt zwar auch eine Rolle, ist aber im Vergleich zum Au-Kern zu vernachlässigen. Offensichtlich ist der Goldkerndurchmesser kleiner als 22 fm!

Abbildung 3.16(a) veranschaulicht nach (3.20) den Zusammenhang zwischen dem Stoßparameter und der kinetischen Energie der Streuteilchen für einen Streuwinkel $\vartheta = 60°$. Dann ist $\cot(\vartheta/2) = 1{,}73$, und es gilt

$$b = \frac{197\text{ fm}}{E_{kin}\text{ (in MeV)}}.$$

Ab einer kinetischen Energie von 27 MeV beobachtet man ein Abweichen des Streuquerschnitts von der Rutherford-Formel, wie in Abb. 3.16(b) dargestellt. Die Teilchen spüren hier den ausgedehnten Kern und streuen wie harte Kugeln. Die Daten mit α-Teilchen variabler Energie wurden Eisberg und Porter [3.4] entnommen. Die Ergebnisse ergeben einen Goldkerndurchmesser von ungefähr 13 fm.

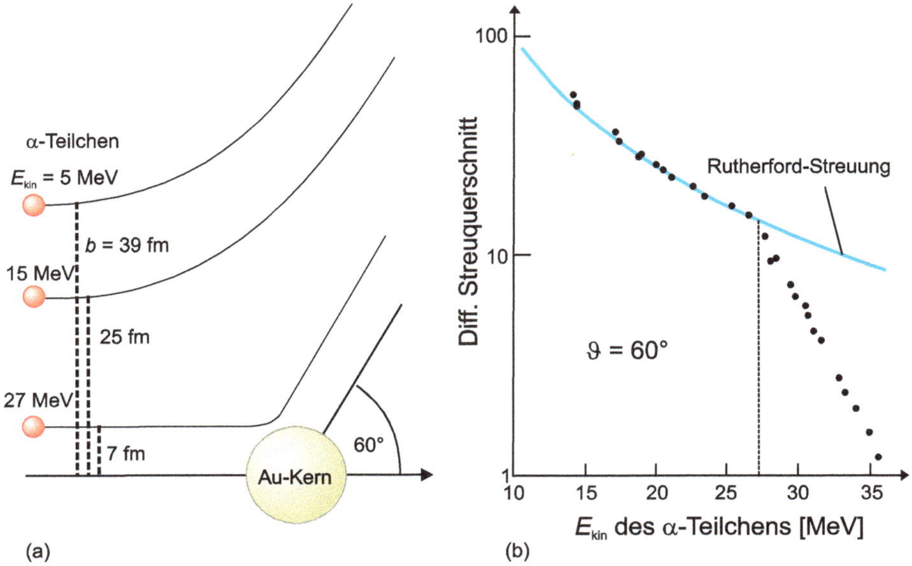

Abb. 3.16: (a) Zusammenhang zwischen kinetischer Energie der Streuteilchen und Stoßparameter bei dem Streuwinkel von 60°. (b) Ergebnisse des Streuquerschnitts für die Streuung von α-Teilchen an Gold bei variabler kinetischer Energie und Streuwinkel von 60° (nach [3.4]). Ab einer Energie von 27 MeV sind Abweichungen von der Rutherford-Formel zu beobachten.

3.3.3 Konsequenzen aus dem Rutherford-Experiment

Die Ergebnisse der Rutherford-Streuung brachten seinerzeit die moderne Vorstellung des Atoms entscheidend voran. Sie warfen damals viele Fragen auf, weil sich die Resultate mit den Anschauungen der klassischen Physik nicht vertragen. Fassen wir diese Erkenntnisse kurz zusammen.

- Die großen Streuwinkel der Rutherford-Streuung zeigen, dass die positive Ladung des Atoms in einem winzigen Kern konzentriert ist. Bei der Streuung der α-Teilchen wirkt die Coulomb-Kraft. Als Träger der positiven Elementarladungen erkannte Rutherford die Kerne des Wasserstoffatoms und nannte diese Protonen.
- Rutherford fiel schon früh auf, dass sich die Atommassen nicht durch die gleichen Vielfachen der Wasserstoffatommasse darstellen lassen, wie es bei den Ladungen der Fall ist. Er vermutete, dass es noch ein weiteres massereiches, aber neutrales Kernteilchen geben muss, das spätere Neutron.
- Die extrem leichten Elektronen umgeben den Atomkern und geben dem Atom Ausdehnung und Gestalt. Der Atomdurchmesser ist dabei um fünf Zehnerpotenzen größer als der Kern. Im Bild der klassischen Physik müssten sich die Elektronen im zentralen Coulomb-Kraftfeld auf Kepler-Bahnen um den Kern bewegen. Das Atom entspräche dann einem kleinen Planetensystem.

Dieses klassische Bild kann aber nicht richtig sein, denn es widerspricht den Erkenntnissen der klassischen Elektrodynamik! Elektronen auf Kreis- bzw. Ellipsenbahnen befinden sich auf beschleunigten Trajektorien und strahlen daher energiereiche elektromagnetische Strahlung ab! Dies lässt sich veranschaulichen, wenn man gedanklich auf die Kante der geschlossenen Bahn schaut. Das Elektron bewegt sich dann wie die Ladung eines Hertzschen Dipols. Die Elektronen im Atom fielen unweigerlich in den Kern, und die Rechnung ergibt, dass dies innerhalb weniger ps erfolgen müsste.

Die Stabilität der Atome kann mit der klassischen Physik nicht erklärt werden. **!**

Eine weitere Beobachtung, die mit der klassischen Physik nicht erklärt werden kann, ist die Lichtemission aus Atomen und Ionen, die im anschließenden Abschnitt diskutiert wird.

3.4 Elektronische Struktur von Atomen

3.4.1 Lichterscheinungen in der Gasentladungsröhre

Die Glimmentladung bei niedrigem Gasdruck in Abb. 3.3 wird von komplexen Lichterscheinungen begleitet. Ohne auf Einzelheiten einzugehen, besprechen wir nur qualitativ die auffälligen Wechsel von Hell- und Dunkelräumen, weil sie bemerkenswerte Eigenschaften der Atome offenbaren.

In Abb. 3.17 sind die Lichtphänomene in einer einfachen Gasentladungsröhre noch einmal genau dargestellt und die einzelnen Bereiche mit ihren historischen Namen bezeichnet. Darunter ist die elektrische Feldstärke angegeben, die durch Sonden in den Regionen gemessen werden kann. Eine positive Feldstärke bedeutet die Richtung von Plus (Anode) nach Minus (Kathode). Dicht an der Kathode ist das elektrische Feld sehr hoch. Schnelle Ionen schlagen weitere Ionen und Elektronen an der Kathode aus. Das große elektrische Feld führt auch zu einer räumlichen Trennung von Elektronen und Ionen, weil die leichten Elektronen sehr viel schneller beschleunigt werden. Im *Hittorf-Dunkelraum* fällt daher wegen der erhöhten Ionendichte das elektrische Feld auf kurzer Strecke ab (*Kathodenfall*). Die sich schnell zur Anode bewegenden Elektronen stoßen inelastisch mit Atomen und Ionen im Bereich des *negativen Glimmlichts*. Sie verlieren dadurch den größten Teil ihrer kinetischen Energie und übertragen diese an Atome, die ionisiert und energetisch *angeregt* werden. Das beobachtete Licht kommt im Wesentlichen durch das Zusammenkommen von Elektronen und Ionen (*Rekombination*) zustande, das Energie durch Lichtemission freisetzt.

Hinter dem Glimmlicht im *Faraday-Dunkelraum* ist das elektrische Feld sehr klein. Ionen und Elektronen diffundieren in dieser Zone, ohne effizient miteinander zu re-

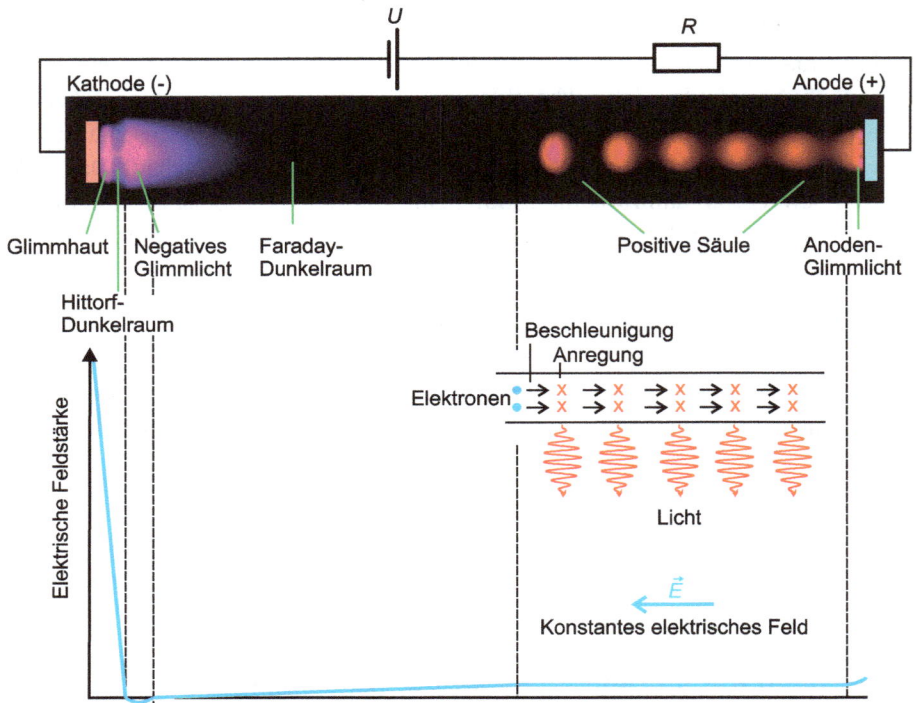

Abb. 3.17: Benennung der Leuchterscheinungen in einer Glimmentladung. Für die einzelnen Bereiche ist die elektrische Feldstärke angegeben. Entlang der positiven Säule werden die Ladungen mit konstanter Kraft beschleunigt. Die eingefügte Zeichnung verdeutlicht den Prozess in der positiven Säule. Elektronen werden im Wechsel beschleunigt und regen Gasatome an. Nur in den Bereichen der Anregung wird Licht emittiert.

kombinieren oder neue Ionen zu bilden. Entlang der anschließenden *positiven Säule* wirkt ein konstantes elektrisches Feld, das immer noch klein, aber stärker als im Faraday-Dunkelraum ist. Die Ionen- und die Elektronendichte sind nahezu gleich, weshalb man auch von einem *Plasma* spricht. Die Elektronen werden sehr viel schneller beschleunigt. Es bilden sich leuchtende Streifen in den Gebieten aus, in denen Elektronen mit Atomen und Ionen effektiv inelastisch stoßen. Dort werden Atome angeregt oder ionisiert, bzw. Elektronen rekombinieren mit den Ionen. Im Bereich der positiven Säule werden gleich viele Ionen erzeugt wie neutralisiert.

Die eingefügte Zeichnung in Abb. 3.17 zeigt schematisch den Wechsel von Beschleunigung der Elektronen und Stoßanregung, die dann zu Lichtemission führt. Die Dunkelräume zwischen Lichtstreifen in der positiven Säule zeigen, dass die Elektronen erst wieder genügend kinetische Energie im schwachen elektrischen Feld gewinnen müssen, bis sie erneut Gasteilchen anregen oder ionisieren können. Die Abstände zwischen den Lichterscheinungen hängen u. a. vom Gasdruck ab. Diese

Beobachtung offenbart eine erstaunliche Eigenschaft der Atome. Sie können Energie durch Stöße mit Elektronen aufnehmen, jedoch nur in bestimmten Energieportionen. So ist entsprechend eine Mindestenergie für die Anregung eines Atoms bzw. Moleküls notwendig. Im Folgenden soll diese Erkenntnis im Franck-Hertz-Experiment erhärtet werden, das genauer definierte Verhältnisse hat. Danach werden wir sehen, dass ein angeregtes Gasteilchen auch nur bestimmte Energieportionen abgeben kann.

3.4.2 Franck-Hertz-Versuch

Zwischen 1911 und 1914 führen James Franck (1882–1964) und Gustav Ludwig Hertz (1887–1975) in Berlin Experimente zur Stoßanregung von Gasteilchen durch Elektronen durch. Sie verwenden gasgefüllte Glasröhren mit geringem Innendruck, in denen freie Elektronen in einem homogenen elektrischen Feld beschleunigt werden. Einen typischen Aufbau, wie er auch zur Demonstration im Unterricht verwendet wird, zeigt Abb. 3.18(a). Der Glaskolben ist bei Zimmertemperatur mit einem verdünnten Gas, z. B. Neon, bei einem Druck von 1 000 Pa gefüllt. Die Leuchterscheinungen zeigen sich an den Orten, an denen die Ne-Atome angeregt werden.

Die Schnittzeichnung (Abb. 3.18(b)) verdeutlicht, dass es im Kolben eine Glühkathode gibt, an der Elektronen thermisch ausgelöst werden. Sie werden in einem elektrischen Feld auf das Gitter G_1 beschleunigt. Die Beschleunigungsspannung U_B zwischen Gitter und Kathode beträgt typischerweise wenige Volt. Die meisten Elektronen durchdringen das Gitter und gelangen in den Beschleunigungsraum des homogenen Felds zwischen den Gittern G_1 und G_2. Die Spannung U kann variiert werden. Bevor die Elektronen hinter G_2 die Anode erreichen, müssen sie ein elektrisches Gegenfeld mit der Spannung $U_G \approx 10\,\text{V}$ überwinden.

Ohne Gasfüllung setzt der Strom I ab $U = U_G - U_B$ ein und nimmt dann mit der Spannung U zu, weil mehr Elektronen von der Kathode abgesaugt werden und durch G_2 fliegend die Anode erreichen. Die Stromspannungskurve wie in Abb. 3.18(c) wird mit Neonfüllung gemessen. Sie zeigt ausgeprägte Strukturen mit Maxima, die in konstanten Spannungsabständen von im Mittel 18,5 V auftreten.

Die Ergebnisse lassen sich ebenso wie die Lichterscheinungen in der positiven Säule deuten. Die Elektronen benötigen eine kinetische Energie von mindestens 18,5 eV, um die Neonatome anzuregen. Es gibt also nur **diskrete, elektronische Zustände** der Atome mit fester Energie. Beim Stoß der Elektronen mit den Neonatomen wird eine bestimmte Energiemenge übertragen. Im Falle von Neon geben die Atome nach der Anregung einen Teil der aufgenommenen Energie in Form von Licht wieder ab, wie es auch in der positiven Säule zu sehen ist. Wird der Versuch mit hoher Auflösung durchgeführt, erkennt man auf den Maxima noch feine Strukturen, die auf mehrere mögliche Energiezustände der Elektronenwolke des Atoms hinweisen.

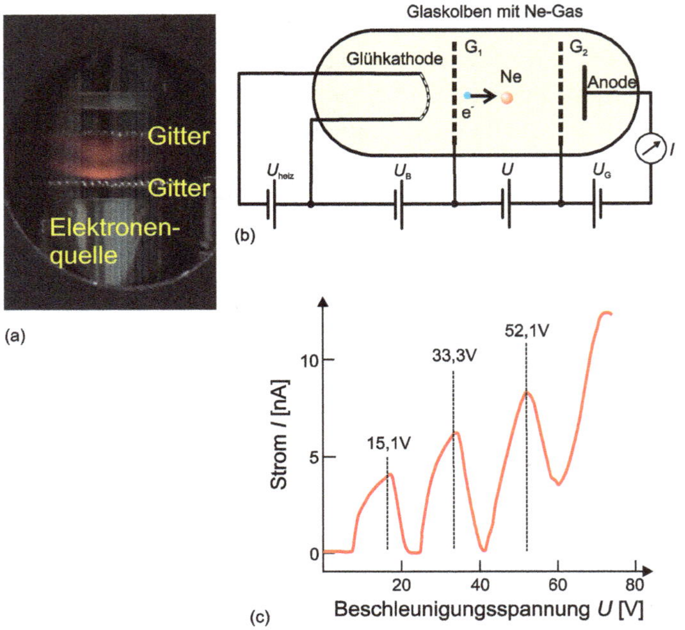

(a)

(b)

(c)

Abb. 3.18: (a) Franck-Hertz-Röhre mit Neongas in Betrieb. Die Leuchterscheinungen sind an den Orten, an denen die Neonatome angeregt werden. (b) Schnittzeichnung durch die Franck-Hertz-Röhre. (c) Messergebnisse mit Neon bei 1 000 Pa Gasdruck. Es sind markante Maxima bei bestimmten Beschleunigungsspannungen zu beobachten.

3.4.3 Atomare Lichtemission und -absorption – Spektrallinien

Sowohl die Energieaufnahme durch inelastische Stöße mit Elektronen als auch die Energieabgabe eines angeregten Atoms oder Moleküls durch Aussenden von Licht bestätigen die diskrete und mit klassischen Modellen nicht vereinbare Energiestruktur der Elektronenwolke. Eine Gasentladung hat je nach Gasfüllung eine charakteristische Farbe, wie es bei der positiven Säule in Abb. 3.17 oder in den Fotografien von verschiedenen Gasentladungen in Abb. 3.19 zu erkennen ist.

Das abgestrahlte Licht kann mit einem Spektrometer in die Wellenlängenanteile zerlegt werden. In Band 2 haben wir das kontinuierliche Spektrum einer weißen Lichtquelle wie die Sonne kennengelernt. Der sichtbare Bereich zwischen den Wellenlängen von 400 und 700 nm ist in Abb. 3.20 dargestellt. Darunter sind die für das Auge sichtbaren Spektren von Wasserstoff, Helium und Quecksilber gezeigt. Licht ganz bestimmter Wellenlängen wird in unterschiedlicher Intensität abgestrahlt, die durch die Strichstärke wiedergeben ist. Die ungewöhnliche Richtung der Wellenlängenachse von großen zu kleinen Werten werden wir bald verstehen – die Energie des Lichts steigt mit abnehmender Wellenlänge.

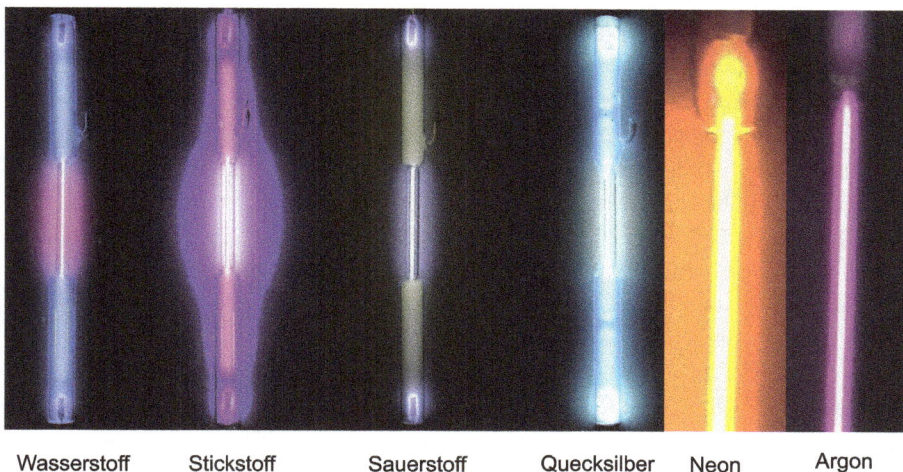

Abb. 3.19: Farben von Entladungsröhren mit verschiedenen Gasen.

Abb. 3.20: Lichtspektren im sichtbaren Wellenlängenbereich. Die Sonne hat ein kontinuierliches Spektrum mit Absorptionslinien durch die Photosphäre der Sonne (Fraunhofer-Linien). Die Gasentladungen sind Linienspektren.

Diese **Linienspektren** setzen sich im ultravioletten und infraroten Bereich fort und sind für das Gas eindeutig und charakteristisch. Die Spektrallinien sind also wie ein *Fingerabdruck*. Man verwendet sie auch heute in der *Spektralanalyse*, um die chemische Zusammensetzung von Materie zu bestimmen. Die Komplexität des Spektrums nimmt mit der Zahl der Elektronen zu. Spektrallinien sind nicht beliebig schmal, sondern weisen eine endliche Spektralbreite auf (siehe Kapitel 8).

Das Wasserstoffatom ist das einfachste Atom, weil der Kern nur aus einem positiv geladenen Proton besteht und die Elektronenhülle nur ein Elektron enthält. Die Linien im Spektrum des atomaren Wasserstoffs H sind in Abb. 3.20 mit den genauen Wellenlängen angegeben. Zum Ende des 19. Jahrhunderts versuchen mehrere Wissenschaftler, die beobachteten Wellenlängen in den Linienspektren mit mathematischen Formeln zu beschreiben. Der schweizer Mathematiklehrer Johann Jakob Balmer (1825–1898) ist darin 1885 erfolgreich und stellt eine Gesetzmäßigkeit für die beobachteten Wellenlängen λ im sichtbaren H-Spektrum fest. Die sogenannte **Balmer-Serie** gehorcht der Formel

$$\lambda_n = A \frac{n^2}{n^2 - 4},$$ (3.22)

mit $n = 3, 4, 5, \ldots$ und einer Konstanten A. Die Gleichung kann in die modernere Schreibweise

$$\frac{1}{\lambda_n} = R_e \left(\frac{1}{2^2} - \frac{1}{n^2} \right) \quad \text{bzw.} \quad f_n = R_e c_0 \left(\frac{1}{2^2} - \frac{1}{n^2} \right)$$ (3.23)

umgeformt werden. Die rechte Formel in (3.23) gilt für die Frequenz f und enthält die Vakuumlichtgeschwindigkeit c_0. Die Größe R_e ist die empirische **Rydberg-Konstante** und beträgt

$$R_e = 109\,678\,\text{cm}^{-1} \quad \text{bzw.} \quad R_e c_0 = 3,29 \cdot 10^{15}\,\text{Hz}.$$ (3.24)

Gleichung (3.23) verdeutlicht, dass es für $n \to \infty$ in der Serie eine kürzeste Wellenlänge $\lambda_\infty = 4/R_e$ gibt und dass mit größerem Zählindex n die Spektrallinien immer dichter zusammenrücken. Es gibt weitere Spektralserien des Wasserstoffs, die sich aus der Balmer-Formel (3.23) ableiten. Sie lassen sich durch

$$\frac{1}{\lambda_{kn}} = R_e \left(\frac{1}{k^2} - \frac{1}{n^2} \right) \quad \text{bzw.} \quad f_{kn} = R_e c_0 \left(\frac{1}{k^2} - \frac{1}{n^2} \right),$$ (3.25)

mit $n = k+1, k+2, k+3, \ldots$ ausdrücken. Je nach k-Index erhält man Serien, die nach ihren Entdeckern benannt wurden:

$$k = \begin{cases} 1, & \textbf{Lyman-Serie im Ultravioletten (1906),} \\ 2, & \textbf{Balmer-Serie im Sichtbaren (1885),} \\ 3, & \textbf{Paschen-Serie im Infraroten (1908),} \\ 4, & \textbf{Brackett-Serie im Infraroten (1922),} \\ 5, & \textbf{Pfund-Serie im Infraroten (1924).} \end{cases}$$

In Abb. 3.21 sind die Serien grafisch veranschaulicht. Entlang der Frequenzachse sind für laufende $n = 1, 2, 3, \ldots$ die Werte der Frequenzen $f = R_e c_0 \frac{1}{n^2}$ eingetragen. Offenbar

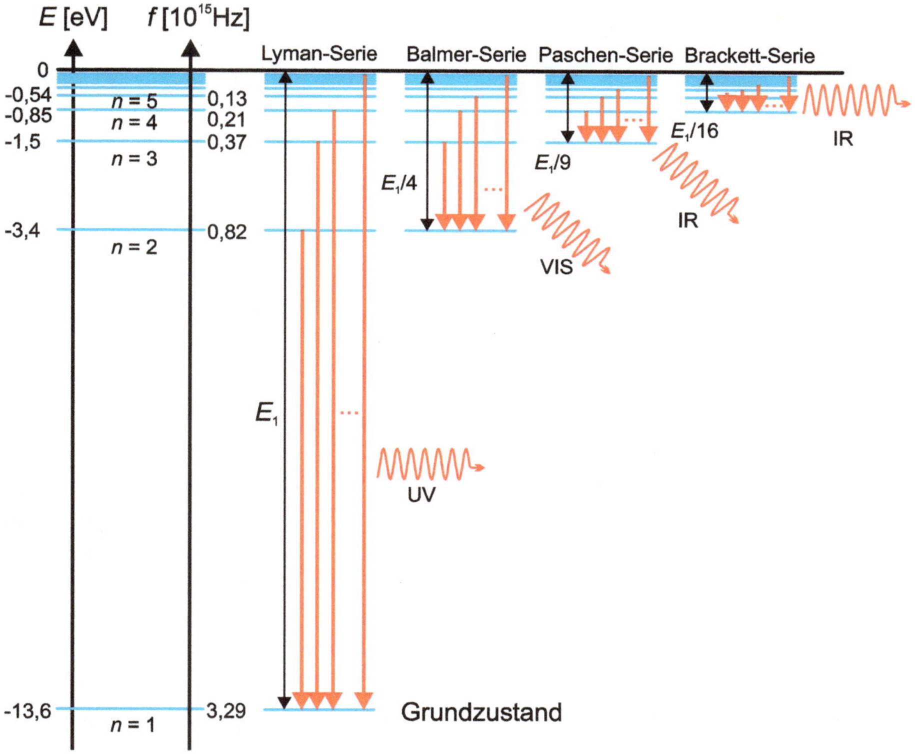

Abb. 3.21: Termschema der Frequenz-/Energieniveaus im Wasserstoffatom. Übergänge zwischen den Niveaus sind durch Absorption oder Emission von Licht mit der Differenzfrequenz möglich. Die Übergänge können nach Serien geordnet werden. Die Ionisierungsenergie beträgt 13,6 eV.

kann das Atom von einem Frequenzniveau zum anderen wechseln und dabei Licht einer Frequenz aussenden, die der Differenz der beteiligten Niveaus entspricht. Die Frequenzleiter in Abb. 3.21 nennt man auch **Termschema**.

Der Sprung zwischen zwei Niveaus findet nicht nur bei der Emission, sondern auch bei der Absorption von Licht statt. Dies lässt sich an den sogenannten **Fraunhofer-Linien** im Sonnenspektrum erkennen, das auf der Erde spektroskopiert wird. Dieses Licht hat die Photosphäre der Sonne durchquert, in der Sauerstoffmoleküle O_2, Wasserstoffatome und eine Reihe von Metallatomen wie Eisen, Natrium, Magnesium oder Quecksilber vorhanden sind. Diese Gasteilchen absorbieren Licht bei charakteristischen Frequenzen. Im kontinuierlichen Sonnenspektrum (Abb. 3.20) sind daher schwarze Linien zu erkennen, die durch Verschlucken des Lichts dieser Wellenlängen bei Anregung der Gasteilchen entstehen. Es gilt: das von einem Atom oder Molekül emittierte Licht bestimmter Wellenlänge kann auch durch das Teilchen absorbiert werden. Emissions- und Absorptionsspektren enthalten Linien bei gleichen Wellenlängen.

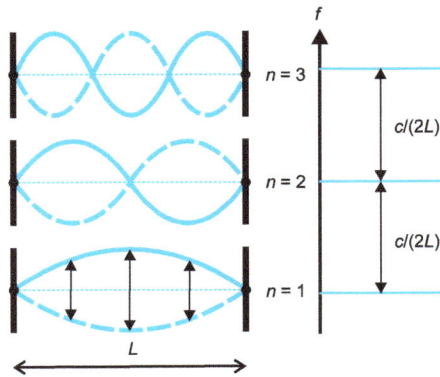

Abb. 3.22: Termschema der Frequenzniveaus für die klassischen stehenden Wellen einer eingespannten Saite.

Das Termschema erinnert an die diskreten Frequenzen von schwingenden physikalischen Systemen, die wegen der Randbedingungen nur mit bestimmten Frequenzen oszillieren können. Wir haben diese in Band 1 kennengelernt. Es bilden sich stehende Wellen bzw. diskrete Schwingungsmoden in einem Resonator. In Abb. 3.22 kann man als Beispiel für eindimensionale Resonatormoden die beidseitig eingespannte Saite betrachten, deren Schwingungsfrequenzen gleich $f_n = nc/(2L)$ sind mit $n = 1, 2, 3, \dots$, L als Resonator- oder Saitenlänge und c als Phasengeschwindigkeit der Welle. Die Mode mit der kleinsten Frequenz wird Grundschwingung und die Moden mit den höheren Frequenzen werden Oberschwingungen genannt. Anders als im Wasserstoffatom ist die Frequenzleiter der Saite im Prinzip nach oben nicht begrenzt, und die Niveaus haben konstante Frequenzabstände.

Im Vergleich zwischen Atom und schwingender Saite erkennt man eine Analogie. Beide Systeme weisen eine diskrete Frequenzleiter auf. Verfolgt man diesen Gedanken weiter, gelangt man zu erstaunlichen Schlussfolgerungen, die mit den Anschauungen der klassischen Physik nicht in Einklang gebracht werden können:

1. Eine Resonatormode in der Mechanik wird mit dem Bild einer stehenden Welle beschrieben. Wird dieses Konzept auf Elektronen im Atom übertragen, muss man dem Elektron als Teilchen auch Welleneigenschaften zuschreiben. In der klassischen Physik sind die Konzepte *Welle* und *Teilchen* eindeutig komplementär, d. h. sie schließen sich zur Beschreibung eines Phänomens gegenseitig aus. Wellen sind ausgedehnt, und es gilt das Superpositionsprinzip. Teilchen sind lokalisiert und können miteinander stoßen. Die Vereinigung von Wellen- und Teilchenbild ist eine kuriose Konsequenz der Quantenphysik, für die in Kapitel 4 weitere Belege mit wichtigen Experimenten gegeben werden.

2. Die klassische Frequenzleiter der schwingenden Saite (Abb. 3.22) sagt nichts über die mechanische Energie einer Mode aus. In der Mechanik bestimmt vor allem das Quadrat der Amplitude den Energieinhalt. Ganz anders beim Atom in Abb. 3.21. Hier endet die Analogie, denn offenbar ist mit der Frequenz die elektronische Energie des Atoms verknüpft. Tatsächlich werden wir in den weiteren Kapiteln fest-

stellen, dass es einfache Beziehungen zwischen Energie und Frequenz und zwischen Impuls und Wellenlänge gibt, die

$$E = hf \quad \text{und} \quad |\vec{p}| = \frac{h}{\lambda} \tag{3.26}$$

lauten, wobei die Proportionalitätskonstante h gleich dem Planckschen Wirkungsquantum ist. Daher ist in Abb. 3.21 neben der Frequenzachse eine *Energieachse* gezeichnet, die die Energie des Elektrons im Wasserstoffatom angibt.

3. Akzeptiert man einmal (3.26) und den radikalen Bruch mit der klassischen Physik, lässt sich die Abb. 3.21 verstehen. Die Niveaus geben die möglichen **Energiezustände** des Elektrons im Wasserstoffatom wieder:

$$E_n = -\frac{hR_e c_0}{n^2}, \tag{3.27}$$

wobei wir den frei wählbaren Nullpunkt der Energieachse für $n \to \infty$ festlegen. Andere Energien sind nicht möglich bzw. erlaubt, und in diesen Zuständen ist das Elektron stabil. Das energetisch tiefste Niveau bei $E_1 = -hR_e c_0 = -13{,}6 \, \text{eV}$ wird **Grundzustand** genannt. Die energetisch höheren Zustände sind die angeregten Zustände des Elektrons. Oberhalb von 0 eV ist das Elektron frei, d. h. E_1 gibt die **Ionisierungsenergie** an, die zum Auslösen des Elektrons aus dem Wasserstoffatom notwendig ist.

4. Ein Sprung zwischen zwei Zuständen erfordert Energie, wenn der Endzustand mit E_f (*f* für *final*) energetisch höher als der Anfangzustands mit E_i (*i* für *initial*) liegt. Dieser Prozess kann durch Absorption eines sogenannten **Lichtquants** oder **Photons** mit der Energie

$$hf = E_f - E_i \tag{3.28}$$

erfolgen. Dementsprechend wird ein Lichtquant mit der entsprechenden Energie emittiert, wenn der Anfangszustand eine höhere Energie als der Endzustand besitzt.

In Abb. 3.21 wird das Entstehen der Serien klar. Die Lyman-Serie entspricht den Übergängen des Elektrons im H-Atom von den angeregten Zuständen in den Grundzustand. Bei der Balmer-Serie springt das Elektron von angeregten Zuständen in den ersten angeregten Zustand und so fort.

Bevor wir die neue quantenphysikalische Beschreibung diskutieren, werden im anschließenden Kapitel zunächst experimentelle Beobachtungen vorgestellt, die die Richtigkeit der Vermutungen zum Welle-Teilchen-Bild und der Gleichung (3.26) belegen.

Quellenangaben

[3.1] Particle data group website: https://pdg.lbl.gov/2020/listings/contents_listings.html (30.07.2020).

[3.2] D. J. Wilkinson, *Historical and contemporary stable isotope tracer approaches to studying mammalian protein metabolism*, Mass Spectrometry Reviews (Wiley, 2016) doi: 10.1002/mas.21507.

[3.3] H. Geiger, E. Marsden, Philosophical Magazine, Serie 6, Band 25, Nummer 148 (1913) S. 604–623.

[3.4] R. M. Eisberg, C. E. Porter, Review of Modern Physics, Band 33 (1961) S. 190–230.

Übungen

1. In der Apparatur, mit der J. J. Thomson Elektronen nachwies, werden Elektronen auf eine kinetische Energie von $E = 1000$ eV beschleunigt. Der Abstand der Kondensatorplatten sei $d = 2$ cm, die Länge des Kondensators betrage $\ell = 10$ cm, und es liege eine Spannung von $U = 100$ V an. Wie groß ist die Geschwindigkeit der Elektronen im Vergleich zur Vakuumlichtgeschwindigkeit? Ermitteln Sie den Ablenkwinkel ϑ. Welchen Fehler macht man mit der Kleinwinkelnäherung nach (3.5)? Wie stark ist das magnetische Feld einzustellen, wenn es die gleiche Ablenkung hervorrufen soll wie das elektrische Feld?

2. ^{20}Ne$^+$-Ionen mit einer Masse von $m = 20$ u werden in einem elektrischen Feld auf $E_{kin} = 200$ eV beschleunigt, bevor sie in einen Thomson-Massenspektrograph eintreten. Der Kondensator des Geräts habe eine Länge $\ell = 10$ cm. Der Abstand zwischen den Kondensatorplatten sei so groß, dass die Ionen bei Austritt aus dem Kondensator um maximal $\Delta y = 2$ cm in die y-Richtung abgelenkt werden können. Welche Spannung muss am Kondensator bei maximaler y-Ablenkung anliegen? Wie groß ist die Ablenkung in x-Richtung, wenn ein homogenes Sektormagnetfeld von $B = 0,1$ T wirkt? (Vernachlässigen Sie Randfelder.)

3. Thomson konnte mit seinem Massenspektrographen die beiden Neon-Isotope ^{20}Ne und ^{22}Ne trennen. Wie weit sind die Auftrefforte der beiden Ionen auf dem Detektor voneinander entfernt, wenn der Abstand zum Detektor $z_0 = 50$ cm beträgt? Verwenden Sie die Abmessungen und die Feldstärken aus der Aufgabe davor.

4. In der Rutherford-Streuung werden oft Goldfolien verwendet, weil dieses Metall sehr dünn gewalzt werden kann. Gold hat die Dichte von $\rho = 19,32$ g/cm^3. Es existiert nur ein stabiles Au-Isotop mit der Atommasse 197 u. Bestimmen Sie die Atomdichte in der Goldfolie und daraus einen Wert für den (kovalenten) Atomradius unter der Annahme von kugelförmigen Atomen. Wie viele Atomlagen durchquert ein α-Teilchen beim Durchgang durch eine Folie mit der Dicke $d = 0,5$ µm?

5. α-Teilchen aus dem natürlichen Zerfall von instabilen Kernen haben typischerweise kinetische Energien von $E_{kin} = 5$ MeV. Geben Sie die Geschwindigkeit der α-Teilchen an. Schätzen Sie aus dem Energiesatz ab, wie nah sich He- und Au-Kern bestenfalls (zentraler Stoß) kommen können, und vergleichen Sie den Wert mit dem Durchmesser des Au-Kerns von ungefähr 13 fm. Im Streuexperiment stellt man fest, dass jedes 30 000. α-Teilchen aus der Geradeausrichtung herausgestreut wird. Verwenden Sie das Beer-Gesetz, um daraus einen experimentellen totalen Wirkungsquerschnitt zu bestimmen. Bestimmen Sie die mittlere freie Weglänge zwischen zwei Streuereignissen und erklären Sie daraus die begründete Annahme, dass ein Teilchen beim Durchgang durch die Goldfolie mit 0,5 µm Dicke nur einmal gestreut wird.

6. Der Detektor in dem Rutherford-Streuversuch habe die Fläche von $A_D = 0,05$ cm^2 und stehe $z_0 = 30$ cm von der Goldfolie mit 0,5 µm Dicke entfernt. Wie groß ist der Raumwinkel $\Delta\Omega$? Der Teilchenstrahl habe eine Querschnittsfläche von 1 mm^2. Wie groß ist das Streuvolumen V_S in

der Folie, und wie viele Streuer bzw. Atome N_S befinden sich darin? Wie viele α-Teilchen $\Delta N/\Delta t$ fallen pro s in den Detektor, wenn dieser unter dem Streuwinkel $\vartheta = 30°$ steht? Die Zahl der einfallenden Teilchen pro Zeit und Fläche sei $I_0 = 10^5/(s\,mm^2)$.

7. Für welchen Wert des Stoßparameters b beträgt der Streuwinkel $\vartheta = 60°$ bei einer kinetischen Energie von 5 und von 10 MeV?

8. Geben Sie die minimale und die maximale Wellenlänge der Spektrallinien in den jeweiligen Serien (Lyman, Balmer, Paschen) des Wasserstoffatoms an.

4 Dualismus von Teilchen und Welle

Die experimentellen Beobachtungen im Franck-Hertz-Versuch sowie von atomaren Linienspektren können offenbar nur verstanden werden, wenn die klassisch getrennten Bilder von Welle und Teilchen vereint werden. Je nach experimenteller Situation müssen die Naturvorgänge im Teilchen- oder im Wellenbild beschrieben werden. In diesem Kapitel werden zunächst der Teilchencharakter elektromagnetischer Wellen und anschließend experimentelle Wellenphänomene an klassischen Teilchen vorgestellt. Darauf aufbauend wird abschließend das anschauliche, halbklassische Bohr-Modell des Wasserstoffatoms diskutiert, das die Spektralserien zwar richtig vorhersagt, aber noch keine neue Theorie darstellt.

4.1 Klassische Vorstellung

In der klassischen Mechanik, Elektrodynamik und Optik schließen sich die Konzepte von Teilchen und Welle aus. Sie beschreiben gänzlich verschiedene Naturerscheinungen mit eigenen Eigenschaften, die im Folgenden kurz rekapituliert werden.

Teilchenbild

- Ein wichtiges Charakteristikum im Teilchenbild ist der *Stoß* zwischen Teilchen. Die Kollision von Billiardkugeln wie in Abb. 4.1(a) steht exemplarisch für den Stoß zwischen harten Kugeln. Teilchen können sich nicht überlagern. Es sind auch distante Feldkräfte zwischen den Teilchen möglich wie z. B. die Coulomb-Kraft in der Rutherford-Streuung. Es gilt streng die Impulserhaltung.
- Teilchen sind lokal und besitzen eine (Ruhe-)Masse. Der Massenmittelpunkt bewegt sich entlang einer linienartigen Trajektorie.

(a)

(b)

Abb. 4.1: (a) Der harte Stoß zwischen Billiardkugeln steht exemplarisch für die Wechselwirkung zwischen Teilchen. (b) Ungestörte Überlagerung von Wasserwellen als Beispiel für ein wellenartiges Phänomen.

https://doi.org/10.1515/9783110468977-004

– Die Bewegung des Schwerpunkts eines Teilchens wird durch die Orts- und Impulskoordinaten beschrieben.

Wellenbild

– Wellen haben die besondere Eigenschaft, dass sie sich ungestört überlagern können, was auch *Superpositionsprinzip* genannt wird. In Abb. 4.1(b) ist dafür beispielhaft die Überlagerung von Wasserwellen dargestellt.
– Wellen besitzen eine räumliche Ausdehnung. Sie können bei ausreichender Kohärenz interferieren, d. h. die Wellenintensität kann im Raum verstärkt oder ausgelöscht sein.
– Wellen werden durch ihre Wellenlänge und Frequenz charakterisiert.

Anmerkung

Die Idee, die Bewegung eines klassischen Teilchens mit einer Welle zu beschreiben, ist allerdings sehr viel älter und reicht zurück bis in die erste Hälfte des 19. Jahrhunderts, d. h. vor den atomphysikalischen Beobachtungen. Die nach zwei bedeutenden Mathematikern benannte *Hamilton-Jacobi-Theorie* ist eine Variante, klassische Trajektorien durch sogenannte *Wirkungswellen* zu beschreiben. Diese Wellen erfüllen formal eine Gleichung, wie man sie für Strahlen aus der geometrischen Optik kennt. So wie es aber in der Strahlenoptik keine Interferenz gibt, ist dieses in der Hamilton-Jacobi-Theorie für Teilchenbewegung auch nicht erlaubt.

Mit dem späteren quantenphysikalischen Wissen kann man die Hamilton-Jacobi-Theorie als näherungsweisen Grenzfall einer übergeordneten Wellenmechanik interpretieren, ähnlich wie die Strahlenoptik ein Grenzfall der Wellenoptik ist. Zur Zeit von Hamilton und Jacobi gab es allerdings keinerlei experimentelle Veranlassung, eine solche utopische Theorie zu vermuten. Heute lässt sich die Schrödinger-Gleichung (Kapitel 5) mit der alten Theorie plausibel machen.

4.2 Elektromagnetische Wellen als Teilchen

4.2.1 Wärmestrahlung

Es ist eine Alltagserfahrung, dass heiße Körper eine Wärmewirkung auf uns ausüben. Der Begriff *Wärmestrahlung* ist historisch entstanden und meint die Aussendung von infraroten elektromagnetischen Wellen bzw. IR-Licht. Bei genügend hoher Temperatur wird sogar Licht im Sichtbaren emittiert. Abbildung 4.2(a) zeigt den Glühfaden einer Glühlampe mit steigender Temperatur. Die Abfolge der Glühfarben stellt Abb. 4.2(b) für steigende Temperaturen dar. Das Spektrum des Lichts, das von der Glühwendel abgestrahlt wird, ist aber kontinuierlich, so wie wir es in Band 2 auch schon für das Sonnenlicht kennengelernt haben.

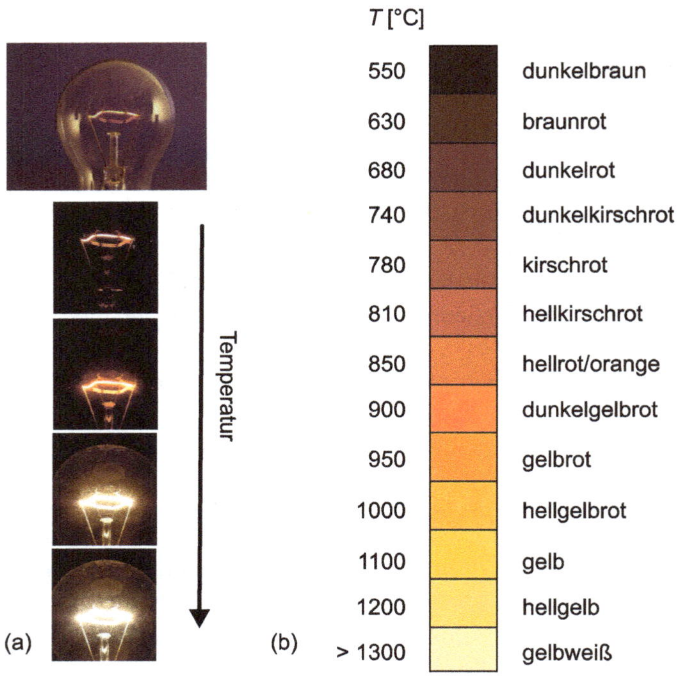

T [°C]		
550		dunkelbraun
630		braunrot
680		dunkelrot
740		dunkelkirschrot
780		kirschrot
810		hellkirschrot
850		hellrot/orange
900		dunkelgelbrot
950		gelbrot
1000		hellgelbrot
1100		gelb
1200		hellgelb
> 1300		gelbweiß

(a)   (b)

Abb. 4.2: (a) Glühfaden einer Glühlampe mit steigender Temperatur. (b) Typische Glühfarben, wie sie von einem heißem Körper abgestrahlt werden.

Es ist eines der großen physikalischen Rätsel zum Ende des 19. Jahrhunderts, wie dieses allgemein bekannte Phänomen zu beschreiben sei. Max Planck (1858–1947) löst das Problem 1900, indem er – mit eigenen Worten – in einem Akt der Verzweiflung annimmt, dass das Licht in kleinen Energieportionen, sogenannten **Lichtquanten**, vorliegt. Zusammen mit der gerade entwickelten statistischen Mechanik gelingt ihm die mathematische Beschreibung der Spektren. Die als mathematischer Kniff gedachte Annahme entpuppt sich als geniale Intuition einer physikalischen Gesetzmäßigkeit. Daher wird Planck heute als Erfinder oder Entdecker des Energiequants angesehen. Er begründet das neue Zeitalter der Quantenphysik.

Bevor wir ausführlicher auf die Wärmestrahlung eingehen, muss geklärt werden, wie die Emission gemessen wird, denn unterschiedliche Stoffe strahlen bei gleicher Temperatur unterschiedlich ab. Es gilt das **Kirchhoffsche Strahlungsgesetz**, das hier nicht hergeleitet werden soll. Es beruht auf dem thermodynamischen Energiesatz und lautet qualitativ:

Im thermischen Gleichgewicht ist die spektrale Abstrahlungsintensität eines Körpers proportional zum spektralen Absorptionskoeffizienten. Gute Absorber von elektromagnetischen Wellen strahlen diese auch gut ab.

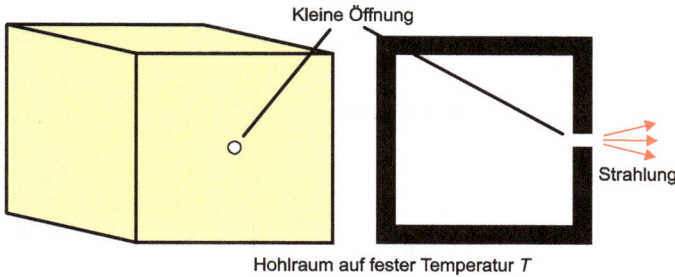

Abb. 4.3: Schematische Darstellung eines Hohlraumstrahlers, dreidimensional und im Schnitt.

Folgerichtig besitzt ein Körper bei einer bestimmten Wellenlänge ein maximales Emissionsvermögen, wenn er Licht dieser Wellenlänge vollständig absorbiert. Weil ein vollständig absorbierender Körper im Sichtbaren schwarz ist, nennt man diesen **schwarzer Strahler.** Aus dem gleichen Grund sind viele Kühlkörper schwarz, weil sie möglichst effizient Wärme abstrahlen sollen. Aber hier ist Vorsicht geboten, Wärmestrahler bei niedrigen Temperaturen wie z. B. Heizkörper müssen in diesem Sinne schwarz im Infraroten sein. Heizkörper sind aus optischen Gründen oft sichtbar weiß, aber der Lack ist schwarz für infrarotes Licht.

Ein **Hohlraumstrahler** sendet eine perfekt schwarze Wärmestrahlung aus. Er besteht aus einem Hohlraum auf fester Temperatur T, in dem es eine kleine Öffnung gibt. Abbildung 4.3 zeigt schematisch einen Hohlraumstrahler räumlich und im Schnitt. Die elektromagnetische Strahlung, die der Öffnung entweicht, entspricht der eines schwarzen Strahlers, weil in die Öffnung eintretendes Licht vom Hohlraum praktisch vollständig absorbiert wird. Die von der Hohlraumöffnung gemessene und wellenlängenaufgelöste Intensität ist ein Maß für die **spektrale Energiedichte** im Hohlraum, die als Funktion der Frequenz $u(f, T)$ oder der Wellenlänge $u(\lambda, T)$ ausgedrückt werden kann. Diese Größe ist definiert als

$u(\lambda, T)\, d\lambda$

$\quad$ = Elektromagn. Wellenenergie pro Volumen im Wellenlängenintervall $[\lambda, \lambda + d\lambda]$;

$[u(\lambda, T)] = \mathrm{Jm}^{-4}$, $\hfill$ (4.1)

bzw. als Funktion der Frequenz

$u(f, T)\, df$

$\quad$ = Elektromagn. Wellenenergie pro Volumen im Frequenzintervall $[f, f + df]$;

$[u(f, T)] = \mathrm{J\, s\, m}^{-3}$. $\hfill$ (4.2)

Das Diagramm in Abb. 4.4 zeigt in doppelt logarithmischer Auftragung die spektrale Energiedichte eines Hohlraumstrahlers bei $T = 2300\,\mathrm{K}$ in Abhängigkeit von der Wel-

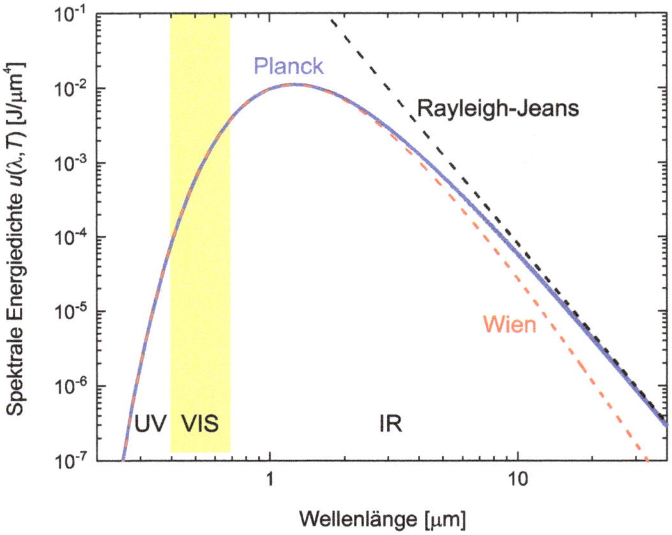

Abb. 4.4: Die Planck-Kurve, hier in doppelt logarithmischer Darstellung und für T = 2 300 K, beschreibt die spektrale Energiedichte der kontinuierlichen Schwarzkörperstrahlung als Funktion der Wellenlänge. Frühere Modelle nach Wien und Rayleigh–Jeans können nur einen Teil der Kurve erklären. Das Rayleigh-Jeans-Gesetz würde zu einer unendlich anwachsenden Energiedichte bei kleiner werdenden Wellenlänge führen.

lenlänge als blaue Linie. Der Verlauf gibt die Intensität der Wärmestrahlung als Funktion der Wellenlänge an. Das Spektrum des abgestrahlten Lichts ist kontinuierlich. Der gelb unterlegte Bereich kennzeichnet den Wellenlängenbereich des sichtbaren Lichts. Links davon liegt der ultraviolette und rechts davon der infrarote Spektralbereich. Offensichtlich sendet der schwarze Strahler selbst bei dieser hohen Temperatur die meiste Energie im Infraroten ab. Es gibt dennoch eine schwache Intensität bis ins Ultraviolette (UV).

Die beiden gestrichelten Linien in Abb. 4.4 folgen Strahlungsgesetzen, wie man sie vor 1900 kannte. Sie beschreiben den kurzwelligen Grenzfall in Form des **Wien-Gesetzes** und den langwelligen Grenzfall als **Rayleigh-Jeans-Gesetz**. Während das Wien-Gesetz eher intuitiv begründet werden kann, verbirgt sich hinter dem Rayleigh-Jeans-Gesetz eine physikalische Überlegung. Der Hohlraum entspricht nämlich einem Resonator, in dem stehende elektromagnetische Wellen (*Moden*) mit Knoten an den Wänden existieren können. Die klassische Energiedichte nach Rayleigh und Jeans ist proportional zu Modenanzahl und der thermischen Energie $k_B T$ pro Mode,

$$u_{RJ}(f, T) \propto \text{Zahl der Moden im Hohlraum pro Volumen} \cdot k_B T$$

$$= \frac{8\pi}{c_0^3} f^2 k_B T. \tag{4.3}$$

Die Formel in (4.3) soll an dieser Stelle nicht hergeleitet werden.

Die klassische Energiedichte führt zu dem Problem, dass die gesamte, integrale Energiedichte gegen unendlich geht,

$$\int_0^\infty u_{RJ}(f, T) \, df \Rightarrow \infty,$$

was unphysikalisch ist und als **Ultraviolettkatastrophe** bezeichnet wird. Wie in Abb. 4.4 zu erkennen ist, gibt es keine UV-Katatrophe im Verlauf der experimentellen Daten, die der Planck-Kurve folgen. Vielmehr existiert ein Maximum, dessen Lage von der Temperatur abhängt.

Max Planck gelingt es, den Verlauf der Hohlraumstrahlungskurve exakt zu beschreiben, indem er abweichend vom klassischen Bild annimmt, dass die atomaren Oszillatoren im Resonator elektromagnetische Wellen nur in kleinen Energieportionen, sogenannten **Quanten**, absorbieren bzw. emittieren können. Die Quantenenergie beträgt nach Planck

$$E = h \cdot f. \tag{4.4}$$

Die Naturkonstante

$$h = 6{,}626\,070\,15 \cdot 10^{-34} \, \text{J s} \tag{4.5}$$

wird als **Plancksches Wirkungsquantum** bezeichnet. Die mittlere Energie pro Mode setzt Planck als

$$\bar{u} = \sum_{n=0}^{\infty} nhf \cdot p_n \tag{4.6}$$

an, wobei p_n die Wahrscheinlichkeit ist, dass die Oszillatoren mit n Quanten der Mode schwingen. Die Wahrscheinlichkeit lässt sich mit der statistischen Physik berechnen, und es folgt als spektrale Energiedichte die berühmte

Plancksche Strahlungsformel

$$u(f, T) = \text{Modendichte im Resonator} \cdot \bar{u}$$
$$= \frac{8\pi h f^3}{c_0^3} \frac{1}{e^{\frac{hf}{k_B T}} - 1}. \tag{4.7}$$

Mit $f = c_0/\lambda$ und der Umrechnung der Differentiale $df = (-c_0/\lambda^2) \, d\lambda$ kann (4.7) auch durch die Wellenlänge ausgedrückt werden,

$$u(\lambda, T) = \frac{8\pi h c_0}{\lambda^5} \frac{1}{e^{\frac{h c_0}{\lambda k_B T}} - 1},\tag{4.8}$$

was die blaue Linie in Abb. 4.4 darstellt.

Folgerungen

- Mit zunehmender Temperatur verschiebt sich das Maximum der Planckschen Strahlungskurve zu kürzeren Wellenlängen. Durch Kurvendiskussion folgt daraus das

Wiensche Verschiebungsgesetz

$$\lambda_{\text{Max}} \cdot T = \text{konstant} \approx 2\,900\,\mu\text{m} \cdot \text{K},\tag{4.9}$$

mit λ_{Max} als Wellenlänge am Kurvenmaximum (siehe Übungen).

- Das Integral der Planckschen Strahlungskurve über den gesamten Wellenlängen- bzw. Frequenzbereich ist proportional zur vierten Potenz der Temperatur T^4. Daraus folgt das

Stefan-Boltzmann-Gesetz

Die abgestrahlte Leistung eines schwarzen Strahlers mit Fläche A und der Temperatur T beträgt

$$P = \sigma \cdot A \cdot T^4\tag{4.10}$$

mit der *Stefan-Boltzmann-Konstanten*

$$\sigma = 5{,}670374\ldots \cdot 10^{-8}\,\frac{\text{W}}{\text{m}^2\text{K}^4}.\tag{4.11}$$

- Heute bezeichnen wir das elementare Lichtquant mit der Energie nach (4.4) als **Photon**. Wie in den folgenden Abschnitten erklärt, hat ein Photon auch Teilcheneigenschaften.

---

i **Physikalische Ergänzung: Die Sonne als Wärmestrahler**

Das Sonnenlicht weist ein kontinuierliches, weißes Spektrum auf. In Abb. 4.5 ist die wellenlängenaufgelöste Intensitätsdichte $\frac{dI}{d\lambda}$ als Funktion der Wellenlänge aufgetragen. Die Intensität als Strahlungsleistung pro Fläche entspricht also dem Integral unter der Kurve. Die gelb unterlegte Kurve gibt die Intensitätsdichte des Sonnenlichts auf der Erde, aber außerhalb der Erdatmosphäre an. Die Gesamtintensität ist gleich der gesamten gelben Fläche und ergibt somit die Solarkonstante $E_0 = 1\,367\,\text{W/m}^2$. Das Kürzel AM0 steht für *air mass zero*, d. h. dass das Licht keine Absorption durch Luftschichten erfährt.

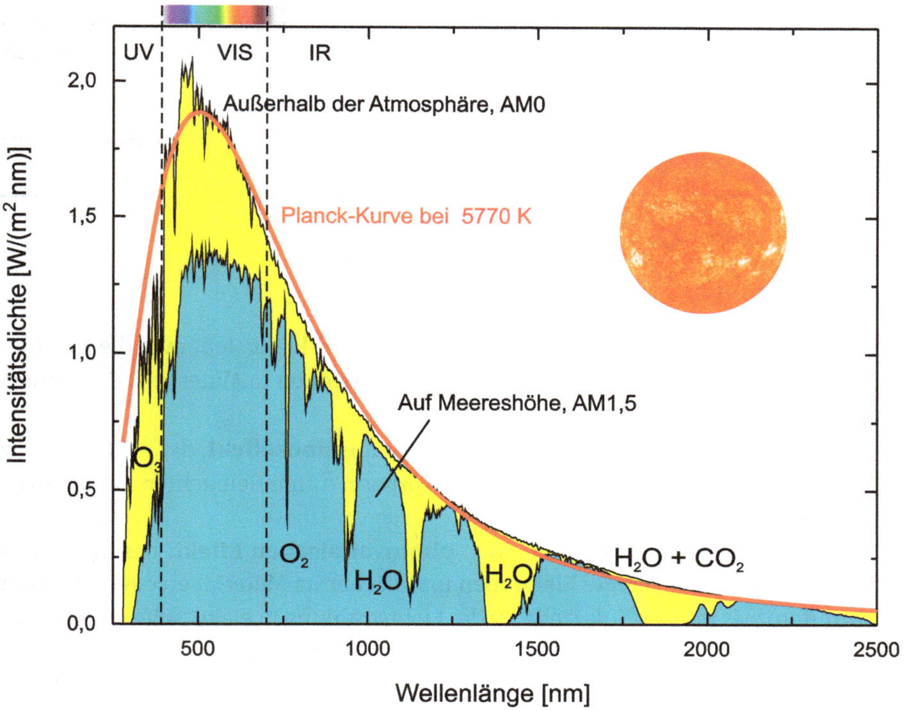

Abb. 4.5: Die spektrale Intensitätsdichte der Sonnenstrahlung auf der Erde. Die AM0-Kurve bezieht sich auf einen Ort außerhalb der Erdatmosphäre und die AM1,5-Linie auf die Intensitätsdichte auf Meereshöhe. Das Spektrum folgt in guter Näherung der Planckschen Strahlungskurve. Die Sonne ist also ein Wärmestrahler mit hoher Oberflächentemperatur. Die Abschwächung des Sonnenlichts durch die Atmosphäre geht auf Anregungen in Molekülen zurück.

Auf dem Weg zum Erdboden wird ein beträchtlicher Teil des Sonnenlichts geschwächt, wie die blau unterlegte Kurve in Abb. 4.5 als spektrale Intensitätsdichte auf Meereshöhe zeigt. AM1,5 bedeutet, dass hier auch eine Einstrahlung mit dem maximalen Zenitwinkel von 48° berücksichtigt wird. Die Absorption ist in bestimmten Wellenlängenintervallen besonders groß. Der UV-Anteil wird vor allem von Ozonmolekülen (O_3) unterdrückt, was für den UV-Strahlenschutz des Lebens auf der Erde wichtig ist. Sauerstoff-, Wasser- und Kohlendioxidmoleküle (O_2, H_2O, CO_2) absorbieren vornehmlich im Infraroten.

Trotz der komplexen Feinstruktur lässt sich das AM0-Spektrum gut mit einer Planck-Kurve für eine Temperatur von ungefähr 5 770 K anpassen, wie als rote Linie in Abb. 4.5 gezeigt. Die Sonne strahlt also in guter Näherung wie ein Wärmestrahler mit der Oberflächentemperatur der Sonne. Die Temperatur ist allerdings so groß, dass unter normalem Druck kein Stoff mehr fest oder flüssig ist. An der Sonnenoberfläche existiert ein Plasma aus Ionen und Elektronen.

Die Planck-Kurve in Abb. 4.5 ist proportional zur spektralen Energiedichte:

$$\frac{\mathrm{d}I}{\mathrm{d}\lambda} = K \cdot c_0 \cdot u(\lambda, T),$$

wobei die Konstante K die Ausdehnung der strahlenden Sonnenscheibe und den Raumwinkel einrechnet, den die Erde gegenüber der Sonne im Zentrum einnimmt. Die Multiplikation mit c_0 überführt die Energiedichte in einen Strahlungsfluss (siehe Band 2, Kapitel 7.1.4).

Das Maximum der spektralen Intensitätsdichte kann mit dem Wien-Verschiebungsgesetz bei ungefähr 500 nm gefunden werden. Es liegt also im Grünen des sichtbaren Bereichs, weshalb die Empfindlichkeit des menschlichen Auges hier besonders groß ist.

4.2.2 Der photoelektrische Effekt

Unter dem photoelektrischen Effekt oder kurz **Photoeffekt** versteht man die vollständige Übertragung der Energie von Photonen an Elektronen in Materie, z. B. in einem Metall. Man unterscheidet zwischen

– dem **äußeren Photoeffekt** oder auch **Photoemissionseffekt**, der die Erzeugung freier Elektronen aus Materie, meist Festkörpern, durch Beleuchten mit kurzwelligem Licht bezeichnet, und

– dem **inneren Photoeffekt** oder auch **photovoltaischen Effekt**, der in Halbleitern auftritt und angeregte Elektronen und Löcher im Material erzeugt. Er ist der Grundprozess in einer Solarzelle, in der Lichtstrahlung in elektrische Energie umgewandelt wird. Die Photovoltaik wird in Band 4 erläutert.

Der Einfluss von kurzwelligem Licht auf Ladungen an Festkörperoberflächen ist schon früh entdeckt worden. So berichten 1839 Alexandre Edmond Becquerel (1820–1891) von einer Spannung zwischen gleichen, aber unterschiedlich beleuchteten Elektroden in Elektrolyten, und 1886 Heinrich Hertz von Effekten bei Funkenentladungen unter Beleuchtung. Das Umladen von Metallplatten durch UV-Bestrahlung wird um 1888 systematisch von Wilhelm Hallwachs (1859–1922) und später um 1900 von Philip Lenard untersucht. Die kuriose Beobachtung, dass die kinetische Energie der ausgelösten Elektronen, die auch als *Photoelektronen* bezeichnet werden, nur von der Frequenz des Lichts und die Zahl der Photoelektronen von der Intensität abhängen, kann erst von Albert Einstein (1879–1955) im Jahr 1905 mit der Lichtquantenhypothese theoretisch erklärt werden.

Der Photoemissionseffekt liefert eine fundamentale Bestätigung für die physikalische Existenz von Photonen als Lichtteilchen und für (4.4). Der experimentelle Nachweis kann heute in Schulversuchen nachvollzogen werden. Dazu verwendet man meist die sogenannte Gegenfeldmethode, die auf eine Arbeit von Robert Andrews Millikan (1868–1953) aus dem Jahr 1916 zurückgeht [4.1]. Abbildung 4.6(a) zeigt den schematischen Aufbau des Experiments mit einer *Photozelle*, bestehend aus der beleuchteten Photokathode und der ihr gegenüberliegenden Anode als Photoelektronenkollektor. Kathode und Anode sind in einem evakuierten Glasrezipienten untergebracht, um Stöße der freien Elektronen mit Gasteilchen zu vermeiden. Die Fotografie einer Photozelle aus einem Schulversuch ist in Abb. 4.6(b) zu sehen.

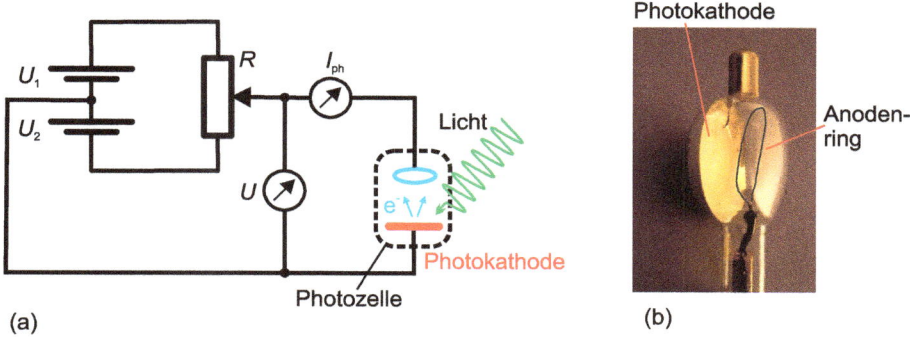

Abb. 4.6: (a) Verschaltung der Photozelle zur Bestimmung der maximalen kinetischen Energie der ausgelösten Photoelektronen. (b) Fotografie einer Photozelle aus einem Schulversuch.

Die Idee des Experiments besteht darin, die Kathode mit Licht einer bestimmten Wellenlänge zu beleuchten und durch Anlegen einer Gegenspannung U an der Anode die maximale kinetische Energie der ausgelösten Elektronen zu bestimmen. Dazu wird U bis zum Wert U_{max} erhöht, bei dem gerade kein Elektronen- bzw. Photostrom I_{ph} mehr gemessen wird. Es gilt dann

$$E_{kin,max} = e_0 U_{max}. \qquad (4.12)$$

Trägt man die maximale kinetische Energie gegen die Frequenz des eingestrahlten, monochromatischen Lichts auf, liegen die Messwerte auf einer Geraden, wie in Abb. 4.7 für eine Natriumkathode gezeigt. Die Messpunkte in Blau sind der Originalarbeit von Millikan entnommen [4.1]. Die Gerade durch die Messpunkte hat die Steigung des Planckschen Wirkungsquantums h und schneidet die Ordinate bei einem Wert von $-\Phi$, der vom Material der Photokathode abhängt. Die Gerade gehorcht der Gleichung

$$E_{kin,max} = hf - \Phi. \qquad (4.13)$$

Einstein erklärt diese Gleichung folgendermaßen: Um ein Elektron aus einem Festkörper herauszulösen, ist eine Mindestenergie aufzubringen, die **Austrittsarbeit** Φ genannt wird. Sie hängt empfindlich vom Material und der Oberflächenbeschaffenheit ab, d. h. ob die Oberfläche kristallin oder amorph, glatt oder rauh, rein oder oxidiert ist. Aus den Daten von Millikan in Abb. 4.7 folgt eine Austrittsarbeit der Natriumoberfläche von ungefähr 1,8 eV. Heute ermittelt man an reinen Na-Oberflächen einen leicht höheren Wert von 2,3 eV, was auf eine Oxidation des Natriums im historischen Experiment hindeutet.

Das Energie-Ort-Diagramm in Abb. 4.8 veranschaulicht die Einsteinsche Erklärung. Ein Lichtquant/Photon mit der Energie hf wird von einem Elektron im Metall absorbiert. Gedanklich befindet sich das Elektron in einem Potenzialtopf und auf einem Energieniveau, das um Φ unterhalb des Vakuumniveaus liegt. Es gewinnt die

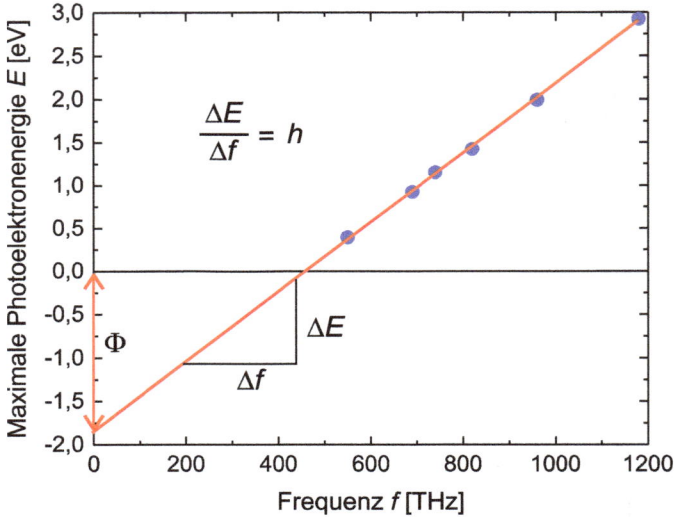

Abb. 4.7: Messwerte der maximalen kinetischen Energie der Photoelektronen als Funktion der Frequenz des eingestrahlten, monochromatischen Lichts auf eine Na-Photokathode. Die Messwerte sind der Originalarbeit von Millikan entnommen [4.1]. Sie folgen einer Geraden, die die Energieachse bei der negativen Austrittsarbeit schneidet und eine Steigung von h hat.

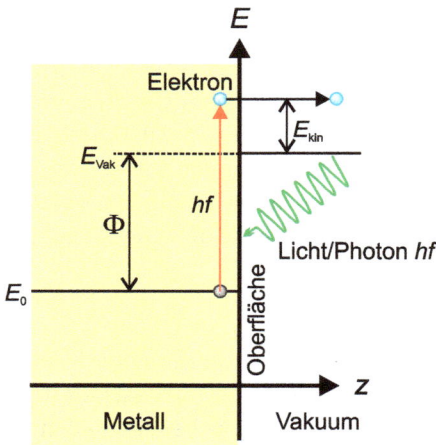

Abb. 4.8: Energie-Ort-Schema zur Einsteinschen Erklärung des Photoeffekts. Ein Metallelektron befindet sich in einem Potenzialtopf, aus dem es ohne äußere Anregung nicht entweichen kann. Die Energie hf eines auf die Oberfläche einfallenden Photons kann vollständig aufgenommen werden. Das angeregte Elektron kann die Oberfläche verlassen.

gesamte Photonenenergie hf als kinetische Energie im Festkörper. Bewegt es sich in Richtung Oberfläche und ist $hf > \Phi$, kann es den Festkörper ins Vakuum verlassen. Dies ist der elementare Prozess der *Photoemission*. Im Vakuum wird die kinetische Energie E_{kin} des freien Elektrons relativ zum sogenannten Vakuumniveau E_{Vak} gemessen. Sein Wert wird durch (4.13) beschrieben, weil der Energieanteil Φ zum Überwinden der Potenzialbarriere benötigt wird und nur der Rest für die kinetische Energie übrig bleibt.

Tab. 4.1: Austrittsarbeiten ausgesuchter Metalloberflächen in eV.

Metall	Na	Cs	Mg	Ba	Al	Cu	Au	Pt
Austrittsarbeit	2,3–2,7	2,0	3,7	2,5–2,7	4,1–4,3	4,5–4,9	5,1–5,5	5,2–5,9

Tabelle 4.1 gibt typische Werte von Φ für verschiedene reine Metalloberflächen an. Sie können z. B. durch Photoemissionsmessungen bestimmt werden. Die Intervalle zeigen, dass die Austrittsarbeit auch von der Kristallorientierung der Oberfläche abhängt. Alkali- und Erdalkalimetalle besitzen kleine Austrittsarbeiten, während die Werte bei Edelmetallen sehr hoch sein können.

Wie in der Planckschen Hypothese ist auch hier die **Energie** eines Photons proportional zur Frequenz und reziprok proportional zur Wellenlänge,

$$E_{\text{Photon}} = hf = \frac{hc_0}{\lambda} = \hbar\omega. \tag{4.14}$$

In (4.14) taucht die **reduzierte Planck-Konstante**

$$\hbar = \frac{h}{2\pi} = 1{,}054\,571\,817\ldots \cdot 10^{-34}\,\text{J s} \tag{4.15}$$

auf, wenn anstelle der Frequenz f die Kreisfrequenz ω verwendet wird. In Abb. 4.14 ist die Photonenenergie in eV als Funktion der Wellenlänge aufgetragen, wobei typische Spektralbereiche benannt sind. Sichtbares Licht enthält Photonen zwischen 2 und 3 eV.

Technische Ergänzung: Elektronenvervielfacher, Photomultiplier und Channeltron

Mit empfindlichen Instrumenten lassen sich heute einzelne Photonen, Elektronen oder Ionen messen. Ihre Funktion beruht im Allgemeinen auf der Elektronenvervielfachung, die aus einem Elektron einen Ladungsimpuls macht, der mit konventioneller Elektronik gemessen werden kann. In Abb. 4.9(a) ist das Prinzip eines diskreten Elektronenvervielfachers gezeigt. An hintereinander liegenden Elektroden, *Dynoden* genannt, liegt durch eine Spannungskaskade eine stufenweise zunehmende, elektrische Hochspannung. Trifft ein Elektron die erste Dynode, löst es einige *Sekundärelektronen* aus, die durch den Spannungsabfall auf die zweite Dynode beschleunigt werden, dort wieder Sekundärelektronen erzeugen und so fort. Es entsteht eine Ladungslawine. Ist A die Ausbeute an ausgelösten Elektroden pro einfallendem Elektron, ergibt sich an der Anode ein Ladungsimpuls von A^n Elektronen bei n Dynoden. Um eine große Ausbeute zu erreichen, werden die Dynoden meist mit speziellen Stoffen beschichtet. Auch Ionen können durch Auslösung von Sekundärelektronen an der ersten Dynode auf diese Weise empfindlich nachgewiesen werden. Schaltet man der ersten Dynode eine Photokathode vor, an der einzelne Photonen durch den Photoeffekt Photoelektronen erzeugen, spricht man von einem *Photomultiplier*, mit dem Einzelphotonennachweis möglich ist.

Anstelle der diskreten Dynoden kann die Beschichtung auch kontinuierlich in einem kleinen, gekrümmten Glasröhrchen aufgebracht werden. Dadurch entstehen kleine, kompakte Elektronenvervielfacher, in denen die Ladungslawine kontinuierlich erzeugt wird. Die prinzipielle Funktionsweise

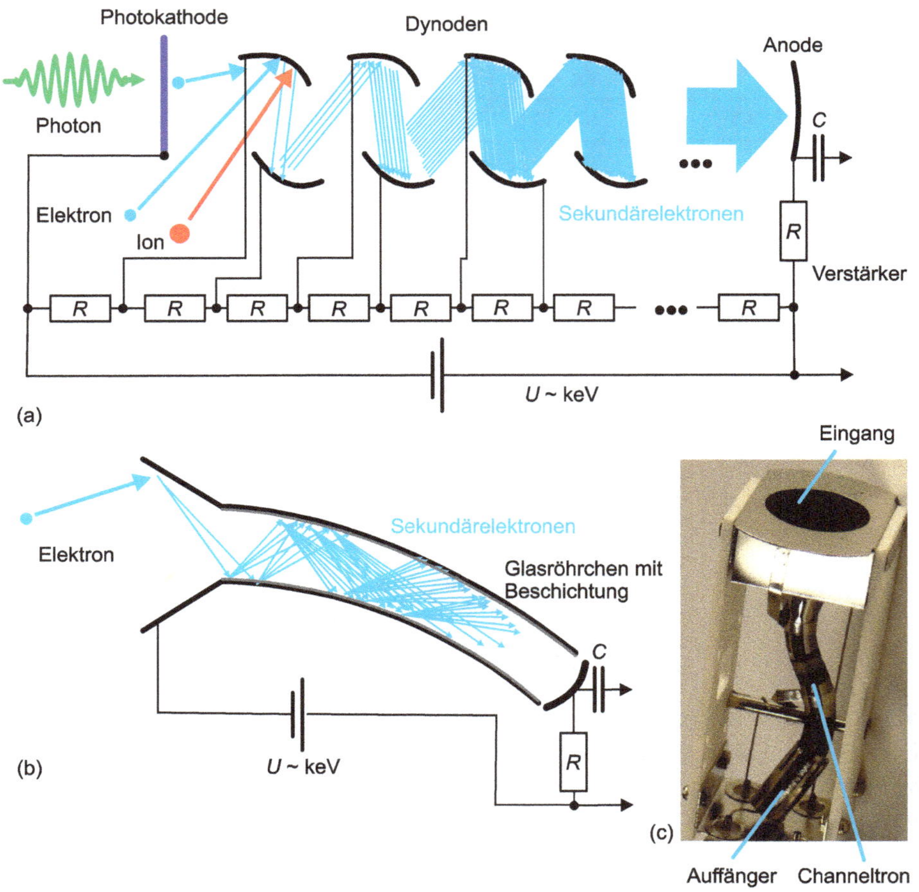

Abb. 4.9: (a) Prinzip eines Elektronenvervielfachers bzw. Photomultipliers. (b) Konzept eines Channeltrons. (c) Fotografie eines kommerziellen Channeltrons.

dieses sogenannten *Channeltrons* ist in Abb. 4.9(b) gezeichnet, und ein typisches Exemplar ist in Abb. 4.9(c) abgebildet.

Elektronenvervielfacher funktionieren nur in einem Ultrahochvakuum bei einem Druck unterhalb von 10^{-5} Pa. Anderenfalls gäbe es wegen der Hochspannung zerstörende Entladungen. Photomultiplier sind in evakuierte Glaskolben eingeschweißt und daher Vakuumröhren.

Anmerkung: Inverser photoelektrischer Effekt

In Kapitel 6 (Band 2) wurde die Herstellung von Röntgenlicht durch Einschießen schneller Elektronen in Festkörper vorgestellt. Diese Erscheinung wird auch als *inverser photoelektrischer Effekt* bezeichnet. Beim Abbremsen der Elektronen wird infolge der negativen Beschleunigung der Punktladung elektromagnetische Strahlung

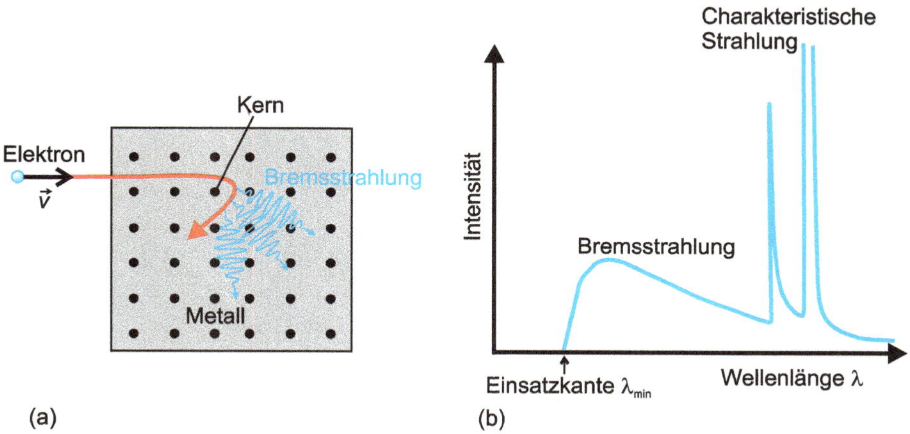

Abb. 4.10: (a) Herstellung von Röntgen-Bremsstrahlung durch Einschuss schneller Elektronen in Materie. (b) Typisches Bremsstrahlungsspektrum mit charakteristischen Spektrallinien. Es gibt eine scharfe Einsatzkante.

erzeugt. In Abb. 4.10(a) ist das Prinzip dargestellt. Abbildung 4.10(b) zeigt ein typisches Spektrum, das aus dem kontinuierlichen, weißen Bremsstrahlungsspektrum und starken, charakteristischen Spektrallinien besteht. Die Spektrallinien entstehen durch hochenergetische elektronische Übergänge in den Atomen des Anodenmetalls (siehe Kapitel 7).

Wir wollen die scharfe Einsatzkante des Bremsstrahlungsspektrums bei einer kleinsten Wellenlänge λ_{min} betrachten. Sie ist ebenfalls nur im Lichtquantenbild nach (4.14) zu verstehen. Die höchste Photonenenergie kann nicht größer sein als die kinetische Energie der Elektronen, so dass für die Kante

$$\frac{hc_0}{\lambda_{min}} = E_{kin} \tag{4.16}$$

gilt.

4.2.3 Der Compton-Effekt

Stoßprozesse sind charakteristisch für Teilchen. Die inelastische Streuung von Photonen an Elektronen in Festkörpern bestätigt daher das Teilchenbild des Photons besonders überzeugend. Aus der klassischen Mechanik ist bekannt, dass Energie- und Impulserhaltungssatz für den Stoßprozess erfüllt sein müssen. Die Energie des Photons ist durch (4.14) gegeben. Sein Impuls kann aus der speziellen Relativitätstheorie (siehe Band 2, Kapitel 10) hergeleitet werden.

Das Photon besitzt keine Ruhemasse und breitet sich mit Lichtgeschwindigkeit aus, weshalb

$$E_{\text{Photon}} = p_{\text{Photon}} \cdot c_0 \tag{4.17}$$

gilt mit dem Impuls eines Photons von

$$p_{\text{Photon}} = \frac{E_{\text{Photon}}}{c_0} = \frac{hf}{c_0} = \frac{h}{\lambda}. \tag{4.18}$$

Entsprechend kann dem Photon eine relativistische Masse von

$$\tilde{m}_{\text{Photon}} = \frac{E_{\text{Photon}}}{c_0^2} = \frac{hf}{c_0^2} = \frac{p_{\text{Photon}}}{c_0} \tag{4.19}$$

zugeschrieben werden. Die Tilde soll kennzeichnen, dass es sich nicht um eine Ruhemasse handelt.

Beispiel

Der Impuls eines Photons im Sichtbaren ist sehr klein. Für $\lambda = 650$ nm folgt ein Photonenimpuls von ungefähr 10^{-27} kg m/s. Seine relativistische Masse wäre $3{,}3 \cdot 10^{-36}$ kg und damit mehr als fünf Größenordnungen kleiner als die Elektronenmasse. Ein Elektron mit gleichem Impuls muss sich nur mit 1 100 m/s bewegen, was im Vergleich zu den Geschwindigkeiten von Elektronen in Metallen um $c_0/100$ winzig ist.

Aus diesem Beispiel wird klar, dass nur Photonen mit Energien von vielen keV einen mit Elektronen vergleichbaren Impuls und eine vergleichbare Masse haben. Massen ähnlicher Größe sind bei effektiver Energieübertragung zwischen Stoßpartnern wichtig (siehe Band 1, Kapitel 8), weshalb Effekte durch Stöße zwischen Photon und Elektron vor allem für Röntgenlicht zu erwarten sind.

Der amerikanische Physiker Arthur Holly Compton (1892–1962) untersuchte Anfang der 1920er Jahre die Streuung von Röntgenlicht mit Kristallen und findet gestreute Lichtintensität mit größerer Wellenlänge. Das als **Compton-Effekt** benannte Phänomen beruht auf dem Stoß von Röntgenphotonen mit Elektronen im Festkörper. Abbildung 4.11(a) zeigt schematisch den Comptonschen Versuchsaufbau. Compton verwendet Röntgenlicht aus einer Molybdänanode mit einer Photonenenergie von 17,5 keV ($K\alpha$-Linie, siehe Kapitel 7) und richtet es auf eine Graphitprobe. Das gestreute Röntgenlicht nimmt er unter dem Winkel ϑ mit einem schwenkbaren Röntgenspektrometer auf, mit dem durch Beugung an einem Kristall die Wellenlänge des Lichts bestimmt werden kann.

Abbildung 4.11(b) zeigt den Verlauf der Messkurven von Compton aus dem Jahr 1923 [4.2]. Bei wachsendem Streuwinkel ist Röntgenlicht mit größerer Wellenlänge, d. h. geringerer Photonenenergie nachweisbar. Offenbar verlieren Photonen umso mehr Energie, je stärker sie gestreut werden. Der Energieverlust ist klein und beträgt typischerweise um 1 %. Compton kann die Ergebnisse theoretisch erklären, indem er

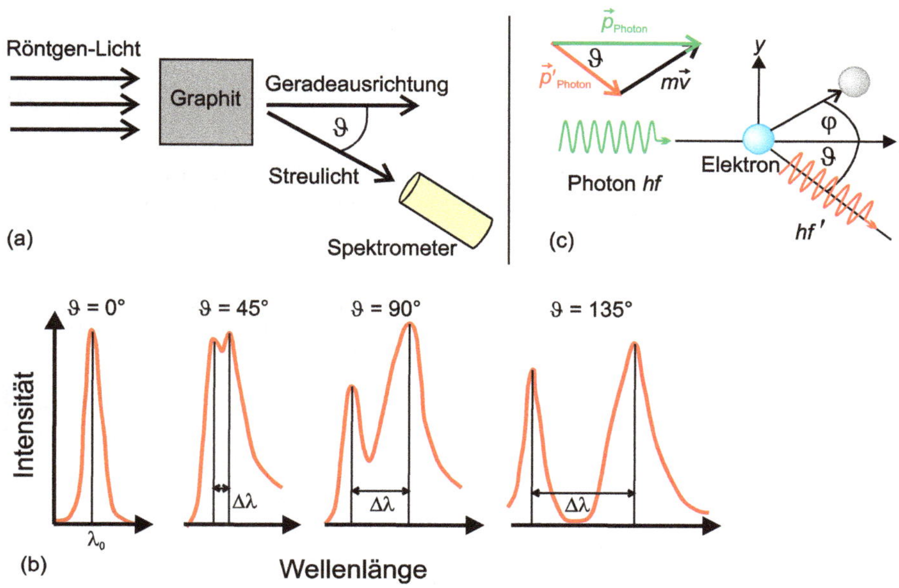

Abb. 4.11: (a) Schema des Compton-Streuexperiments zwischen Photon und Elektron. (b) Verschiebung zwischen den Wellenlängen der einfallenden und der gestreuten Röntgenlichtwelle. Die Kurven sind der Arbeit von Compton entnommen [4.2]. (c) Schema des Einzelstreuprozesses mit Vektorsumme der beteiligten Impulse.

den in Abb. 4.11(c) dargestellten Einzelstoß zwischen Photon und Elektron betrachtet und die Impuls- und Energiebilanz aufstellt. Die Impulse von Photon und Elektron sind vektoriell eingezeichnet. Man bezeichnet den Elektronenimpuls $m\vec{v}$ auch als Rückstoß. Wegen der hohen Energien muss mit relativistischen Größen gerechnet werden. Der Energiesatz lautet

$$E_{\text{vorher}} = E_{\text{nachher}}$$
$$hf + m_e c_0^2 = hf' + m c_0^2, \tag{4.20}$$

wobei hf (hf') die Photonenenergie vor (nach) dem Stoß ist; m_e ist die Ruhemasse des Elektrons, und die relativistische Masse lautet

$$m = \frac{m_e}{\sqrt{1 - (\frac{v}{c_0})^2}}. \tag{4.21}$$

Der Erhaltungssatz der Impulskomponenten in x- bzw. y-Richtung in Abb. 4.11(c) ergibt

$$\frac{hf}{c_0} = \frac{hf'}{c_0}\cos\vartheta + mv\cos\varphi \quad \text{und} \tag{4.22}$$

$$0 = \frac{hf'}{c_0}\sin\vartheta - mv\sin\varphi. \tag{4.23}$$

Gleichungen (4.20)–(4.23) können ineinander eingesetzt und umgeformt werden. Dies ist einer Übung vorbehalten. Man erhält für die Wellenlängenverschiebung die einfache Compton-Gleichung

$$|\Delta\lambda| = c_0\left(\frac{1}{f'} - \frac{1}{f}\right) = \frac{c_0(f-f')}{ff'} = \frac{h}{m_e c_0}(1 - \cos\vartheta). \tag{4.24}$$

Der Vorfaktor ist die **Compton-Wellenlänge**

$$\lambda_C = \frac{h}{m_e c_0} \approx 2{,}43 \cdot 10^{-12}\,\text{m}. \tag{4.25}$$

Sie entspricht anschaulich der Wellenlänge eines Photons, dessen Energie hc_0/λ_C der Ruheenergie des Elektrons $m_e c_0^2 \approx 511\,\text{keV}$ entspricht.

Der Compton-Effekt ist die wichtigste Ursache für die Absorption elektromagnetischer Strahlung in Materie im Energiebereich zwischen 500 und 10 000 keV, d. h. für harte Röntgen- bis mittlere γ-Strahlung.

Anmerkung

Es wird auch der umgekehrte Prozess beobachtet, dass ein hochenergetisches Elektron oder auch ein anderes massives Teilchen Energie auf ein relativ niederenergetisches Photon überträgt. Er wird als **inverser Compton-Effekt** bezeichnet und spielt bei kosmischen Emissionen von starker γ-Strahlung, aber auch in Hochenergiebeschleunigern eine Rolle.

4.2.4 Photonen

Lichtquanten, die ursprünglich von Max Planck als Hypothese zur Erklärung der Wärmestrahlung erdacht wurden, sind physikalisch real, denn die beschriebenen experimentellen Ergebnisse lassen keinen anderen Schluss zu. Elektromagnetische Strahlung kann in unserer klassischen Anschauung nur dann vollständig physikalisch erklärt werden, wenn sie sowohl als Welle, als auch als Strom von Photonen beschrieben wird. Dabei stellt die Welle-Teilchen-Vorstellung vor allem unsere traditionelle Anschauung von den Naturphänomenen in Frage. Die Quantenphysik als korrekte Beschreibung der physikalischen Welt kennt dieses Dilemma nicht und hebt den vordergründigen Widerspruch in unserer Anschauung durch einen abstrakten mathematischen Formalismus auf.

In Abbildungen stellen wir das Photon schematisch und vereinfachend als kurzen ebenen Wellenzug dar, ähnlich einem kurzen Wellenpaket, wie wir es in der klassischen Elektrodynamik kennengelernt haben. Das Symbol hat aber keine physikalische Bedeutung, weil Wellenpakete nicht monochromatisch sind, sondern sich aus einem Spektrum von Wellenlängen zusammensetzen. Das Photon ist dagegen mit einer scharfen Frequenz und Wellenlänge verknüpft und eine Konsequenz der Quantenphysik der Felder, der sogenannten Quantenfeldtheorie. Das Photon entspricht einem Quant des elektromagnetischen Felds mit einer Energie und einem Impuls. Da man es in der Regel mit vielen Photonen in einem Feld oder einer Mode zu tun hat, sind auch statistische Methoden zur korrekten Beschreibung notwendig. Dieses ist zu komplex, um in dieser Reihe behandelt werden zu können.

Im Folgenden fassen wir die Eigenschaften von Photonen als Quantenteilchen elektromagnetischer Strahlung zusammen und ergänzen diese mit weiteren erstaunlichen Beobachtungen:

- Das Teilchenbild der elektromagnetischen Wellen entspricht einem Photonenstrom. Das Photon besitzt *keine Ruhemasse*, weil es sich mit Lichtgeschwindigkeit bewegt.
- Energie und Impuls eines Photons hängen von der Frequenz bzw. Wellenlänge oder Wellenzahl $|\vec{k}| = 2\pi/\lambda$ ab. Es gilt,

$$E_{\text{Photon}} = hf = \hbar\omega \quad \text{und} \quad p_{\text{Photon}} = \frac{h}{\lambda} = \hbar|\vec{k}|. \tag{4.26}$$

- Nach (4.19) kann man einem Photon eine relativistische Masse zuordnen. Diese erfährt in einem Gravitationsfeld eine Kraft. Im Jahre 1959 weisen Robert Pound und Glen Rebka in einem spektakulären Experiment im Jefferson-Tower der Harvard-Universität nach, dass die Wechselwirkung zwischen Photon und Schwerefeld der Erde existiert. Wie in Abb. 4.12 skizziert, werden 14,4 keV-γ-Photonen aus einer Quelle emittiert, die ungefähr 22,6 m über dem Detektor angebracht ist. Die besondere Quelle erzeugt Strahlung mit einer sehr scharfen Frequenz f, so dass kleinste Frequenzverschiebungen $\Delta f = f' - f$ am Detektor gemessen werden können. Der Energiegewinn durch den freien Fall des Photons ist gleich dem Gewinn an potenzieller Energie und beträgt

$$h\Delta f = \tilde{m}gH = \frac{hfgH}{c_0^2}, \tag{4.27}$$

mit H als Fallhöhe und g als Erdbeschleunigung. Für die gegebene Anordnung kann die extrem kleine, relative Frequenzänderung von $\Delta f/f = 2{,}5 \cdot 10^{-15}$ gemessen werden. Die in Abb. 4.12 dargestellte Verkürzung der Wellenlänge ist also ungeheuer übertrieben. *Fallende Photonen erfahren eine Blauverschiebung.*

Aus der Astronomie ist der verwandte *Gravitationslinseneffekt* bekannt. Das Licht eines entfernten Sterns wird durch große Massen wie z. B. der Sonne abgelenkt,

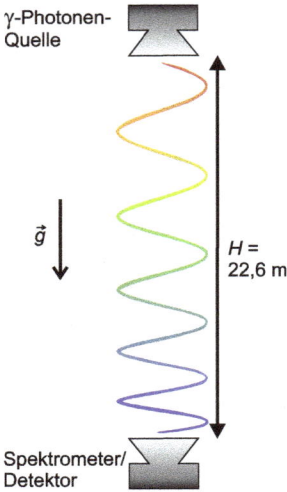

γ-Photonen-Quelle

$\vec{g}$

$H = 22{,}6\ \text{m}$

Spektrometer/Detektor

Abb. 4.12: Im Experiment von Pound und Rebka fallen γ-Photonen im Schwerefeld der Erde und erfahren eine kleine Blauverschiebung. Die dargestellte Wellenlängenverkürzung ist extrem übertrieben.

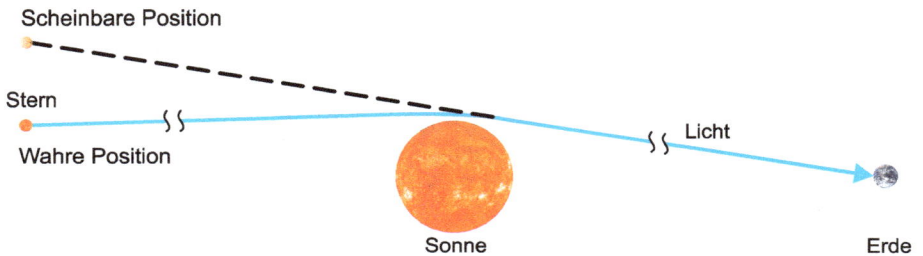

Scheinbare Position

Stern

Wahre Position

Sonne

Licht

Erde

Abb. 4.13: Die Lichtgeschwindigkeit wird durch die Gravitation großer Massen wie die Sonne verkleinert, was zu einer Ablenkung der geradlinigen Ausbreitung führt. Auf der Erde erscheint der Stern nicht hinter, sondern neben der Sonne. Große Massen wirken daher wie eine Gravitationslinse für das Licht.

weil die Lichtgeschwindigkeit durch die Gravitation kleiner wird. Dieses ist mit der allgemeinen Relativitätstheorie erklärbar und wird als *Shapiro-Verzögerung* bezeichnet. Der Stern befindet sich durch die Ablenkung woanders, als bei geradliniger Lichtausbreitung vermutet, wie in Abb. 4.13 übertrieben illustriert.

- Die Intensität I elektromagnetischer Strahlung ist die mittlere Energiestromdichte, die die Strahlungsenergie pro Zeit durch eine Fläche A angibt. Sie wird im Photonenbild besonders anschaulich, weil

$$I = \frac{N}{V}hfc_0 \tag{4.28}$$

gilt mit N/V als mittlere räumliche Photonendichte. In der klassischen Elektrodynamik wurde die Gleichung $I = \epsilon_0 c_0 E_0^2 / 2$ hergeleitet (Kapitel 7.1.4 in Band 2).

Durch Vergleich mit (4.28) erhalten wir für die Amplitude der elektrischen Feldstärke

$$E_0 = \sqrt{\frac{2hf}{\epsilon_0} \frac{N}{V}}, \qquad (4.29)$$

die von der Wurzel der mittleren Photonendichte abhängt.

- In der klassischen Elektrodynamik ist die Intensität von der Frequenz unabhängig. Das Photonenbild steht dazu im Gegensatz. Aus Erfahrung ist aber allgemein bekannt, dass Röntgenlicht für den Körper schädlicher ist als VIS- oder IR-Licht. Röntgenphotonen haben einen hohen Energieinhalt und können durch Ionisation oder Aufbrechen chemischer Verbindungen Schäden am Erbgut und in biologischen Zellen hervorrufen, während die Energie von IR-Photonen dazu nicht ausreicht. Abbildung 4.14 überstreicht über viele Größenordnungen das elektromagnetische Spektrum mit dem Eintrag der entsprechenden Photonenenergie gemessen in eV.

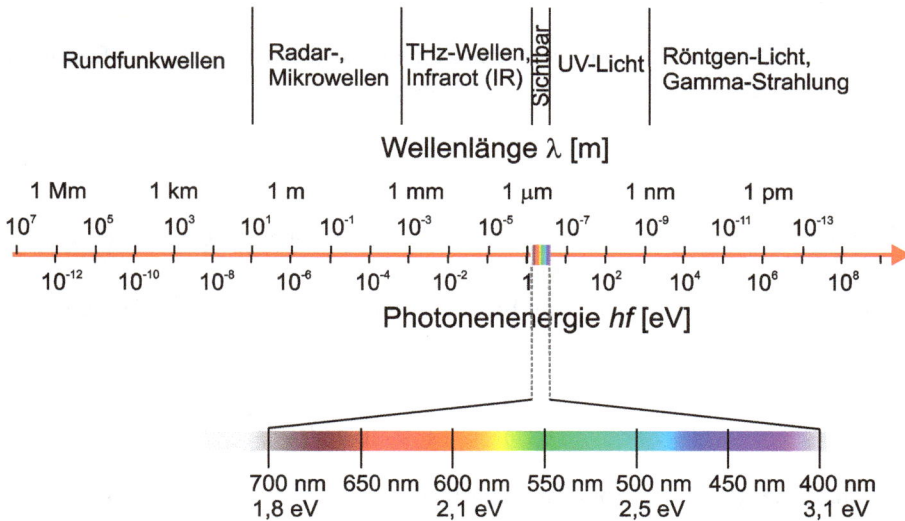

Abb. 4.14: Spektrum der elektromagnetischen Wellen mit den entsprechenden Photonenenergien. Sichtbares Licht enthält Photonen von wenigen eV.

Photonen im sichtbaren Bereich überstreichen den Energiebereich zwischen 1,8 und 3,1 eV. Photonen mit 2 eV entsprechen einer Wellenlänge von 620 nm, was wir als Farbe Rot empfinden.

- Auch der Strahlungsdruck ist im Teilchenbild einfacher zu verstehen. Abbildung 4.15 zeigt, dass eine Fläche den Impuls der Photonen vollständig übernimmt, wenn sie das Licht absorbiert. Bei Reflexion übernimmt die Fläche den

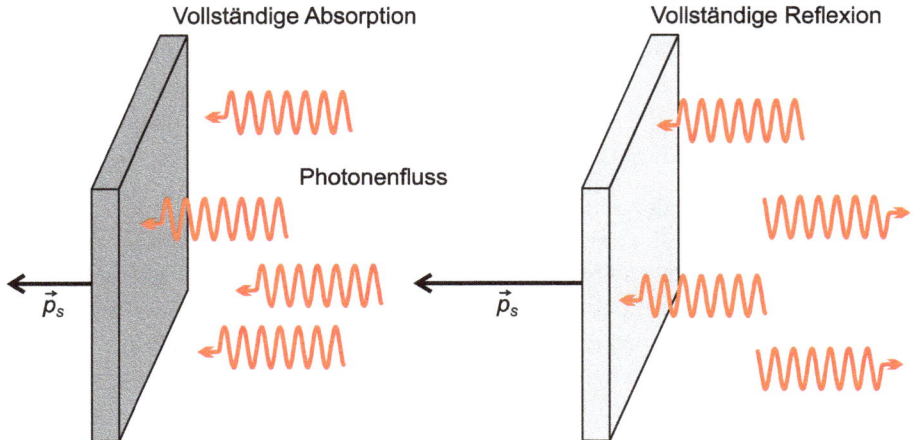

Abb. 4.15: Der Strahlungsdruck ist im Photonenbild einfach zu erklären. Bei vollständiger Absorption übernimmt die Platte den Gesamtimpuls der Photonen. Bei vollständiger Reflexion ist der Impulsübertrag doppelt so groß.

doppelten Impuls. Entsprechend erhalten wir für den Druck auf die Fläche A, wenn ΔN Photonen in einer Zeit Δt einfallen:

$$p_S = \frac{|\vec{F}|}{A} = \frac{hf}{c_0 A} \frac{\Delta N}{\Delta t} x = \frac{I}{c_0} x, \qquad (4.30)$$

mit $x = 1$ bei vollständiger Absorption und $x = 2$ bei vollständiger Reflexion. Üblicherweise liegt x zwischen 1 und 2.

Als Beispiel betrachten wir eine Intensität von 100 W/m^2 und eine Wellenlänge von 600 nm. Das entspricht einer räumlichen Photonendichte von

$$\frac{N}{V} = \frac{I\lambda}{hc_0^2} = \frac{100\,\text{W} \cdot 6 \cdot 10^{-7}\,\text{m}\,\text{s}^2}{6{,}63 \cdot 10^{-34}\,\text{J}\,\text{s} \cdot 9 \cdot 10^{16}\,\text{m}^4} = 10^{12}/\text{m}^3.$$

Wird dieser Photonenstrom von einer Fläche vollständig absorbiert, beträgt der Strahlungsdruck ungefähr $3 \cdot 10^{-7}$ Pa.

– Die gleichzeitige Gültigkeit von Wellen- und Teilchenbild wird besonders gut in Beugungsexperimenten mit einzelnen Photonen sichtbar. In Abb. 4.16(a) ist das bekannte Beugungsexperiment am Doppelspalt schematisch für einen Strom von Photonen gezeigt. In der klassischen Wellenoptik haben wir die Beugungsfigur durch Interferenz von Elementarwellen erklärt, die von den Spalten ausgehen (siehe Kapitel 8.4.4 in Band 2).

Es lassen sich heute mit empfindlichen Detektoren einzelne Photonen ortsaufgelöst nachweisen, so dass man das Beugungsexperiment mit so geringer Intensität durchführen kann, dass sich im Mittel immer nur ein Photon an der Beugungs-

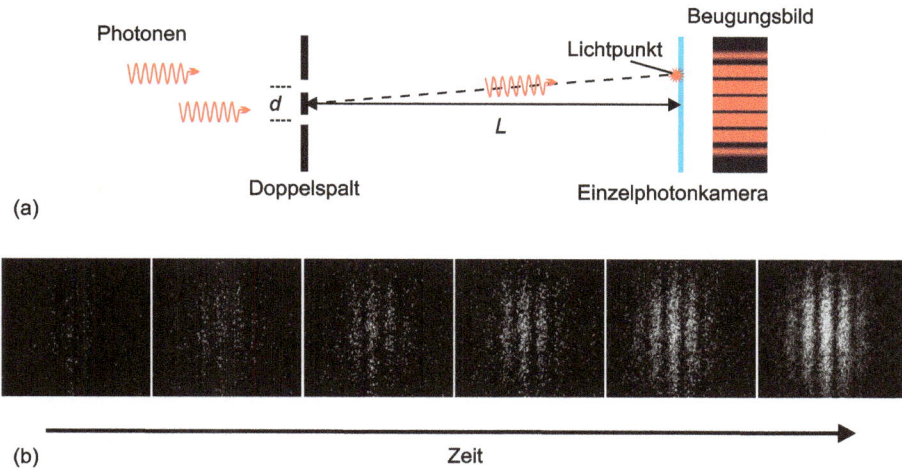

Abb. 4.16: (a) Beugung am Doppelspalt im Bild einzelner Photonen. (b) Messungen mit einer Kamera mit Einzelphotonempfindlichkeit. Das Beugungsmuster entsteht nach und nach als Summe der Einzelimpulse der auftreffenden Photonen.

öffnung befindet. Abbildung 4.16(b) zeigt Impulse, die der Detektor im Laufe der Zeit sammelt. Jedes auftreffende Photon wird lokal gleichsam als punktförmiger Blitz detektiert. Mit zunehmender Zeit und wachsender Photonenzahl entsteht langsam die bekannte Beugungsfigur aus den Einzelimpulsen. Dieses Ergebnis ist zunächst verblüffend, weil das Photon am Detektor als lokalisierter Lichtpunkt nachgewiesen wird. Am Doppelspalt muss es aber wellenartig ausgedehnt sein, denn wir können nicht wissen, durch welchen Spalt das Photon ging. Verfügt man über dieses Wissen, verschwindet am Detektor die Doppelspaltbeugungsfigur und es ist stattdessen die Überlagerung von zwei Einfachspaltbildern zu beobachten. Den Ort, an dem das Photon auf den Detektor trifft, kann man nicht mehr mit Gewissheit vorhersagen. Er ist vor der Detektion *unbestimmt*. Vielmehr gibt die Beugungsfigur eine Auftreffwahrscheinlichkeit an. Der gesamte Beugungsvorgang wird somit ein statistischer Prozess.

Weil die Alltagssprache zur Beschreibung dieses Phänomens versagt, ist die verbreitete Aussage von der *Interferenz des Photons mit sich selbst* irreführend. Man bedenke dabei, dass das Photon als Quantenteilchen unteilbar ist. Es teilt sich also vor den Spalten nicht auf.

Die Ergebnisse aus der Einzelteilchen-Interferenz, die in den folgenden Abschnitten auch für klassische Teilchen vorgestellt wird, wirken oft mysteriös. Sie suggerieren, dass die nacheinander kommenden Photonen irgendwie miteinander in Verbindung stünden, damit sie gemeinsam die komplette Beugungsfigur entstehen lassen können. Unsere Erfahrungswelt kennt eben keinen Vorgang, bei dem sich unabhängig bewegende Teilchen eine geordnete Figur erzeugen. Jedoch besteht **keine** solche Spuk-Wechselwirkung zwischen den Teilchen. Erst die Quantenmechanik gibt eine exakte, mathematische Beschreibung dieses Mechanismus und kommt ohne verborgenene Wechselwirkungen aus. Die Lücke zwischen mathematischer Beschreibung und Alltagserfahrung wirft aber grundsätzliche philosophische Fragen auf, die die Interpretation und Anschauung der quantenmechanischen Erklärung betreffen.

4.3 Teilchen als Welle

4.3.1 Beugung von Elektronen

Eine eindrucksvolle Bestätigung der Wellennatur von Teilchen ist erneut ein Beugungsexperiment, das z. B. in einem Elektronenmikroskop durchgeführt werden kann. Elektronen werden im Vakuum auf eine hohe Geschwindigkeit gebracht und elektronenoptisch auf einen freistehenden Doppelspalt aus einer Kupferfolie gerichtet. In dem berühmten Experiment von Claus Jönsson aus dem Jahr 1961 werden die Elektronen auf eine kinetische Energie von 50 keV beschleunigt [4.3]. Der Cu-Doppelspalt besteht aus zwei 300 nm breiten Schlitzen im Abstand von ungefähr 1 μm. In Abb. 4.17 ist die Elektronenintensität gezeigt, die weit vom Doppelspalt entfernt, d. h. in Fraunhofer-Beugung aufgenommen wurde. Die Analyse ergibt die Intensitätsverteilung einer Doppelspaltbeugungsfigur. Um diese zu beobachten, muss die Kohärenz der Elektronen über den gesamten Doppelspalt gegeben sein.

Abb. 4.17: Intensitätsverteilung von 50-keV-Elektronen hinter einem Doppelspalt mit einem Spaltabstand von 1 μm. Sie entspricht der Beugungsfigur des Doppelspalts. Aus [4.3].

Wie bei der Einzelphotonenbeugung erhält man dieses sonderbare Ergebnis sogar, wenn der Elektronenstrom soweit reduziert wird, dass sich im Mittel jeweils nur ein Elektron in der beugenden Öffnung befindet. Abbildung 4.18(b) zeigt Beugungsfiguren hinter einem elektronischen Biprisma für verschiedene Elektronenströme [4.4]. Der Strahlengang mit dem Biprisma ist in Abb. 4.18(a) skizziert. Das Biprisma teilt den Elektronenstrahl in zwei Anteile auf und wirkt daher wie ein Doppelspalt. In

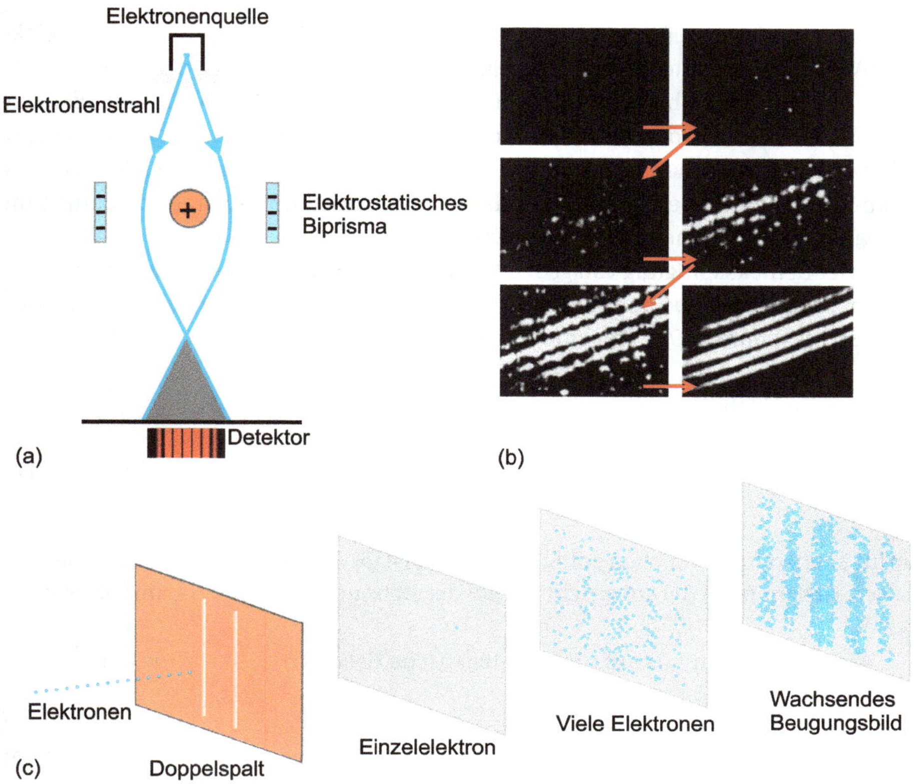

Abb. 4.18: (a) Strahlengang der Elektronen mit einem Biprisma aus drei Elektroden, das wie ein Doppelspalt wirkt. (b) Elektronenbeugungsbilder hinter einem Doppelspalt/Biprisma bei veränderlichem Elektronenstrom. Die roten Pfeile geben die Richtung zunehmender Stromstärke wieder. Aus [4.4]. (c) Schematisches Entstehen des Beugungsbilds aus den Einzelpunkten bei Beugung von Quantenteilchen, hier Elektronen.

Abb. 4.18(c) ist das Entstehen der Beugungsfigur schematisch illustriert, wenn Quantenteilchen wie Elektronen oder Photonen in geringer Intensität auf einen Doppelspalt treffen.

Die Belichtungszeiten in den Fotos von Abb. 4.18(b) sind jeweils konstant. Die roten Pfeile geben den Weg steigender Elektronenströme an. Im ersten Bild ist nur ein Lichtimpuls nachweisbar, während im letzten Bild die vollständige Beugungsfigur zu erkennen ist. Elektronen sind nicht teilbar und rufen auf dem Detektor einen scharfen Leuchtpunkt hervor. Es kommt also nicht mehr oder weniger von einem Elektron an dem Detektor an. Nur wenn eine große Zahl von Elektronen auftrifft, entsteht die Verteilung der Auftreffwahrscheinlichkeit.

Das Auftreffen eines einzelnen Teilchens wird zu einem statistischen Ereignis, weil der genaue Ort nicht mit Bestimmtheit vorhersagbar ist. Diese Mischung von Teilchen- und Welleneigenschaft verwirrt erneut, weil sie unserer Alltagserfahrung widerspricht. Es werden paradoxe Fragen aufgeworfen. Wie kann es zu einer kollektiven Verteilung kommen, wenn sich die Elektronen unabhängig und nacheinander durch die Anordnung bewegen? Warum macht es für die Auftreffwahrscheinlichkeit einen Unterschied, ob das Elektron auf eine Blende mit zwei Schlitzen oder mit einem Schlitz trifft? Das Vorhandensein eines zweiten Schlitzes ist wichtig, auch wenn das Elektron – klassisch betrachtet – nur durch einen fliegt. Diese Paradoxa werden im Formalismus der Quantenmechanik aufgelöst.

Unter Berücksichtigung von geometrischen Größen und der Vergrößerung des Mikroskops kann man aus der Beugungsfigur in Abb. 4.17 die Wellenlänge der Elektronenwelle bestimmen. Das Ergebnis entspricht der

de-Broglie-Wellenlänge

$$\lambda_{DB} = \frac{h}{|\vec{p}|}, \tag{4.31}$$

die für jede Art freier Teilchen gültig ist. In (4.31) ist $|\vec{p}| = mv$ der Betrag des Teilchenimpulses. Gleichung (4.31) entspricht formal der Definiton des Photonenimpulses nach (4.18).

Wir beschränken uns auf nichtrelativistische Geschwindigkeiten ($v \ll c_0$). Dann kann (4.31) auch in

$$\lambda_{DB} = \frac{h}{|m\vec{v}|} = \frac{h}{\sqrt{2mE_{kin}}} \tag{4.32}$$

mit m als Ruhemasse umgeformt werden.

Beispiel

Die Elektronen im Experiment von Jönsson haben eine kinetische Energie von $E_{kin} = 50\,keV \approx 8 \cdot 10^{-15}\,J$, was einer de-Broglie-Wellenlänge von

$$\lambda_{DB} = \frac{6{,}626 \cdot 10^{-34}\,J\,s}{\sqrt{2 \cdot 9{,}1 \cdot 10^{-31}\,kg \cdot 8 \cdot 10^{-15}\,J}} \approx 5{,}5 \cdot 10^{-12}\,m$$

entspricht, wenn trotz einer Geschwindigkeit von 40 % c_0 nichtrelativistisch gerechnet wird.

Die Schwierigkeit dieses Experiments besteht darin, dass die Wellenlänge sehr viel kleiner als die Abmessung der beugenden Öffnung ist. Skaliert man die Verhältnisse auf ein lichtoptisches Doppelspaltexperiment mit rotem Licht einer Wellenlänge von 650 nm, wären die Beugungsspalte 3,5 cm breit und mehr als 10 cm auseinander. Die extrem schmale elektronische Beugungsfigur kann nur wegen der hohen elektronenmikroskopischen Vergrößerung aufgelöst werden. Auf die Lichtoptik ohne Vergrößerung übertragen, müsste der Beobachtungsschirm ungefähr 40 km von den Spalten entfernt sein!

Elektronenbeugung mit niederenergetischen Elektronen bei kinetischen Energien zwischen 50 und 100 eV und de-Broglie-Wellenlängen im 0,1-nm-Bereich ist instrumentell sehr viel einfacher. Sie spielt bei der Untersuchung von Atomanordnungen an Kristalloberflächen eine wichtige Rolle (siehe technische Ergänzung).

4.3.2 Beugung großer Moleküle

Interferenzerscheinungen werden nicht nur mit leichten Elektronen beobachtet, sondern auch für Atome und sogar große Moleküle. Weil die Masse der Teilchen im Nenner der de-Broglie-Wellenlänge steht, wird diese sehr klein, und man muss große Anstrengungen unternehmen, die Teilchenstrahlen zu kollimieren, d. h. geradlinig und parallel zu halten. Ansonsten besteht an der beugenden Öffnung keine Kohärenz der Teilchenwelle.

Wir stellen als eindrucksvolles Beispiel die Beugung von C_{60}-Fullerenmolekülen an einem freistehenden Gitter aus dem Jahr 1999 von M. Arndt, A. Zeilinger und anderen an der Universität Innsbruck vor [4.5]. Der schematische Aufbau des Experiments in einer Vakuumkammer ist in Abb. 4.19(a) dargestellt. Das C_{60}-Molekül besteht aus 60 Kohlenstoffatomen, die so miteinander gebunden sind, dass das Molekül die Form eines 1 nm großen Fußballs hat. Die Masse beträgt 720 u und ist mehr als 1 300 000-fach größer als die Elektronenmasse.

Die Moleküle werden in einem Ofen verdampft und bewegen sich mit Geschwindigkeiten, die einer Maxwell-Verteilung gehorchen. Im Mittel ist v = 200 m/s, woraus eine de-Broglie-Wellenlänge von ungefähr 2,5 pm folgt. Die Geschwindigkeit der Moleküle wird durch mehrere rotierende Zerhackerscheiben auf einen möglichst scharfen Wert eingestellt. Danach durchqueren die Moleküle zwei 7 μm schmale Schlitze im Abstand von 1 m, was den Strahl sehr gut kollimiert und ausdünnt. Das freistehende Gitter hat eine Gitterkonstante von 100 nm. Der Detektor befindet sich 1 m hinter dem Gitter und kann mit einer räumlichen Auflösung von 8 μm die Teilchen nachweisen. Dazu werden die Moleküle in einem scharfen Laserlichtfokus ionisiert und durch Strommessung nachgewiesen. Der Fokus kann sehr genau seitlich verfahren werden, um die Beugungsfigur zu vermessen. Man bedenke, *dass sich zeitlich immer nur ein Molekül am Gitter befindet!*

In den Messergebnissen in Abb. 4.19(b) sind neben dem Hauptmaximum deutliche Beugungsnebenmaxima erkennbar. Wie schon bei der Photonen- und Elektronenbeugung diskutiert, interferiert wegen des kleinen Teilchenflusses das einzelne Teilchen. Am Gitter zeigt es also Welleneigenschaften und wird aber als lokalisiertes Molekülteilchen detektiert!

In den vergangenen Jahren entwickelte sich das Forschungsgebiet der Teilcheninterferometrie rasant. Heute lassen sich Interferenzen von Molekülen mit Massen von 10 000 u und mehr nachweisen. Ihre Wellenlängen liegen im Sub-pm-Bereich.

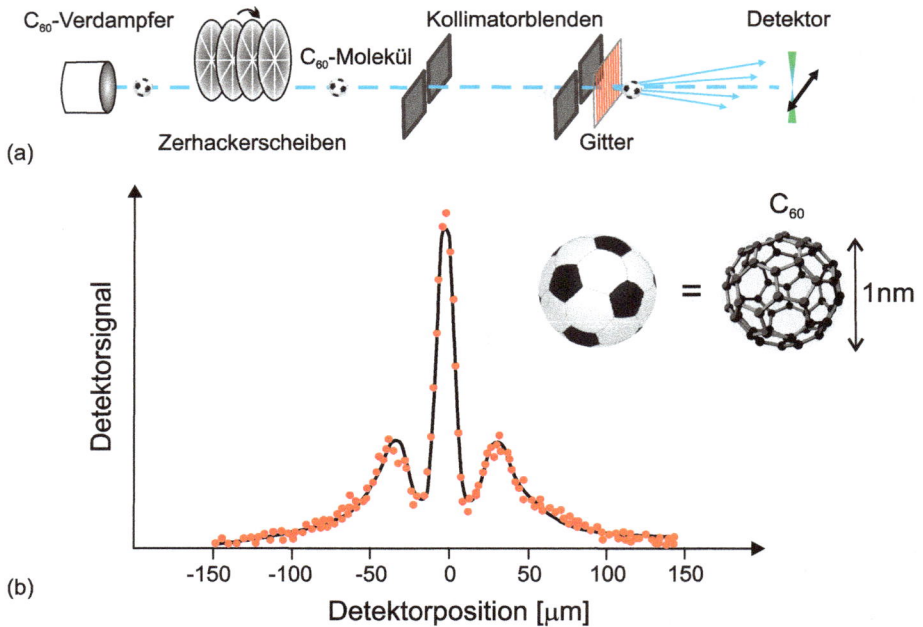

Abb. 4.19: (a) Schematischer Aufbau des Experiments zur Beugung von C_{60}-Molekülen innerhalb einer Vakuumapparatur. Die Kollimatorspalte mit einer Breite von 7 μm sind in einem Abstand von ungefähr 1 m angebracht. Das freistehende Gitter hat eine Gitterkonstante von 100 nm. (b) Messung von zwei C_{60}-Beugungsmaxima neben dem Hauptmaximum bei 0 μm. Aus [4.5].

4.3.3 Orts- und Impuls-Unschärfe

Die Beugung sowohl von Photonen als auch von massiven, mikroskopischen Teilchen ergibt eine kuriose *Unbestimmtheit* von physikalischen Größen, wie sie für Quantenteilchen typisch ist. In Abb. 4.20 wollen wir sie für Quantenteilchen erklären, die genau senkrecht einen Spalt der Breite b durchqueren.

Der Spalt schneidet aus einem klassischen Teilchenstrahl einen scharfen Bereich mit der Breite b heraus, wie in Abb. 4.20(a) gezeigt. In der klassischen Physik ist der Teilchenimpuls p_x in x-Richtung klar bestimmt und in unserem Beispiel gleich null. Am Detektor oder Schirm wird ein geometrischer Schattenwurf des Spalts beobachtet. Die Auftreffwahrscheinlichkeit eines Teilchens ist scharf bestimmt.

Im Fall der Quantenteilchen entsteht eine Verteilung der Auftrefforte auf dem Detektor, wie in Abb. 4.20(b) dargestellt. Die Teilchen müssen also eine Impulskomponente p_x in x-Richtung haben.

Wir legen etwas willkürlich die halbe Spaltbreite als die statistische Genauigkeit bzw. Unschärfe einer Ortsmessung in x-Richtung $\Delta x = b/2$ fest. Über die halbe Halbwertsbreite des Beugungshauptmaximums definieren wir die Unschärfe des Impul-

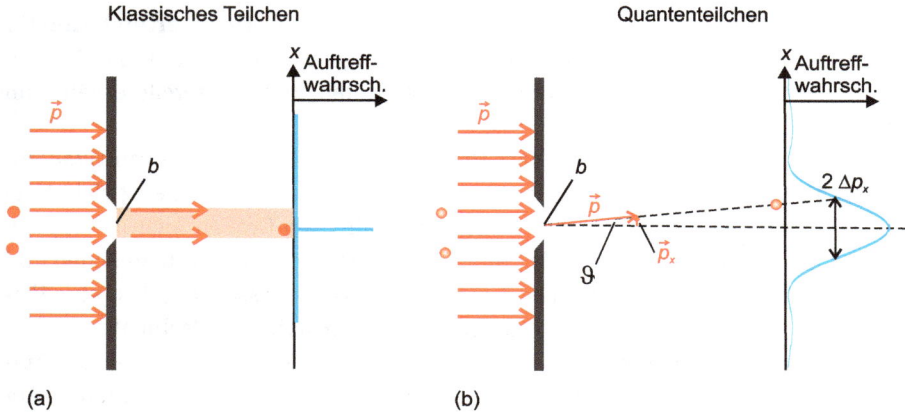

Abb. 4.20: Teilchen treffen senkrecht auf einen einfachen Spalt. (a) Bei klassischen Teilchen entsteht ein geometrisches Abbild des Spalts am Detektorschirm. Die Auftreffwahrscheinlichkeit für ein Teilchen ist scharf an einer festen Stelle von null verschieden. (b) Bei Quantenteilchen gehorcht die Auftreffwahrscheinlichkeit für ein Teilchen der Beugungsfunktion des Einfachspalts. Dadurch erhält man eine Impulsunschärfe in x-Richtung.

ses p_x, indem wir für kleine Beugungswinkel

$$\sin \vartheta \approx \tan \vartheta = \frac{p_x}{p} \qquad (4.33)$$

verwenden. Nach Kapitel 8.4.3 in Band 2 folgt die relative Intensität der Beugungsfigur in Fraunhofer-Näherung

$$\frac{I}{I_0} = \frac{\sin^2 a}{a^2}, \qquad (4.34)$$

mit $a = (\pi b \sin \vartheta)/\lambda$. Für die Halbwertsbreite benötigen wir den a-Wert, bei dem die Funktion in (4.34) gleich 0,5 wird. Man berechnet numerisch $a \approx 1,4$, woraus für Quantenteilchen

$$1,4 = \frac{\pi b \sin \vartheta}{\lambda} \approx \frac{\pi b \Delta p_x}{\lambda p} = \frac{\pi b \Delta p_x}{h} \qquad (4.35)$$

folgt. Die Impulsunschärfe lautet entsprechend

$$\Delta p_x = \frac{1,4h}{\pi b} = \frac{0,7h}{\pi \Delta x}. \qquad (4.36)$$

Das Produkt aus Orts- und Impulsunschärfe ergibt

$$\Delta x \cdot \Delta p_x = \frac{0,7h}{\pi} > \frac{\hbar}{2}. \qquad (4.37)$$

Damit haben wir in (4.37) auf einfachem Weg die **Heisenberg-Unschärferelation** für Ort und Impuls entlang einer Koordinatenachse hergeleitet. Bei einer Definition der Unschärfen mit der ganzen Spaltbreite und der vollen Halbwertsbreite erhält man noch größere Werte als $\hbar$.

Die Unschärferelation besagt, dass Orts- und Impulskomponente von Quantenteilchen nicht gleichzeitig exakt gemessen werden können. Auch beliebig viele Messungen können die Restunschärfen beider physikalischen Größen nicht beseitigen. Das Ergebnis ist eine Konsequenz der Beugungsphänomene für Quantenteilchen und damit des Welle-Teilchen-Dualismus. Aus der Wellenoptik wissen wir, dass eine Verkleinerung (Vergrößerung) des Spalts die Beugungsfigur verbreitert (schmaler macht). Das wellenoptische Analogon der Unschärfebeziehung findet sich im endlichen Auflösungsvermögen optischer Instrumente, das wir mit ähnlichen Argumenten in Abschnitt 9.6 (Band 2) diskutiert haben.

Unschärfebeziehungen zwischen physikalischen Größen von Teilchen sind typisch für die Quantenmechanik, die nur statistische Aussagen über Messprozesse zulässt. Physikalische Observablen, die nicht gleichzeitig beliebig genau bestimmt werden können, werden als **komplementär** oder **inkompatibel** bezeichnet. Es gibt noch weitere komplementäre Pärchen von Größen, für die ebenfalls eine Unschärferelation gilt (siehe Kapitel 5).

4.4 Übersicht

Zusammenfassend sind in Tabelle 4.2 für elektromagnetische Wellen/Photonen und für massive freie Teilchen/Materiewellen die relevanten physikalischen Größen gegenübergestellt.

Tab. 4.2: Der Welle-Teilchen-Dualismus in den physikalischen Größen. Die vektoriellen Größen sind nur als Beträge angegeben.

Physikalische Größe	Elektromagnetische Welle/Photon	Freies Teilchen
Frequenz	f	$f = m_0 v^2/(2h)$
Wellenlänge	$\lambda = c_0/f$	$\lambda_{DB} = h/p = h/(mv)$
Phasengeschwindigkeit	$c_0 = \lambda f$	$v_{Ph} = E_{kin}/p$
Gruppengeschwindigkeit	$c_0 = \lambda f$	$v_G = \frac{d\omega}{dk} = v$
Ruhemasse	$m_0 = 0\,\text{kg}$	$m_0 > 0\,\text{kg}$
Relativistische Masse	$\bar{m} = hf/c_0^2$	$m = m_0/\sqrt{1 - (v/c_0)^2}$
Geschwindigkeit	c_0	v
Impuls	$p_{Photon} = h/\lambda = \hbar k$	$p = mv$
Energie	$E_{Photon} = hf = \hbar\omega$	$E_{kin} = (m - m_0)c_0^2 \approx mv^2/2$

Technische Ergänzung: Beugung niederenergetischer Elektronen (LEED)

Elektronen mit Energien von 100 eV haben eine de-Broglie-Wellenlänge von ungefähr 0,1 nm oder 1 Å. Diese Länge ist in der Größenordnung von Atomabständen in Kristallen, weshalb diese Elektronenwellen für die Untersuchung von regelmäßigen Atomanordnungen besonders geeignet sind. Im Jahr 1927 berichten die beiden amerikanischen Physiker C. Davisson und L. H. Germer, dass sie Beugungsmaxima/-reflexe beobachten, wenn niederenergetische Elektronen auf eine kristalline Nickeloberfläche fallen. Dieses ist der Start einer bis heute sehr erfolgreichen Analysemethode zur Bestimmung von Atomstrukturen an Festkörperoberflächen. Sie wird als niederenergetische Elektronenbeugung oder *low energy electron diffraction*, kurz LEED, bezeichnet. Die Oberflächenempfindlichkeit beruht auf der Beobachtung, dass Elektronen in diesem Energiebereich praktisch nicht in den Festkörper eindringen können, sondern vornehmlich elastisch reflektiert werden.

Der prinzipielle Aufbau, der sich in einem sehr gut evakuierten Rezipienten befinden muss, ist in Abb. 4.21(a) dargestellt. Ein paralleler und monochromatischer Elektronenstrahl wird von einer Elektronenkanone senkrecht auf die kristalline Oberfläche gerichtet. Das zweidimensionale, geordnete Atomgitter der Oberfläche führt zu Interferenzen der ebenen Elektronenwelle. Die Beugungsreflexe entsprechen hohen Elektronendichten, die auf einem halbkugelförmigen Leuchtschirm nachweisbar sind. Dazu werden die langsamen Elektronen kurz vor dem Schirm nochmal kräftig nachbeschleunigt. Die Probe befindet sich im Krümmungsmittelpunkt des Leuchtschirms.

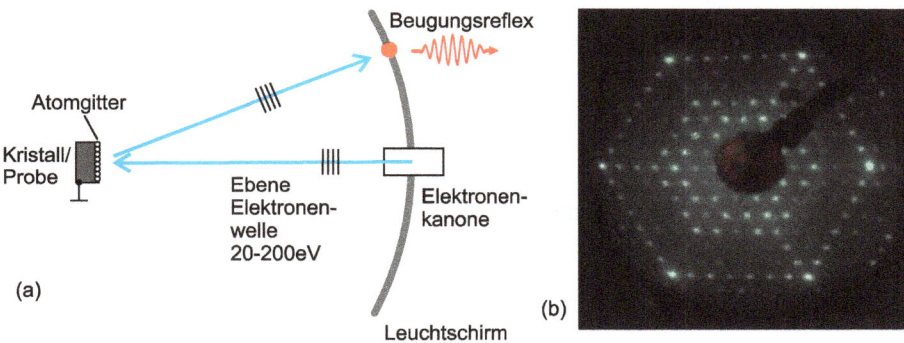

Abb. 4.21: (a) Schematischer Aufbau eines LEED-Experiments im Ultrahochvakuum. (b) LEED-Bild einer einkristallinen Siliziumoberfläche Si(111)-7×7 (siehe auch Abb. 5.21).

In Abb. 4.21(b) ist ein LEED-Bild gezeigt, das an einer einkristallinen Siliziumprobe aufgenommen wurde. Es handelt sich um die Kristalloberfläche, die mit Si(111)-7×7 bezeichnet wird. Das Sechseck verdeutlicht, dass die Atomanordnung an dieser Oberfläche auch hexagonal ist. Die hellen Eckpunkte entstehen durch die Interferenz an der kleinen Elementarzelle, während die sechs Punkte dazwischen von der großen Überstrukur kommen, die sich über sieben Elementarzellen in beiden Kristallrichtungen erstreckt. Große periodische Strukturen machen enge Reflexe auf dem Schirm, und umgekehrt ergeben kleine periodische Anordnungen weit auseinanderliegende Beugungsreflexe. Dies ist genauso wie bei der optischen Beugung am Gitter. Engere Gitter mit kleineren Gitterkonstanten liefern weite Beugungsfiguren mit größeren Abständen zwischen den Reflexen. Der schwarze Schatten vor dem Beugungsbild in Abb. 4.21(b) ist die Rückseite der Elektronenkanone.

LEED ist eine schnell einsetzbare und relativ preiswerte Methode zur Bestimmung der Oberflächenstruktur und daher weit verbreitet.

4.5 Das Bohrsche Modell des Wasserstoffatoms

Die Ergebnisse des Rutherford-Streuversuchs und die Linienspektren des von Atomen ausgesandten Lichts sind mit den Gesetzen der klassischen Physik nicht verträglich. Bevor in den 1920er Jahren die Quantenmechanik als neue übergeordnete Theorie die Ergebnisse erklären konnte, stellte 1913 Niels Bohr (1885–1962) ein heuristisches, *semiklassisches* Modell des Wasserstoffatoms vor. Semiklassisch bedeutet, dass man an der klassischen Anschauung eines mikroskopischen Planetenmodells festhält, in dem der Kern als Kraftzentrum wirkt und sich die Elektronen als Trabanten auf Kepler-Bahnen bewegen. Die bekannten Widersprüche dieser Beschreibung werden durch nicht ableitbare Postulate aufgehoben, die die eigentliche Quantennatur des Atoms berücksichtigen. Trotz der einfachen, ja falschen Annahmen liefert das Bohr-Modell überraschenderweise richtige Ergebnisse. Daher und wegen seiner Anschaulichkeit wird es auch heute noch gerne besprochen.

Wir werden im Folgenden das Bohr-Modell des Wasserstoffatoms in seiner einfachsten Form vorstellen, d. h. die Elektronen bewegen sich auf *Kreisbahnen* um den Kern. Alle wertvollen Verfeinerungen und Ergänzungen vor allem durch den bedeutenden theoretischen Physiker Arnold Sommerfeld (1868–1951) finden keine Erwähnung.

4.5.1 Bohrsche Postulate

Niels Bohr formulierte Grundannahmen, um mit den Gesetzen der klassischen Physik die elektronische Struktur des Wasserstoffatoms zu beschreiben. Sie bauen nicht auf einem tieferen Prinzip auf und lassen sich in Form von drei Postulaten zusammenfassen:

1. **Quantisierungsbedingung**
   Entgegen der klassischen Vorstellung kann sich das Elektron im Wasserstoffatom nur auf bestimmten, diskreten Bahnen um den Kern bzw. das Proton bewegen. Das Elektron auf diesen *erlaubten* Bahnkurven gehorcht der Newtonschen Bewegungsgleichung. Die Bahnkurven werden als stationär bezeichnet, weil die Bewegung des Elektrons auf der Bahnkurve strahlungsfrei und daher stabil ist. Die Bedingung, ob eine Kreisbahn erlaubt ist, wird durch das Quantisierungspostulat bestimmt. Es besagt, dass der Drehimpulsbetrag auf den erlaubten Kreisbahnen nur ein Vielfaches von $\hbar$ ist, d. h.

$$|\vec{L}| = n \cdot \hbar \quad \text{mit } n = 1, 2, 3, \dots \tag{4.38}$$

Die Laufzahl n wird **Hauptquantenzahl** genannt und dient der Nummerierung der erlaubten Bahnen des Elektrons, die wir als **Zustände** bezeichnen.

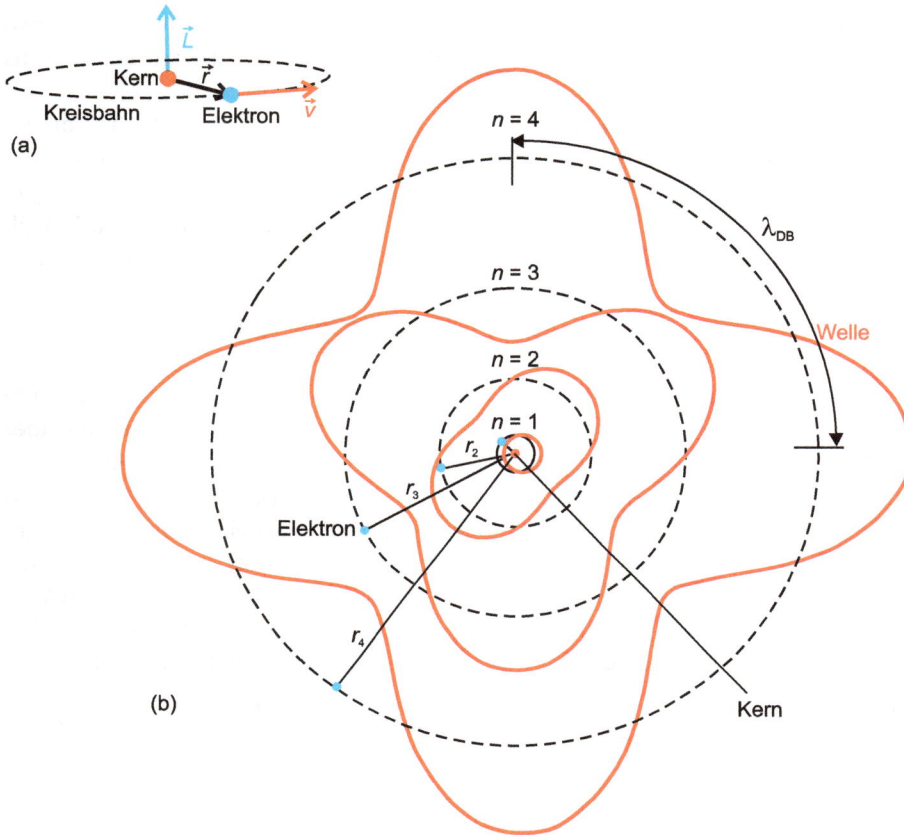

Abb. 4.22: (a) Im Bohr-Modell bewegt sich das Elektron auf einer Kreisbahn um den Kern. Drehimpuls, Geschwindigkeit und Ortsvektor stehen paarweise senkrecht aufeinander. (b) Veranschaulichung der Quantisierungsbedingung mit stehenden Materiewellen auf den Kreisbahnen. Die Laufvariable n ist die Hauptquantenzahl. Die de-Broglie-Wellenlänge wächst mit zunehmendem Bahnradius.

Die mathematische Bedingung in (4.38) wird anschaulich, wenn die de-Broglie-Wellenlänge eingeführt wird. Nach Abb. 4.22(a) ist

$$|\vec{L}| = r \cdot m_e v = r \cdot p,$$

und damit lautet (4.38)

$$r \cdot p = n\hbar = n\frac{h}{2\pi} \quad \Rightarrow \quad \underbrace{2\pi r}_{\text{Kreisumfang}} = n \cdot \underbrace{\frac{h}{p}}_{\lambda_{DB}} . \tag{4.39}$$

Eine Elektronenbahn ist dann erlaubt und stabil, wenn die de-Broglie-Wellenlänge λ_{DB} des Elektrons auf der Kreisbahn ein Vielfaches des Kreisumfangs ist. Wir zeigen im nächsten Abschnitt, dass der Impuls des Elektrons zu den äußeren Kreisbahnen abnimmt. Die de-Broglie-Wellenlänge steigt also mit dem Radius der Kreisbahn.

Abbildung 4.22(b) verdeutlicht schematisch das Einpassen der Welle (in Rot) auf den verschiedenen Elektronenbahnen und dient nur zur bildlichen Darstellung der Quantisierungsbedingung. Der Radius der Kreisbahnen und die de-Broglie-Wellenlänge nehmen mit steigender Hauptquantenzahl zu. Dabei wurde willkürlich angenommen, dass die Auslenkung der Welle in der Bahnebene liegt. Die Verhältnisse der Bahnradien sind in Abb. 4.22(b) maßstäblich gezeichnet. Die physikalische Bedeutung der Welle bleibt im Bohr-Modell aber unklar.

2. **Frequenzbedingung**
Auch wenn die Bewegung des Elektrons auf den erlaubten Bahnkurven ohne Energieverlust geschieht, kann das Elektron durch Absorption bzw. Emission eines Photons zwischen den Bahnen springen. Äußere Bahnkurven haben eine höhere Energie. Um von einer inneren auf eine äußere Bahn zu wechseln, muss Energie z. B. eines Photons aufgenommen werden. Die Frequenzbedingung bestimmt, welche Frequenz bzw. welche Wellenlänge die elektromagnetische Strahlung haben muss, damit das Lichtquant den Übergang auslösen kann. Umgekehrt wird ein Photon bestimmter Frequenz ausgestrahlt, wenn das Elektron von einer äußeren Bahn auf eine innere wechselt. Die Bedingung lässt sich in der Formel

$$hf = \frac{hc_0}{\lambda} = |E_n - E_{n'}| \tag{4.40}$$

für den Zustandswechsel $n \rightarrow n'$ fassen und ist in Abb. 4.23 für Absorption und Emission eines Photons schematisch dargestellt. Die Übergänge sind bereits nach den in Kapitel 3.4 benannten Serien sortiert.

Es findet immer eine *vollständige* Absorption oder Emission statt, d. h. das Photon kann nicht nur einen Teil seiner Energie abgeben bzw. seine Energie um die Übergangsenergie vermehren. Aus (4.40) wird schon jetzt qualitativ klar, warum die atomaren Absorptions- und Emissionsspektren aus diskreten Linien bestehen.

3. **Korrespondenzprinzip**
Es zieht formal eine Verbindung zur klassischen Physik und besagt allgemein, dass für große Quantenzahlen die neuen Gesetzmäßigkeiten in die klassischen Bewegungsgesetze übergehen. Auf das Wasserstoffatom übertragen, bedeutet es, dass die abgestrahlte Frequenz der elektromagnetischen Strahlung beim Übergang zwischen Bahnen mit großem n der Umlauffrequenz des Elektrons entspricht. Dies wird in Kapitel 4.5.3 genauer gezeigt, nachdem wir die Energieniveaus des Elektrons im Bohr-Modell bestimmt haben.

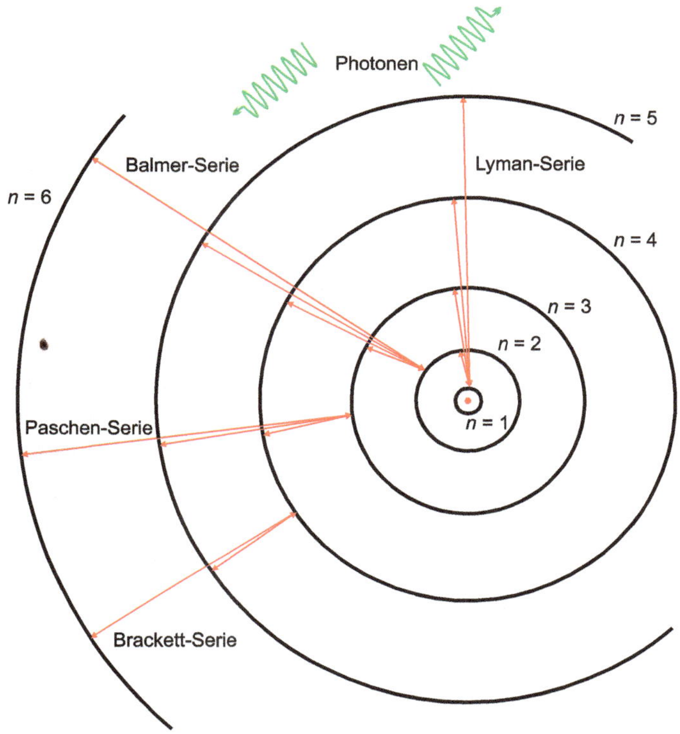

Abb. 4.23: Zustandswechsel des Elektrons durch Sprünge zwischen den Bahnen sind mit einer Photonenabsorpton oder -emission nach der Frequenzbedingung verbunden.

4.5.2 Bahnradien und Bahngeschwindigkeiten des Elektrons im Bohr-Modell des Wasserstoffs

Das Elektron auf der Kreisbahn um das Proton erfährt die Coulomb-Kraft, die als Zentripetalkraft wirkt, so dass

$$\frac{e_0^2}{4\pi\epsilon_0 r^2} = m_e r \omega^2 \qquad (4.41)$$

gilt, wobei wir zunächst vereinfachend eine unendlich große Protonenmasse annehmen. Wir nutzen jetzt die Quantisierungsbedingung in (4.38):

$$m_e r_n^2 \omega_n = n\hbar \qquad (4.42)$$

mit der Hauptquantenzahl n als Index und $|\vec{L}| = m_e r v = m_e r^2 \omega$. Setzen wir diese Relation in das Kräftegleichgewicht in (4.41) ein, folgen die Radien der erlaubten Kreisbahnen aus

$$\frac{e_0^2}{4\pi\epsilon_0 r_n^2} = n\hbar\frac{\omega_n}{r_n} = (n\hbar)^2 \frac{1}{m_e r_n^3} \tag{4.43}$$

$$\Rightarrow \quad r_n = \frac{4\pi\epsilon_0 \hbar^2}{m_e e_0^2} n^2. \tag{4.44}$$

Der Radius der Kreisbahnen nimmt quadratisch mit n zu. Der Radius der ersten, innersten Bahn definiert den **Bohr-Radius**

$$a_B = r_1 = \frac{4\pi\epsilon_0 \hbar^2}{m_e e_0^2} = 5{,}291\,772\,109\,03(80) \cdot 10^{-11}\,\text{m}, \tag{4.45}$$

der eine wichtige Konstante ist und in der Atomphysik auch als Längeneinheit verwendet wird. Aus (4.42) folgt die Kreisfrequenz

$$\omega_n = \frac{n\hbar}{m_e r_n^2} = \frac{m_e e_0^4}{16\pi^2 \epsilon_0^2 \hbar^3} \frac{1}{n^3} \tag{4.46}$$

und die Bahngeschwindigkeit

$$v_n = \frac{e_0^2}{4\pi\epsilon_0 \hbar} \frac{1}{n}. \tag{4.47}$$

Die Bahngeschwindigkeit und damit der Impuls des Elektrons nimmt mit zunehmender Hauptquantenzahl ab. Die Geschwindigkeit auf der ersten Bohrschen Bahn beträgt ungefähr $v_1 = 2{,}2 \cdot 10^6$ m/s, also 1/137 der Vakuumlichtgeschwindigkeit c_0. Der Bruch $v_1/c_0 \approx \frac{1}{137}$ ist die **Sommerfeld-Feinstrukturkonstante**, der wir später in einem anderen Kontext wieder begegnen werden.

4.5.3 Energiezustände des Elektrons im Wasserstoffatom

Im Bild des klassischen Planetenmodells kann die Gesamtenergie des Elektrons auf der Kreisbahn mit Radius r als Summe aus kinetischer Energie und potenzieller Coulomb-Energie ausgedrückt werden:

$$E = E_{\text{kin}} + E_{\text{pot}} = \frac{1}{2}m_e r^2 \omega^2 - \frac{e_0^2}{4\pi\epsilon_0 r}. \tag{4.48}$$

Einsetzen von (4.41) liefert die vereinfachte Gleichung für die Gesamtenergie

$$E = -\frac{e_0^2}{8\pi\epsilon_0 r}. \tag{4.49}$$

Der Energienullpunkt wird durch das freie Elektron festgelegt, das sich unendlich weit vom Kern befindet. Die Energie des gebundenen Elektrons ist folglich negativ.

Fügen wir die Bahnradien r_n der erlaubten Kreisbahnen ein, erhalten wir die Energieniveaus des Elektrons im Wasserstoffatom mit

$$E_n = -\underbrace{\frac{m_e e_0^4}{32\pi^2 \epsilon_0^2 \hbar^2}}_{R_\infty} \frac{1}{n^2} \qquad (4.50)$$

Die Rydberg-Konstante

$$R_\infty = 13{,}605\,693\,\text{eV} \qquad (4.51)$$

entspricht dem Energiebetrag des Zustands mit $n = 1$, der die kleinste Energie hat und daher auch **Grundzustand** genannt wird. Die Zustände *oberhalb* des Grundzustands werden als **angeregte Zustände** bezeichnet. Die Rydberg-Konstante in (4.51) trägt den Index ∞, um die Annahme der unendlichen Kernmasse zu kennzeichnen. Sie gibt wie in Kapitel 3.4.3 die Ionisierungsenergie des Wasserstoffatoms an. Es sei kurz angemerkt, dass traditionell die Rydberg-Konstante nach (4.51) in der spektroskopischen Einheit 1/m angegeben wird und in der Literatur für R_∞ in eV oft das Symbol Ry zu finden ist.

Die möglichen Energiezustände nehmen relativ zum Energienullpunkt mit n^{-2} ab. Die Energieleiter wurde bereits maßstäblich im elektronischen Termschema des Wasserstoffatoms in Abb. 3.21 vorgestellt. Man beachte den großen Energieunterschied von 10,2 eV zwischen dem Grundzustand und dem ersten angeregten Zustand. Gemäß der Frequenzbedingung lassen sich die beobachteten Linienspektren als Übergänge zwischen den Zuständen verstehen. Die entsprechenden Serien sind in Abb. 3.21 eingezeichnet und gehorchen der Relation

$$|E_n - E_m| = R_\infty \left| \frac{1}{n^2} - \frac{1}{m^2} \right| \qquad (4.52)$$

in exzellenter Übereinstimmung mit den empirischen Formeln in Abschnitt 3.4.3. Die Richtigkeit von (4.50) wird von der Quantenmechanik bestätigt, was den Ruhm des Bohr-Modells begründet.

Anmerkungen

1. Das Proton ist ungefähr 1 836-mal schwerer als das Elektron, womit der Schwerpunkt des Zweikörpersystems nicht im Zentrum des Protons liegt. Analog zur Diskussion der Rotation von Erde und Mond um den gemeinsamen Schwerpunkt kreisen auch Proton und Elektron um ihren gemeinsamen Massenmittelpunkt. Diese Kernmitbewegung berücksichtigt man in (4.41)–(4.50), indem anstelle von m_e die reduzierte Masse

$$\mu = \frac{m_e m_p}{m_e + m_p} = 0{,}999\,46 m_e \qquad (4.53)$$

eingesetzt wird. Die richtige Rydberg-Konstante für das Wasserstoffatom beträgt also

$$R_H = R_\infty \underbrace{\frac{1}{1 + m_e/m_p}}_{0{,}99946} = 13{,}598\,83\,\text{eV}. \tag{4.54}$$

2. Das Korrespondenzprinzip kann mit (4.50) für das Wasserstoffatom überprüft werden. Betrachten wir den Übergang des Atoms zwischen zwei benachbarten Niveaus mit großen Quantenzahlen n und $n-1$, so entspricht die Frequenz des ausgesandten Lichts

$$f_n = \frac{R_H}{h}\left(\frac{1}{(n-1)^2} - \frac{1}{n^2}\right) = \frac{R_H}{hn^2}\left(\frac{1}{(1-1/n)^2} - 1\right) \approx \frac{2R_H}{hn^3}, \tag{4.55}$$

wobei die Näherung $(1 - 1/n)^{-2} \approx 1 + 2/n$ für $n \gg 1$ verwendet wurde. Das Ergebnis ist gleich $\omega_n/(2\pi)$ aus (4.44), wenn man die Definition der Rydberg-Konstanten in (4.50) beachtet. Die Größe f_n entspricht der klassischen Umlauffrequenz des Elektrons auf der n-ten Kreisbahn.

3. Das einfache Bohr-Modell sagt die Energiezustände des Elektrons im Wasserstoffatom richtig voraus. Der Betrag des Drehimpulses, der im Modell gleich $|\vec{L}| = n \cdot \hbar$ ist, stellt sich aber als nicht korrekt heraus. Die richtige Beschreibung durch die Quantenmechanik ergibt

$$|\vec{L}| = \sqrt{\ell(\ell+1)}\hbar \quad \text{mit } \ell = 0, 1, 2, \ldots, n-1. \tag{4.56}$$

Im quantenmechanischen Grundzustand mit $n = 1$ hat das Elektron keinen Drehimpuls, $|\vec{L}| = 0\,\text{kg}\,\text{m/s}$. Dies ist klassisch nicht zu verstehen, denn das Elektron ohne Drehimpuls müsste auch ohne elektromagnetische Abstrahlung frei in den Kern fallen. Im semiklassischen Bohr-Modell wird die mechanische Stabilität bei vorhandenem Drehimpuls durch das Zentrifugalpotenzial $\frac{1}{2}m_e r^2\omega^2$ in (4.48) gewährleistet wie bei den Planetenbewegungen aus Band 1.

Quellenangaben

[4.1] R. A. Millikan, *A direct photoelectric determination of Planck's h*, Physical Review, Band 7 (1916) S. 355–388.

[4.2] A. H. Compton, *Absorption measurements of the change of wave-length accompanying the scattering of X-rays*, The London, Edinburgh, and Dublin Philosophical Magazine and Journal of Science, Band 46 (1923) S. 897–911.

[4.3] C. Jönsson, *Elektroneninterferenzen an mehreren künstlich hergestellten Feinspalten*, Zeitschrift für Physik, Band 161 (1961) S. 454–474.

[4.4] R. Rosa, *The Merli–Missiroli–Pozzi Two-Slit Electron-Interference Experiment*, Physics in Perspective, Band 14 (2012) S. 178–195.

[4.5] Markus Arndt, Olaf Nairz, Julian Vos-Andreae, Claudia Keller, Gerbrand van der Zouw und Anton Zeilinger, *Wave–particle duality of C_{60} molecules*, Nature, Band 401 (1999) S. 680–682.

Übungen

1. Berechnen Sie die Strahlungsleistung, die ein menschlicher Körper mit der Temperatur $T_K = 37\,°C$ und der Fläche von $A = 1{,}9\,m^2$ in einem $T_R = 20\,°C$ warmen Raum abgibt. Berücksichtigen Sie dabei auch die Leistungsaufnahme aus der Umgebung. Nehmen Sie ferner an, dass die von der menschlichen Haut emittierte bzw. absorbierte Leistung 60 % der eines idealen schwarzen Körpers beträgt.

2. Wie groß wäre die Abstrahlleistung des Menschen aus der vorangegangenen Aufgabe, wenn es – wie z. B. im Weltraum – keine Energieaufnahme aus der Umgebung gibt? Wie viel Energie verliert der Mensch in einer Minute?

3. Bestimmen Sie mit dem Wienschen Verschiebungsgesetz die ungefähre Oberflächentemperatur der Sonne. Wie groß ist die Strahlungsleistung der Sonne als idealer schwarzer Strahler?

4. Bestimmen Sie zunächst den Raumwinkel, unter dem man die Erdscheibe von der Sonne aus sieht. Wie groß ist die AM0-Solarkonstante? Darunter versteht man die Strahlungsleistung pro m^2, die auf die Erdatmosphäre oder z. B. auf die Internationale Raumstation einfällt. AM0 steht für Luftmasse null (keine Atmosphärenabsorption).

5. Durch die Ozonschicht in der Erdatmosphäre erreicht kein Sonnenlicht mit Wellenlängen unterhalb von 300 nm die Erdoberfläche. Können infolge des Photoffekts Elektronen aus Kupferoberflächen mit Sonnenlicht ausgelöst werden?

6. Sie verwenden eine Laserdiode mit $W = 120\,mW$ Ausgangsleistung, um gerichtetes, intensiv grünes Laserlicht mit der Wellenlänge $\lambda = 520\,nm$ zu erzeugen. Wie groß ist der Photonenfluss (Photonen pro Zeit) im Laserstrahl? Sie richten den Laserstrahl senkrecht auf ein Metallplättchen mit einer Fläche $A = 1\,cm^2$. Berechnen Sie die Kraft und den Strahlungsdruck (in Pa) auf das Plättchen für die Fälle einer total absorbierenden und einer total reflektierenden Oberfläche.

7. Sie wollen ein Beugungsexperiment mit wenigen Photonen durchführen. Um welchen Faktor muss die Laserleistung aus der vorangegangenen Aufgabe abgeschwächt werden, damit auf 1 m Länge im Mittel immer nur ein Photon unterwegs ist?

8. Ausgehend vom Experiment von Pound und Rebka, berechnen Sie die relative Frequenzverschiebung $\Delta f/f$ von Photonen, die von der Sonne ins Weltall ausgesendet werden.
Hinweis: Die Änderung ist sehr klein, deshalb können Sie von einer konstanten Photonenmasse $\bar{m} = hf/c^2$ ausgehen.

9. Bestimmen Sie die Impulse von Photonen mit Energien 2 eV, 200 eV und 20 000 eV. Wie schnell sind freie Elektronen mit den gleichen Impulsen und wie groß sind dann ihre kinetischen Energien?

10. Die minimale Lichtintensität, die ein gesundes menschliches Auge gerade noch wahrnehmen kann, liegt bei ungefähr $10^{-10}\,W/m^2$. Wie viele Photonen grünen Lichts mit $\lambda = 560\,nm$ fallen ins Auge bei einer Pupillenfläche von $0{,}5\,cm^2$?

11. Leiten Sie aus Energie- und Impulssatz die Compton-Relation nach (4.24) her.
Hinweis: der Weg ist zwar mathematisch nicht anspruchsvoll, aber etwas trickreich. Er kann allerdings in Medien recherchiert werden.

12. Röntgen-Photonen mit $\lambda = 1\,\text{Å}$ streuen an Elektronen in einer Materialprobe. Die Compton-gestreuten Photonen werden senkrecht zur Einfallsrichtung beobachtet. Wie groß ist die Wellenlänge des gestreuten Lichts? Wie viel Energie haben die Photonen an die Elektronen verloren? In welche Richtung bewegen sich die Rückstoßelektronen?

13. Bestimmen Sie die mittlere (thermische) de-Broglie-Wellenlänge eines Ar-Atoms bei 293 K und eines C_{60}-Moleküls bei 1 000 K.
    Hinweis: Verwenden Sie die effektive Geschwindigkeit aus der Maxwellschen Geschwindigkeitsverteilung.

14. Warum muss bei einer kinetischen Elektronenenergie von $E_{kin} = 500$ keV die folgende Formel

$$p^2 = \frac{E_{kin}^2 + 2m_e c_0^2 E_{kin}}{c_0^2}$$

    für den Impuls genommen werden? Berechnen Sie mit der Formel die de-Broglie-Wellenlänge.

15. In Abb. 4.24 fällt eine ebene Elektronenwelle mit der de-Broglie-Wellenlänge λ auf einen Nickelkristall. Die Interferenz erfolgt durch Überlagerung der an der ersten und zweiten Kristallebene (Netzebene) reflektierten Wellen, da die Elektronen nicht tief in den Kristall eindringen können. Ähnlich wie im Experiment von Davisson und Germer wird der Winkel ϑ variiert und die reflektierte Elektronenintensität gemessen. Diese Anordnung ist in der Optik analog zur Zweistrahlinterferenz an dünnen Schichten. Der Abstand der Netzebenen sei d.
    – Wie groß ist der Gangunterschied zwischen den interferierenden Teilwellen, wenn die Wellenfront unter dem Winkel ϑ relativ zur Oberfläche einfällt? Leiten Sie daraus eine Bedingung für konstruktive Interferenz her.
    – Schätzen Sie den Netzebenenabstand d mit dem kovalenten Durchmesser eines Ni-Atoms ab, den Sie aus der Dichte $\rho = 8,9$ g/cm^3 und der Atommasse (58,7 u) bestimmen.
    – Wie groß muss die Energie der Elektronen mindestens sein, damit bei der Beugung am Ni-Kristall für zwei Winkel Beugungsmaxima (Reflexe) auftreten?
    – Wie viele Beugungsreflexe erwarten Sie bei einer Elektronenenergie von 150 eV, und unter welchen Winkeln erscheinen diese?

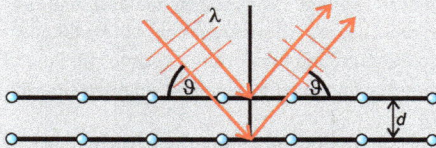

Abb. 4.24: Beugung von Elektronen an einer kristallinen Oberfläche.

16. Wie groß sind der Durchmesser $2r_n$ und die Umlauffrequenz (gleich der Frequenz des schwingenden Dipols) f_n eines Elektrons auf den Bohrschen Bahnen mit $n = 1$ und $n = 2$?

17. Vergleichen Sie hf_n aus den klassischen Umlauffrequenzen aus dem voran gegangenen Aufgabenteil mit den (Photonen-)Energien der jeweils drei energieärmsten Spektrallinien der Lyman- und der Balmer-Serie. Begründen Sie die Abweichungen.

5 Quantenmechanik

Mit dem Vordringen der experimentellen Physik in die Welt mikroskopischer und atomarer Abmessungen werden Effekte beobachtet, die mit der klassischen Mechanik und Elektrodynamik nicht erklärt werden können. Ungefähr in den 1920er Jahren entwickelt sich durch geniale Ideen und Beiträge verschiedener Wissenschaftler eine neue physikalische Theorie, die Quantenmechanik oder allgemeiner die Quantentheorie. Sie baut nicht auf Bekanntem auf, sondern wurde ganz neu erschaffen. Sie stellt die übergeordnete Theorie dar, d. h. sie beschreibt physikalische Phänomene exakt und richtig, und erst im speziellen Grenzfall großer physikalischer Systeme unter alltäglichen Bedingungen sind die klassischen Vorstellungen sinnvoll. Durch alle Experimente bestätigt, stellt die Quantenphysik heute die grundlegende Beschreibung physikalischer Systeme und Vorgänge dar.

Es kommt ein sehr anspruchsvoller mathematischer Formalismus in der Quantenmechanik zum Einsatz, der weit über den Rahmen dieses Buchs hinausgeht. Die Grundkonzepte sollen daher in einfacher Form und möglichst anschaulich vorgestellt werden. Die Quantenmechanik ist eine statistische Theorie und macht im Wesentlichen nur Aussagen über Wahrscheinlichkeiten von Zuständen und Prozessen. Deshalb und weil oft keine Anschauung ihrer mathematisch exakten Beschreibung im Einklang mit Alltagserfahrungen steht, bietet sie viel Raum für Interpretationen und philosophische Diskussionen. Dennoch ist sie die bisher erfolgreichste Beschreibung der physikalischen Welt.

Das Kapitel führt zur Motivation in die Idee von Materiewellen und ihrer Interpretation ein. Aus der Dispersionsrelation kann die Schrödinger-Gleichung erraten werden, die die Dynamik eines Quantenteilchens beschreibt. Die unscharfe Messung physikalischer Größen wie Ort und Impuls zeigt beispielhaft den grundlegend statistischen Charakter der Theorie. Anschließend werden sehr einfache, eindimensionale Systeme behandelt, bevor das Kapitel mit einem Überblick über die Konzepte der Quantenmechanik endet.

5.1 Materiewellen

5.1.1 Wellenfunktion

In der klassischen Mechanik und Elektrodynamik haben wir Wellenphänomene kennengelernt. Hier ändert sich eine physikalische Größe periodisch in Raum und Zeit. Zum Beispiel können ebene harmonische Wellen einer skalaren Größe A durch die Gleichung

$$A(\vec{r}, t) = A_0 \cos(\vec{k} \cdot \vec{r} - \omega t) \qquad (5.1)$$

https://doi.org/10.1515/9783110468977-005

mit der Amplitude A_0, dem Wellenvektor $\vec{k}$ und der Kreisfrequenz ω mathematisch beschrieben werden. Allgemeine, nicht-harmonische Wellen werden nach dem Fourier-Theorem als Summe von Sinus- und Cosinusfunktionen beschrieben. Beispielsweise verhält sich der elektrische Feldstärkevektor einer elektromagnetischen Welle auf diese Weise. Die Intensität der Welle ist proportional zum Betragsquadrat der Feldstärke.

Wie in den vorangegangenen Kapiteln besprochen, zeigen mikroskopische Teilchen in ihrem räumlichen Auftreten Strukturen, die Interferenzmustern sich überlagernder Wellen gleichen. Es liegt also intuitiv nahe, ein Quantenteilchen durch eine

$$\text{Wellenfunktion} \quad \psi(\vec{r}, t)$$

zu beschreiben. Der Buchstabe ψ geht auf Erwin Schrödinger (1887–1961) zurück und steht immer synonym für die Wellenfunktion.

Wir halten an dieser Stelle schon einmal fest, welche Erwartungen wir mit der Wellenfunktion verknüpfen.

– Die Wellenfunktion muss die Information der **Aufenthaltswahrscheinlichkeit** des Quantenteilchens enthalten. Daher wird sie auch **Wahrscheinlichkeitsamplitude** genannt. Wie noch später erläutert wird, ist ψ aber im Allgemeinen eine komplexe Zahl und somit physikalisch nicht messbar. Erst das Betragsquadrat, im übertragenen Sinne die Intensität der Wellenfunktion, liefert die Messgröße der Aufenthaltswahrscheinlichkeit. Hierin unterscheidet sich die Wellenfunktion von den klassischen Wellen, bei denen auch Amplituden und Auslenkungen und nicht nur die Intensitäten messbare physikalische Größen sind.

– Materiewellen sind demnach Wahrscheinlichkeitswellen. Das bedeutet, dass die Quantenmechanik statistische Aussagen macht.

– Die Wellenfunktion ist *keine* Eigenschaft des Quantenteilchens. Sie enthält vielmehr die gesamte, verfügbare Information über das Teilchen bzw. System. Man spricht daher auch vom **Zustand** $\psi(\vec{r}, t)$. Wie sich dieser Zustand zeitlich und räumlich entwickelt, beschreibt die **Schrödinger-Gleichung** als Grundgleichung der Quantenmechanik (siehe Kapitel 5.2).

– Die Verbindung zwischen den Wellengrößen ω und $\vec{k}$ und den mechanischen Größen Energie E und Impuls $\vec{p}$ des Quantenteilchens wird durch die Einstein- und die de-Broglie-Relationen

$$E = \hbar\omega \quad \text{und} \quad \vec{p} = \hbar\vec{k} \tag{5.2}$$

vermittelt. Weil für nichtmikroskopische Körper die Wellenlänge extrem klein und die Wellenfunktion nicht kohärent sind, lassen sich quantenmechanische Interferenzen üblicherweise im Alltag nicht direkt beobachten.

– In diesem Kapitel betrachten wir nur Einzelteilchen. Für ein Ensemble von Quantenteilchen erwarten wir eine komplizierte Wellenfunktion, die nicht nur von der Zeit, sondern auch von den Ortskoordinaten *aller* Teilchen abhängt.

5.1.2 Bedeutung der Wellenfunktion

Die physikalische Interpretation der Wellenfunktion gelingt Max Born (1882–1970) im Jahr 1926, indem er folgende Definition formuliert:

Die Wahrscheinlichkeit, ein Quantenteilchen im Zustand $\psi(\vec{r}, t)$ zur Zeit t und an dem Ort $\vec{r}$ in einem kleinen Volumenelement dV zu finden, beträgt

$$dP = \psi^*(\vec{r}, t)\psi(\vec{r}, t)\, dV = |\psi(\vec{r}, t)|^2\, dV, \tag{5.3}$$

mit ψ^* als der konjugiert komplexen Funktion von ψ. Das Betragsquadrat $|\psi|^2$ wird **Aufenthaltswahrscheinlichkeitsdichte** genannt und ist eine reelle, im Prinzip messbare Größe.

Die Definition mit (5.3) lässt schon erahnen, dass die Bewegung eines Teilchens kompliziert zu beschreiben ist, denn Interferenzen entstehen durch Phasenunterschiede in ψ, jedoch werden sie erst messbar durch $|\psi|^2$. Im Betragsquadrat geht aber die detaillierte Phaseninformation verloren.

Weil sich das Quantenteilchen irgendwo im Gesamtraum befinden muss, impliziert die Bornsche Interpretation auch die **Normierung** der Wellenfunktion. Die über den gesamten Raum integrierte Aufenthaltswahrscheinlichkeit muss eins sein, d. h.

$$\iiint\limits_{\text{Gesamtraum}} |\psi(\vec{r}, t)|^2\, dV = 1. \tag{5.4}$$

5.1.3 Dispersion und Form der Wellenfunktion

Die Wellenfunktion kann im Allgemeinen nicht durch *reelle* Sinus- bzw. Cosinusfunktionen dargestellt werden. Das liegt daran, dass, anders als bei den bisher diskutierten mechanischen und elektromagnetischen Wellen, die Frequenz nicht proportional zum Wellenvektor ist. In Falle der klassischen Wellen gelten in der Regel die Relationen $\omega = c \cdot |\vec{k}|$ oder $\lambda \cdot f = c$.

Wir betrachten dagegen im Folgenden ein freies, nichtrelativistisches Quantenobjekt, auf das keine Kraft wirkt. Die Gesamtenergie des Teilchens ist gleich der kinetischen Energie, die ihrerseits vom Quadrat des Impulses

$$E = E_{\text{kin}} = \frac{p^2}{2m}$$

mit m als Ruhemasse abhängt. Für das Quantenteilchen sind auch die Gl.(5.2) gültig, so dass die **Dispersionsrelation** einer Materiewelle eine quadratische Funktion ist mit

$$\omega = \frac{\hbar k^2}{2m}. \tag{5.5}$$

Aus dieser Gleichung kann eine wichtige Konsequenz gezogen werden. Wie wir wissen, ergibt das Einsetzen der Wellenfunktion in die Wellengleichung die Dispersionsrelation. Wenn wie in (5.5) die Kreisfrequenz und der Wellenvektor nicht in der gleichen Potenz vorliegen, müssen sich also die (partiellen) Ableitungen in der Wellengleichung ebenso in ihren Ordnungen unterscheiden. Die Ableitung nach dem Ort muss zweiter Ordnung und die nach der Zeit erster Ordnung sein. Dementsprechend ist die Wellenfunktion nicht nur periodisch, sondern ihre erste und zweite Ableitung müssen auch zueinander proportional sein. Im Eindimensionalen bedeutet das

$$\frac{\partial^2 \psi(x,t)}{\partial x^2} = K \frac{\partial \psi(x,t)}{\partial t},$$

mit einer Konstanten K. Damit scheiden Sinus- und Cosinusfunktionen aus. Vielmehr lässt sich die Wellenfunktion nur durch komplexe Exponentialfunktionen beschreiben. Die Konstante K ist dann auch eine komplexe Zahl.

Im einfachsten Fall einer ebenen, eindimensionalen Welle in x-Richtung schreiben wir die Wellenfunktion demnach als

$$\psi(x,t) = C \exp[i(k_x x - \omega t)]. \tag{5.6}$$

Durch Einsetzen in die Ableitungen finden wir, dass

$$\frac{\partial^2 \psi(x,t)}{\partial x^2} = -C k_x^2 \psi(x,t),$$

$$\frac{\partial \psi(x,t)}{\partial t} = -iC\omega\psi(x,t) \quad \text{und}$$

$$K = \frac{i\omega}{k_x^2} = i\hbar \tag{5.7}$$

gilt. Für die letzte Gleichung wurde (5.5) für ein kräftefreies Quantenteilchen verwendet.

Die Gleichung der dreidimensionalen, ebenen Materiewelle lautet dementsprechend

$$\psi(\vec{r},t) = C \exp[i(\vec{k} \cdot \vec{r} - \omega t)] = C \exp\left[\frac{i}{\hbar}(\vec{p} \cdot \vec{r} - Et)\right]. \tag{5.8}$$

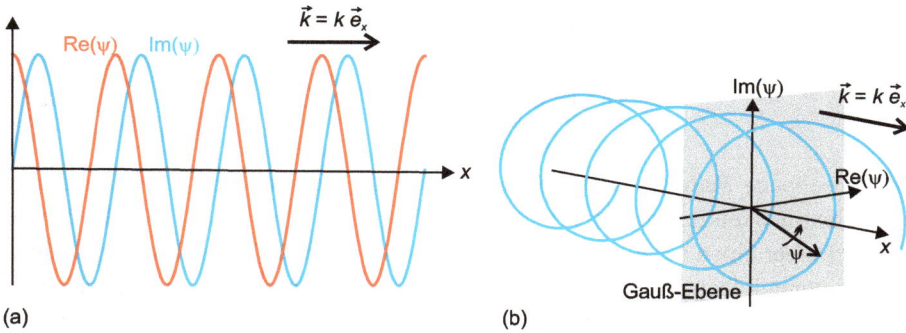

Abb. 5.1: Veranschaulichung einer sich in x-Richtung ausbreitenden ebenen Materiewelle zu einem festen Zeitpunkt. (a) Real- und Imaginärteil von ψ getrennt gezeichnet. (b) Real- und Imaginärteil von ψ als rotierender Zeiger in der Gauß-Ebene gezeichnet.

Die Euler-Formel gibt den Real- und den Imaginärteil der komplexen Materiewelle an,

$$\psi(\vec{r}, t) = C\left[\cos(\vec{k} \cdot \vec{r} - \omega t) + i \sin(\vec{k} \cdot \vec{r} - \omega t)\right]. \tag{5.9}$$

Offensichtlich sind beide Anteile um 90° phasenverschoben, wie in Abb. 5.1(a) für eine sich in x-Richtung ausbreitende ebene Welle gezeichnet. Die ebene Materiewelle kann auch räumlich als eine zirkular polarisierte Welle veranschaulicht werden. In Ausbreitungsrichtung rotiert der Wellenzeiger in der Gauß-Ebene, wie die Abb. 5.1(b) für einen festen Zeitpunkt zeigt. Man bedenke stets, dass ψ nicht direkt gemessen werden kann.

Die Konstante C vor der komplexen Exponentialfunktion wird durch die Normierungsbedingung in (5.4) bestimmt. Im Falle der ebenen Welle gilt aber

$$\left(\exp[i(\vec{k} \cdot \vec{r} - \omega t)]\right)^* = \exp[-i(\vec{k} \cdot \vec{r} - \omega t)]$$

und somit

$$\psi^*(\vec{r}, t)\psi(\vec{r}, t) = |C|^2,$$

woraus sich

$$\iiint\limits_{\text{Gesamtraum}} |\psi(\vec{r}, t)|^2 \, dV = |C|^2 V = 1$$

ableiten lässt. Die Normierungskonstante einer ebenen Materiewelle ist reell und gleich dem Kehrwert der Wurzel aus dem gesamten Raumvolumen V, in dem sich das Teilchen aufhalten kann,

$$C = \frac{1}{\sqrt{V}},$$

womit die ebene Wellenfunktion des freien Teilchens

$$\psi(\vec{r}, t) = \frac{1}{\sqrt{V}} \exp[i(\vec{k} \cdot \vec{r} - \omega t)]. \tag{5.10}$$

folgt. Eine ebene Welle beschreibt ein Quantenteilchen, dessen messbare Aufenthaltswahrscheinlichkeit im gesamten Raum gleich ist, eben $P = |\psi(\vec{r}, t)|^2 = 1/V$, d. h. es lässt sich über einen aktuellen Aufenthaltsort des Teilchens keine Aussage machen. Das Quantenteilchen im Zustand der ebenen Welle ist überall im Raum gleich wahrscheinlich anzutreffen. Ist der freie Raum unendlich ausgedehnt wird P gleich null.

Ebene Wellen sind eine idealisierte, unwirkliche Vorstellung. Sie eignen sich nicht, die Bewegung eines lokalisierten Quantenteilchens zu beschreiben. Dazu wird ein räumlich begrenzter Wellenabschnitt, ein sogenanntes **Wellenpaket** benötigt.

Zur anschaulichen Erklärung mancher quantenmechanischen Effekte werden wir später dennoch ebene Wellen verwenden, um die Rechnungen einfach zu halten. Dieses ist auch nicht ganz falsch, weil ein Wellenpaket durch Integration, also durch kontinuierliche Summation von ebenen Wellen, konstruiert werden kann.

5.1.4 Eindimensionales Materiewellenpaket

Wellenpakete wurden in Band 1 bereits vorgestellt. An dieser Stelle werden wir genauer auf die Konstruktion eines Materiewellenpakets eingehen. Zur Vereinfachung nehmen wir an, dass das Wellenpaket eindimensional ist, d. h. $\psi = \psi(x, t)$, und sich in x-Richtung bewegt.

Eine ebene Materiewelle beschreibt ein Quantenteilchen mit einer scharfen Wellenzahl k_0 bzw. einem scharfen Impuls $p_0 = \hbar k_0$, ohne etwas über den Aufenthaltsort des Teilchens zu wissen. Um ein Quantenteilen zu lokalisieren, muss die Wellenfunktion örtlich eingeschränkt sein. Dieses gelingt durch eine *einhüllende* Funktion $|\psi(x, t)|$, die die Amplitude der Wellenfunktion moduliert.

Abbildung 5.2(a) zeigt beispielhaft Real- und Imaginärteil eines Wellenpakets mit glockenartiger Einhüllender. Man spricht auch von einem *Gaußschen Wellenpaket* wegen der typischen Glockenfunktion der Normalverteilung. Dieses Wellenpaket kann mathematisch durch eine kontinuierliche Überlagerung ebener Wellen

$$\psi(x, t) = \frac{1}{2\pi} \int\limits_{-\infty}^{\infty} g(k) e^{i(kx - \omega(k)t)} \, \mathrm{d}k, \tag{5.11}$$

mit einer glockenartigen *Spektralfunktion* $g(k)$ beschrieben werden. Weil $g(k)$ die Amplitude der beteiligten ebenen Wellen festlegt, wird sie auch *Amplitudenfunktion* genannt. Sie enthält auch den Normierungsfaktor.

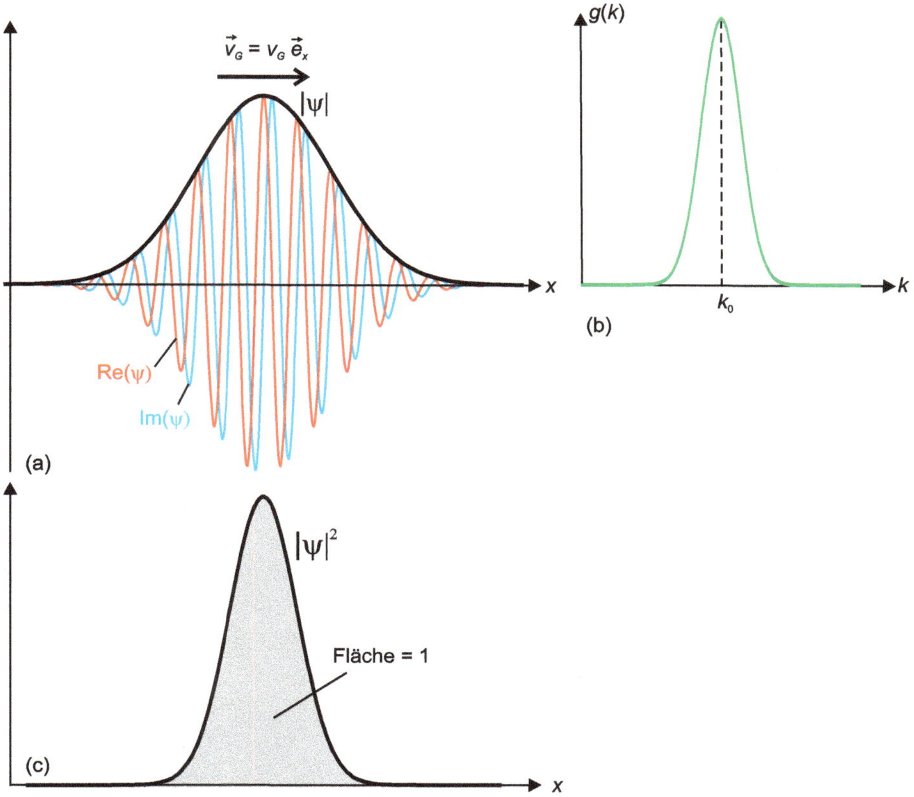

Abb. 5.2: (a) Eindimensionales (Gaußsches) Wellenpaket. Die Einhüllende bewegt sich mit Gruppengeschwindigkeit, während sich die Wellenanteile darunter mit Phasengeschwindigkeit bewegen. (b) Beispiel einer glockenförmigen Spektralfunktion. Ihre Breite ist ein Maß für die Impulsunschärfe. (c) Das Betragsquadrat der Wellenfunktion entspricht der Aufenthaltswahrscheinlichkeitsdichte.

Abbildung 5.2(b) zeigt eine typische Spektralfunktion. Weil der k-Wert proportional zum Impuls ist, bedeutet die Breite von $g(k)$ eine Messunsicherheit für den Impuls des Teilchens, die wir auch als *Impulsunschärfe* bezeichnen. Das Maximum der Spektralfunktion liegt am Wert des wahrscheinlichsten Impulses $k_0 = p_0/\hbar$. Der Integrant lässt sich in (5.11) um k_0 verschieben und ist dann symmetrisch um den Nullpunkt,

$$\psi(x,t) = \frac{1}{2\pi} e^{ik_0 x} \int_{-\infty}^{\infty} g(k - k_0) e^{i((k-k_0)x - \omega(k-k_0)t)} \, dk. \tag{5.12}$$

Die Kreisfrequenz ω bzw. die Energie $E = \hbar\omega$ hängen wegen der Dispersionsrelation in (5.5) von der Wellenzahl ab, weshalb das Integral in (5.12) kompliziert ist. Wir nehmen aber an, dass die Breite von $g(k)$ nicht so groß ist, dass in erster Näherung im Integral $\omega(k) \approx \omega(k_0) = \omega_0$ konstant gesetzt werden kann, so dass (5.12) in

$$\psi(x,t) = \underbrace{\frac{1}{2\pi} \int_{-\infty}^{\infty} g(\tilde{k})e^{i\tilde{k}x}\,d\tilde{k}}_{|\psi(x,t)|} \underbrace{e^{i(k_0x-\omega_0t)}}_{\text{ebene Welle}}, \tag{5.13}$$

mit $\tilde{k} = k-k_0$ umgeformt werden kann. Die Einhüllende der Wellenfunktion entspricht dem ersten Term, der die sogenannte *Fourier-Transformierte* der Spektralfunktion darstellt. Die ebene Welle ist nur richtig, solange die Energie als konstant angenommen wird bzw. die Dispersion unbeachtet bleibt.

Die eigentliche Messgröße ist die Aufenthaltswahrscheinlichkeitsdichte $|\psi(x,t)|^2$ und ist in Abb. 5.2(c) dargestellt. Die Fläche unter der Kurve ist auf eins normiert. Die Wahrscheinlichkeit, das Quantenteilchen in einem Δx-Intervall zu finden, ist die Fläche unter der Kurve im Δx-Intervall. Diese Wahrscheinlichkeit ist am Ort des Kurvenmaximums am größten.

Die freie Bewegung des Quantenteilchens ist mit der zeitlichen Verschiebung des Wellenpakets bzw. der Aufenthaltswahrscheinlichkeitsdichte verbunden. Wie schon in Band 1 besprochen, bewegt sich die Einhüllende des Wellenpakets mit der **Gruppengeschwindigkeit**

$$v_G = \frac{d\omega}{dk} = \frac{d}{dk}\frac{\hbar k^2}{2m} = \frac{\hbar k}{m} = v, \tag{5.14}$$

die – wie erwartet – der Teilchengeschwindigkeit entspricht. Dagegen bewegt sich die Welle unter der Einhüllenden mit der **Phasengeschwindigkeit**

$$c = \frac{\omega}{k} = \frac{\hbar k}{2m} = \frac{v_G}{2}, \tag{5.15}$$

die gleich der halben Teilchengeschwindigkeit ist. Die Welle bewegt sich also langsamer als ihre Einhüllende.

Anmerkung: Zerfließen des Wellenpakets

In der Konstruktion des Wellenpakets von (5.13) haben wir die Dispersion vernachlässigt. Wird sie in den Rechnungen berücksichtigt, entdeckt man, dass sich das Wellenpaket nicht nur entlang der x-Achse bewegt, sondern dass sich auch seine Breite mit der Zeit vergrößert. Das bedeutet, dass auch $|\psi(x,t)|^2$ mit zunehmender Zeit breiter und die Ortsbestimmung des Teilchens zunehmend ungenauer wird. Dieses Verhalten wird auch als *Zerfließen* des Wellenpakets bezeichnet und ist eine Konsequenz der Dispersion.

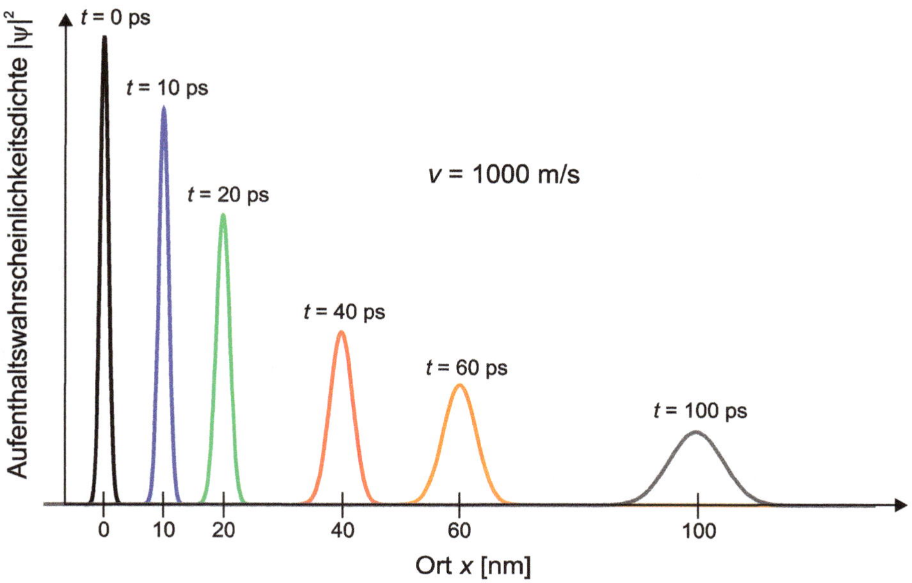

Abb. 5.3: Zerfließen eines eindimensionalen, Gaußschen Wellenpakets mit der Zeit am Beispiel eines H-Atoms, das sich mit 1 000 m/s in x-Richtung bewegt.

In Abb. 5.3 sind Momentaufnahmen für die Aufenthaltswahrscheinlichkeitsdichte eines eindimensionales Wellenpakets eingezeichnet. Ort- und Zeitangaben sind für das Beispiel eines sich mit 1 000 m/s gleichförmig bewegenden Wasserstoffatoms berechnet. Das Wellenpaket kommt in einer Pikosekunde (10^{-12} s) einen Nanometer (10^{-9} m) voran. Deutlich ist die Verbreiterung mit zunehmender Zeit erkennbar. Die Höhe der Funktion nimmt mit zunehmender Breite ab, weil die Fläche unter der Kurve immer gleich eins sein muss. Man kann zeigen, dass die Zeit, in der sich die Breite des Gaußschen Wellenpakets verdoppelt, gleich

$$T_2 = \frac{\sqrt{3}m}{\hbar}(\Delta x)^2$$

beträgt, wobei m die Masse des Quantenteilchens und Δx die Anfangsbreite des Wellenpakets bezeichnen.

5.1.5 Heisenbergsche Unschärferelation

In der Breite Δk der Spektralfunktion $g(k)$ drückt sich die Unsicherheit der Impulsmessung am Quantenteilchen aus. Ganz analog kann die Breite von $|\psi(x,t)|$ als Unschärfe bei der Messung des Orts des Quantenteilchens angesehen werden. Die eine Größe

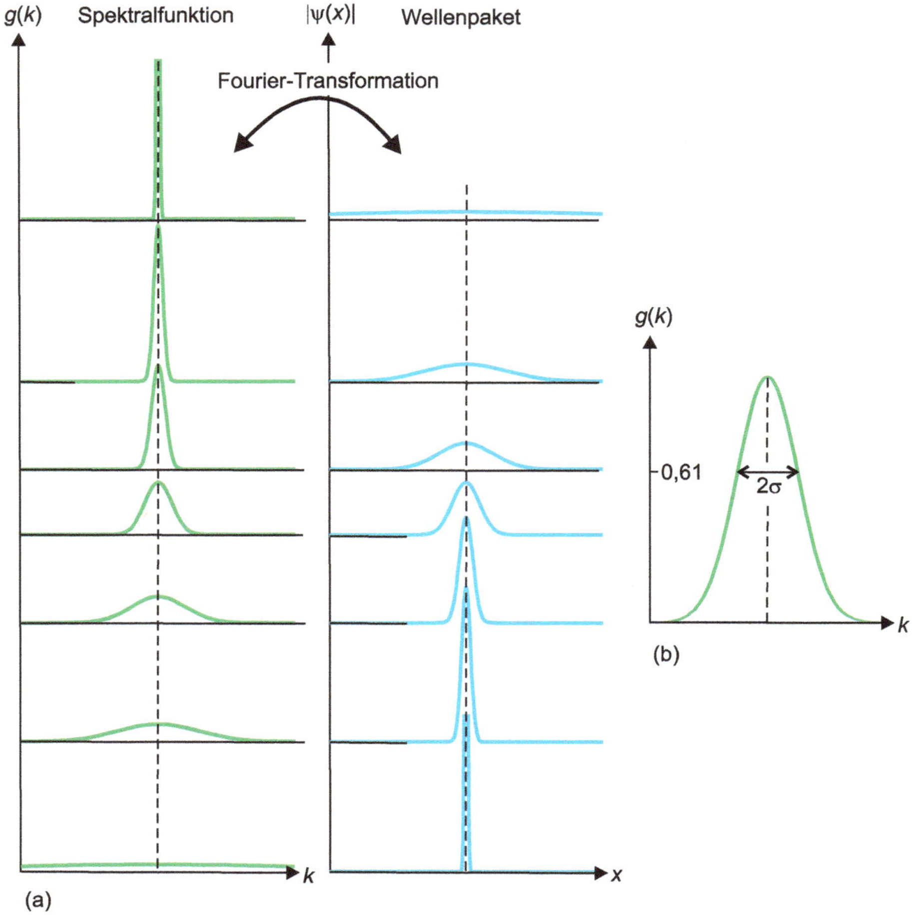

Abb. 5.4: (a) Spektralfunktion und Betrag der Wellenfunktion für verschiedene Breiten. Die beiden Funktionen können mit der Fourier-Transformation ineinander umgerechnet werden. (b) Gaußsche Normalverteilung.

ist die Fourier-Transformierte der anderen. Es ist eine grundlegende Eigenschaft dieser Integraltransformation, dass die Transformierte einer schmalen Funktion breit ist und umgekehrt. Das bedeutet in unserem Fall, dass schmale Spektralfunktionen breite Wellenpakete zur Folge haben. Im Extremfall der ebenen Welle liegt nur ein scharfer k-Wert vor, während die ebene Welle unendlich ausgedehnt ist. Abbildung 5.4(a) veranschaulicht dieses Verhalten für verschieden breite Wellenpakete und deren entsprechenden Spektralfunktionen.

Es ist praktisch, als Funktion der glockenartigen Kurven die Gaußsche Normalverteilung zu verwenden. Die eindimensionale Spektralfunktion lautet dann

$$g(k) = \frac{1}{\sqrt{2\pi}\sigma} e^{-\frac{k^2}{2\sigma^2}}. \tag{5.16}$$

Um die Diskussion einfach zu halten, fordern wir, dass das Maximum der Funktion am Nullpunkt liegt und damit der Impuls des Teilchens im Mittel null ist. Diese Annahme schränkt die Allgemeingültigkeit der Aussagen nicht ein. Die Funktion mit der *Standardabweichung* σ ist in Abb. 5.4(b) dargestellt. Nehmen wir den Wert von σ als Maß für die Unschärfe des k-Werts, liefert die Mathematik der Fourier-Transformation die einfache Beziehung

$$\Delta x \cdot \Delta k = 1. \tag{5.17}$$

Man kann jetzt noch berücksichtigen, dass nicht $|\psi|$ sondern $|\psi|^2$ als Messgröße die Ortsunschärfe bestimmt. Die Breite der quadrierten Funktion ist halb so groß wie die der ursprünglichen Glockenkurve, weil (5.16) quadriert den Faktor 2 vor dem σ beseitigt. Daher ändern wir (5.17) in

$$\Delta x \cdot \Delta k = \frac{1}{2}. \tag{5.18}$$

In die Sprache der Physik übertragen, lautet diese Gleichung

$$\Delta x \cdot \Delta p_x \geq \frac{\hbar}{2}, \tag{5.19}$$

dass das Produkt aus den Messunsicherheiten der Orts- und gleichgerichteten Impulskoordinaten stets größer ist als eine Konstante in der Größenordnung der Planck-Konstante.

Die Ungleichung wurde zuerst theoretisch von Werner Heisenberg (1901–1976) hergeleitet und heißt daher

Heisenbergsche Unschärferelation für Ort und Impuls,

$$\Delta x \cdot \Delta p_x \geq \frac{\hbar}{2}, \tag{5.20}$$

$$\Delta y \cdot \Delta p_y \geq \frac{\hbar}{2}, \tag{5.21}$$

$$\Delta z \cdot \Delta p_z \geq \frac{\hbar}{2}. \tag{5.22}$$

Es ist ein Charakteristikum der Quantenmechanik, dass bestimmte, sogenannte **nichtkommutierende, komplementäre** Observablenpaare nicht gleichzeitig beliebig genau gemessen werden können. Die Komplementarität von Ort und Impuls kann man z. B. schon daran erkennen, dass die beiden Größen als Produkt in der Wellenfunktion des freien Teilchens erscheinen. Es gibt weitere Observablenpaare, die eine Unschärferelation erfüllen. Wir werden an entsprechender Stelle darauf hinweisen.

! Es gibt keinen experimentellen Aufbau, mit dem in einem quantenphysikalischen System der Ort und der dazugehörende Impuls gleichzeitig beliebig scharf gemessen werden können. Man achte auf die dazugehörende Verbindung, denn z. B. x und p_y sind durchaus gleichzeitig genau zu bestimmen.

Beispiel: Doppelspaltexperiment

Die Unschärferelation ist kein abstraktes Gedankenspiel, sondern ist experimentell immer erfüllt und beobachtbar. Wir haben in Kapitel 4.3.3 aus dem Einfachspaltexperiment mit Photonen und Elektronen auf die Unschärferelation zwischen Ort und Impuls geschlossen. In einem Gedankenexperiment wollen wir jetzt klären, warum Ort und Impuls nicht gleichzeitig gemessen werden können.

Es wird gedanklich ein Messaufbau angenommen, der beide Größen, Ort und Impuls, im klassischen Sinne genau messen kann. Das Beispiel ist [5.1] entlehnt. Es sei ein Doppelspalt mit Spaltabstand d und sehr schmalen Spaltbreiten gegeben, wie in Abb. 5.5 skizziert. Auf dem hinreichend weit entfernten Schirm im Abstand L entsteht ein Streifenmuster, dessen Intensität in Fraunhofer-Näherung einer $\cos^2(\pi d \sin \vartheta/\lambda)$-Funktion gehorcht. In Abb. 5.5(a) ist schematisch das Entstehen des Beugungsbilds durch Beugung von Einzelteilchen gezeigt. In Abb. 5.5(b) ist die Intensität des Beugungsbilds in Grün gezeichnet. Man erkennt, dass Teilchen, die zu einem bestimmten

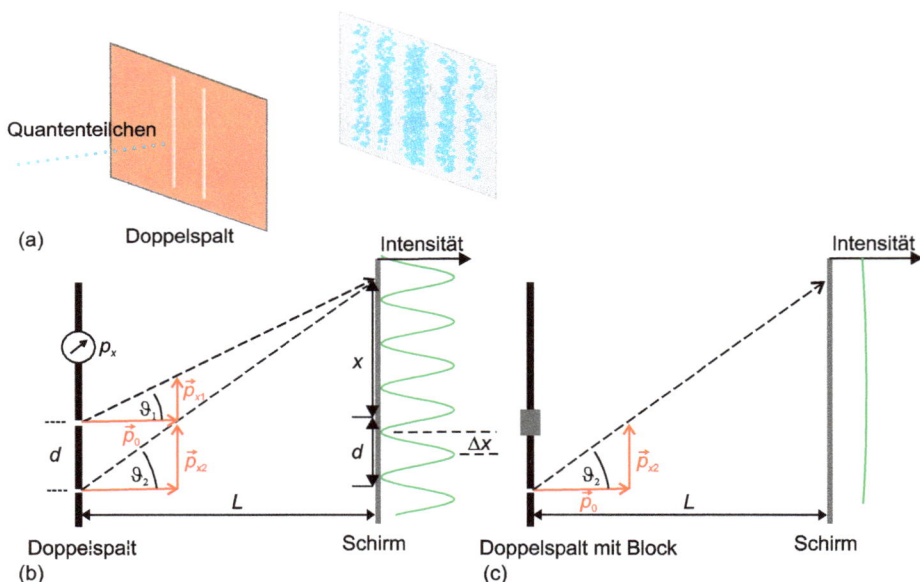

Abb. 5.5: (a) Schema des Doppelspaltexperiments mit Quantenteilchen. (b) Beugung von Quantenteilchen an einem Doppelspalt mit sehr schmalen Spalten. Gedanklich könnte man den Durchgangsspalt durch genaue Impulsmessung in x-Richtung bestimmen. (c) Bestimmen des Durchgangsspalts oder Blockieren des anderen Spalts führt zum Verschwinden der Doppelspaltinterferenz. Es bleibt das breite Hauptmaximum der Einzelspaltbeugung.

Punkt im Beugungsbild gelenkt werden, je nach Durchgangsspalt einen unterschiedlichen Impuls in x-Richtung erhalten.

Weil die Impulserhaltung gilt, muss der Doppelspalt den entgegengesetzten Impuls übernehmen, den das Quantenteilchen in x-Richtung erhalten hat. Wir wollen
annehmen, dass der Spaltaufbau diesen übertragenen Impuls möglichst genau messen kann. Die Impulsänderung beträgt für Spalt S1 $p_{x1} = p_0 \sin \vartheta_1$ und für Spalt S2
$p_{x2} = p_0 \sin \vartheta_2$. Die genaue Impulsmessung in Abb. 5.5(b) erlaubt es prinzipiell, den
Spalt zu bestimmen, durch den das auf dem Schirm nachgewiesene Teilchen getre-
ten ist. Damit wäre der Ort des Teilchens am Doppelspalt auch scharf bestimmt. Was ist
also falsch an dieser Überlegung, die ja offenbar im Widerspruch zur Unschärferelation steht? Auch experimentell würden wir feststellen, dass die Doppelspaltinterferenz
verschwindet, wenn der Durchgangsspalt bestimmt wird.

Diese Methode der gleichzeitig beliebig genauen Messung von Impulsänderung
und Ort funktioniert deshalb nicht, weil wir vergessen haben, dass die Messung in ein
quantenphysikalisches System entscheidend eingreift und nicht isoliert ist. Auch der
impulsmessende Doppelspalt unterliegt einer Unschärferelation. Der Ort x der beiden
Spalte ist nur innerhalb der Schwankung

$$\Delta x \geq \frac{\hbar}{2|p_{x1} - p_{x2}|} \tag{5.23}$$

bekannt. Messen wir also den Impuls und bestimmen damit den Durchgangsspalt für
das Quantenteilchen, wird die Ortskoordinate des Spalts und damit auch die örtliche
Lage des Interferenzmusters unscharf. Die Größe der Schwankung kann abgeschätzt
werden, wenn wir kleine Winkel betrachten und $\sin \vartheta \approx \tan \vartheta$ setzen. Dann gilt

$$|p_{x1} - p_{x2}| = p_0 \left(\frac{x+d}{L} - \frac{x}{L} \right) \approx \frac{p_0 d}{L},$$

und wir erhalten für die Ortsunschärfe von Doppelspalt und Interferenzmuster aus
(5.23)

$$\Delta x \geq \frac{\hbar}{2|p_{x1} - p_{x2}|} = \frac{\hbar L}{2 p_0 d} = \frac{L\lambda}{2d}.$$

Dieser Wert entspricht aber genau dem halben Abstand zwischen zwei Minima im Interferenzmuster des Doppelspalts. Der Abstand zwischen den beiden Minima um das
Zentralmaximum beträgt nämlich $\Delta x = 2L \sin \vartheta_{\min} = 2L\lambda/(2d)$. Das Interferenzmuster
schwankt bei genauer Impulsmessung gerade um eine halbe Strichbreite des Interferenzmusters, das damit vollständig verschwindet. Real bleibt nur die Interferenz am
Einzelspalt, die wegen der angenommenen kleinen Spaltbreite aber ein sehr breites
Hauptmaximum hat. In Abb. 5.5(c) ist diese Situation skizziert. Ist der Durchgangs-
spalt durch Impulsmessung oder Blockieren eines Spalts bekannt, ist anstelle der
Doppelspaltinterferenz nur die breite Einfachspaltbeugungsfigur zu beobachten.

! Die Messapparatur ist in quantenphysikalischen Sinne Teil des Systems. Die Messung
ist ein Eingriff in dieses System, der nicht – wie im klassischen Sinn – eine kleine
Störung darstellt.

Energie-Zeit-Unschärfe

Betrachtet man die Wellenfunktion z. B. in (5.8), erkennt man die Analogie zwischen
dem Observablenpaar $\vec{x}, \vec{p}$ und dem skalaren Paar von Zeit t und Energie E. Tatsächlich lässt sich mit den gleichen Argumenten der Fourier-Transformation eine **Energie-
Zeit-Unschärferelation** herleiten,

$$\Delta E \cdot \Delta t \geq \hbar. \tag{5.24}$$

Es gibt einen formalen Unterschied, weil in der Quantenmechanik die Zeit eher ein
Parameter als eine typische Observable ist. Dennoch wird auch die Relation (5.24) experimentell bestätigt. So können z. B. keine monochromatischen, ultrakurzen Lichtimpulse hergestellt werden. Spezielle Laser können heute Lichtimpulse mit einer Länge von 10 Femtosekunden $= 10^{-14}$ s herstellen. Die energetische Breite eines solchen
Impulses beträgt dann mindestens 0,1 eV.

5.2 Die Schrödinger-Gleichung

Die Dynamik der Materiewelle $\psi(\vec{r}, t)$ wird wie bei klassischen Wellen durch eine Wellengleichung beschrieben, die nach ihrem Entdecker als **Schrödinger-Gleichung** bezeichnet wird. Wir wollen der Einfachheit halber zunächst nur den eindimensionalen
Fall betrachten.

5.2.1 Das kräftefreie Teilchen im Eindimensionalen

Die Wellengleichung kann leicht erraten werden, weil das Einsetzen z. B einer ebenen Welle wie in (5.8) die Dispersionsrelation in (5.5) ergeben muss, die mit (5.2) als
Relation

$$E = p^2/(2m) = E_{\text{kin}} \tag{5.25}$$

zwischen Energie und Impuls umgeformt werden kann. Weil das Teilchen frei ist, entspricht die kinetische Energie der Gesamtenergie E_{ges}. Die entsprechende Wellengleichung lautet dann

$$-\frac{\hbar^2}{2m}\frac{\partial^2}{\partial x^2}\psi(x, t) = i\hbar\frac{\partial}{\partial t}\psi(x, t), \tag{5.26}$$

was durch Einsetzen einer ebenen Welle leicht bestätigt wird. Die Wellengleichung ist eine partielle Differentialgleichung zweiter Ordnung in der Ortskoordinate und erster Ordnung in der Zeitkoordinate. Wie schon erwähnt, muss die allgemeine Lösung eine komplexe Funktion sein.

In vielen Fällen kann die Zeitabhängigkeit aus der Wellenfunktion als Faktor abgetrennt werden,

$$\psi(x,t) = \psi(x)e^{iEt/\hbar} = \psi(x)e^{i\omega t}. \tag{5.27}$$

Der Ortsanteil der Wellenfunktion hat keine explizite Zeitabhängigkeit und wird daher als *stationäre Wellenfunktion* bezeichnet. Durch Einsetzen in die Wellengleichung erhält man die **stationäre Wellengleichung** des freien, eindimensionalen Teilchens

$$-\frac{\hbar^2}{2m}\frac{d^2}{dx^2}\psi(x) = E\psi(x). \tag{5.28}$$

Wir diskutieren in diesem Band fast ausschließlich stationäre physikalische Systeme, die sich nicht explizit mit der Zeit ändern oder richtiger durch eine Wellenfunktion mit Zeitabhängigkeit nach (5.27) beschreiben lassen. Wir werden in diesem Abschnitt daher nur die stationäre Form der Schrödinger-Gleichung einführen.

5.2.2 Teilchen im eindimensionalen konservativen Kraftfeld

In einem örtlich veränderlichen mechanischen Potenzial kommt zur kinetischen Energie noch die ortsabhängige, potenzielle Energie hinzu. Gleichung (5.25) muss ergänzt werden, weil

$$E = E_{ges} = E_{kin} + E_{pot} = p^2/(2m) + E_{pot} \tag{5.29}$$

gilt. In Abb. 5.6 sind die Größen schematisch in einer eindimensionalen Potenziallandschaft dargestellt. Die potenzielle Energie als Funktion der Ortskoordinate x ist in Rot aufgetragen. Die Gesamtenergie E des Teilchens ist konstant, und die Differenz zwischen E und E_{pot} entspricht der kinetischen Energie E_{kin}. In der klassischen Mechanik kann sich ein Teilchen mit Energie E nur zwischen den Punkten x_1 und x_2 bewegen. Der grau unterlegte Bereich ist verboten, weil die kinetische Energie nicht negativ werden kann.

Die **stationäre Schrödinger-Gleichung** für ein Quantenteilchen in einem Potenzial verändert sich entsprechend von (5.28) in die allgemeinere Form

$$-\frac{\hbar^2}{2m}\frac{d^2}{dx^2}\psi(x) + E_{pot}(x)\psi(x) = E\psi(x). \tag{5.30}$$

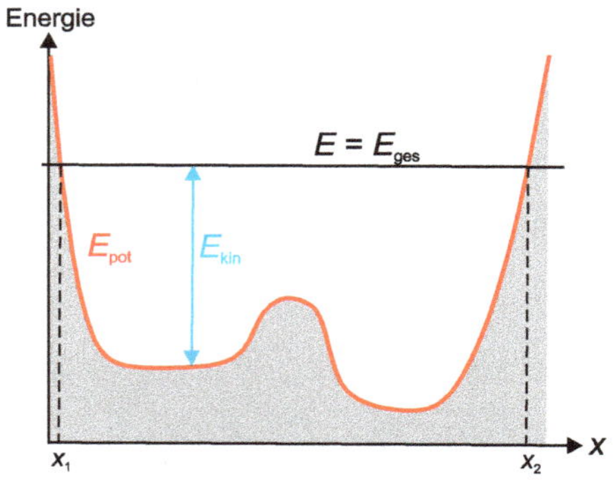

Abb. 5.6: Eindimensionale Potenziallandschaft. Ein klassisches Teilchen mit Energie E kann sich stets nur zwischen den Umkehrpunkten x_1 und x_2 bewegen.

Einsetzen der Wellenfunktion z. B als ebene Welle reproduziert (5.29) allerdings jetzt mit einer ortsabhängigen Wellenzahl

$$k = \frac{\sqrt{2m(E - E_{\text{pot}}(x))}}{\hbar}. \tag{5.31}$$

Eine typische ebene Welle mit fester Wellenzahl liegt nur in Bereichen vor, in denen die potenzielle Energie näherungsweise konstant ist. Schon im Eindimensionalen sind die Lösungen nicht einfach, weil sie auch von den Bedingungen an den Rändern abhängen, an denen $E = E_{\text{pot}}$ ist.

Qualitativer Vergleich zwischen klassischer und quantenmechanischer Beschreibung

Die quantenmechanische Dynamik eines mikroskopischen Teilchens unterscheidet sich so grundlegend von der klassischen Mechanik, dass das Konzept an einer sehr einfachen Potenziallandschaft in Abb. 5.7 diskutiert werden soll. Der Verlauf der potenziellen Energie ist in Rot gezeichnet. Es gibt drei Bereiche A, B, C mit unterschiedlichen potenziellen Energien. Den Nullpunkt der Energieskala wählen wir auf dem kleinsten Potenzialwert.

In der klassischen Mechanik kann ein Teilchen jeden Energiewert E oberhalb des Potenzialnullpunkts einnehmen. Weil die kinetische Energie immer positiv ist, muss überall $E \geq E_{\text{pot}}$ gelten. Für Energien zwischen 0 und $E_{\text{pot},1}$ kann sich das klassische Teilchen nur im Bereich zwischen x_1 und x_2 aufhalten. Das Teilchen ist gefangen oder, physikalisch ausgedrückt, in einem *gebundenen Zustand*. Je nach E bewegt es sich unterschiedlich schnell zwischen den Grenzen hin und her. In Abb. 5.7(a) ist der Fall für ein E_1 dargestellt. Der Potenzialsprung ist wie ein harte Wand, jenseits der sich das klassische Teilchen nicht aufhalten kann.

Für Energien oberhalb von $E_{\text{pot},1}$ ist das Teilchen ungebunden, jedoch kann es sich nicht links von x_1 bewegen, solange $E_{\text{pot},1} \leq E \leq E_{\text{pot},2}$ ist. Kommt das Teilchen von rechts, wird es an der linken Potenzialstufe reflektiert und kehrt auf dem gleichen

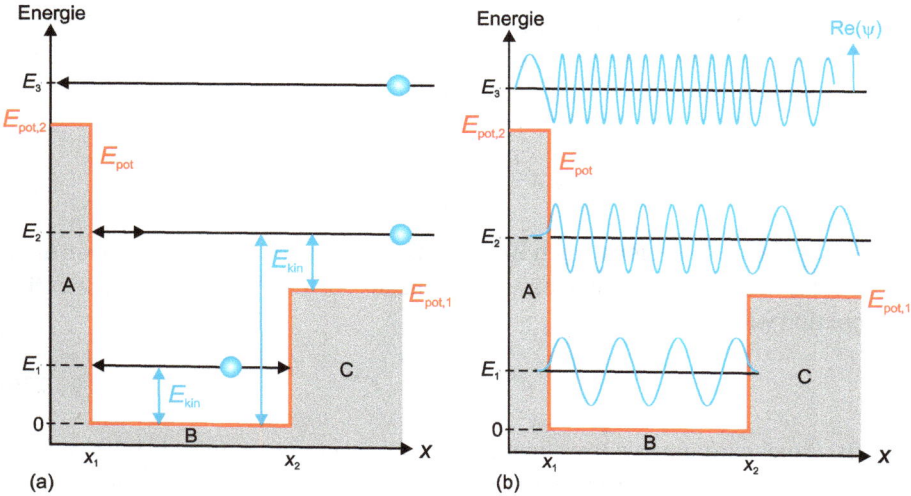

Abb. 5.7: Eindimensionale Potenziallandschaft mit drei Bereichen A, B und C. (a) Ein klassisches Teilchen bewegt sich in den Bereichen mit Energie $E \geq E_{pot}$. Ein Eindringen in den Potenzialwall ist nicht möglich. Für den Fall mit $E \leq E_{pot,1}$ ist das Teilchen zwischen x_1 und x_2 gebunden. (b) Die quantenmechanische Wellenfunktion eines Quantenteilchens passt ihre Wellenlänge je nach E_{pot} an. Im gebundenen Zustand gibt es nur diskrete Resonatorzustände. Es gibt wegen der Randbedingungen auch eine nicht verschwindende Aufenthaltswahrscheinlichkeit jenseits der Potenzialwand.

Weg zurück. Erst wenn $E > E_{pot,2}$ ist, kann es sich entlang der x-Achse frei bewegen. Es hat aber in den unterschiedlichen Bereichen eine andere kinetische Energie und damit eine andere Geschwindigkeit. Diese Fälle sind auch in Abb. 5.7(a) skizziert.

Ganz anders stellt sich die Situation in der Quantenmechanik dar. In der Wellentheorie muss die Wellenzahl bzw. die Wellenlänge betrachtet werden. In den drei Potenzialbereichen in Abb. 5.7(b) berechnen sich diese Größen nach (5.31) oder entspechend

$$\lambda = \frac{h}{\sqrt{2m(E - E_{pot})}}. \tag{5.32}$$

Während im klassischen Fall das Teilchen jede positive kinetische Energie annehmen kann, gilt das in der Quantenmechanik nicht mehr. Wir unterscheiden wieder drei Fälle:

1. **Gebundene Zustände ($0 < E < E_{pot,1}$)**
   Wie bei einem Resonator muss die Wellenfunktion in den Potenzialtopf gleichsam als stehende Welle eingepasst werden, weshalb gebundene Zustände auch als *Resonanzzustände* bezeichnet werden. Damit sind nur wenige, ausgesuchte Wellenfunktionen und Energiewerte erlaubt. Welche Wellenfunktion möglich ist, hängt von den Randbedingungen an der Potenzialwand ab. Auch jenseits der Wand setzt

sich die Wellenfunktion auf kurzer Reichweite fort, weil sie exponentiell abfällt. Die Gesamtenergie ist jenseits der Wand kleiner als die potenzielle Energie, d. h. die kinetische Energie ist formal negativ und die Wellenzahl

$$k = \frac{i\sqrt{2m(E_{\text{pot}} - E)}}{\hbar} = i\kappa \tag{5.33}$$

wird imaginär. Bei einer ebenen Wellenfunktion kann man sich leicht davon überzeugen, dass bei einer imaginären Wellenzahl aus der Welle eine Exponentialfunktion wird, weil

$$e^{ikx} = e^{i(i\kappa)x} = e^{-\kappa x} \tag{5.34}$$

gilt. Dabei wird ein positiver, reeller κ-Wert angenommen. In Abb. 5.7(b) ist beispielhaft der Realteil einer erlaubten Wellenfunktion für $E = E_1$ eingezeichnet.

Die **Randbedingungen** erfordern, dass an den Potenzialwänden die Wellenfunktion glatt anschließt. Der Wert und die Ableitung der Wellenfunktion müssen gleich sein, unabhängig davon, ob man sich von links oder rechts dem Punkt nähert. Dies bedeutet mathematisch, dass

$$\lim_{x \to x_1^-} \psi(x) = \lim_{x \to x_1^+} \psi(x) \quad \text{und} \quad \lim_{x \to x_1^-} \frac{\mathrm{d}\psi(x)}{\mathrm{d}x} = \lim_{x \to x_1^+} \frac{\mathrm{d}\psi(x)}{\mathrm{d}x} \tag{5.35}$$

geschrieben werden kann, wobei die Minus- und Pluszeichen die Richtungen angeben, aus denen man sich dem Übergang nähert. Die Stetigkeit der Ableitung wird aufgehoben bei senkrechten, unendlich hohen Potenzialwänden.

Damit ergeben sich kuriose Abweichungen zum klassischen Fall:
- Es gibt quantenmechanisch nur diskrete gebundene Zustände bestimmter Energien. Sie ähneln den Resonatormoden klassischer Wellen und begründen die typischen Quantisierungen.
- Weil das Absolutquadrat der Wellenfunktion der Aufenthaltswahrscheinlichkeitsdichte entspricht, dringt das Teilchen ein wenig in die Potenzialwand ein. Diese Eindringtiefe ist sehr klein, aber messbar. Dieses Phänomen des **Tunnelns** hat kein klassisches Pendant.
- Die Aufenthaltswahrscheinlichkeit hat wie die Wellenfunktion Bäuche und Knoten. Es gibt also im stationären gebundenen Zustand Orte, an denen das Teilchen oft bzw. gar nicht gefunden wird.

2. **Ungebundene Zustände ($E_{\text{pot},1} < E < E_{\text{pot},2}$)**
   Oberhalb des Potenzialtopfs in Abb. 5.7(b) sind alle Energiewerte erlaubt. Man spricht für die Wellenfunktion von einem *kontinuierlichen Energiespektrum* oder einem *Zustandskontinuum*. Ungebundene Zustände werden auch als Streuzustände bezeichnet. Der Realteil einer beispielhaften ebenen Wellenfunktion ist einge-

zeichnet. Sie dringt wieder ein wenig in die Potenzialwand am linken Rand ein, um die Randbedingungen zu erfüllen. Zur rechten Seite ist die Bewegung des Teilchens ungebunden. Die Wellenlänge in den Bereichen ändert sich je nach potenzieller Energie.

3. **Ungebundene Zustände ($E_{pot,2} < E$)**
   Das Quantenteilchen ist entlang der x-Achse ungebunden. Es sind alle Energiewerte erlaubt, d. h. es existiert ein Zustandskontinuum. Wie im Fall zuvor ändert sich die Wellenlänge in den einzelnen Bereichen unterschiedlicher potenzieller Energie.

Beispiel

Am Beispiel eines Elektrons mit einer kinetischen Energie von E_{kin} = 10 eV soll die Eindringtiefe der Aufententhaltswahrscheinlichkeitsdichte abgeschätzt werden. Das Elektron treffe auf eine abrupte Potenzialwand von E_1 = 15 eV. Die Wellenfunktion und die Aufenthaltswahrscheinlichkeitsdichte sind im Stufenbereich Exponentialfunktionen

$$\psi \propto e^{-\kappa x} \quad \text{und} \quad |\psi|^2 \propto e^{-2\kappa x},$$

wobei der Nullpunkt an der Stufenkante sein soll. Auf einer Länge von $x = 1/(2\kappa)$ fällt die Aufenthaltswahrscheinlichkeitsdichte auf $1/e$ = 37 % ab. Diese charakteristische Länge beträgt im Beispiel

$$\frac{1}{2\kappa} = \frac{\hbar}{2\sqrt{2m_e(E_1 - E_{kin})}} = \frac{1{,}054 \cdot 10^{-34}\,\mathrm{J\,s}}{2\sqrt{2 \cdot 9{,}1 \cdot 10^{-31}\,\mathrm{kg} \cdot 5 \cdot 1{,}602 \cdot 10^{-19}\,\mathrm{J}}} \approx 4{,}4 \cdot 10^{-11}\,\mathrm{m}.$$

Die Länge ist in der Größenordnung eines Bohrschen Radius. Der Effekt des Eindringens des Teilchens in die Potenzialwand ist also sehr klein, aber mess- und anwendbar, wie in Kapitel 5.3.4 über den Tunneleffekt genauer diskutiert.

5.2.3 Teilchen im dreidimensionalen, konservativen Kraftfeld

Die Wellengleichung lässt sich vom Eindimensionalen ins Dreidimensionale übertragen, indem die zweite Ableitung nach dem Ort durch den *Laplace*-Operator Δ ersetzt wird,

$$\frac{\mathrm{d}^2}{\mathrm{d}x^2}\psi(x,t) \quad \rightarrow \quad \frac{\partial^2}{\partial x^2}\psi(\vec{r},t) + \frac{\partial^2}{\partial y^2}\psi(\vec{r},t) + \frac{\partial^2}{\partial z^2}\psi(\vec{r},t) = \Delta\psi(\vec{r},t). \tag{5.36}$$

Die allgemeine Schrödinger-Gleichung für ein Quantenteilchen der Masse m lautet dementsprechend

$$-\frac{\hbar^2}{2m}\Delta\psi(\vec{r},t) + E_{\text{pot}}(\vec{r},t)\psi(\vec{r},t) = i\hbar\frac{\partial\psi(\vec{r},t)}{\partial t}. \tag{5.37}$$

Im Falle von stationären Systemen kann die Zeitabhängigkeit wieder als $e^{i\omega t}$ abgetrennt werden, so dass die stationäre, dreidimensionale Schrödinger-Gleichung für ein Quantenteilchen der Masse m folgt mit

$$-\frac{\hbar^2}{2m}\Delta\psi(\vec{r}) + E_{\text{pot}}(\vec{r})\psi(\vec{r}) = E\psi(\vec{r}) \tag{5.38}$$

und $E = \hbar\omega$.

5.3 Einfache quantenphysikalische Systeme im Eindimensionalen

Die wellenmechanische Beschreibung einer Teilchenbewegung führt zu ungewöhnlichen Phänomenen. Um den Formalismus der Quantenmechanik zu veranschaulichen, werden wir in diesem Abschnitt weitere modellhafte Systeme behandeln, die eindimensional und stationär sind. An ihnen können trotz der schematischen Vereinfachung Effekte diskutiert werden, wie sie in realen, komplexen physikalischen Systemen beobachtet werden.

5.3.1 Das gebundene Teilchen im unendlich hohen Potenzialtopf

Das Quantenteilchen befinde sich in einem Potenzialtopf mit der Breite a. Die Raumrichtung entspricht der x-Achse, wie in Abb. 5.8 gezeichnet. Der Nullpunkt liege an der linken Potenzialwand. Die senkrechten Wände seien unendlich hoch. In der Wellenfunktion lässt sich die Zeitabhängigkeit wieder abtrennen, so dass

$$\psi(x,t) = \psi(x)e^{i\omega t} \tag{5.39}$$

gilt mit der stationären Wellenfunktion $\psi(x)$. Der Ortsanteil der Wellenfunktion muss die stationäre Schrödinger-Gleichung

$$-\frac{\hbar^2}{2m}\frac{\mathrm{d}^2\psi(x)}{\mathrm{d}x^2} = E\psi(x) \tag{5.40}$$

mit den Randbedingungen

$$\psi(0) = \psi(a) = 0 \tag{5.41}$$

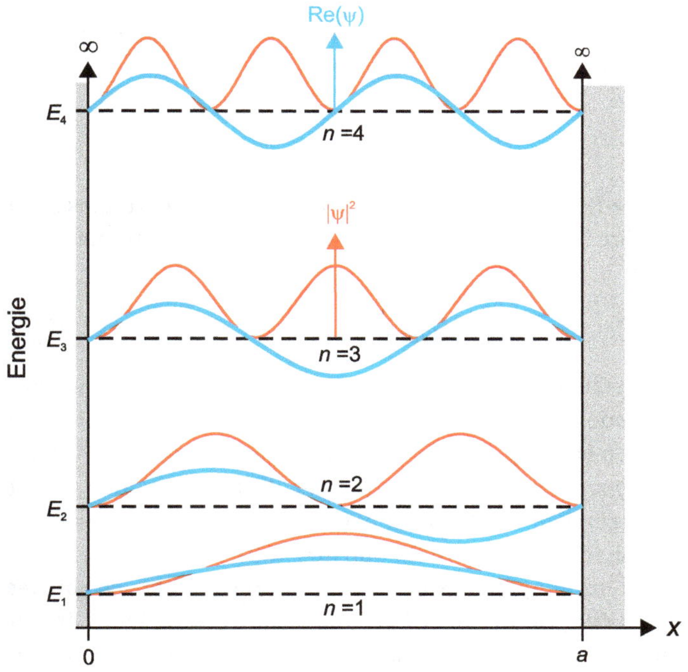

Abb. 5.8: Stationäre Wellenfunktionen (blau) und Aufenthaltswahrscheinlichkeitsdichten (rot) für ein Quantenteilchen in einem eindimensionalen Potenzialtopf der Breite a mit unendlich hohen Wänden. Es bilden sich Resonatormoden wie bei einer schwingenden Saite aus. Die erlaubten Energiewerte hängen quadratisch von der Wellenzahl ab.

erfüllen. Es gibt keine Randbedingung für die Ableitung, wie in (5.35) allgemein gefordert, weil wegen der unendlich hohen Wände auch κ unendlich wird und damit die Wellenfunktion jenseits der Wände identisch null ist.

Die Lösungen der Differentialgleichung (5.40) mit den Randbedingungen in (5.41) können einfach erraten werden, weil sie stehenden Wellen im eindimensionalen Resonator entsprechen. Wie bei einer schwingenden Saite mit festen Enden erhalten wir reelle Funktionen

$$\psi_n(x) = C \sin k_n x \tag{5.42}$$

mit den erlaubten Wellenzahlen

$$k_n = \frac{n\pi}{a} \quad \text{und} \quad n = 1, 2, 3, \dots \tag{5.43}$$

und der Normierungskonstanten

$$C = \sqrt{\frac{2}{a}}. \tag{5.44}$$

Hinter den diskreten k-Werten verbirgt sich die Bedingung, dass die Resonatorlänge a immer einem Vielfachen der halben Wellenlänge entspricht,

$$n\frac{\lambda}{2} = a. \tag{5.45}$$

Damit und mit der de-Broglie-Relation nach (4.32) wird (5.43) reproduziert. Einsetzen der Lösungen in die stationäre Schrödinger-Gleichung liefert die Energieniveaus

$$E = \frac{\hbar^2 k_n^2}{2m} = \frac{\hbar^2 \pi^2}{2ma^2} n^2 \tag{5.46}$$

der erlaubten, diskreten Zustände des Teilchens. Der ganzzahlige, positive Laufindex n nummeriert die Zustände und wird **Quantenzahl** genannt. In Abb. 5.8 sind die stationären Wellenfunktionen $\psi_1(x)$, $\psi_2(x)$, $\psi_3(x)$ und $\psi_4(x)$ in Blau und die Aufenthaltswahrscheinlichkeitsdichten als Absolutquadrate der Wellenfunktionen in Rot auf den Energieniveaus eingezeichnet. Die stationären Wellenfunktionen entsprechen dem Realteil der zeitabhängigen Wellenfunktion für $t = 0$ s.

Im unendlich hohen Potenzialtopf hängen die Energiewerte quadratisch von der Quantenzahl ab. Dies ist an dem Abstand der Energieniveaus in Abb. 5.8 zu erkennen. Die Wellenfunktionen entsprechen den Auslenkungsmustern stehender Wellen im eindimensionalen Resonator wie z. B. bei der schwingenden Saite mit festen Enden. Die diskreten und quantisierten Energiewerte folgen aus dem für die Quantentheorie typischen Gleichsetzen von Frequenz und Energie. Aus den Lösungen lassen sich bemerkenswerte Schlussfolgerungen ziehen:
- Ganz anders als ein klassisches Teilchen, das bei konstanter Energie zwischen den Wänden hin- und herläuft und sich an jedem Ort des Potenzialtopfs mit gleicher Wahrscheinlichkeit aufhält, ist das Quantenteilchen unabhängig von seinem Energiezustand an den Wänden des Potenzialtopfs nie zu finden.
- Der niedrigste Energiezustand E_1 ist der sogenannte *Grundzustand*, der nicht bei der kinetischen Energie null liegt! Es existiert also eine sogenannte **Nullpunktsenergie**

$$E_1 = \frac{\hbar^2 \pi^2}{2ma^2} > 0\,\text{J}. \tag{5.47}$$

Sie ist typisch für Potenzialtöpfe mit einem Boden, d. h. mit einer kleinsten potenziellen Energie. Der Name Nullpunktsenergie besagt, dass sich das Teilchen selbst im Grundzustand, in dem es sich sicher am absoluten Temperaturnullpunkt befindet, eine Bewegung ausführt. Entsprechend wird diese Bewegung auch Nullpunktsbewegung genannt. Die Nullpunktsenergie kann weder abgegeben, noch genutzt werden, weil sie eine unauflösbare Quanteneigenschaft ist. Sie ist in der Regel sehr klein. Als Beispiel betrachten wir ein Elektron, das in einer Raumrichtung auf einer Länge von 10 nm eingesperrt wird. Aus (5.47) folgt ein $E_1 = 3{,}8$ meV.

Die höheren Energiezustände oberhalb des Grundzustands werden *angeregte Zustände* genannt.

– Die Nullpunktsenergie ist eine Konsequenz der Heisenberg-Unschärfe. Wäre der Grundzustand bei einer kinetischen Energie von null, würde das Teilchen ruhen und die Impulsunschärfe wäre auch gleich null. Das bedeutete eine unendlich große Ortsunschärfe. Die Ortsunschärfe ist im Potenzialtopf aber mit der Ausdehnung a vorgegeben. Die Unschärfebeziehung erzwingt also eine Nullpunktsenergie. Dies lässt sich auch quantitativ leicht nachvollziehen, wenn wir als Unschärfen

$$\Delta x \simeq a \quad \text{und} \quad \Delta p \simeq \sqrt{2mE_1} = \frac{\hbar\pi}{a}$$

ansetzen, woraus

$$\Delta x \Delta p \simeq \hbar\pi = \frac{h}{2}$$

folgt.

– Die Aufenthaltswahrscheinlichkeitsdichte ist ebenfalls eine stehende Welle, wie in Abb. 5.8 zu sehen. Wie schon erwähnt, ist das Teilchen an bestimmten Orten im Potenzialtopf, z. B. an den Rändern, niemals zu finden, während es sich in den Bereichen der Wellenbäuche bevorzugt aufhält. Dies widerspricht vollkommen unserer alltäglichen, klassischen Anschauung. Wir erwarten, dass sich ein Teilchen, das an zwei Orten anzutreffen ist, zumindestens kurzzeitig dazwischen aufhält. Mit dieser Vorstellung bricht die Quantenmechanik. Sie macht keine Aussage dazu, ob sich das Teilchen zwischen den Bauchregionen aufhält, sondern mit welcher Wahrscheinlichkeit es wo gemessen werden kann.

– Die hier berechneten Wellenfunktionen und Energiewerte beschreiben die erlaubten Zustände eines Quantenteilchens im Potenzialtopf. Diese Zustände werden bei einer geeigneten Messung an einem Teilchen festgestellt. Man nennt sie auch **Eigenzustände** und **Eigenenergien.**

Die Quantenmechanik ist aber eine Theorie, die etwas über Messwahrscheinlichkeiten und nicht eine über die Messung hinausgehende physikalische Wirklichkeit aussagt. Um dies zu verdeutlichen, betrachten wir zusammengesetzte Zustände, die einer Linearkombination von Eigenzuständen entsprechen. Auch wenn sie keine stationären Eigenzustände darstellen, sind sie dennoch reine Quantenzustände.

Zur Veranschaulichung betrachten wir einen Zustand, der aus der einfachsten Linearkombination als Summe aus zwei Eigenfunktionen,

$$\Psi(x,t) = c_1\psi_1(x)e^{iE_1 t/\hbar} + c_2\psi_2(x)e^{iE_2 t/\hbar} \tag{5.48}$$

entsteht. In der Analogie der schwingenden Saite bedeutet Ψ die Grund- plus der ersten Oberschwingung. Wir können den Zustand Ψ nicht nach (5.39) zerlegen,

d. h. er ist nicht stationär. Die Koeffizienten c_i können allgemein komplexe Zahlen sein, jedoch müssen sie wegen der Normierung von $|\Psi|^2$ auf eins die Bedingung

$$|c_1|^2 + |c_2|^2 = 1 \tag{5.49}$$

erfüllen. Die gemischten Produkte wie $\psi_1 \cdot \psi_2^*$ liefern zwar keinen Beitrag zur Normierung, sind jedoch komplizierte Bestandteile der Aufenthaltswahrscheinlichkeitsdichte, in der jetzt Interferenzterme mit schnellen Zeitabhängigkeiten auftauchen,

$$|\Psi(x,t)|^2 = \underbrace{|c_1|^2 |\psi_1(x)|^2 + |c_2|^2 |\psi_2(x)|^2}_{\text{Aufenthaltswahrscheinlichkeiten der Eigenzustände}}$$
$$+ \underbrace{c_1 c_2^* \psi_1(x) \psi_2(x)^* e^{i(E_1-E_2)t/\hbar} + c_1^* c_2 \psi_1(x)^* \psi_2(x) e^{-i(E_1-E_2)t/\hbar}}_{\text{Oszillierende Interferenzterme}}.$$

Bei der Normierung fällt das Integral über die Interferenzterme weg. Eine einzelne Messung des Teilchens ergibt immer einen Eigenzustand, also ψ_1 oder ψ_2. Wenn man die Messung bei gleicher Anfangsbedingung (**Präparation**) sehr häufig wiederholt, wird der Grundzustand mit der Wahrscheinlichkeit $|c_1|^2$ und der erste angeregte Zustand mit der Wahrscheinlichkeit $|c_2|^2$ festgestellt. Daraus ergibt sich ein **Erwartungswert** der Energie von $|c_1|^2 E_1 + |c_2|^2 E_2$ (siehe Kapitel 5.4). Wie eine reproduzierbare Präparation gelingt, bleibt erstmal unbeantwortet. In der Praxis wiederholt man die Messung meist dadurch, dass viele Teilchen eines Systems gleichzeitig gemessen werden.

Beispiel: Wellenpaket im Potenzialtopf
Man kann durch eine Linearkombination ein Wellenpaket zusammensetzen. So zeigt Abb. 5.9 die Aufenthaltswahrscheinlichkeitsdichte $|\Psi|^2$ für die Linearkombination

$$\begin{aligned}
\Psi(x,t) = {}& 0{,}2 \sin(kx) e^{-i\omega t} + 0{,}289 \sin(2kx) e^{-i4\omega t} + 0{,}071 \sin(3kx) e^{-i9\omega t} \\
& - 0{,}124 \sin(4kx) e^{-i16\omega t} - 0{,}19 \sin(5kx) e^{-i25\omega t} - 0{,}1 \sin(6kx) e^{-i36\omega t} \\
& + 0{,}043 \sin(7kx) e^{-i49\omega t} + 0{,}108 \sin(8kx) e^{-i64\omega t} + 0{,}07 \sin(9kx) e^{-i81\omega t} \\
& + 0{,}029 \sin(10kx) e^{-i100\omega t},
\end{aligned}$$

mit $k = \pi/a$ zu unterschiedlichen Zeiten. Die Zeit wird in Einheiten von $1/\omega$ gemessen. Am Anfang bei $t = 0$ s bzw. $\omega t = 0$ liegt ein glockenförmiges Wellenpaket vor. Diesen Zustand könnte man dadurch präparieren, dass das Teilchen anfangs mit der abgebildeten Wahrscheinlichkeitsverteilung in den Potenzialtopf eingebracht wird. Der Zustand ist nicht stationär und daher nicht formstabil. In Abb. 5.9 ist das Zerfließen von $|\Psi|^2$ für $t > 0$ s in mehrere Maxima mit zunehmender Zeit demonstriert.

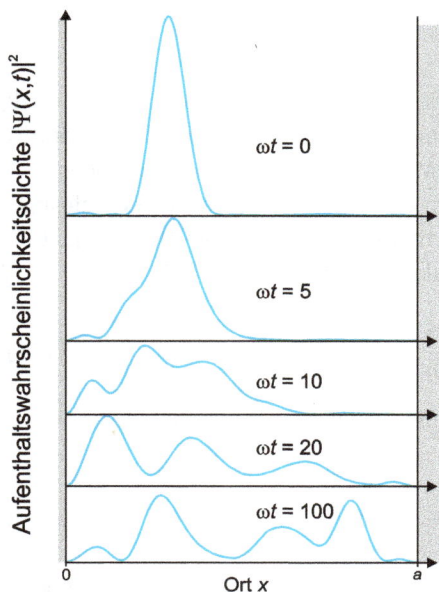

Abb. 5.9: Ein zum Zeitnullpunkt glockenförmiges Wellenpaket eines Quantenteilchens im unendlich hohen Potenzialtopf zerfließt mit zunehmender Zeit in mehrere flache Maxima.

Anwendung: Eingesperrte Elektronen in Festkörpern

Die hier vorgestellten Effekte sind nicht hypothetischer oder rein theoretischer Natur. Sie lassen sich experimentell nachweisen und technisch anwenden. Heute lassen sich Potenzialwände in Halbleitern durch gezielten und exakten Aufbau von Festkörpern aus verschiedenen Materialien aufbauen. Die freien Ladungsträger wie Elektronen können dann auf Nanometerskalen eingesperrt werden.

Ist die Bewegung in allen drei Raumrichtungen eingeschränkt, entsteht ein **Quantenpunkt**. Nanometer große Halbleiterpartikel dienen heute als Quantenpunkte, die in farbintensiven Flachbildschirmen eingebaut werden. In Abhängigkeit von der Größe des Quantenpunkts kann die Fluoreszenzfarbe eingestellt werden. Abbildung 5.10 zeigt farbige Suspensionen von Halbleiternanopartikeln verschiedener Größe als Beispiel.

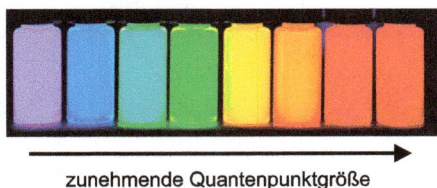

zunehmende Quantenpunktgröße

Abb. 5.10: Suspensionen von Halbleiter-Nanopartikeln mit unterschiedlicher Größe. Mit zunehmendem Durchmesser werden die Absorptions- und Emissionslinien zu größeren Wellenlängen verschoben. Nach [5.2].

5.3.2 Eindimensionaler harmonischer Oszillator

Auch in der Quantenmechanik stellt der harmonische Oszillator ein wichtiges Modell dar, auf das komplizierte physikalische Systeme oft in guter Näherung zurückgeführt werden können. In Abb. 5.11(a) schwingt eine Masse m an einer Hookeschen Feder mit der Federhärte D. Die Feder ist gedanklich an einer unbeweglichen Wand befestigt, und es sind verschiedene Momente der Schwingung dargestellt. Die Masse schwingt im klassischen Fall harmonisch mit der Eigenkreisfrequenz

$$\omega = \sqrt{\frac{D}{m}}. \tag{5.50}$$

Für die quantenmechanische Betrachtung benötigen wir die potenzielle Energie des Oszillators

$$E_{\text{pot}}(x) = \frac{1}{2}Dx^2 = \frac{1}{2}m\omega^2 x^2, \tag{5.51}$$

wie sie in Abb. 5.11(b) aufgetragen ist. Wir nehmen hier x als Auslenkung der Masse und legen den Nullpunkt der x-Achse in die Ruhelage. Quantenmechanisch ist die stationäre Schrödinger-Gleichung

$$-\frac{\hbar^2}{2m}\frac{\mathrm{d}^2\psi(x)}{\mathrm{d}x^2} + \frac{1}{2}m\omega^2 x^2 \psi(x) = E\psi(x) \tag{5.52}$$

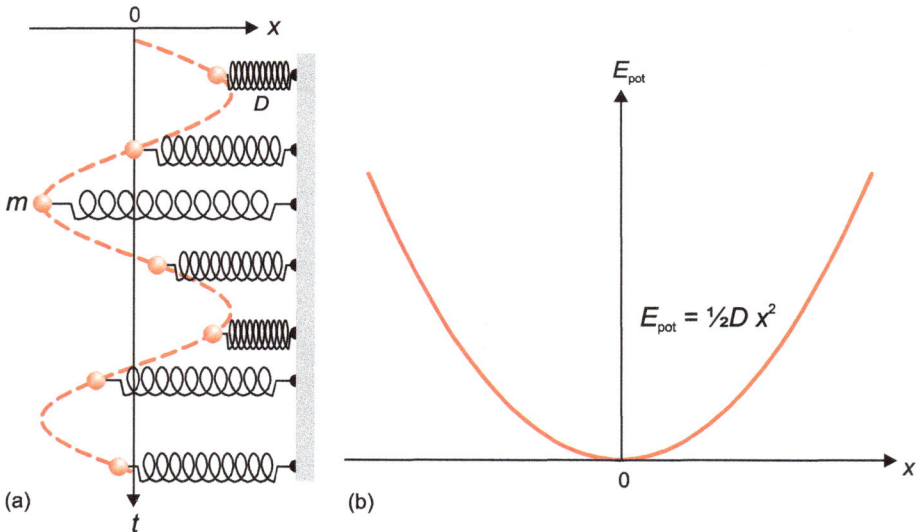

Abb. 5.11: (a) Die harmonische Schwingung einer Masse an einer Hookeschen Feder zu verschiedenen Zeiten. (b) Potenzielle Energie eines harmonischen Oszillators als Funktion der Auslenkung.

zu lösen. Für diese Differentialgleichung gibt es diskrete, reelle Lösungen für Energie-Eigenwerte von

$$E_n = \hbar\omega\left(n + \frac{1}{2}\right) \quad \text{mit der Quantenzahl} \quad n = 0, 1, 2, 3, \ldots \qquad (5.53)$$

Die Rechnung geht weit über den Rahmen dieses Buchs hinaus, weshalb wir uns mit den Ergebnissen zufrieden geben. Die Ortsanteile der stationären Eigenzustände des eindimensionalen harmonischen Oszillators sind die Lösungen von (5.52) zu den Energiewerten in (5.53) und lauten

$$\psi_n(x) = \underbrace{\sqrt{\frac{1}{2^n n!\,\sqrt{\pi}x_0}}}_{\text{Normierungskonstante}} \underbrace{e^{-\frac{x^2}{2x_0^2}}}_{\text{Glockenkurve}} \underbrace{H_n(x/x_0)}_{\text{Hermite-Polynom}} \;, \qquad (5.54)$$

mit

$$x_0 = \sqrt{\frac{\hbar}{m\omega}} \qquad (5.55)$$

als Maßeinheit für die Auslenkung. Die tabellierten *Hermite-Polynome* sind für die kleinsten Quantenzahlen

$$H_0 = 1, \quad H_1 = 2x, \quad H_2 = 4x^2 - 2.$$

Abbildung 5.12 verdeutlicht das diskrete Energiespektrum des quantenmechanischen, harmonischen Oszillators und zeigt die dazugehörenden Aufenthaltswahrscheinlichkeitsdichten $|\psi(x)|^2$.

Der Grundzustand hat die Nullpunktsenergie von

$$E_0 = \frac{\hbar\omega}{2}, \qquad (5.56)$$

und liegt um diesen Wert oberhalb des Minimums der Parabel. Quantenmechanische Oszillatoren sind also auch am absoluten Nullpunkt immer ein wenig in Bewegung. Die Energieniveaus im harmonischen Oszillator sind *äquidistant*, d. h. sie bilden eine Energieleiter mit konstanten Abständen von $\hbar\omega = \hbar\sqrt{\frac{D}{m}}$.

Die Aufenthaltswahrscheinlichkeitsdichte im Grundzustand ist eine Glockenkurve mit Maximum in der Ruhelage. Wie schon beim Potenzialwall endlicher Tiefe dringt die Wellenfunktion und damit $|\psi(x)|^2$ immer ein wenig jenseits der Potenzialwand ein. Beim klassischen Oszillator hält sich die Masse hauptsächlich an den Umkehrpunkten auf, weil dort die Geschwindigkeit am kleinsten ist. Für kleine Quantenzahlen und niedrige Energien weicht die quantenmechanische Aufenthaltswahrscheinlichkeit vollkommen von der klassischen Verteilung ab. Sie hat nicht nur Knoten, sondern auch große Werte um die Ruhelage herum.

Abb. 5.12: Energieniveaus eines eindimensionalen harmonischen Oszillators. Die Aufenthaltswahrscheinlichkeitsdichte ist für die Energiezustände in Blau eingezeichnet. Der Grundzustand hat eine Nullpunktsenergie.

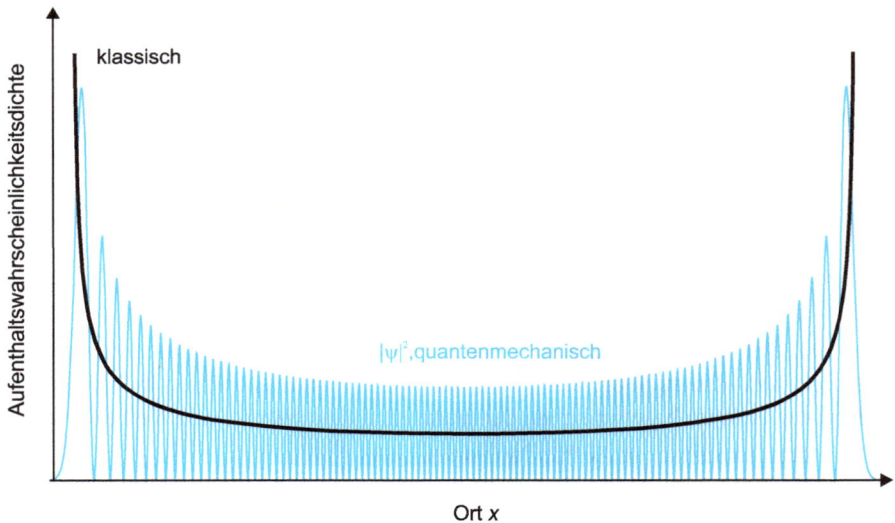

Abb. 5.13: Klassische und quantenmechanische Auslenkungswahrscheinlichkeitsdichte für einen Zustand eines harmonischen Oszillators mit $n = 100$.

Das ändert sich bei großen Quantenzahlen. Abbildung 5.13 zeigt $|\psi(x)|^2$ für $n = 100$ im Vergleich zur klassischen Aufenthaltswahrscheinlichkeit (Schwarz). Abgesehen von der Oszillation folgt die Mittellinie von $|\psi(x)|^2$ dem klassischen Verlauf. Diese Beobachtung bestätigt das Korrespondenzprinzip, das wir bereits beim Bohr-Modell kennengelernt haben. Mit größeren Quantenzahlen verhält sich das quantenmechanische System zunehmend wie in der klassischen Mechanik.

Beispiel: Schwingungen von Wasserstoffatomen

Wasserstoffatome können einfache chemische Bindungen zu anderen einwertigen Atomen wie z. B. Halogenen bilden. In Abb. 5.14(a) ist beispielsweise das Molekül Iodwasserstoff HI schematisch dargestellt. Die Bindung kann als harmonische Feder angesehen werden, solange die Auslenkung klein ist. Die Bindungslänge d_0 in der Gleichgewichtslage, d. h. bei gleichsam entspannter Feder, beträgt ungefähr 161 pm. Bei großen Auslenkungen wird die Federkraft anharmonisch, und es kommt zum Brechen der Bindung. Durch die Elastizität der chemischen Bindung gibt es eine Streckschwingung zwischen Wasserstoff- und Iodatom,

$$d(t) = d_0 + d_1 \sin(\omega t),$$

wobei die Amplitude der Schwingung sehr viel kleiner als die Bindungslänge ist.

In Abb. 5.14(b) ist schematisch die Bindungspotenzialenergie eingezeichnet, die wir genauer in Band 4 diskutieren werden. Das Molekül ist offenbar ein quantenmechanischer Oszillator. Die unteren Schwingungsniveaus sind eingezeichnet. Der energetische Abstand zwischen dem Grundzustand und dem Niveau der getrennten Atome (Nullpunkt der E-Achse) ist die Bindungsenergie E_B, die aufzubringen ist, um das Wasserstoffatom vom Ion zu trennen. Man bezeichnet E_B auch als Dissoziationsenergie. Für HI beträgt sie ungefähr 2,9 eV. Der Abstand der Energieniveaus nimmt mit zunehmender Energie ab, weil die potenzielle Energie nicht harmonisch ist.

Weil die Masse des Iodatoms mit $m_I \approx 127\,\mathrm{u}$ sehr viel größer ist als die des Wasserstoffs mit $m_H \approx 1\,\mathrm{u}$, bewegt sich bei der Streckschwingung nahezu ausschließlich das H-Atom. Die Kreisfrequenz ω der Streckschwingung kann durch Absorption von infrarotem Licht bestimmt werden. Licht mit der Frequenz der Schwingung regt die Molekülschwingungen an und wird daher absorbiert.

Man ermittelt für HI eine Schwingungsenergie von $\hbar\omega(\mathrm{HI}) = 280\,\mathrm{meV}$ und im Falle des doppelt so schweren Deuteriums $\hbar\omega(\mathrm{DI}) = 200\,\mathrm{meV}$. Nach (5.50) sollte der Quotient der Energien zum Quadrat das Massenverhältnis der Wasserstoffisotope (2:1) wiedergeben,

$$\left(\frac{\hbar\omega(\mathrm{HI})}{\hbar\omega(\mathrm{DI})}\right)^2 = \left(\frac{280}{200}\right)^2 = 1{,}96,$$

was gut erfüllt ist und zeigt, dass das Iodatom an der Schwingung kaum teilnimmt. Geht man vom harmonischen Oszillator aus, entspricht die Bindungsenergie mehr als 10 Schwingungsquanten bei HI und mehr als 14 bei DI. Aus den Massen und der Schwingungsfrequenz folgt im übrigen eine Federkonstante der HI-Bindung von ungefähr 290 N/m.

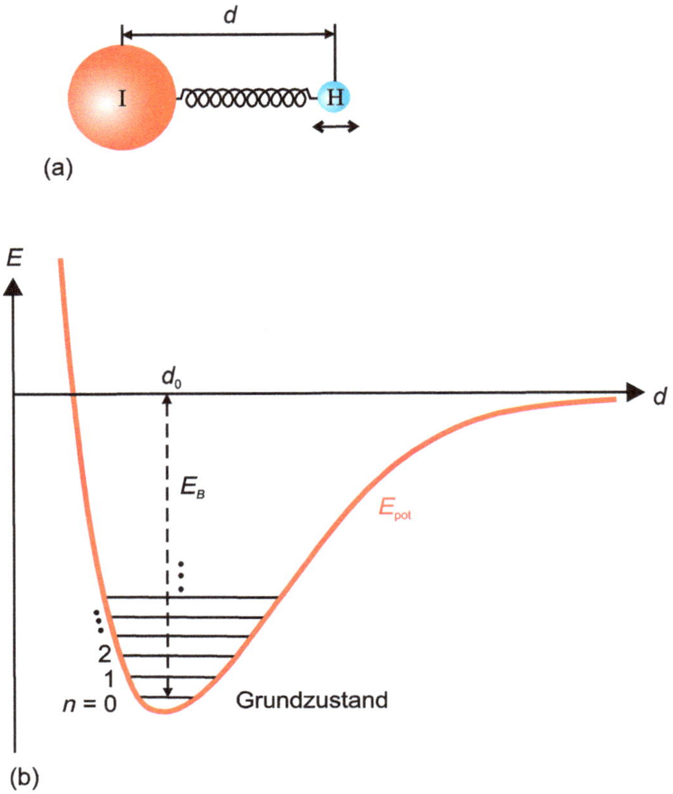

(a)

(b)

Abb. 5.14: (a) In Molekülen wie hier dem Iodwasserstoff kann die chemische Bindung als Feder angesehen werden, weil die Atome gegeneinander schwingen können. (b) Schematische, anharmonische Bindungspotenzialenergie des zweiatomigen Moleküls. Die Größe E_B ist die Bindungsenergie bzw. die Dissoziationsenergie.

So wie die Schwingungsfrequenzen unterscheiden sich auch die Nullpunktsenergien mit dem Ergebnis, dass das Deuteriumatom am Iod um $E_0(\text{HI}) - E_0(\text{DI}) = 40\,\text{meV}$ stärker gebunden ist als das Wasserstoffatom. Obwohl regelmäßig auf die gleiche Chemie verschiedener Isotope eines Elements verwiesen wird, hat diese kleine Differenz in den Bindungsenergien durchaus chemische Konsequenzen, was als *Nullpunktsenergieeffekt* bezeichnet wird.

5.3.3 Reflexion eines Teilchens an einer Potenzialstufe

Wir betrachten eine eindimensionale abrupte Potenzialstufe der Höhe E_0, wie in Abb. 5.15 gezeichnet. Den Bereich vor und über der Stufe beziffern wir mit den Nummern 1 und 2. Ein Teilchen nähere sich aus Bereich 1, von links kommend, der Stufe.

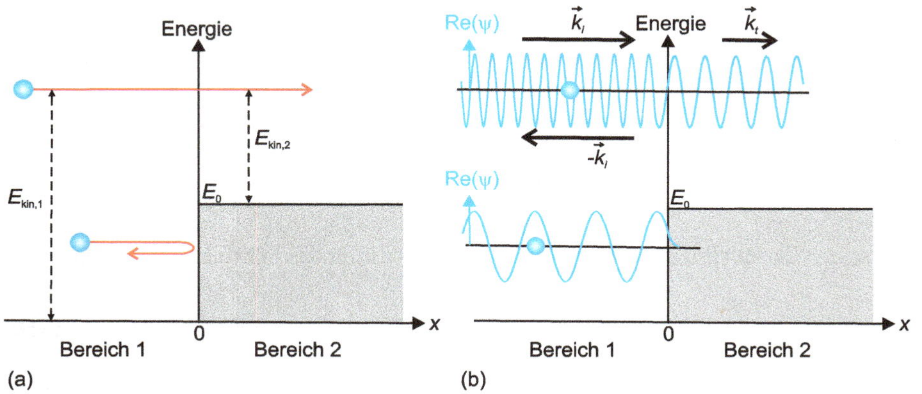

Abb. 5.15: Auftreffen eines Teilchens auf eine Potenzialstufe. (a) Klassischer Fall: bei einer kinetischen Energie unterhalb von E_0 wird das Teilchen reflektiert. Mit Energien größer als E_0 bewegt sich das Teilchen mit reduzierter Geschwindigkeit weiter. (b) Quantenmechanischer Fall: für $E \leq E_0$ wird das Teilchen reflektiert, dringt aber etwas in die Stufe ein. Für $E > E_0$ wird das Teilchen mit einer gewissen Wahrscheinlichkeit reflektiert.

Wir beleuchten die beiden Fälle, dass die Gesamtenergie des Teilchens E größer bzw. kleiner als E_0 ist. Es ist wieder instruktiv, zunächst die Situation im Bild der klassischen Mechanik zu beschreiben.

Abbildung 5.15(a) erfasst den Fall des *klassischen* Teilchens. Für die zwei Fälle wird in einem Experiment mit einem klassischen Teilchen das Folgende beobachtet:

1. $E > E_0$:
   Das klassische Teilchen kann in den Bereich 2 vordringen. Es hat dort eine geringere kinetische Energie $E_{\mathrm{kin}} = E - E_0$ als im Bereich 1.

2. $E \leq E_0$:
   Das Teilchen hat im Bereich 1 eine kinetische Energie, die der Gesamtenergie entspricht. Es wird an der Potenzialstufe reflektiert und kehrt mit gleicher Geschwindigkeit um, wenn der Stoß elastisch ist.

Die Quantenmechanik macht statistische Aussagen. Sie geht von der Wellenfunktion aus, die wir hier als *ebene Welle* schreiben, um die Diskussion einfach zu halten. Obwohl richtiger mit Wellenpaketen gerechnet werden müsste, lassen sich mit diesem einfachen Ansatz die Effekte gut erklären.

Abbildung 5.15(b) zeigt schematisch den stationären quantenmechanischen Fall für zwei verschiedene Energien oberhalb und unterhalb der Potenzialstufe. Der Realteil der komplexen Wellenfunktion ψ ist beispielhaft für zwei verschiedene Energien des Teilchens eingezeichnet.

Der Ortsanteil der von links einfallenden Welle wird allgemein durch die komplexe ebene Welle $Ae^{ik_i x}$, der elastische, nach links rückgestreute Anteil der Welle durch $Be^{-ik_i x}$ und der in den Potenzialstufenbereich übergehende Anteil durch $Ce^{ik_t x}$ beschrieben. Die Koeffizienten A, B, C sind Konstanten. Das Minuszeichen im Exponent der zurückgestreuten Wellenfunktion berücksichtigt die umgekehrte Ausbreitungsrichtung. Aus diesen Anteilen setzt sich die Gesamtwellenfunktion als

$$\psi_1(x) = A e^{ik_i x} + B e^{-ik_i x} \quad \text{im Bereich 1 und} \tag{5.57}$$

$$\psi_2(x) = C e^{ik_t x} \quad \text{im Bereich 2} \tag{5.58}$$

zusammen. Sie löst in den beiden Bereichen die stationäre Schrödinger-Gleichung,

$$-\frac{\hbar^2}{2m} \frac{d^2\psi_1(x)}{dx^2} = E\psi_1(x) \quad \text{im Bereich 1,} \tag{5.59}$$

$$-\frac{\hbar^2}{2m} \frac{d^2\psi_2(x)}{dx^2} = (E - E_0)\psi_2(x) \quad \text{im Bereich 2.} \tag{5.60}$$

Einsetzen ergibt die Wellenzahlen

$$k_i = \frac{\sqrt{2mE}}{\hbar} \quad \text{und} \quad k_t = \frac{\sqrt{2m(E - E_0)}}{\hbar} \tag{5.61}$$

in den beiden Bereichen. Im Bereich 2 ist die Wellenlänge größer, weil die kinetische Energie wieder kleiner ist als im Bereich 1.

An der Potenzialstufe bei $x = 0$ müssen die Wellenfunktion und ihre Ableitung stetig sein, d. h. für $x \to 0$ gilt

$$\psi_1(0) = \psi_2(0) \quad \text{und} \quad \frac{d\psi_1(0)}{dx} = \frac{d\psi_2(0)}{dx}. \tag{5.62}$$

In Abb. 5.15(b) sind die Realteile zweier Wellenfunktionen für die beiden Fälle eingezeichnet.

1. $E > E_0$:

   Das Quantenteilchen besitzt entlang der gesamten x-Achse eine positive kinetische Energie. Die Wellenlängen unterscheiden sich in den beiden Bereichen. Im Bereich 2 ist die kinetische Energie kleiner und daher die de-Broglie-Wellenlänge größer. Die Stetigkeitsbedingung in (5.61) liefert zwei Bedingungen für die Koeffizienten A, B und C, nämlich

$$A + B = C \quad \text{und} \quad k_i(A - B) = k_t C. \tag{5.63}$$

Die *Reflexionswahrscheinlichkeit* des Teilchens beim Auftreffen auf die Stufe erhält man aus

$$R = \frac{|B|^2}{|A|^2} = \left| \frac{k_i - k_t}{k_i + k_t} \right|^2 = \left| \frac{\sqrt{E} - \sqrt{E - E_0}}{\sqrt{E} + \sqrt{E - E_0}} \right|^2. \tag{5.64}$$

Die Wahrscheinlichkeit R ist in Abb. 5.16 als Funktion des Verhältnisses E/E_0 aufgetragen. Das Ergebnis ist erstaunlich und klassisch nicht zu erwarten. Obwohl

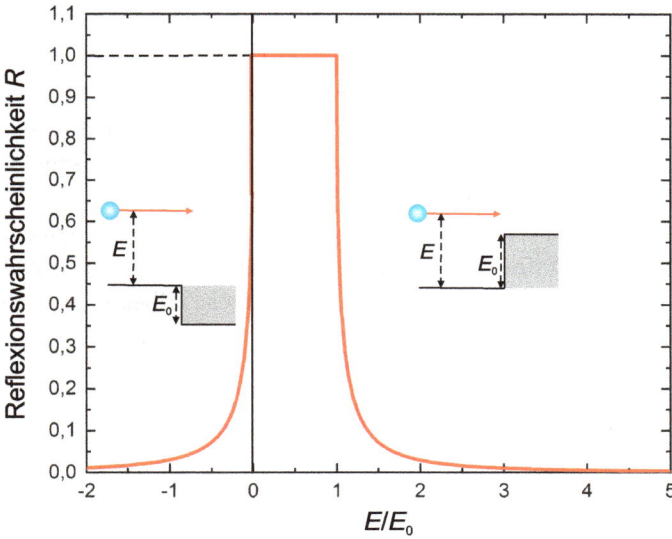

Abb. 5.16: Reflexionswahrscheinlichkeit für ein Quantenteilchen an einer Potenzialstufe (rechts) und an einem Potenzialtopf (links) als Funktion des Verhältnisses zwischen kinetischer Energie und Potenzialstufe bzw. Potenzialtiefe. Bei Energien unterhalb von E_0 wird das Teilchen immer an der Stufe reflektiert. Die Reflexion wird unwahrscheinlicher, je höher die kinetische Energie ist.

das Quantenteilchen eine Energie besitzt, die größer als die Potenzialstufe ist, wird es mit einer endlichen Wahrscheinlichkeit zurückreflektiert. Nur für $E \to \infty$ geht R gegen null. Die negativen Werte für den Quotienten bedeuten einen endlich tiefen Potenzialtopf, wie links in der Abb. 5.16 skizziert. Auch an einem Potenzialtopf wird ein Quantenteilchen mit einer Wahrscheinlichkeit $R > 0$ zurückgestreut, obwohl es eine positive Gesamtenergie hat!

2. $E \leq E_0$:

Das Teilchen besitzt eine kinetische Energie, die kleiner als die Potenzialstufe ist. Dadurch wird k_t rein imaginär und lautet

$$k_t = i\kappa = i\frac{\sqrt{2m(E_0 - E)}}{\hbar}, \tag{5.65}$$

mit reellem κ. Die Aufenthaltswahrscheinlichkeitsdichte des Teilchens in der Potenzialstufe fällt exponenziell ab,

$$|\psi_2|^2 \propto e^{-2\kappa x}, \tag{5.66}$$

mit $1/(2\kappa)$ als mittlere Eindringtiefe. Die Reflexionswahrscheinlichkeit nach (5.64) liefert aber wie im klassischen Fall $R = 1$, d. h. das Quantenteilchen wird sicher reflektiert.

Anmerkung: Kollision eines Wellenpakets mit der Potenzialstufe

Die Streuung an der Stufenkante ist eigentlich ein nichtstationäres Phänomen, das durch das Verhalten eines einlaufenden Wellenpakets beschrieben werden muss. Das Ergebnis kann numerisch berechnet werden und ist in Abb. 5.17 für ein Quantenteilchen mit einer Gesamtenergie $E < E_0$ dargestellt. Es ist die Aufenthaltswahrscheinlichkeitsdichte $|\psi(x)|^2$ für verschiedene Zeiten aufgetragen.

Das einlaufende Teilchen entspricht einem bewegten Gaußschen Wellenpaket. Vor der Wechselwirkung mit der Stufe verbreitert es sich, was eine zunehmende Unsicherheit in der Ortsmessung bedeutet und schon als sogenanntes Zerfließen bespro-

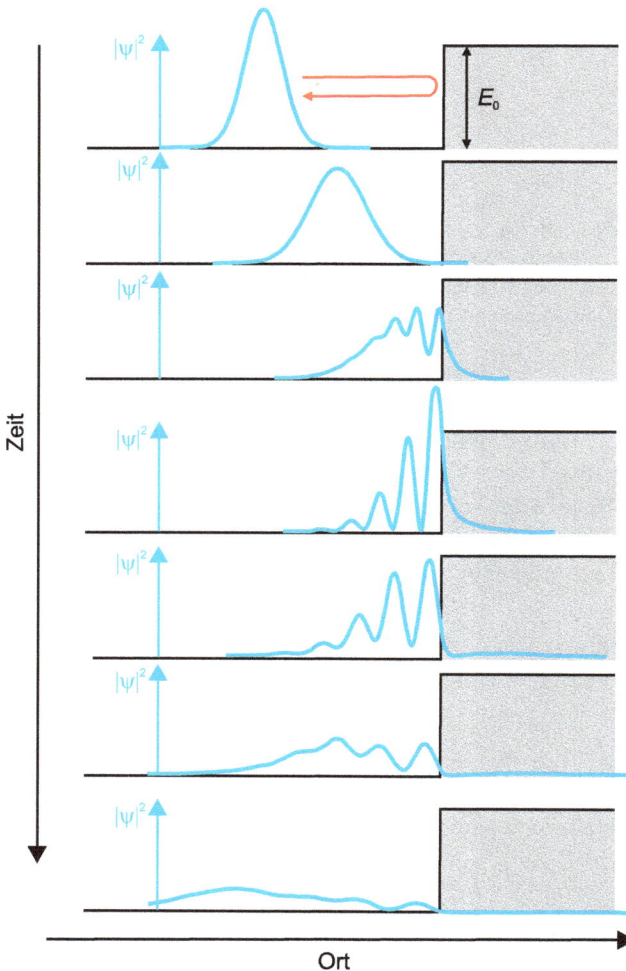

Abb. 5.17: Reflexion eines eindimensionalen Wellenpakets mit $E < E_0$ an einer Potenzialstufe. Es ist die Aufenthaltswahrscheinlichkeitsdichte des Quantenobjekts mit zunehmender Zeit dargestellt. Es kommt zu Interferenzen durch Überlagerung von einfallender und reflektierter Welle.

chen wurde. Bei der Streuung an der Stufe kommt es zu starken Interferenzerscheinungen, weil sich einlaufende und reflektierte Welle überlagern. In dieser Phase gibt es Aufenthaltsknoten des Teilchens vor der Stufe. Das Quantenobjekt kann wegen des exponentiellen Abfalls der Wellenfunktion mit kleiner Wahrscheinlichkeit in die Stufe eindringen.

5.3.4 Tunneleffekt

Die Wellenfunktion dringt in eine Potenzialstufe auf sehr kurzen Längen ein, obgleich die Energie des Teilchens kleiner als die potenzielle Energiestufe ist. Daraus lässt sich schnell folgern, dass bei hinreichend schmalen Potenzialbarrieren ein kleiner Teil der Welle die Barriere durchdringt und als Welle wieder austritt. In Abb. 5.18(a) ist dies für

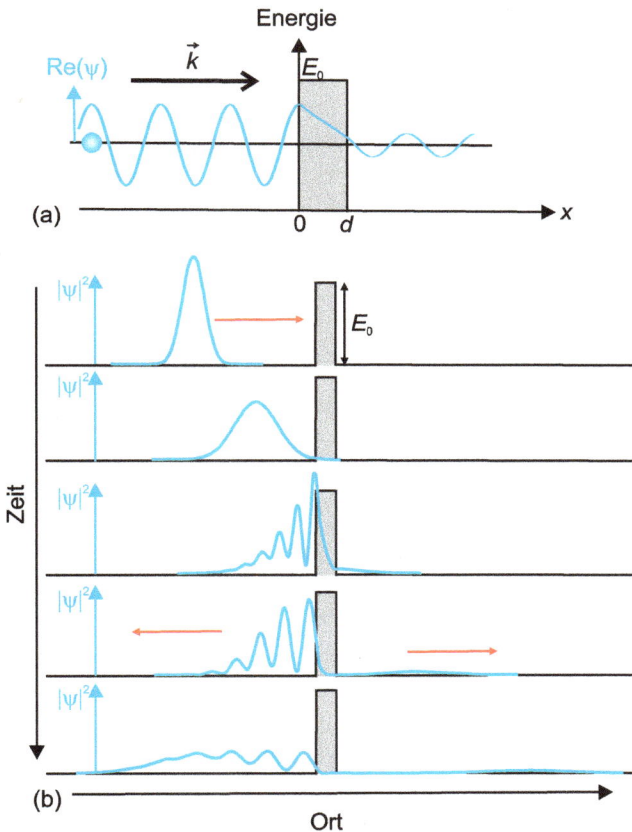

Abb. 5.18: (a) Der Tunneleffekt im stationären Bild ebener Wellen. Obwohl das Quantenteilchen eine Energie kleiner als E_0 besitzt, kann es die potenzielle Energiebarriere mit kleiner Wahrscheinlichkeit durchdringen. (b) Dynamisches Bild des Tunnelns eines Gaußschen Wellenpakets durch eine potenzielle Energiebarriere.

eine kastenförmige Potenzialbarriere im stationären Bild ebener Wellen gezeichnet. Abbildung 5.18(b) zeigt die Stadien des Durchdringens für ein Gaußsches Wellenpaket. Das Paket teilt sich in einen reflektierten und einen durchgehenden (transmittierten) Teil auf. Das bedeutet physikalisch, dass das Teilchen mit einer gewissen Wahrscheinlichkeit die Potenzialbarriere *durchtunnelt*, obwohl es eine kleinere Energie als die Barrierenhöhe besitzt. Dieser Effekt, der als **Tunneleffekt** bezeichnet wird, ist ein rein quantenphysikalisches Phänomen und ist für Teilchen in der klassischen Physik unmöglich.

Wie bei der Bestimmung für den Reflexionskoeffizienten in (5.64) kann die Transmissions- bzw. Tunnelwahrscheinlichkeit T berechnet werden. Wir geben nur das Ergebnis an, das gleich

$$T(E) = \left(1 + \frac{E_0^2}{4E(E_0 - E)} \sinh^2(\kappa d)\right)^{-1} \approx \frac{16E(E_0 - E)}{E_0^2} e^{-2\kappa d}, \tag{5.67}$$

mit κ nach (5.65) und für ein Teilchen mit Masse m und Energie E ist, das auf eine rechteckige Potenzialbarriere mit Dicke d und potenzieller Energie E_0 trifft. Die Näherung gilt für große κd, d. h. für hinreichend große Dicken d. Man erkennt, dass die Tunnelwahrscheinlichkeit eine mit der Masse und der Potenzialhöhe und -dicke exponentiell abfallende Funktion ist und damit sehr empfindlich von diesen Größen abhängt.

Die Funktion $T(E)$ ist in Abb. 5.19 als Funktion des Verhältnisses E/E_0 für ein Elektron aufgetragen, das auf eine kastenförmige Barriere mit einer Potenzialstufe von

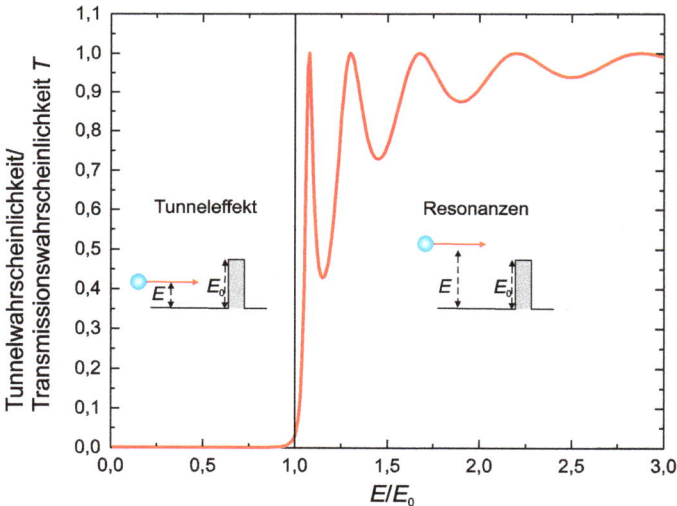

Abb. 5.19: Tunnel- bzw. Transmissionswahrscheinlichkeit als Funktion des Verhältnisses E/E_0 für ein Elektron, das auf eine 1 nm dicke und 5 eV hohe Potenzialbarriere trifft. Für $E/E_0 < 1$ beobachtet man den Tunneleffekt. Für $E/E_0 > 1$ treten Streuresonanzen in der Transmission auf.

$E_0 = 5\,\text{eV}$ und einer Breite von $d = 1\,\text{nm}$ trifft. Für Werte kleiner als eins sprechen wir vom Tunneleffekt. Mit dem Auge lässt sich in der linearen Auftragung nur bei Energien knapp unterhalb der Potenzialstufe kleine Werte für T erkennen. Dennoch findet man auch für ein E/E_0-Verhältnis deutlich unterhalb von eins Tunnelwahrscheinlichkeiten, die von null abweichen. Das wird im folgenden Beispiel demonstriert.

Für Energieverhältnisse größer als eins hat die Funktion T offenbar Maxima und Minima, worin sich ein Resonanzverhalten in der Streuung der Welle oberhalb der Potenzialbarriere widerspiegelt. Nur für gewisse, scharfe Energien überquert das Elektron die Barriere mit einer Wahrscheinlichkeit von eins.

Beispiel

Wir wollen $T(E)$ für ein Elektron mit einer kinetischen Energie von $3\,\text{eV}$ berechnen, das auf die kastenförmige potenzielle Energiebarriere mit einer Höhe von $5\,\text{eV}$ und der Breite von $1\,\text{nm}$ trifft. Hier folgt aus (5.67)

$$T = \left(1 + \frac{5^2}{4 \cdot 3 \cdot 2} \sinh^2[10^{-9} \cdot \sqrt{2 \cdot 9{,}1 \cdot 10^{-31} \cdot 2 \cdot 1{,}6 \cdot 10^{-19}/(1{,}05 \cdot 10^{-31})}]\right)^{-1}$$
$$\approx 2 \cdot 10^{-6},$$

was trotz der kleinen Abmessungen der Barriere ein sehr kleiner Wert ist. Die Einheiten wurden bereits gekürzt.

Anmerkung: Optisches Analogon

Wir haben bereits angemerkt, dass es für den Tunneleffekt keine klassische Entsprechung gibt. Diese Aussage ist für massebehaftete Teilchen auch richtig. In der klassischen Wellenoptik elektromagnetischer Wellen existiert aber eine Analogie zum Tunneleffekt. Die klassische Wellentheorie beschreibt ein ähnliches Phänomen, das als *frustrierte Totalreflexion* bezeichnet wird.

Der Effekt lässt sich mit einem experimentellen Aufbau beobachten, der in Abb. 5.20 skizziert ist. In einem Glasprisma findet an der Basisfläche Totalreflexion statt. Die Randbedingungen an der Glas-Luft-Grenzfläche erfordert, dass sich die elektromagnetischen Feldstärken in den Luftspalt ausbreiten müssen. Sie werden aber wie

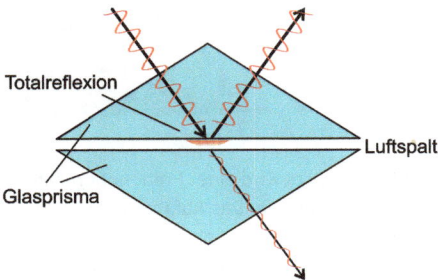

Abb. 5.20: Frustrierte Totalreflexion als Analogon des Tunneleffekts für elektromagnetische Wellen. In einem Prisma findet Totalreflexion einer Welle statt. In den Luftspalt dringt Intensität ein, die exponentiell mit der Länge abfällt. Durch ein weiteres Prisma, das nur wenige Wellenlängen über einen Luftspalt entfernt ist, kann der totalreflektierten Welle Energie entzogen werden.

beim Tunneleffekt exponentiell abgeschwächt. Die Abklinglänge ist aber deutlich größer als in der Quantenmechanik, weil sie in der Größenordnung der Wellenlänge liegt. Wird ein zweites Prisma dem ersten bis auf wenige Wellenlängen angenähert, kann Lichtintensität aus dem Luftspalt als propagierende Lichtwelle ausgekoppelt werden. Die entnommene Intensität fehlt der totalreflektierten Welle. Die Totalreflexion ist demnach abgeschwächt und kann im extremen Fall verhindert also *frustriert* sein. Mit dieser Methode lassen sich empfindliche chemische und mechanische Sensoren konstruieren.

Anwendungen

Der quantenmechanische Tunneleffekt ist kein theoretisches Gedankenspiel, sondern wird in technischen Anwendungen genutzt. Weil die Masse des Teilchens die Tunnelwahrscheinlichkeit stark mitbestimmt, beobachtet man den Effekt vor allem für Elektronen. Massereichere Teilchen können auch durch sehr dünne Barrieren tunneln. So werden wir bei der Diskussion des α-Zerfalls dem Tunneleffekt wieder begegnen.

Im Folgenden sollen zwei Beispiele für das Elektronentunneln durch Potenzialbarrieren vorgestellt werden:

1. **Rastertunnelmikroskopie**

   Die Idee dieser Mikroskopiemethode ist einfach und in Abb. 5.21(a) schematisch gezeigt. Eine Metallspitze, die an ihrem Ende nur aus wenigen herausragenden Atomen besteht, wird einer leitenden Oberfläche so nahe gebracht, dass Elektronen durch den Luft- oder besser Vakuumspalt zwischen Spitze und Probe tunneln können. Durch die Polarität der angelegten Spannung kann die Richtung des Tunnelstroms festgelegt werden. Wie oben erklärt, muss die Spitze bis auf Bruchteile eines Nanometers sicher an die Probe herangeführt werden. Durch Abfahren der Spitze entlang der Oberfläche und Messung des Tunnelstroms erhält man Bil-

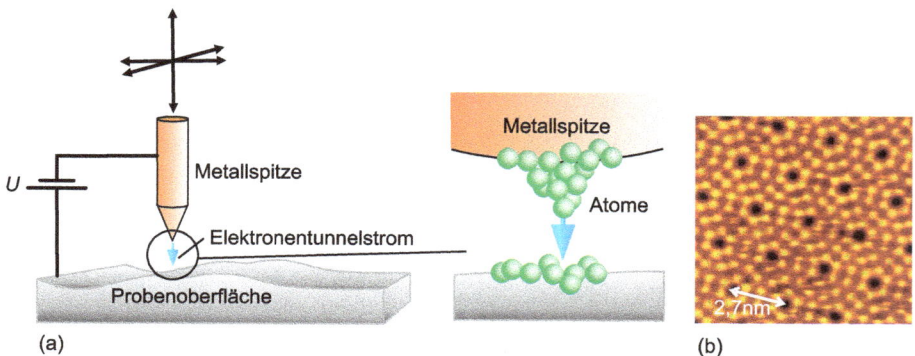

(a)   (b)

Abb. 5.21: (a) Prinzip der Rastertunnelmikroskopie. Eine Metallspitze wird einer Probenoberfläche bis auf atomare Abstände nahegebracht und der Tunnelstrom gemessen. Das Abfahren der Spitze entlang der Probe ergibt Bilder mit extrem hoher Ortsauflösung. (b) Beispiel eines Rastertunnelmikroskopbilds einer präparierten Siliziumoberfläche Si(111)-7×7. Mit freundlicher Genehmigung von Prof. Dr. Rolf Möller, Universität Duisburg-Essen.

der mit einer räumlichen Auflösung im Sub-Ångstrom-Bereich. In der Praxis ist es einfacher, den Tunnelstrom konstant zu halten und den Abstand zwischen Spitze und Oberfläche anzupassen und als Messgröße aufzunehmen.

Die technischen Herausforderungen dieser Mikroskopie wurden Anfang der 1980er Jahre durch Gerhard Rohrer und Gerd Binnig gemeistert. Sie bauten das erste Rastertunnelmikroskop. Heute ist diese Mikroskopie, die in der Regel in einem sehr gut evakuierten Rezipienten durchgeführt wird, eine der wichtigsten Methoden zur Strukturbestimmung und zur atomaren Charakterisierung von Oberflächen. Abbildung 5.21(b) zeigt ein Beispielbild von einer sehr gut präparierten, einkristallinen Siliziumoberfläche, einer sogenannten Si(111)-7×7-Oberfläche, die bereits von den Erfindern der Methode als Musteroberfläche untersucht wurde. Man erkennt regelmäßig angeordnete Atome und auch fehlende Atome als Löcher. Der Maßstab verdeutlicht die extrem hohe Ortsauflösung.

2. **Flash-Speicher**

Mehrere moderne elektronische Bauelemente machen sich den Tunneleffekt mit Elektronen zunutze. Als Beispiel sei der Flash-Speicher aufgeführt, der als USB-Stick oder Speicherkarte weit verbreitet ist. Der prinzipielle Aufbau eines Bit-Elements ist in Abb. 5.22 dargestellt. Eine kleine Metallinsel, das sogenannte *floating gate*, ist vollständig von einem Isolator umgeben. Vom benachbarten Metallkontakt, dem *gate*, können durch Anlegen einer Spannung Elektronen zwischen den beiden Metallen tunneln. Sind Elektronen auf der isolierten Metallinsel vorhanden, entspricht das einer Eins eines Bits. Die exzellente Isolation sorgt dafür, dass ohne angelegte Spannungen die Elektronen auf der Metallinsel nicht abfließen können, was die Dauerhaftigkeit des Speichers ausmacht. Ob Elektronen auf dem floating gate vorhanden sind, kann durch den Feldeffekt festgestellt werden. Das elektrische Feld der Elektronen beeinflusst die Leitfähigkeit zwischen Source- und Drainkontakt im leitfähigen Kanal des darunterliegenden Halbleiters Silizium. Diese Feldeffekttransistoren werden in Band 4 noch genauer betrachtet. Das Bauteil kann so weit miniaturisiert hergestellt werden, dass sich heute mit Speicherkarten fast 10 Terrabits = 10^{13} Bits (1024 GB!) auf einem Halbleiterchip speichern lassen.

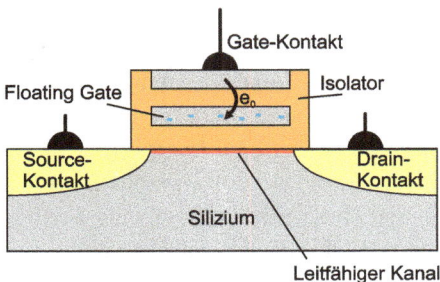

Abb. 5.22: Prinzip eines Flash-Speichers. Es ist ein Bauelement für ein Bit dargestellt. Liegt auf dem floating gate eine Ladung, entspricht das einer Eins. Sie wird durch Tunneln vom Gate-Kontakt übertragen und durch Änderung der elektrischen Leitfähigkeit im Kanal festgestellt.

5.4 Formale Elemente der Quantenmechanik

Der formale Aufbau der Quantenmechanik ist Gegenstand umfangreicher Lehrbücher der theoretischen Physik. Wir wollen an dieser Stelle nur einige grundlegende Elemente der quantenphysikalischen Beschreibung physikalischer Systeme und Vorgänge ansprechen. Die Quantenmechanik ist vor allem eine mathematisch anspruchsvolle Theorie. Nach 100 Jahren ihrer Existenz ist sie mit ihren Voraussagen in allen Experimenten verifiziert worden, obwohl eine Reihe von Schlussfolgerungen unserer klassischen Intuition widersprechen. Sie ist aber nicht nur eine akademische Theorie modellhafter Systeme, sondern Grundlage vieler Effekte und Phänomene, auf denen moderne technische Geräte und Errungenschaften beruhen. Die gesamte auf Halbleitern beruhende Mikroelektronik unserer Zeit lässt sich ohne quantenmechanische Beschreibung nicht verstehen oder gar weiterentwickeln.

5.4.1 Hamilton-Operator

Die *stationäre* Schrödinger-Gleichung (5.38) kann formal als **Eigenwertgleichung**

$$\hat{H}\psi_n(\vec{r}) = E_n\psi_n(\vec{r}) \tag{5.68}$$

des **Hamilton-Operators**

$$\hat{H} = -\frac{\hbar^2}{2m}\Delta + E_{\text{pot}}(\vec{r}) \tag{5.69}$$

angesehen werden. Ein Operator ist dabei eine Vorschrift, wie eine Funktion zu verändern ist. Der erste Teil des Hamilton-Operators, der die kinetische Energie darstellt, besteht bis auf einen Faktor aus dem Laplace-Operator

$$\Delta = \frac{\partial^2}{\partial x^2} + \frac{\partial^2}{\partial y^2} + \frac{\partial^2}{\partial z^2}, \tag{5.70}$$

der die Funktion zweimal nach den Ortskoordinaten ableitet. Der Operator der potenziellen Energie besteht nur aus der potenziellen Energie selber, die mit der Funktion multipliziert wird. Die mit dem Index n nummerierten Lösungen $\psi_n(x)$ sind die **Eigenzustände** und die E_n-Werte die **Eigenwerte** oder **Eigenenergien** des Systems.

Der Name *Hamilton-Operator* geht auf den irischen Physiker und Mathematiker William Rowan Hamilton (1805–1865) zurück, der eine analytische, geometrische Formulierung der klassischen Mechanik entwickelte. Die darin auftretende Hamilton-Funktion entspricht der Summe aus kinetischer und potenzieller Energie und ist formal so zusammengesetzt wie der gleichnamige Operator. Zur Zeit Hamiltons war die Quantentheorie noch unbekannt. Obwohl in seiner Theorie Grundlagen einer Wellenmechanik enthalten sind, gab es keine experimentellen Indizien dafür, an der klassischen Mechanik zu zweifeln.

Die Messung der Energie des Systems ergibt stets einen Energieeigenwert E_n, d. h. umittelbar *nach* der Messung ist das System in dem Eigenzustand des Messwerts. Die Eigenwerte müssen als physikalische Messwerte reelle Zahlen sein. Operatoren, die reelle Eigenwerte haben, nennt man auch **hermitesch**. Gibt es verschiedene Zustände zum gleichen Eigenwert, werden diese als *entartete Zustände* bezeichnet.

Selbst wenn ein Eigenwert gemessen wird, heißt das noch nicht, dass das System *vor* der Messung auch in dem Eigenzustand ψ_n war. Auch Linearkombinationen von Eigenzuständen sind reine Quantenzustände, aber keine Eigenzustände. Ist ein System in einem solchen Zustand

$$\Psi = \sum_j c_j \psi_j \tag{5.71}$$

mit komplexen Koeffizienten c_j, können nur die Energieeigenwerte gemessen werden, deren Eigenzustände in der Summe auftauchen. Die Messwahrscheinlichkeit für einen Wert hängt von dem dazugehörenden Koeffizienten ab. In (5.71) wurde der Übersichtlichkeit halber der Ortsvektor als Argument der Funktionen weggelassen.

Man kann einen **Erwartungswert** der Energie bzw. des Hamilton-Operators für viele Messungen an dem präparierten System angeben. Weil die Eigenzustände nach (5.68) stationär sind, schreibt sich der Erwartungswert als

$$\langle \hat{H} \rangle = \iiint \Psi^* \hat{H} \Psi \, dV = \sum_j |c_j|^2 E_j, \tag{5.72}$$

also als die betreffenden Energieeigenwerte und damit potenziellen Messwerte, gewichtet mit dem Absolutquadrat der Koeffizienten. Bei der Berechnung des Erwartungswerts spielen die Interferenzterme keine Rolle, die ja in der Aufenthaltswahrscheinlichkeitsdichte auftauchen, wie in Kapitel 5.2.1 diskutiert. Das liegt daran, dass die Eigenzustände in der Regel ein sogenanntes *Orthonormalsystem* bilden, was bedeutet, dass die Integrale

$$\iiint \psi_j^* \psi_k \, dV = \begin{cases} 1 & \text{für } j = k \\ 0 & \text{für } j \neq k \end{cases} \tag{5.73}$$

also nur bei gleichen Eigenfunktionen im Integranden gleich eins sind. Alle Integrale mit verschiedenen Eigenfunktionen verschwinden. Mit dem gleichen Argument ergibt sich für die wichtige Normierung von Ψ der einfache Ausdruck

$$\iiint \Psi^* \Psi \, dV = \sum_j |c_j|^2 = 1. \tag{5.74}$$

In der Aufenthaltswahrscheinlichkeitsdichte spielen die Interferenzterme bei linear kombinierten Quantenzuständen eine bedeutende Rolle. In den Erwartungswerten fallen sie weg.

In der Praxis kommen auch Quantenzustände vor, in denen in der Aufenthalts-wahrscheinlichkeit die Interferenzterme herausfallen. Sie bezeichnet man im Gegensatz zu den reinen Quantenzuständen als unvollständig oder gemischt. Ihnen fehlt die Phaseninformation der Wellenfunktion. Gemischte Zustände sind für Systeme mit vielen Teilchen wichtig, deren Zustände nicht in einer festen Phasenbeziehung stehen, z. B. Gasteilchen im thermischen Gleichgewicht. Wir werden sie hier nicht näher betrachten.

i **Beispiel: Eindimensionaler harmonischer Oszillator**

Es sei als Beispiel ein eindimensionaler harmonischer Oszillator mit der Eigenenergie $\hbar\omega = 0{,}1\,\text{eV}$ gegeben. Sein Anfangszustand Ψ sei so präpariert, dass

$$\Psi(x,t) = 0{,}6\psi_0(x)e^{i\omega t/2} + 0{,}3e^{2i}\psi_1(x)e^{i3\omega t/2} - 0{,}74\psi_4(x)e^{i9\omega t/2}$$

gelte. Der Quantenzustand setzt sich also aus dem Grundzustand, dem ersten und vierten angeregten Zustand zusammen. Die Eigenfunktionen $\psi_n(x)$ wurden in Kapitel 5.2.2 für den harmonischen Oszillator vorgestellt. Der Anfangszustand ist auf eins normiert, weil

$$|0{,}6|^2 + \left|0{,}3e^{2i}\right|^2 + |-0{,}74|^2 = 0{,}36 + 0{,}09 + 0{,}55 = 1$$

ist. Die möglichen Messwerte der Energie sind 0,05 eV, 0,15 eV und 0,45 eV. Der Erwartungswert des Hamilton-Operators in diesem Zustand ist demnach

$$\langle \hat{H} \rangle = 0{,}36 \cdot 0{,}05\,\text{eV} + 0{,}09 \cdot 0{,}15\,\text{eV} + 0{,}55 \cdot 0{,}45\,\text{eV} = 0{,}28\,\text{eV}.$$

Übrigens besitzt $|\Psi|^2$ eine ausgeprägte Zeitabhängigkeit, wie ganz ähnlich schon in Abb. 5.9 für ein Wellenpaket im Potenzialtopf gezeigt.

Man beachte auch, dass der Erwartungswert nur für Messungen am gleich präparierten System gilt. Hat man mit einer Messung das System in den Eigenzustand z. B. von ψ_1 versetzt, wird eine weitere Messung immer wieder die Energie $E_1 = 3\hbar\omega/2$ ergeben, weil der Eigenzustand stationär ist. Tatsächlich liegt in der Praxis oft der umgekehrte Fall vor, dass Messergebnisse vorliegen, aber der Zustand des Systems unbekannt ist. Das Problem der Präparation und Rekonstruktion des Zustands ist kompliziert und je nach System nach eigenen Regeln durchzuführen.

5.4.2 Observable als Operatoren

Der Hamilton-Operator und die *nicht-stationäre* Schrödinger-Gleichung spielen in der Quantenmechanik eine dominierende Rolle, weil sie die Zeitentwicklung des Systems bestimmen. Wir kennen aus der klassischen Physik neben der Energie aber weitere physikalische Observablen. Die vollständige Wellenfunktion enthält alle verfügbaren Informationen über ein System, auch über Messwerte anderer physikalischer Größen.

Im Formalismus der Quantenmechanik wird jeder klassischen Observablen ein hermitescher Operator zugeordnet,

$$\text{physikalische Observable } A \rightarrow \text{hermitescher Operator } \hat{A},$$

der beim Messprozess einen reellen Wert liefert, der einem Eigenwert a_j des Operators $\hat{A}$ zu einem Eigenzustand/einer Wellenfunktion $\phi_{a,j}$ entspricht. Wir haben bewusst für den Zustand einen anderen Buchstaben als ψ benutzt, weil man im Allgemeinen nicht davon ausgehen kann, dass der Hamilton-Operator $\hat{H}$ und der Observablenoperator $\hat{A}$ dieselben Eigenwellenfunktionen haben. Wir kommen auf dieses Problem später zurück.

Die für die weitere Diskussion wichtigsten Operatoren sollen angegeben werden. Sie lassen sich aus den klassischen Größen ableiten. In der sogenannten *Ortsdarstellung* gelten einfache Regeln zur Bildung der Operatoren. Für die beiden Größen Ort und Impuls gilt

$$\text{Ort } \vec{r} \rightarrow \hat{\vec{r}} = \vec{r}, \tag{5.75}$$

$$\text{Impuls in x-Richtung } p_x \rightarrow \hat{p}_x = -i\hbar\frac{\partial}{\partial x}, \tag{5.76}$$

$$\text{Impuls in y-Richtung } p_y \rightarrow \hat{p}_y = -i\hbar\frac{\partial}{\partial y}, \tag{5.77}$$

$$\text{Impuls in z-Richtung } p_z \rightarrow \hat{p}_z = -i\hbar\frac{\partial}{\partial z}, \tag{5.78}$$

$$\text{Gesamtimpuls } \vec{p} \rightarrow \hat{\vec{p}} = -i\hbar\nabla. \tag{5.79}$$

Der Begriff Ortsdarstellung wird verständlich, weil der Operator des Orts der Ortsvektor selber ist. Der Impuls entpricht dem Gradienten nach dem Ort multipliziert mit $-i\hbar$.

Im nächsten Kapitel werden wir das Wasserstoffatom als Quantensystem genauer behandeln, da es sich noch analytisch diskutieren lässt. Weil es ein Zentralkraftproblem darstellt, ist der Drehimpuls eine Erhaltungsgröße und daher eine wichtige Observable. Der Drehimpuls setzt sich aus Ort und Impuls zusammen, so dass sich formal der entsprechende Operator als

$$\text{Drehimpuls } \vec{L} = \vec{r} \times \vec{p} \rightarrow \hat{\vec{L}} = \hat{\vec{r}} \times \hat{\vec{p}} = \vec{r} \times (-i\hbar\nabla) \tag{5.80}$$

schreibt. Der Drehimpuls selbst ist keine gute quantenmechanische Observable, weil sich seine Komponenten nicht gleichzeitig scharf messen lassen. Die beiden abgeleiteten Operatoren bzw. physikalischen Observablen

$$\text{Betragsquadrat des Drehimpulses } \hat{L}^2 = \left(\vec{r} \times (-i\hbar\nabla)\right)^2 \quad \text{und} \quad (5.81)$$

$$z\text{-Komponente des Drehimpulses } \hat{L}_z = -i\hbar\left(x\frac{\partial}{\partial y} - y\frac{\partial}{\partial x}\right) \quad (5.82)$$

sind dagegen miteinander verträglich bzw. **kompatibel**. Die Operatoren sehen bereits sehr kompliziert aus. Sie können aber vereinfacht werden, wenn wir auf Polarkoordinaten übergehen.

Es gibt in der Quantenmechanik auch Observablen, für die es keine klassische Entsprechung gibt. Im Kapitel 6 über das Wasserstoffatom werden wir als Beispiel die Observable *Spin* kennenlernen.

5.4.3 Kompatible Observablen

Gibt es keine Zustände, die Eigenzustände zweier Observablen $\hat{A}$ und $\hat{B}$ sind, lassen sich beide nicht gleichzeitig scharf messen. Sie sind dann unverträglich bzw. *komplementär*. Die Operatoren solcher Observablen sind **nicht vertauschbar**. Die Vertauschbarkeit bedeutet, dass für einen Zustand ψ die Reihenfolge unerheblich ist, mit der die Operatoren auf den Zustand wirken. Zwei Operatoren sind also vertauschbar, wenn

$$\hat{A}\hat{B}\psi = \hat{B}\hat{A}\psi, \quad (5.83)$$

gilt. Das ist natürlich immer der Fall, wenn ψ Eigenzustand zu beiden Operatoren ist, weil dann $\hat{A}\psi = a\psi$ und $\hat{B}\psi = b\psi$ mit reellen Zahlen a und b ist. Nichtvertauschbare Operatoren lassen sich nicht gleichzeitig scharf messen und erfüllen eine Unschärferelation.

Beispiel: Keine Vertauschbarkeit von Ort und Impuls
Wir betrachten den eindimensionalen Fall des Impulses in x-Richtung und des Orts x, von denen wir die Heisenberg-Unschärferelation nach (5.19) schon kennen. Wir sehen durch einfache Rechnung, dass die Ungleichung

$$\hat{p}_x(\hat{x}\psi) = -i\hbar\left(\psi + x\frac{\partial\psi}{\partial x}\right) \neq -i\hbar x\frac{\partial\psi}{\partial x} = \hat{x}(\hat{p}_x\psi) \quad (5.84)$$

gilt. Orts- und Impulsoperator in gleicher Richtung sind nicht vertauschbar.

Auch wenn Observablen nicht scharf messbar sind, kann dennoch ein reeller Erwartungswert der Observable für einen Zustand ψ angegeben werden. Wie in (5.72) für den Hamilton-Operator wird er für eine Observable $\hat{A}$ durch

$$\langle\hat{A}\rangle = \iiint \psi^*\hat{A}\psi\, dV \quad (5.85)$$

berechnet.

Erwartungswerte von Ort und Impuls

Nehmen wir für einen Zustand eine ebene Welle in x-Richtung $\psi = e^{i(k_x x - \omega t)}/\sqrt{V}$ für die eindimensionale Bewegung eines Teilchens. Der Zustand ist ein Eigenzustand des Impulsoperators zum Eigenmesswert $\hbar k_x$, denn

$$\hat{p}_x = -i\hbar \frac{\partial}{\partial x} \frac{1}{\sqrt{V}} e^{i(k_x x - \omega t)} = \hbar k_x \frac{1}{\sqrt{V}} e^{i(k_x x - \omega t)}. \tag{5.86}$$

Dagegen ergibt x mit ψ multipliziert keinen festen Wert für den Ort.

Betrachten wir nun für den Zustand die Erwartungswerte für den Impuls und den Ort. Weil der Zustand ein Eigenzustand des Impulsoperators ist, folgt

$$\langle \hat{p}_x \rangle = \int\limits_{-\infty}^{\infty} \psi^* \hat{p}_x \psi \, dx = \hbar k_x, \tag{5.87}$$

also der scharfe Impuls, während der Erwartungswert des Ortsoperators

$$\langle \hat{x} \rangle = \int\limits_{-\infty}^{\infty} \psi^* x \psi \, dx = \int\limits_{-\infty}^{\infty} x \, dx = 0 \tag{5.88}$$

verschwindet, d. h. es lässt sich kein Ort auf der x-Achse angeben. Es wird genauso oft x wie $-x$ gemessen. Dieses Ergebnis gehorcht der Unschärferelation.

5.4.4 Der Drehimpuls in der Quantenmechanik

Der Drehimpuls bleibt auch in der Quantenmechanik in Systemen erhalten, in denen eine Zentralkraft wirkt. Dies betrifft z. B. das Wasserstoffatom. Es ist praktisch, zu dreidimensionalen Polarkoordinaten überzugehen, weil Zentralkraftsysteme kugelsymmetrisch sind. Abbildung 5.23 definiert noch einmal die drei Polarkoordinaten radiale Länge r, Polarwinkel zur z-Achse ϑ und Azimutwinkel in der x-y-Ebene φ und wiederholt die Umrechnungen zwischen polarem und kartesischem Koordinatensystem.

An der Größe des Drehimpulses fallen die Eigenarten der Quantenmechanik besonders auf. In der klassischen Mechanik hängt der Drehimpuls einer bewegten Masse zwar von der Wahl des Koordinatenursprungs ab (siehe Band 1, Kapitel 5), ist aber komplett durch eine Messung bestimmbar, die möglichst wenig die Bewegung stört. Das ist in der Quantenmechanik ganz anders. Wie schon erwähnt, sind die einzelnen Komponenten des Operators $\hat{\vec{L}}$ nicht vertauschbar. Das bedeutet, dass der komplette Drehimpulsvektor nicht scharf bestimmbar ist. Vertauschbar sind nur Betragsquadrat und z-Komponente des Drehimpulses, wie in (5.81) und (5.82) angegeben und die in

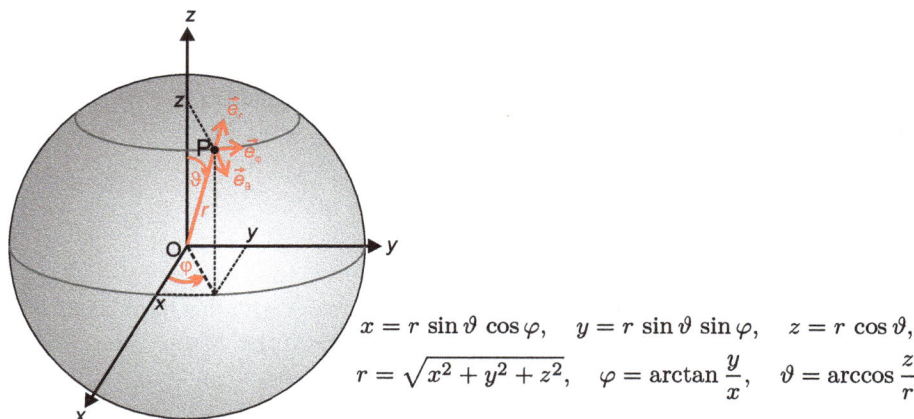

$$x = r \sin\vartheta \cos\varphi, \quad y = r \sin\vartheta \sin\varphi, \quad z = r \cos\vartheta,$$
$$r = \sqrt{x^2 + y^2 + z^2}, \quad \varphi = \arctan\frac{y}{x}, \quad \vartheta = \arccos\frac{z}{r}$$

Abb. 5.23: Definition von Polarkoordinaten und Umrechnung zwischen polaren und kartesischen Koordinaten.

Polarkoordinaten durch

$$\hat{L}^2 = -\hbar^2 \left(\frac{\partial^2}{\partial\vartheta^2} + \frac{1}{\tan\vartheta}\frac{\partial}{\partial\vartheta} + \frac{1}{\sin^2\vartheta}\frac{\partial^2}{\partial\varphi^2} \right) = -\hbar^2 r^2 \Delta_{\vartheta,\varphi} \quad \text{und} \tag{5.89}$$

$$\hat{L}_z = -i\hbar \left(\frac{\partial}{\partial\varphi} \right) \tag{5.90}$$

ausgedrückt werden können. Der Operator des Betragsquadrats entspricht bis auf den Faktor $-\hbar^2 r^2$ dem Winkelanteil des Laplace-Operators.

Die Richtung der z-Achse ist auch in der Quantenmechanik frei wählbar, d. h. die messbare Information über den Drehimpuls ist unvollständig und hängt von der Messanordnung ab, die irgendwie die Richtung der z-Achse festlegt. In der Praxis ist meist eine Raumachse ohnehin ausgezeichnet, z. B. durch ein äußeres Magnetfeld. Diese ausgezeichnete Achse wird als **Quantisierungsachse** bezeichnet. Sie definiert die z-Achse, relativ zu der die Drehimpulskomponente bestimmt wird.

Die gleichzeitige Messbarkeit von $\hat{L}^2$ und $\hat{L}_z$ impliziert, dass beide Observablen gemeinsame Eigenzustände haben. Diese lassen sich mathematisch durch Lösen der Eigenwertdifferentialgleichungen ausrechnen. Die Lösungen, die im nächsten Kapitel explizit angegeben und dargestellt werden, sind die sogenannten **Kugelflächenfunktionen,** die symbolisch mit zwei ganzzahligen Parametern ℓ und m als $Y_\ell^m(\vartheta,\varphi)$ bezeichnet werden. Diese Eigenzustände der beiden Operatoren haben die Eigenwerte

$$\hat{L}^2 Y_\ell^m = \ell(\ell+1)\hbar^2 \quad Y_\ell^m \text{ mit } \ell = 0, 1, 2, 3, \ldots, \tag{5.91}$$

$$\hat{L}_z Y_\ell^m = m\hbar \quad Y_\ell^m \text{ mit } m = -\ell, \ldots, -1, 0, 1, \ldots, \ell. \tag{5.92}$$

Die Parameter heißen **Bahndrehimpulsquantenzahl** ℓ und **magnetische Quantenzahl** m, die nicht mit einer Masse verwechselt werden darf. Der Bereich der magnetischen Quantenzahl hat ℓ als obere und $-\ell$ als untere Grenze. Die Quantenmechanik liefert messbare Größen des Betrags und der z-Komponente des Drehimpulses von

$$L = \sqrt{\ell(\ell+1)}\hbar \quad \text{und} \quad L_z = m\hbar. \tag{5.93}$$

Tabelle 5.1 listet Werte für die untersten Quantenzahlen auf.

Tab. 5.1: Betrag und z-Komponente des Drehimpulses für verschiedene Quantenzahlen in Einheiten von $\hbar$.

Bahndrehimpuls-QZ ℓ	Betrag L	Komponente L_z
0	0	0
1	$\sqrt{2} \approx 1{,}41$	$-1, 0, 1$
2	$\sqrt{6} \approx 2{,}45$	$-2, -1, 0, 1, 2$
3	$\sqrt{12} \approx 3{,}46$	$-3, -2, -1, 0, 1, 2, 3$

Über den Drehimpuls lassen sich folgende bemerkenswerte Eigenschaften festhalten:
– Die Drehimpulswerte sind diskret oder – physikalisch ausgedrückt – quantisiert, wie es für die Quantenmechanik typisch ist.
– Im Bohr-Modell des Wasserstoffatoms wurden die quantisierten Werte für den Drehimpuls als $n\hbar$ mit n als natürlicher Zahl erraten. Die genaue Rechnung ergibt gerade für kleine Zahlen von ℓ eine abweichende Relation. Erst wenn ℓ sehr viel größer als eins ist, stimmt sie mit dem Bohr-Ansatz näherungsweise überein.
– Weil L_x und L_y nicht scharf gemessen werden können und daher unbestimmt sind, wird der quantenmechanische Drehimpulsvektor oft durch einen Kegelmantel dargestellt, wie in Abb. 5.24 für die zwei Beispiele $\ell = 1$ und $\ell = 2$ gezeigt. Wir haben vom $\vec{L}$-Vektor nur Kenntnis über seine Länge und seinen z-Abschnitt. An der geometrischen Darstellung wird verständlich, warum man auch von einer **Richtungsquantelung** spricht.
– Der Drehimpuls zeigt nie in z-Richtung. Der halbe Öffnungswinkel α des Kegels entspricht dem Winkel zwischen z-Achse und $\vec{L}$ und berechnet sich nach

$$\cos(\alpha) = \frac{L_z}{L} = \frac{m}{\sqrt{\ell(\ell+1)}}, \tag{5.94}$$

was in Abb. 5.24 für $\ell = 1$ die Winkel 90° und 44,8° und für $l = 2$ die Winkel 90°, 65,9° und 35,3° ergibt.

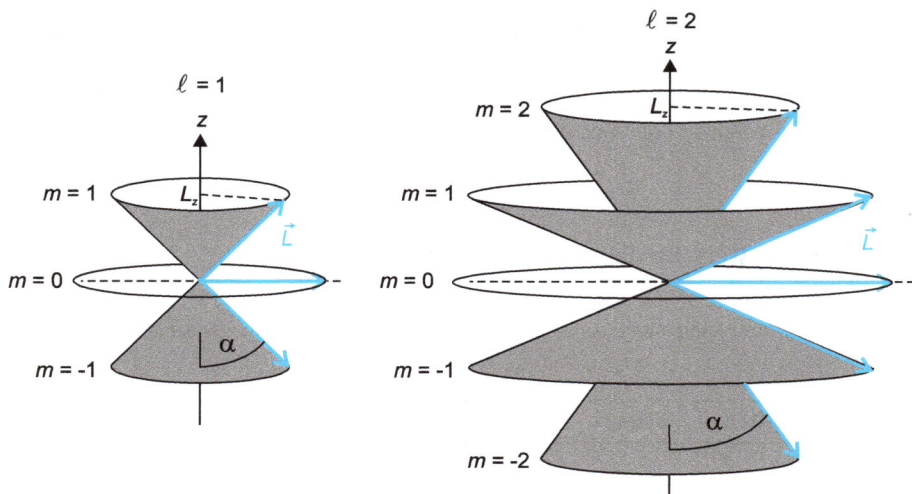

Abb. 5.24: Richtungsquantelung des Bahndrehimpulses in der Quantenmechanik für $\ell = 1$ und $\ell = 2$.

Quellenangaben

[5.1] C. Cohen-Tannoudji, B. Diu, F. Laloë, *Quantenmechanik, Band 1*, 3. Auflage (de Gruyter, Berlin, 2007) S. 39 ff.

[5.2] S. Ornes, *Quantum dots*, Proceedings of the National Academy of Sciences, Band 113 (2016) S. 2796–2797.

Übungen

1. Ein freies Quantenteilchen wird oft durch ein Gaußsches Wellenpaket beschrieben. Die Wellenfunktion zum Zeitnullpunkt lautet

$$\psi(x,0) = \frac{1}{(2\pi\sigma_0^2)^{1/4}} \exp\left(-\frac{x^2}{4\sigma_0^2} + ikx \right).$$

Die Größe σ ist ein Maß für die Breite des Wellenpakets. Zeigen Sie zunächst, dass dieser Zustand kein Eigenzustand zum Impulsoperator $\hat{p}_x = -i\hbar\frac{\partial}{\partial x}$ ist. Es lässt sich also kein scharfer Messwert ermitteln. Bestimmen Sie aber den Erwartungswert des Impulses

$$\langle \hat{p}_x \rangle = \int_{-\infty}^{\infty} \psi^*(x,0)\hat{p}_x\psi(x,0)\, dx.$$

Hinweis: Verwenden Sie die Beziehungen:

$$\int_{-\infty}^{\infty} f(x)\, dx = 0 \quad \text{wenn } f \text{ ungerade:} \quad f(x) = -f(-x)$$

und für das Gauß-Integral

$$\int_{-\infty}^{\infty} e^{-x^2}\, dx = \sqrt{\pi}.$$

2. In der Quantenmechanik entsprechen physikalische Observable Operatoren, die auf Wellen-funktionen wirken. Haben zwei Operatoren $\hat{A}, \hat{B}$ Eigenwerte zu denselben Zuständen, sind sie beide gleichzeitig scharf messbar. Der *Kommutator* ist dann null,
$$[\hat{A}, \hat{B}] = -[\hat{B}, \hat{A}] = \hat{A}\hat{B} - \hat{B}\hat{A} = 0.$$
Zeigen Sie, dass die Drehimpulskomponenten nicht gleichzeitig scharf messbar sind, indem Sie die Gleichung
$$[\hat{L}_x, \hat{L}_y] = i\hbar\hat{L}_z$$
nachrechnen.

3. Ein Elektron befinde sich in einem eindimensionalen Potenzialtopf mit einer Breite vom 0,5 nm und unendlich hohen Wänden. Geben Sie die Energien des Grundzustands und der ersten bei-den angeregten Zustände des Elektrons an. Der Energienullpunkt liege am Potenzialtopfbo-den. Begründen Sie mit quantenmechanischen Prinzipien, warum die Grundzustandsenergie nicht gleich null sein kann. Welche Wellenlänge muss Licht haben, das durch Absorption ein Elektron vom Grundzustand in den ersten angeregten Zustand anhebt?

4. Ein Elektron treffe auf eine eindimensionale rechteckige Potenzialstufe mit der Höhe $E_0 = 3$ eV. Wie groß ist der Reflexionskoeffizient R bei Elektronenenergien E von 3, 12 bzw. 300 eV?

5. Ist in der vorangegangenen Aufgabe $E < E_0$, dringt die Wellenfunktion in die Potenzialstu-fe exponentiell ein. Berechnen Sie die Eindringtiefe $1/2\kappa$ für ein 2-eV-Elektron, dass auf eine 5-eV-Stufe trifft. Wie breit darf die Stufe maximal sein, wenn das Elektron mit einer Transmis-sionswahrscheinlichkeit von 10^{-4} durch die Barriere tunneln soll?

6 Modellsystem Wasserstoffatom

In diesem Kapitel wird der vorgestellte Formalismus der Quantenmechanik auf das Wasserstoffatom angewendet. Es ist das einfachste atomare System mit einem Proton als Kern und einem Elektron als Trabanten. Obwohl das Problem weitgehend analytisch gelöst werden kann, sind die mathematischen Methoden anspruchsvoll und die Ergebnisse kompliziert. Ohne genaue Rechnung werden zunächst die Eigenzustände, die Energieniveaus und die Quantenzahlen diskutiert. Mit den Energieniveaus lassen sich die Serien der Wasserstoffspektrallinien verstehen. Wir werden feststellen, dass sich hinter der Aufenthaltswahrscheinlichkeitsdichte die Elektronenorbitale verbergen, die im Detail konstruiert werden. Eine präzise Vermessung der Energieniveaus zeigt, dass weitere Ergänzungen des quantenmechanischen Modells notwendig sind. Darunter zählen relativistische Korrekturen, die auch den Spin des Elektrons erklären. Das Kapitel schließt mit Anwendungen des Wasserstoffmodells auf H-artige und H-ähnliche Atome.

6.1 Quantenmechanische Beschreibung des Wasserstoffatoms

6.1.1 Schrödinger-Gleichung

Aus der Sicht der klassischen Physik besteht das Wasserstoffatom aus einem Elektron, das sich im zentralen Coulomb-Kraftfeld des schweren Protonkerns auf Kepler-Bahnen bewegt. Wie schon in Kapitel 3 ausgeführt wurde, versagt aber diese planetare Vorstellung, weil die klassische Bewegung der Elementarladung nicht stabil sein kann. Elektromagnetische Wellen würden vom Elektron abgestrahlt, was es innerhalb von ps abbremst und schließlich in den Kern fallen lässt.

In der korrekten quantenmechanischen Beschreibung gehen wir von der stationären Schrödinger-Gleichung für das Elektron im Wasserstoffatom aus. Wir nehmen der Einfachheit halber zunächst an, dass der Kern unendlich schwer ist und daher ruht. Wir können dann mit der Elektronenmasse m_e rechnen. Es muss

$$-\frac{\hbar^2}{2m_e}\Delta\psi(r,\vartheta,\varphi) + E_{\text{pot}}\psi(r,\vartheta,\varphi) = E_n\psi(r,\vartheta,\varphi) \tag{6.1}$$

mit der Coulomb-Energie

$$E_{\text{pot}} = -\frac{e_0^2}{4\pi\epsilon_0 r} \tag{6.2}$$

gelöst werden. Der Index n verweist auf diskrete Eigenenergien E_n. Wegen der Kugelsymmetrie verwenden wir Polarkoordinaten. Der Laplace-Operator zerfällt dann in einen Radial- und einen Winkelanteil

https://doi.org/10.1515/9783110468977-006

$$\Delta = \Delta_r + \Delta_{\vartheta,\varphi} = \frac{1}{r}\frac{\partial^2}{\partial r^2}(r\cdot) - \frac{\hat{L}^2}{\hbar^2 r^2}, \tag{6.3}$$

wobei wir für den Operator des Drehimpulsquadrats (5.89) eingesetzt haben. Der radiale Operator funktioniert in der Form, dass die Funktion erst mit r multipliziert wird, bevor die partielle Ableitung wirkt. Daher steht in (6.3) ein Punkt hinter dem r.

Der Winkelanteil des Laplace-Operators lässt sich vollständig durch $\hat{L}^2$ ausdrücken, so dass ein Teil der Lösungen Kugelflächenfunktionen Y_ℓ^m sein müssen. Dies rechtfertigt einen sogenannten Separationsansatz

$$\psi(r,\vartheta,\varphi) = \underbrace{R(r)}_{\text{Radialwellenfunktion}} \cdot \underbrace{Y_\ell^m}_{\text{Drehimpuls-Eigenzustände}}. \tag{6.4}$$

Setzt man diesen Ansatz in (6.1) ein, bleibt der *Radialanteil* der Schrödinger-Gleichung übrig,

$$\left(-\frac{\hbar^2}{2m_e}\Delta_r + \underbrace{\frac{\ell(\ell+1)\hbar^2}{2m_e r^2} - \frac{e_0^2}{4\pi\epsilon_0 r}}_{V_{\text{eff}}(r)}\right)\psi = E_n\psi, \tag{6.5}$$

worin wir die bekannten Terme aus der klassischen Formel für die Gesamtenergie einer Masse im Zentralfeld wiedererkennen. Der erste Term in der Klammer entspricht dem Operator der radialen kinetischen Energie, der zweite Term ist die Rotationsenergie $L^2/(2m_e r^2)$ und der dritte Term die Coulomb-Energie. In der klassischen Mechanik werden die beiden letzten Terme auch als *effektives Potenzial* $V_{\text{eff}}(r)$ bezeichnet. Abbildung 6.1 zeigt qualitativ die anziehend wirkende Coulomb-Energie, die abstoßend wirkende Rotationsenergie für den Fall $\ell > 0$ und das effektive Potenzial, das ein Minimum aufweist (siehe auch Abb. 6.9 in Band 1).

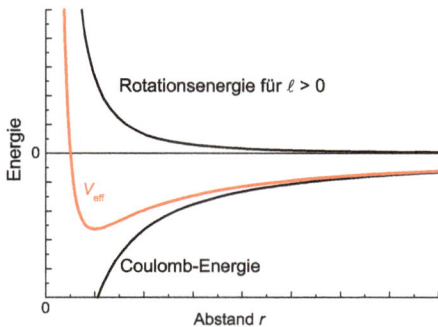

Abb. 6.1: Verhalten von Rotations- und Coulomb-Energie sowie effektivem Potenzial mit dem Abstand r für $\ell > 0$.

6.1.2 Eigenzustände und Quantenzahlen

Die Schrödinger-Gleichung (6.1) bzw. ihr radialer Anteil (6.5) lassen sich noch analytisch lösen. Es ergeben sich für ein gebundenes Elektron diskrete stationäre Eigenzustände, deren Ortsanteile mit drei Quantenzahlen durchnummeriert werden,

$$\psi_{n,\ell,m}(r,\vartheta,\varphi) = R_{n,\ell}(r)Y_\ell^m(\vartheta,\varphi), \tag{6.6}$$

wobei die Funktionen $R_{n,\ell}$ nur die radiale Abhängigkeit von r und die Kugelflächenfunktionen Y_ℓ^m die Winkelabhängigkeit der Wellenfunktionen bestimmen.

Die drei Quantenzahlen sind uns aus vorangegangenen Kapiteln bekannt. Es gelten die Bezeichnungen

Hauptquantenzahl	$n = 1, 2, 3, \ldots,$
Neben- oder Bahndrehimpulsquantenzahl	$\ell = 0, 1, 2, 3, \ldots, n-1,$
Magnetische Quantenzahl	$m = 0, \pm 1, \pm 2, \ldots, \pm \ell.$

Der Wertebereich von ℓ wird durch die Hauptquantenzahl begrenzt, der von m durch die Bahndrehimpulsquantenzahl. Später werden wir noch eine weitere Quantenzahl für das Elektron hinzufügen, die den Spin angibt und die nur zwei Werte, *up* oder *down*, annehmen kann.

Die entsprechenden Anteile der Wellenfunktion sind in den Tabellen 6.1 und 6.2 für kleine Quantenzahlen angegeben. Ihr geometrisches Aussehen werden wir im Folgenden diskutieren.

Tab. 6.1: Radialanteil der Wellenfunktion für das H-Atom für kleine Quantenzahlen.

Haupt-QZ n	Bahndreh-impuls-QZ ℓ	$R_{n,\ell}(r)$
1	0	$2(\frac{1}{a_B})^{3/2} e^{-r/a_B}$
2	0	$\frac{1}{2\sqrt{2}}(\frac{1}{a_B})^{3/2}(2 - \frac{r}{a_B})e^{-r/2a_B}$
2	1	$\frac{1}{2\sqrt{6}}(\frac{1}{a_B})^{3/2}\frac{r}{a_B}e^{-r/2a_B}$
3	0	$\frac{2}{81\sqrt{3}}(\frac{1}{a_B})^{3/2}(27 - \frac{18r}{a_B} + \frac{2r^2}{a_B^2})e^{-r/3a_B}$
3	1	$\frac{4}{81\sqrt{6}}(\frac{1}{a_B})^{3/2}\frac{r}{a_B}(6 - \frac{r}{a_B})e^{-r/3a_B}$
3	2	$\frac{4}{81\sqrt{30}}(\frac{1}{a_B})^{3/2}(\frac{r}{a_B})^2 e^{-r/3a_B}$

Tab. 6.2: Winkelanteil der Wellenfunktion für das H-Atom/Kugelflächenfunktionen für kleine Quantenzahlen.

Bahndreh-impuls-QZ ℓ	Magnetische QZ m	$Y_\ell^m(\vartheta, \varphi)$
0	0	$\sqrt{\frac{1}{4\pi}}$
1	0	$\sqrt{\frac{3}{4\pi}} \cos\vartheta$
1	±1	$\mp\sqrt{\frac{3}{8\pi}} \sin\vartheta\, e^{\pm i\varphi}$
2	0	$\sqrt{\frac{5}{16\pi}}(3\cos^2\vartheta - 1)$
2	±1	$\mp\sqrt{\frac{15}{8\pi}} \cos\vartheta \sin\vartheta\, e^{\pm i\varphi}$
2	±2	$\sqrt{\frac{15}{32\pi}} \sin^2\vartheta\, e^{\pm 2i\varphi}$

6.1.3 Eigenenergien

Die Lösung von (6.5) enthält auch die möglichen Eigenenergien des Elektrons im zentralen Feld des Kerns. Sie lauten

$$E_n = -\frac{m_e e_0^4}{2\hbar^2(4\pi\epsilon_0)^2}\frac{1}{n^2} \tag{6.7}$$

und hängen nur von der Hauptquantenzahl n ab. Die Energiewerte sind identisch mit den Lösungen des Bohr-Modells aus Kapitel 4.5.3, weshalb die halbklassische Beschreibung des Wasserstoffatoms nach Bohr auch heute noch gerne im Physikunterricht vorgestellt wird. Es gibt aber auch markante Unterschiede beim Drehimpuls und in der Elektronenverteilung, wie später noch genauer erklärt wird. Die Formel für die Energieeigenwerte lässt sich prägnanter in

$$E_n = -\frac{m_e c_0^2}{2}\alpha^2 \frac{1}{n^2} \tag{6.8}$$

umschreiben, wenn man die einheitenlose **Sommerfeld-Feinstrukturkonstante**

$$\alpha = \frac{e_0^2}{4\pi\epsilon_0 \hbar c_0} \approx \frac{1}{137} \tag{6.9}$$

einführt. Die Größe c_0 ist die Vakuumlichtgeschwindigkeit, so dass der erste Faktor in (6.8) die halbe Ruheenergie des Elektrons angibt. Die Energieleiter in Abb. 3.21 wird von der quantenmechanischen Beschreibung bestätigt.

Berücksichtigt man die weiteren Quantenzahlen ℓ, m und die Spinquantenzahl, gibt es für eine Hauptquantenzahl n jeweils

$$2 \sum_{\ell=0}^{n-1} (2\ell + 1) = 2n^2 \tag{6.10}$$

Zustände, weil es $n - 1$ Unterzustände mit verschiedenen ℓ und zu jedem ℓ nochmals $2\ell + 1$ Zustände mit verschiedenen m gibt. Der Faktor 2 in (6.10) schließt die beiden Spinwerte pro Zustand mit ein. Die Zahl $2n^2$ wird auch **Entartungsgrad** genannt und gibt die Zahl der Zustände mit gleicher Eigenenergie E_n an. Abbildung 6.2 veranschaulicht die Zahl der Zustände durch kleine Kästchen, wobei die Grau-Weiß-Unterteilung auf die doppelte Entartung wegen des Spins hinweist.

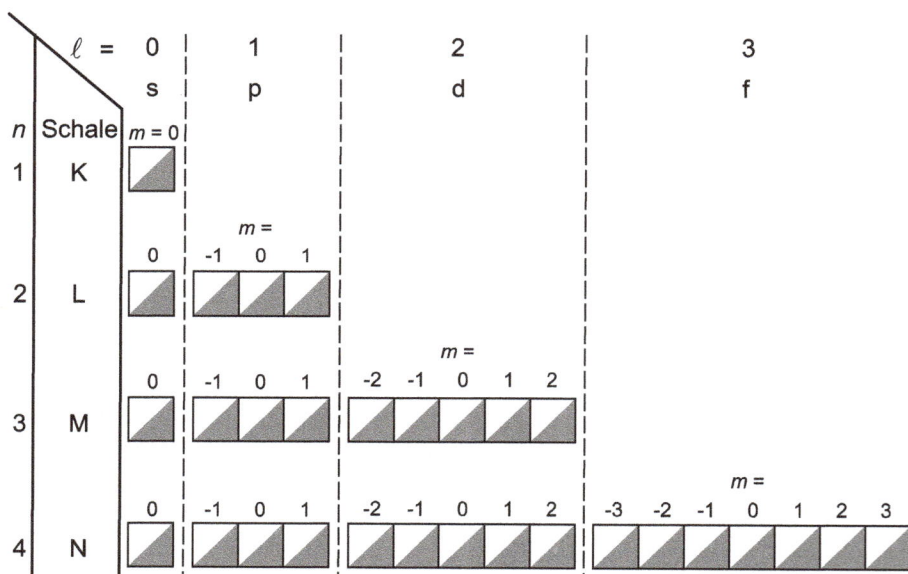

Abb. 6.2: Veranschaulichung der Zustände im Wasserstoffatom und ihre Bezeichnung mit Quantenzahlen. Jedes Kästchen entspricht zwei Zuständen wegen der zwei verschiedenen Spin-Einstellungen. Mit zunehmender Hauptquantenzahl nimmt die Zahl der Zustände gemäß $2n^2$ zu.

Man nennt die Gesamtheit der Zustände für eine feste Hauptquantenzahl auch **Schale**, wobei man traditionell die Bezeichnungen

$$n = 1: \text{K-Schale (2 Zustände)},$$
$$n = 2: \text{L-Schale (8 Zustände)},$$
$$n = 3: \text{M-Schale (18 Zustände)},$$
$$n = 4: \text{N-Schale (32 Zustände)}$$

verwendet. Die Zahl der Zustände für ein festes n gibt den Entartungsgrad an. Auch die Zustände mit unterschiedlichen Bahndrehimpulsquantenzahlen haben historisch gewachsene Namen. Man schreibt für

$\ell = 0$: s-Zustand (*sharp*),

$\ell = 1$: p-Zustand (*principal*),

$\ell = 3$: d-Zustand (*diffuse*),

$\ell = 4$: f-Zustand (*fundamental*),

wie auch in Abb. 6.2 eingetragen. Die Bezeichnungen der Zustände werden oft abgekürzt, indem die Hauptquantenzahl vor den Buchstaben für das ℓ-Niveau gesetzt wird, z. B. 1s, 2s, 2p und so fort.

Der quantenmechanische Grundzustand des Elektrons im Wasserstoffatom, kurz 1s-Zustand, ist durch die Quantenzahlen

$$n = 1, \quad l = 0, \quad m = 0$$

gekennzeichnet. Die Grundzustandsenergie ist also mit $n = 1$ gleich

$$E_1 = -\frac{m_e c_0^2}{2} \alpha^2 \approx -13{,}61 \,\text{eV} = 1 R_\infty,$$

wenn der Kern als unendlich schwer angenommen wird. Der Grundzustand ist wegen der Spinquantenzahl doppelt entartet. Die Grundzustandsenergie ist aufzubringen, um das Wasserstoffatom zu ionisieren und das Elektron vom Kern zu trennen.

Wie schon in Abb. 3.21 verdeutlicht, kann das Atom durch Absorption oder Emission eines Photons der richtigen Energie

$$hf = |E_i - E_f| \tag{6.11}$$

seinen Energiezustand ändern, wobei E_i und E_f die Energien des Anfangs- bzw. Endzustands bezeichnen.

Werden die Zustände nach Haupt- und Nebenquantenzahl getrennt aufgetragen, entsteht ein sogenanntes **Grotrian-Diagramm**, wie in Abb. 6.3 dargestellt. Im Diagramm für das Wasserstoffatom sind die möglichen optischen Übergänge als Linien eingezeichnet, für die Lyman-Serie in Blau und für die Balmer-Serie in Rot. Es sind jeweils die drei bzw. vier energieärmsten Übergänge eingezeichnet. Die Zahlen entsprechen den Wellenlängen des Lichts. Es fällt auf, dass offenbar nicht alle Übergänge erlaubt sind. Ohne dies zu beweisen, lässt sich zeigen, dass für Absorption oder Emission von elektrischer Dipolstrahlung die sogenannten **Dipolauswahlregeln**

$$\Delta \ell = \ell_i - \ell_f = \pm 1 \quad \text{und} \quad \Delta m = m_i - m_f = 0, \pm 1 \tag{6.12}$$

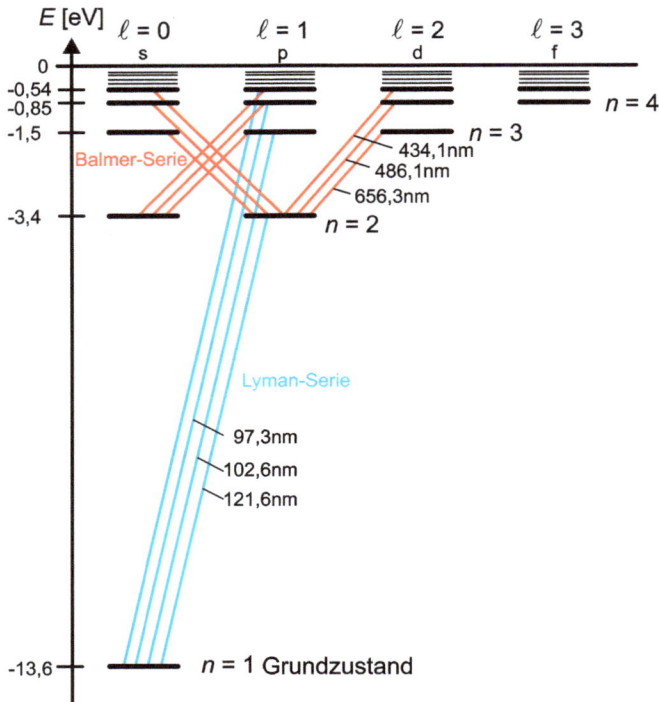

Abb. 6.3: Grotrian-Diagramm der elektronischen Zustände im Wasserstoffatom. Die niederenergetischen Übergänge der Lyman-Serie sind in Blau und der Balmer-Serie in Rot eingezeichnet, welche die Dipolauswahlregeln beachten.

erfüllt sein müssen (siehe Kapitel 8). Die Bahndrehimpulsquantenzahl muss sich um 1 ändern. Größere Sprünge bei einem optischen Übergang lassen sich nur mit Strahlung eines höheren elektrischen Multipols erreichen. Sie ist aber in der Regel sehr viel schwächer als die Dipolstrahlung. Diese Regel wird experimentell sofort klar, wenn man auf die Zahl der Spektrallinien in einem Spektrum schaut. Ohne die Dipolauswahlregel gäbe es sehr viel mehr Übergänge und damit Linien.

Anmerkungen

– Dem Bohr-Modell liegt die klassische Vorstellung zugrunde, dass sich das Elektron auf Kreisbahnen um den zentralen Kern bewegt. Die postulierte Quantisierungsregel erlaubt dabei nur bestimmte, stabile Trajektorien. In Gegensatz dazu steht in der Quantenmechanik die räumliche Aufenthaltswahrscheinlichkeit des Elektrons um den Kern, mit deren Aussehen wir uns im Abschnitt über Orbitale beschäftigen werden.

– Im Bohr-Modell sind stabile Kreisbahnen nur möglich, wenn das Elektron einen Bahndrehimpuls mit $\ell \neq 0$ besitzt. Dies ist analog zur Rolle des Drehimpulses in

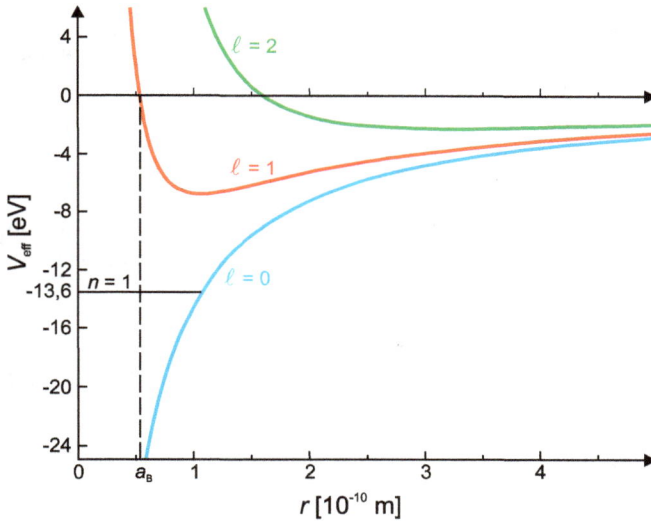

Abb. 6.4: Effektives Potenzial des Elektrons im Wasserstoffatom. Für $\ell = 0$ liegt nur die Coulomb-Energie vor.

der Himmelsmechanik. Hat ein Trabant keinen Drehimpuls, fällt er frei in die Zentralmasse. Aus diesem Grund gilt für den Grundzustand im Bohr-Modell, dass $\ell = 1$ ist. Abbildung 6.4 erklärt diesen Sachverhalt noch einmal. Sie zeigt $V_{\text{eff}}(r)$ aus (6.5) für verschiedene Bahndrehimpulsquantenzahlen eines Elektrons im Wasserstoffatom. Die Potenzialachse ist in eV, die Radiusachse in Å unterteilt. Zusätzlich ist die Energie des elektronischen Grundzustands des H-Atoms und der Radius der ersten Bohrschen Bahn eingetragen.

Für $\ell = 0$ wirkt nur die Coulomb-Energie (blau), so dass im klassischen Bild das Elektron in den Kern fallen müsste. Für $\ell \neq 0$ (rot und grün) gibt es wie bei den klassischen Kepler-Bahnen ein Minimum. Der quantenmechanische Grundzustand weist aber einen verschwindenden Drehimpuls auf. Der Grund für die Stabilität liegt wieder in der Unschärferelation. Die Ortsunschärfe würde kleiner, je näher das Elektron dem Kern kommt. Das bedeutet aber eine Zunahme der Impulsunschärfe und damit eine unscharfe Gesamtenergie.

– Bisher sind wir von einem unendlich schweren Kern ausgegangen. Wie schon im Bohr-Modell müssen wir aber mit der *reduzierten* Masse des Proton-Elektron-Paars rechnen. In den oben aufgeführten Formeln müsste wegen der schwachen Mitbewegung des Kerns anstelle der Elektronenmasse die reduzierte Masse stehen, entsprechend für die Energiewerte

$$E_1 = -\frac{\mu c_0^2}{2}\alpha^2 \approx -13{,}60\,\text{eV} = 1R_H, \tag{6.13}$$

mit R_H als Rydberg-Konstante.

– In Kapitel 4.4.5 (Band 2) haben wir gesehen, dass der Drehimpuls eines geladenen Teilchens mit Ladung q und Masse m ein magnetisches Dipolmoment

$$\vec{p}_{\text{mag}} = \frac{q}{2m}\vec{L} \tag{6.14}$$

hervorruft. Dieses Konzept übertragen wir auf die Quantenmechanik. Hat z. B. ein Elektron einen Bahndrehimpuls $|\vec{L}| = \sqrt{\ell(\ell+1)}\hbar$, so gilt für das daraus resultierende magnetische Dipolmoment

$$\vec{p}_{\text{mag}} = -\frac{e_0}{2m_e}\vec{L} = -g\mu_B\frac{\vec{L}}{\hbar}, \tag{6.15}$$

mit dem konstanten **Bohr-Magneton**

$$\mu_B = \frac{e_0\hbar}{2m_e} = 9{,}274\,010\,078 \cdot 10^{-24}\,\text{A}\,\text{m}^2 \tag{6.16}$$

und dem g-Faktor, der im Falle des Bahndrehimpulses gleich eins ist. Andere g-Faktoren gibt es beim Spin oder addierten Drehimpulsen (siehe Kapitel 6.2). Für das Elektron im H-Atom folgt aus dem Bahndrehimpuls ein Dipolmomentbetrag

$$|\vec{p}_{\text{mag}}| = \sqrt{\ell(\ell+1)}\mu_B, \tag{6.17}$$

z. B. für $\ell = 1$ ein Wert von $\sqrt{2}\mu_B$.

6.1.4 Atomorbitale

Die Wellenfunktion bzw. der Eigenzustand $\psi_{n,\ell,m}(\vec{r})$ des Elektrons im Wasserstoffatom bezeichnet man als **Atomorbital**, das räumlich veranschaulicht werden kann. Wegen der komplexen Phasenfaktoren wird in der Regel nur die Aufenthaltswahrscheinlichkeitsdichte $|\psi_{n,\ell,m}(\vec{r})|^2$ als Elektronenwolke um den Kern dargestellt, und die Phasenfaktoren oder Vorzeichen der Wellenfunktion werden durch Farben gekennzeichnet.

Wir wollen im Folgenden nur die räumliche Form der Elektronenverteilung

$$\left|\psi_{n,\ell,m}(r,\vartheta,\varphi)\right|^2 = \left|R_{n,\ell}(r)\right|^2 \cdot \left|Y_\ell^m(\vartheta,\varphi)\right|^2 \tag{6.18}$$

betrachten. Der erste Faktor $|R_{n,\ell}|^2$ in (6.18) bestimmt die radiale Variation der Aufenthaltswahrscheinlichkeitsdichte mit dem Abstand r vom Kern, und der zweite Faktor $|Y_\ell^m|^2$ beschreibt die Winkelabhängigkeit und damit die dreidimensionale Gestalt der Elektronenwolke.

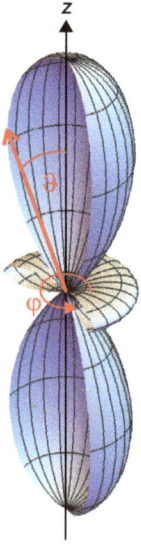

Abb. 6.5: Erklärung eines dreidimensionalen Polardiagramms. Die Länge des Vektors gibt den Funktionswert wieder, und die Richtung des Vektors wird durch die Argumente der Winkel festgelegt.

Betrachten wir zunächst die Betragsquadrate der Kugelflächenfunktionen $|Y_\ell^m|^2 = Y_\ell^{m*} \cdot Y_\ell^m$ in einem dreidimensionalen Polardiagramm. Das Prinzip dieser Diagramme ist in Abb. 6.5 veranschaulicht. Ein Vektor, dessen Richtung durch den Polarwinkel ϑ und den Azimutwinkel φ bestimmt ist, hat die Länge der darzustellenden Funktion, hier der quadrierten Kugelflächenfunktion. Wie von den Polarkoordinaten bekannt, überstreicht der Vektor den gesamten Winkelraum, wenn $0 \leq \vartheta < \pi$ und $0 \leq \varphi < 2\pi$. Dadurch entsteht eine Oberfläche im Raum, die die Winkelabhängigkeit der Funktion darstellt. Abbildung 6.5 zeigt einen Teil einer quadrierten Kugelflächenfunktion. Man kann der Tabelle 6.2 entnehmen, dass die φ-Abhängigkeit der Kugelflächenfunktionen nur in komplexen Phasenfaktoren der Form $e^{i\varphi}$ besteht. Das Absolutquadrat dieser Faktoren ist konstant eins, $|e^{i\varphi}|^2 = e^{-i\varphi} \cdot e^{i\varphi} = 1$. Die $|Y_\ell^m|^2$-Funktionen hängen also nur vom Polarwinkel ab und sind daher um die z-Achse rotationssymmetrisch.

In Abb. 6.6 sind die rotationssymmetrischen Betragsquadrate der Kugelflächenfunktionen $|Y_\ell^m|^2$ für verschiedene ℓ- und dazugehörende m-Werte abgebildet. Die Polardiagramme geben die Winkelabhängigkeit der Elektronendichte im Orbital wieder, wobei sich im Nullpunkt der Kern befindet. Die relativen Größenverhältnisse sind maßstäblich, nur die Winkelverteilung eines s-Zustands mit $\ell = 0$ ist kugelsymmetrisch. Die p-Funktionen mit $\ell = 1$ sind Doppelkeulen bei $m = 0$ oder Kringel bei $m = \pm 1$. Obwohl die Ringe für beide m-Quantenzahlen gleich aussehen, haben die entsprechenden Wellenfunktionen andere Phasenfaktoren, nämlich $e^{\pm i\varphi}$, die bei der Betragsquadrierung eins ergeben. Die Phasenfaktoren geben den Kringeln aber einen Drehsinn.

Bei den d- und f-Zuständen mit $\ell = 2$ bzw. $\ell = 3$ in Abb. 6.6 kommen diabolo-förmige Strukturen dazu, die ebenfalls je nach Vorzeichen von m einen Drehsinn be-

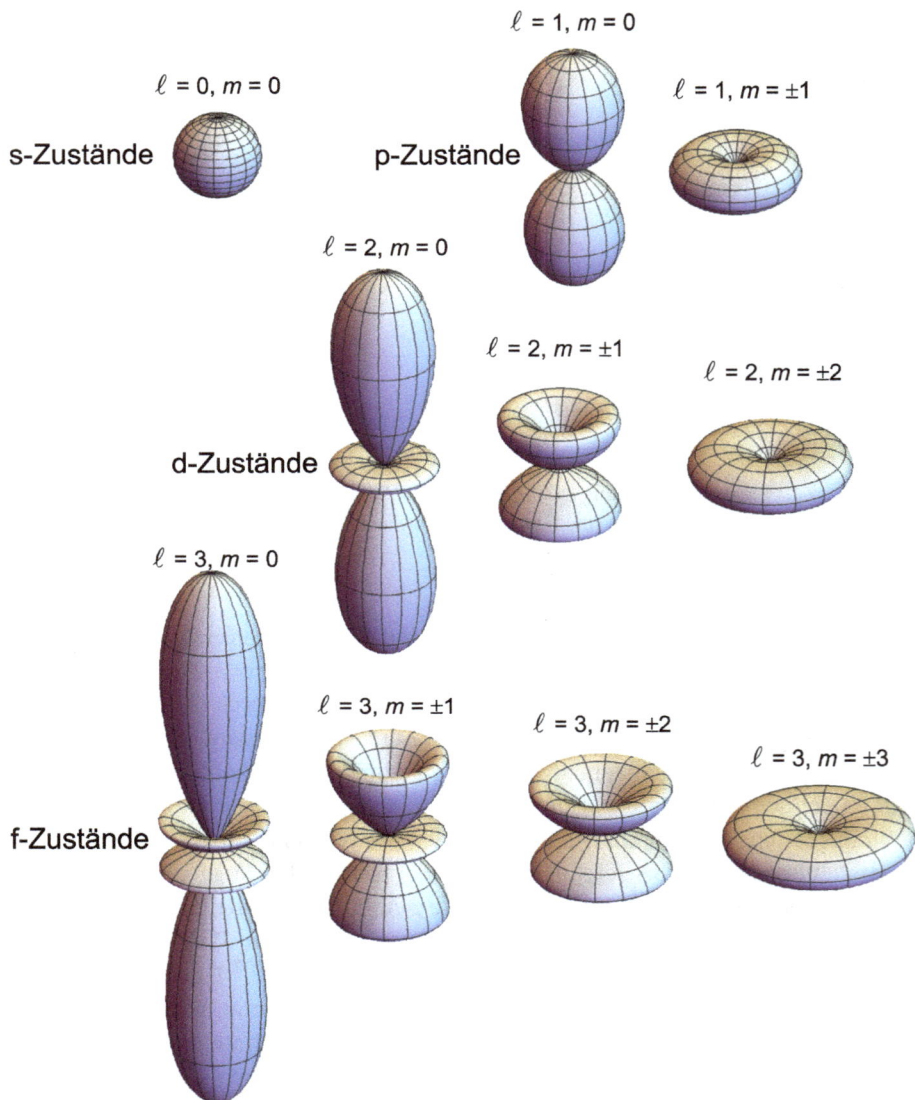

Abb. 6.6: Orbitale des Elektrons im Wasserstoffatom für verschiedene ℓ- und m-Quantenzahlen. Die Betragsquadrate der Kugelflächenfunktionen $|Y_\ell^m|^2$ sind maßstäblich gezeichnet.

sitzen. Die Winkelverteilungen für maximales m sind stets Kringel und jene für $m = 0$ Doppelkeulen mit $\ell - 1$ kleinen Ringen.

Die Kugelflächenfunktionen haben bemerkenswerte Eigenschaften. Werden beispielsweise die Betragsquadrate $|Y_\ell^m|^2$ für ein festes ℓ über alle m aufsummiert, erhält man eine winkelunabhängige Konstante,

$$\sum_{m=-\ell}^{\ell} |Y_\ell^m|^2 = \frac{2\ell + 1}{4\pi}, \tag{6.19}$$

d. h. physikalisch, dass die aufsummierten Aufenthaltswahrscheinlichkeitsdichten der p-, d- und f-Zustände auch kugelsymmetrisch sind. Diese Eigenschaft werden wir später mit dem Begriff der *abgeschlossenen Schale* in Mehrelektronenatomen verbinden (siehe Kapitel 7). Abbildung 6.7 veranschaulicht die Eigenschaft nach (6.19) für d-Zustände.

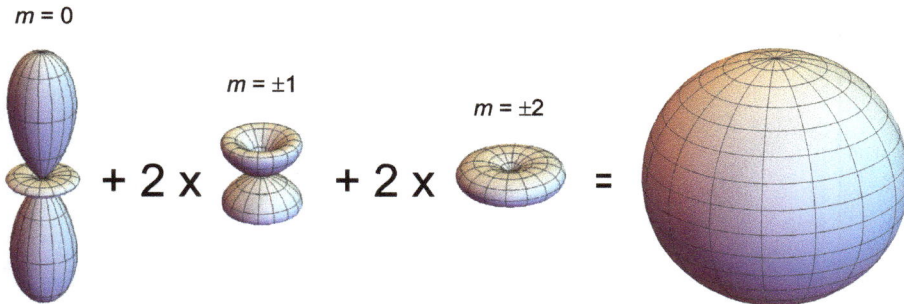

Abb. 6.7: Die Betragsquadrate aller Kugelflächenfunktionen $|Y_\ell^m|^2$ mit $\ell = 2$ (d-Zustände) sind hier dargestellt. Summiert man sie auf, erhält man eine Kugel, also rechnerisch eine Konstante.

Die radiale Abhängigkeit der Aufenthaltswahrscheinlichkeitsdichte $|R_{n,\ell}(r)|^2$ ist in Abb. 6.8 als Funktion bis $n = 3$ aufgetragen. Wir messen sinnvollerweise den radialen Abstand in Einheiten des Bohrschen Radius. Es fällt auf, dass nur bei s-Zuständen ($\ell = 0$) die Funktion an Kernort einen von null verschiedenen Wert aufweist. Sobald $\ell \neq 0$ ist, verschwindet die Aufenthaltswahrscheinlichkeitsdichte am Nullpunkt, weil das Elektron in einem s-Zustand ohne Bahndrehimpuls dem Kern besonders nahe kommen kann. Einflüsse des Kerns, wie wir sie in Kapitel 6.3 vorstellen, wirken sich auf diese Zustände besonders stark aus. Für Drehimpulse mit $\ell \neq 0$ besitzen die Funktionen Nullstellen, an denen die Aufenthaltswahrscheinlichkeitsdichte auch verschwindet. Es gibt stets $n - \ell - 1$ solcher Nullstellen.

Um eine Vorstellung von der gesamten Aufenthaltswahrscheinlichkeitsdichte zu erhalten, zeigt Abb. 6.9 beide Anteile $|R_{n,\ell}|^2 \cdot |Y_\ell^m|^2$ als x-z-Querschnitte durch die Orbitale. Die Farbcodierung gibt die radiale Veränderung wieder. Besonders an den kugelsymmetrischen s-Zuständen wird die schalenartige Struktur der Aufenthaltswahrscheinlichkeit deutlich. Um die Ausdehnung abzuschätzen, ist im Teilbild des Grundzustands des Wasserstoffatoms mit $n = 1$ die Strecke von zehn Bohrschen Radien, also ungefähr 0,53 nm, in gelb eingezeichnet.

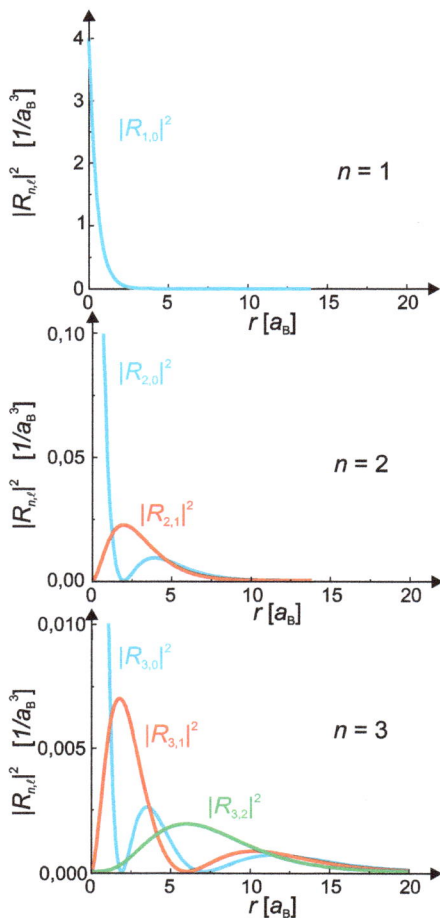

Abb. 6.8: Radialer Anteil der Aufenthaltswahrscheinlichkeitsdichte $|R_{n,\ell}|^2$ des Elektrons im Wasserstoffatom für die ersten drei Hauptquantenzahlen.

6.2 Der Spin

Die Wellenmechanik nach Schrödinger kann die elektronischen Zustände im Wasserstoffatom gut beschreiben. Dennoch verbleiben einige Rätsel in den beobachteten Linienspektren. Insbesondere das Auftreten von Doppellinien oder das unerklärliche Verhalten und Aufspalten der Linien bei Einwirken eines äußeren Magnetfeldes (Multiplizität der Linien) verdeutlicht, dass der bis dahin betrachtete Drehimpuls des Elektrons nicht vollständig sein kann. In dem Bemühen nach einer konsistenten Beschreibung stellen die niederländischen Physiker George Eugene Uhlenbeck (1900–1988) und Samuel Goudsmit (1902–1978) im Jahr 1925 eine kühne These auf. Das Elektron solle eine innere, charakteristische Drehimpulseigenschaft besitzen, für die sich der Begriff **Spin** etabliert hat.

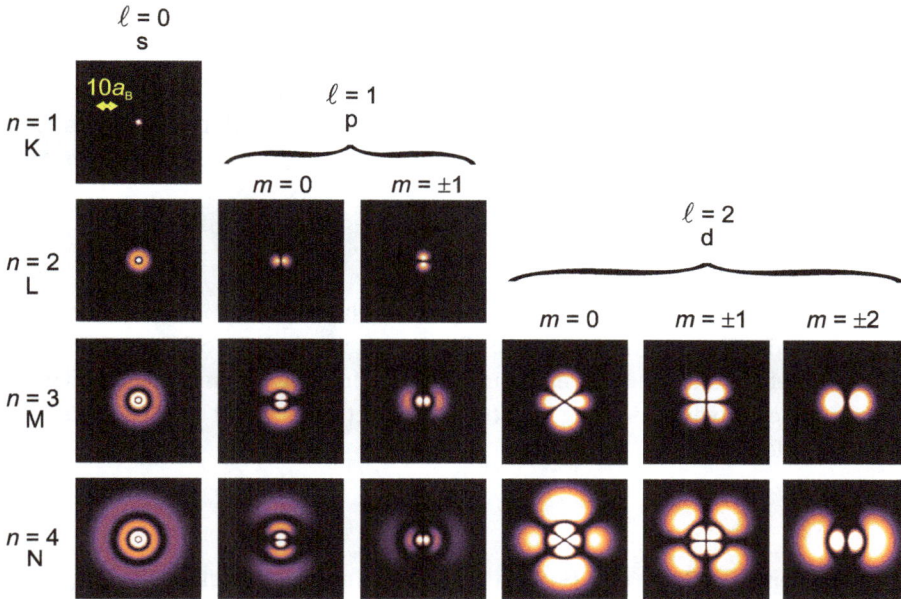

Abb. 6.9: Schnitt durch die totale Aufenthaltswahrscheinlichkeitsdichte ausgesuchter H-Atom-Orbitale. Der Schnitt liegt in der x-z-Ebene.

Der Spin kennt keine klassische Entsprechung. Oft wird er als *Eigendrehimpuls* oder als *Drall* eines irgendwie rotierenden Elektrons bezeichnet. Das führt aber in die Irre, denn wir vermuten heute aus gutem Grunde, dass das Elektron keine innere Struktur aufweist, sondern ein punktförmiges Elementarteilchen ist. In der Anfangszeit der Quantenmechanik hat man vergeblich versucht, den Spin durch die Rotation einer ausgedehnten Elektronenkugel zu erklären. Jedoch hätte sich die Ladung auf der Kugeloberfläche mit Überlichtgeschwindigkeit bewegen müssen.

Der Spin ist eine innere, quantenmechanische Eigenschaft der Teilchen. Er ist von immenser Wichtigkeit für viele Phänomene sowohl in der Physik als auch in der Chemie und bestimmt fundamentale Materialeigenschaften wie z. B. den Ferromagnetismus. Die weitreichenden Auswirkungen des Spins sollen in den weiteren Kapiteln dieses Bandes angesprochen werden, auch wenn eine tiefgehende Diskussion in diesem Rahmen nicht möglich ist.

Uhlenbeck und Goudsmit beziehen sich in ihrer Arbeit auf die unerklärlichen Besonderheiten in den Linienspektren. Dabei gibt es bereits zur Zeit ihrer Arbeiten einen experimentellen Befund von Walther Gerlach (1889–1979) und Otto Stern (1888–1969) aus dem Jahr 1922, der die Existenz des Elektronenspins anschaulich nachweist. Während heute in fast allen Lehrbüchern der Stern-Gerlach-Versuch als Existenznachweis des Spins vorgestellt wird, wurde ihm damals wegen einer falschen Interpretation nur wenig Beachtung geschenkt.

6.2.1 Der Stern-Gerlach-Versuch

Die Anordnung des Experiments von Stern und Gerlach ist in Abb. 6.10(a) skizziert. Ein kollimierter Strahl von Atomen durchfliegt ein langes und stark inhomogenes Magnetfeld $\vec{B}$. Besitzen die Atome ein magnetisches Moment $\vec{p}_{mag}$, erfahren sie im Feld eine Kraft, die gleich

$$\vec{F} = (\vec{p}_{mag} \cdot \nabla)\vec{B} \tag{6.20}$$

ist (vgl. Kapitel 4.4 in Band 2). Der typische Stern-Gerlach-Magnet besitzt magnetische Pole, wie sie im Querschnitt in Abb. 6.10(b) dargestellt sind. Eine Spitze steht einer breiten Vertiefung dicht gegenüber. Nimmt man näherungsweise an, dass das Magnetfeld und seine Inhomogenität nur in z-Richtung wirkt, vereinfacht sich (6.20) zu einer skalaren Beziehung

$$F_z = p_{mag,z}\frac{dB}{dz}. \tag{6.21}$$

Im Experiment von Stern und Gerlach wird ein Silberatomstrahl verwendet. Er ist durch Verdampfen von Silber im Vakuum leicht herzustellen. Ein Ag-Atom besitzt zwar 47 Elektronen, aber 46 davon füllen innere Atomschalen vollständig (siehe Kapitel 7) und tragen deshalb keinen Nettodrehimpuls. Es bleibt – wie beim H-Atom – ein Valenzelektron in einem s-Zustand, genauer in einem 5s-Zustand. Damit ist das Silberatom gleichsam wasserstoffähnlich. Wir vermuten daher, dass durch den fehlenden

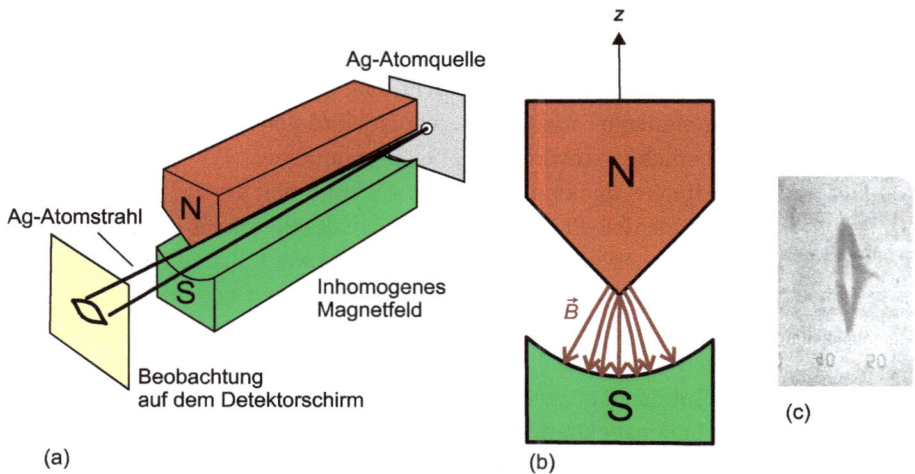

Abb. 6.10: (a) Aufbau des Stern-Gerlach-Experiments. Das inhomogene Magnetfeld führt zu einer paarweisen Aufspaltung des Ag-Atomstrahls. (b) Querschnitt durch einen Stern-Gerlach-Magneten zur Erzeugung des inhomogenen Magnetfelds. (c) Beobachtung auf dem Detektorschirm aus der Originalarbeit von Stern und Gerlach [6.1].

Bahndrehimpuls der Elektronen auch kein magnetisches Dipolmoment vorliegt und die Ag-Atome im inhomogenen Magnetfeld nicht abgelenkt werden dürften. Man beobachtet aber eine Aufspaltung in *zwei* Teilstrahlen, wie in Abb. 6.10(a) skizziert und in Abb. 6.10(c) als Messung aus der Originalarbeit demonstriert [6.1].

Das Ergebnis ist in doppelter Hinsicht erstaunlich. Es zeigt zum einen, dass Ag-Atome doch ein magnetisches Dipolmoment haben, zum anderen, dass es offenbar in zwei Richtungen zeigt. Man erwartet aus Sicht der klassischen Physik, dass die magnetischen Momente der Atome ohne Feld unorientiert sind. Die Atome müssten klassisch in einem Stern-Gerlach-Magneten je nach Einstellung von $\vec{p}_{mag}$ in einem Winkelintervall abgelenkt werden. Das quantenmechanische Ergebnis und die klassische Erwartung sind in Abb. 6.11 noch einmal gegenübergestellt.

Hinter dem magnetischen Moment des Ag-Atoms muss ein Drehimpuls stehen, der die quantenmechanische Richtungsquantelung zeigt und der nur zwei Einstellungen relativ zur Quantisierungsachse hat. Dieser Drehimpuls ist der Spin des s-Elektrons. Er muss offensichtlich halbzahlig sein, denn die Differenz zwischen den beiden z-Komponenten des Spins muss ein $\hbar$ betragen. Weil die Aufspaltung symmetrisch ist, bleiben nur Werte von $+0{,}5\hbar$ und $-0{,}5\hbar$, wie in Abb. 6.12 skizziert. Dieses sonderbare Verhalten kann erst durch das Einbeziehen der Relativitätstheorie in die Quantenmechanik korrekt beschrieben werden.

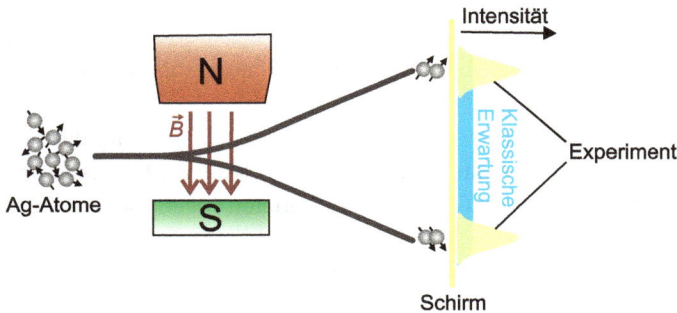

Abb. 6.11: Vergleich zwischen Erwartung aus der klassischen Physik und Beobachtung, die nur quantenmechanisch beschrieben werden kann. Silberatome haben ein magnetisches Dipolmoment. Sie werden im inhomogenen Magnetfeld wegen der Richtungsquantisierung in zwei Teilstrahlen aufgespalten. Klassisch würde man eine breite Verteilung der Atome am Schirm erwarten.

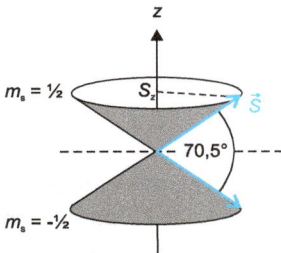

Abb. 6.12: Quantenmechanische Richtungsquantelung des Spins $\vec{S}$.

Wenige Jahre nach dem Experiment von Stern und Gerlach wiederholten T. E. Phipps und J. B. Taylor das Experiment mit Wasserstoffatomen, für die man die gleichen Überlegungen anstellen kann wie für Silberatome. Das Experiment ist deutlich aufwendiger, weil der Nachweis der H-Atome schwieriger ist. Dennoch kann auch in diesem Fall eine Aufspaltung des Strahls in zwei Teilstrahlen festgestellt werden. Die Aufspaltung durch den Spin des Elektrons ist also universell und hängt nicht vom Atom ab.

Beispiel

Betrachten wir ein Wasserstoffatom im Grundzustand. Wir beobachten wegen des Elektronenspins zwei mögliche magnetische Dipolmomente in z-Richtung, die mit (6.15)

$$p_{\text{mag},z} = -\frac{e_0 L_z}{2m_e} = -\frac{e_0 \frac{1}{2}\hbar}{2m_e}, \tag{6.22}$$

mit $L_z = S_z$ als z-Komponente des Spins und einer magnetischen Spin-QZ von 1/2. Dann resultiert mit (6.21) in einem Magnetfeld mit einer Inhomogenität von 10 T/m eine Kraft von

$$F_z \approx \frac{1{,}6 \cdot 10^{-19}\text{C} \cdot 10^{-34}\text{Js} \cdot 10\,\text{T}}{4 \cdot 9{,}1 \cdot 10^{-31}\text{kgm}} = 4{,}4 \cdot 10^{-23}\,\text{N}.$$

Diese Kraft erscheint sehr klein, aber sie beschleunigt das Wasserstoffatom mit $a_z = F_z/m_p = 26\,500\,\text{m/s}^2$.

Ist der Magnet $l = 50\,\text{cm}$ lang und tritt ein Wasserstoffatom mit einer thermischen Geschwindigkeit von $v = 2\,000\,\text{m/s}$ senkrecht in das Magnetfeld, wird es nach den Formeln für den waagerechten Wurf direkt hinter dem Magneten gegenüber der Geradeausrichtung um

$$\Delta y = \frac{a_z l^2}{v^2} = \frac{2{,}65 \cdot 10^4\text{m} \cdot 0{,}25\,\text{m}^2\text{s}^2}{4 \cdot 10^6\text{m}^2\text{s}^2} \approx 1{,}7\,\text{mm}$$

abgelenkt. Trotz der großen Beschleunigung sind die Ablenkungen durch das inhomogene Magnetfeld klein. Daher sind Stern-Gerlach-Magnete in der Regel lang, was hohe Anforderungen an Justage und Atomstrahl stellt.

6.2.2 Der Spin als neue physikalische Observable

Der Spin $\vec{S}$ ist von seiner physikalischen Natur ein Drehimpuls, der wie der Bahndrehimpuls in quantisierten Werten von $\hbar$ für $\vec{S}^2$ und S_z relativ zu einer Quantisierungsachse in z-Richtung gemessen werden kann. Das Stern-Gerlach- und das Phipps-Taylor-Experiment zeigen, dass es für den Spin des Elektrons nur zwei S_z-Werte gibt.

Jedes Elektron hat einen Spin $\vec{S}$ mit zwei möglichen Richtungseinstellungen, wie in Abb. 6.12 schematisch gezeichnet. Es gelten die Beziehungen

$$(\vec{S})^2 = s(s+1)\hbar^2 = \frac{3}{4}\hbar^2, \tag{6.23}$$

$$S_z = \pm\frac{1}{2}\hbar, \tag{6.24}$$

mit $s = \frac{1}{2}$ sowie mit +:Spin up (↑) und −:Spin down (↓).

Der Betrag des Elektronenspins ist konstant. Weil es nur zwei Einstellungen gibt, können die Eigenzustände $\chi_\uparrow, \chi_\downarrow$ einfach als zweidimensionale Vektoren dargestellt werden,

$$\chi_\uparrow = \begin{pmatrix} 1 \\ 0 \end{pmatrix} \quad \text{für Spin up und} \quad \chi_\downarrow = \begin{pmatrix} 0 \\ 1 \end{pmatrix} \quad \text{für Spin down.} \tag{6.25}$$

Dementsprechend ist der Operator der z-Komponente des Elektronenspins eine 2 × 2-Matrix

$$\hat{S}_z = \begin{pmatrix} 1 & 0 \\ 0 & -1 \end{pmatrix} \frac{\hbar}{2}. \tag{6.26}$$

Man überprüft leicht die Eigenwertgleichungen, wie wir sie aus der Quantenmechanik bereits kennen,

$$\hat{S}_z\chi_\uparrow = +\frac{1}{2}\hbar\chi_\uparrow \quad \text{bzw.} \quad \hat{S}_z\chi_\downarrow = -\frac{1}{2}\hbar\chi_\downarrow. \tag{6.27}$$

Der Operator des gesamten Spinvektors des Elektrons sei hier ohne Herleitung angegeben,

$$\hat{\vec{S}} = \left[\begin{pmatrix} 0 & 1 \\ 1 & 0 \end{pmatrix}, \begin{pmatrix} 0 & -i \\ i & 0 \end{pmatrix}, \begin{pmatrix} 1 & 0 \\ 0 & -1 \end{pmatrix} \right]^{\mathrm{T}} \frac{\hbar}{2}, \tag{6.28}$$

wobei der hochgestellte Buchstabe T anzeigt, dass der Vektor eigentlich als Spalte geschrieben wird. Die 2 × 2-Matrizen werden auch **Pauli-Spinmatrizen** genannt.

Die gesamte Wellenfunktion des Elektrons wird damit zu einem zweidimensionalen Vektor, einem sogenannten **Spinor**, der als Komponenten jeweils die Ortswellenfunktion für Spin up bzw. Spin down enthält,

$$\Psi(\vec{r}, t) = \psi_\uparrow(\vec{r}, t)\chi_\uparrow + \psi_\downarrow(\vec{r}, t)\chi_\downarrow = \begin{pmatrix} \psi_\uparrow(\vec{r}, t) \\ \psi_\downarrow(\vec{r}, t) \end{pmatrix}. \tag{6.29}$$

Entsprechend addieren sich die zwei Aufenthaltswahrscheinlichkeitsdichten der beiden Spinkomponenten zur gesamten Aufenthaltswahrscheinlichkeitsdichte. Man kann erahnen, dass die Rechnungen mit Spin deutlich komplizierter werden.

Eine weitere Besonderheit des Elektronenspins liegt in dem mit ihm verbundenen magnetischen Moment. Für ihn gilt der g-Faktor von

$$g = 2,002\,319\,304\,362\,56(35), \tag{6.30}$$

der sehr genau gemessen und berechnet werden kann. Er ist ungefähr doppelt so groß wie für den Bahndrehimpuls. Der Betrag der z-Komponente des magnetischen Dipolmoments durch den Spin ist gleich

$$|p_{\mathrm{mag,s},z}| = g\mu_\mathrm{B}\frac{|S_z|}{\hbar} \approx 2\mu_\mathrm{B}\frac{1}{2} = \mu_\mathrm{B}, \tag{6.31}$$

einem Bohrschen Magneton.

Wie im nächsten Abschnitt noch genauer erklärt, hat der Spin einen Einfluss auf die Energiewerte der elektronischen Zustände im Wasserstoffatom. Im H-Atom muss nämlich jetzt der Gesamtdrehimpuls

$$\vec{J} = \vec{L} + \vec{S} \tag{6.32}$$

beachtet werden. Seine Quantenzahl j mit

$$\langle \hat{\vec{J}}^2 \rangle = j(j+1)\hbar^2 \tag{6.33}$$

wird entscheidend für die Energieniveaus, weil nur $\hat{\vec{J}}^2$ und $\hat{J}_z$ gleichzeitig messbar sind.

Die Addition ist in Abb. 6.13(a) als Vektoraddition gezeigt. Der Kegel um $\vec{J}$ verdeutlicht, dass nur die z-Komponente genau bestimmbar ist. Die Vektoren von Bahndrehimpuls und Spin sind in ihrem Betrag bekannt, aber nicht mehr in ihren kartesischen Komponenten. Die Kegel, auf denen $\vec{S}$ und $\vec{L}$ gezeichnet sind, versinnbildlichen in diesem Modell eine Präzession der beiden um die $\vec{J}$-Achse. Die magnetischen Dipolmomente von Spin- und Bahndrehimpuls erfahren im Magnetfeld des Gesamtdrehimpulses ein Drehmoment. Diese **Larmor-Präzession** werden wir in Kapitel 8 genauer behandeln.

Man kann zeigen, dass die Quantenzahlen die Relation

$$j = \ell \pm s = \ell \pm \frac{1}{2} \tag{6.34}$$

erfüllen. Nehmen wir beispielsweise einen p-Zustand mit $\ell = 1$, lauten die entsprechenden Quantenzahlen des Gesamtdrehimpulses $j = \frac{3}{2}$ mit vier Werten von $m_j = \pm\frac{3}{2}, \pm\frac{1}{2}$ und $j = \frac{1}{2}$ mit zwei Werten von $m_j = \pm\frac{1}{2}$. Inwiefern diese Zustände auch eine unterschiedliche Energie haben, wird in Kapitel 6.3 über die Feinstruktur behandelt.

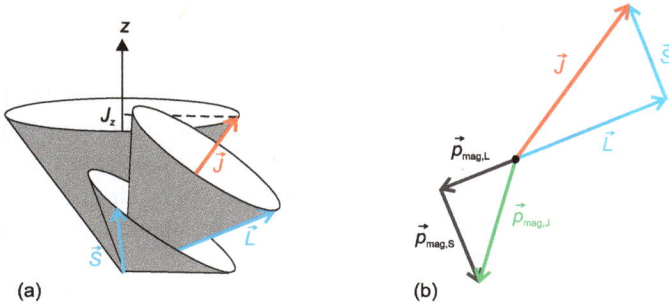

Abb. 6.13: (a) Addition von Spin und Bahndrehimpuls zum Gesamtdrehimpuls $\vec{J}$ im Vektormodell. Nur die Beträge von $\vec{J}$, $\vec{L}$ und $\vec{S}$ sowie der Betrag und die z-Komponente von $\vec{J}$ sind bestimmbar. (b) Durch die unterschiedlichen g-Faktoren von Spin und Bahndrehimpuls ist das magnetische Moment $\vec{p}_{\mathrm{mag,J}}$ nicht mehr (anti-)parallel zu $\vec{J}$.

Anmerkungen

- Nicht nur das Elektron weist einen halbzahligen Spin auf. Auch Proton und Neutron besitzen einen Spin mit $s = 1/2$. Teilchen mit halbzahligem Spin bilden eine besondere Klasse von Quantenteilchen mit charakteristischen Eigenschaften, was in Kapitel 7 weiter erklärt wird. Die magnetischen Dipolmomente des Protons und Neutrons sind aber wegen der mehr als 1 800-fachen Masse nach (6.22) um drei Größenordnungen kleiner!
- Der britische Physiker Paul Dirac (1902–1984) konnte mit seinem genialen Ansatz zur relativistischen Quantenmechanik eine theoretische Beschreibung des Spins präsentieren. Daher wird die Existenz des Spins oft mit einem relativistischen Effekt gleichgesetzt. Die Dirac-Theorie nimmt eine Linearisierung der Schrödinger-Gleichung vor, d. h. die Differentialgleichung 2. Ordnung wird in zwei Gleichungen 1. Ordnung umgeformt. Dadurch ergibt sich zwangsläufig ein halbzahliger Spin.
- Eine weitere Besonderheit sei erwähnt, die zu komplizierten g-Faktoren führt. Wegen der unterschiedlichen g-Faktoren für Bahndrehimpuls und Spin ist das magnetische Dipolmoment durch den Gesamtdrehimpuls

$$\vec{p}_{\mathrm{mag},j} = -\frac{\mu_{\mathrm{B}}}{\hbar}(\vec{L} + 2\vec{S}) \tag{6.35}$$

nicht mehr antiparallel zu $\vec{J}$. Das ist in Abb. 6.13(b) im Vektormodell dargestellt.
- Die Quantenmechanik des Spins und Bahndrehimpulses löst auch das Rätsel der Elementarmagneten in Para- und Ferromagneten, die in der klassischen Elektrodynamik als Kreisströme angenommen werden. Warum diese Ströme ohne Dämpfung dauerhaft fließen, kann klassisch nicht erklärt werden. Die magnetischen Momente sind eine Konsequenz der quantisierten Bahn- und Spindrehimpulse

der Elektronenzustände. Der Magnetismus beruht also auf der quantenmechanischen Eigenschaft der Materie.

Ein bereits im Jahr 1915 von Einstein und de Haas durchgeführter Versuch weist nach, dass in ferromagnetischen Materialien wie Eisen nur die Dipolmomente durch den Spin der Elektronen relevant sind. Ferromagnetismus erfordert darüber hinaus, dass eine starke Wechselwirkung zwischen den Spins wirkt, die sogenannte *Austauschwechselwirkung*, die die magnetischen Domänen entstehen lässt.

Das Einstein-de Haas-Experiment ermöglicht, das gyromagnetische Verhältnis

$$\gamma = \frac{V\Delta|\vec{M}|}{\Delta|\vec{L}|} \tag{6.36}$$

für eine makroskopische Probe zu bestimmen. Gleichung (6.36) drückt aus, dass eine Änderung der Magnetisierung $\Delta|\vec{M}|$ ein Drehmoment ausübt, das zur Änderung des makroskopischen Drehimpulses der Probe $\Delta|\vec{L}|$ führt. Der Faktor zwischen beiden entspricht dem gyromagnetischen Verhältnis pro Volumen V.

Die Idee des Versuchs ist recht einfach. Der Aufbau ist in Abb. 6.14 im Prinzip gezeigt. Ein zylindrischer Ferromagnet hängt an einem dünnen Torsionsfaden und sei zu Beginn nicht magnetisiert. Er wird dann über ein äußeres Magnetfeld auf-

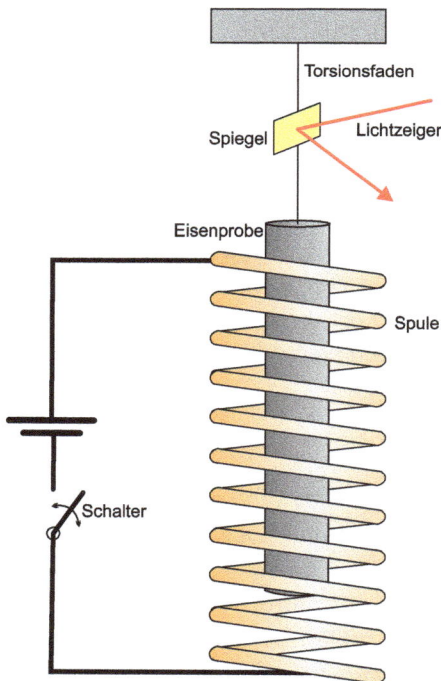

Abb. 6.14: Prinzipieller Aufbau des Einstein-de Haas-Versuchs zur Bestimmung des gyromagnetischen Verhältnisses. Das Aufmagnetisieren der Eisenprobe durch die stromdurchflossene Spule ruft ein Drehmoment in der Eisenprobe hervor, weil der Drehimpuls erhalten bleibt. Mit einem Lichtzeiger kann das Drehmoment durch Messung der Torsionsschwingung bestimmt werden. Man stellt fest, dass der Ferromagnetismus durch die Dipolmomente des Elektronenspins hervorgerufen wird.

magnetisiert, was mikroskopisch zu einer Ausrichtung der zuvor ungeordneten atomaren magnetischen Dipolmomente $\vec{p}_{mag}$ führt. Dieser Vorgang ruft eine Drehimpulsänderung der Probe hervor, weil der Gesamtdrehimpuls erhalten bleiben muss. Die makroskopische Änderung des Drehimpulses kann durch die Torsionsschwingung bestimmt werden, die das wirkende Drehmoment anregt. Sie entspricht bei N gleichen Elementarmagneten in der Probe

$$\Delta \vec{L} = N \vec{J}, \tag{6.37}$$

mit $\vec{J}$ als atomaren Drehimpuls. Das elementare magnetische Moment $\vec{p}_{mag}$ ermittelt man aus

$$\Delta \vec{M} = \frac{1}{V} N \vec{p}_{mag}, \tag{6.38}$$

wenn wir die Ausrichtung aller N Elementarmagnete in Magnetfeldrichtung voraussetzen. Bei reinem Bahndrehimpuls erwarten wir nach der klassischen Herleitung in Kapitel 4.4.5 (Band 2), dass

$$\gamma = -\frac{e_0}{2m_e} \tag{6.39}$$

gilt. Für Eisen wird aber ein gyromagnetisches Verhältnis von ungefähr

$$\gamma = -\frac{e_0}{m_e} \tag{6.40}$$

beobachtet, was doppelt so groß ist. Einstein und de Haas konnten dieses für sie rätselhafte Ergebnis noch nicht richtig deuten. Mit den Erkenntnissen über den Spin zeigt das Experiment, dass in den üblichen Ferromagneten nur der Spin der Elektronen zum mikroskopischen magnetischen Dipolmoment beiträgt. Für ihn gilt eben ein g-Faktor von zwei.

6.3 Feinstruktur

Die Energiewerte der elektronischen Zustände im Wasserstoffatom nach (6.8) bzw. bei Beachtung der Mitbewegung des Kerns/Protons nach (6.13) stimmt mit den Beobachtungen sehr gut überein. Sie können aber heute mit extremer Genauigkeit durch Spektroskopie der Spektrallinien vermessen werden (siehe Kapitel 8). Bei präziser Betrachtung fallen kleine Abweichungen auf, die auf verschiedene Einflüsse und Effekte zurückgeführt werden können. Die wichtigsten Effekte seien an dieser Stelle kurz qualitativ vorgestellt. Die relativen Abweichungen durch diese Korrekturen sind sehr klein zwischen 10^{-4} und 10^{-7}. Man spricht daher auch von der **Feinstruktur** oder **Hyperfeinstruktur**.

6.3.1 Spin-Bahn-Kopplung und relativistische Korrekturen

Die sogenannte Spin-Bahn-Kopplung ruft die größten Änderungen im Energieschema des H-Atoms hervor und lässt sich im Prinzip einfach erklären. Das Elektron im Wasserstoffatom besitzt einen Bahndrehimpuls $\vec{L}$ und einen intrinsischen Spin $\vec{S}$.

Der Bahndrehimpuls ist von null verschieden, wenn sich das H-Atom nicht in einem s-Zustand befindet. Im ruhenden Laborsystem der klassischen Vorstellung kreist das Elektron um den Kern. Im Bezugssystem des mitbewegten Elektrons bewegt sich der positive Kern um das Elektron und erzeugt als Kreisstrom ein Magnetfeld, das dem Bahndrehimpuls proportional ist. Dieses Magnetfeld wechselwirkt mit dem magnetischen Dipolmoment des Elektronenspins, das nach (6.31) proportional zum Spin ist. In der Schrödinger-Gleichung ist dadurch ein weiterer, kleiner Energieterm

$$V_{\mathrm{LS}} = \mathrm{const.} \cdot \vec{L} \cdot \vec{S} \tag{6.41}$$

hinzuzufügen. Er ist gleich null für s-Zustände, d. h. für $\ell = 0$. Eine Konsequenz der Spin-Bahn-Kopplung besteht darin, dass die Quantenzahlen m_ℓ und m_s zur Messung der z-Komponenten nicht mehr gelten, wie bereits in Abb. 6.13(a) gezeigt. Bahndrehimpuls und Spin präzedieren um den $\vec{J}$-Vektor. Man sagt, m_ℓ und m_s sind *keine guten Quantenzahlen* mehr. An ihre Stelle tritt die m_j-Quantenzahl des Gesamtdrehimpulses mit der Quantenzahl j.

Eine weitere kleine Korrektur wird durch die relativistische Massenzunahme des Elektrons hervorgerufen. Bereits im Bohr-Modell finden wir eine Bahngeschwindigkeit auf der ersten Bohrschen Bahn von ungefähr einem Zehntel der Lichtgeschwindigkeit, was einer Massenzunahme um

$$\frac{1}{\sqrt{1 - 0{,}01}} - 1 \approx 0{,}5\,\%$$

entspricht.

Die relativistische Betrachtung liefert auch eine sehr kleine oszillatorische Bewegung des Elektrons. Sie bewirkt eine kleine energetische Absenkung der s-Zustände, die vom sogenannten Darwin-Term beschrieben wird.

Alle drei Einflüsse ergeben modifizierte Energieterme für das Wasserstoffatom, die sehr gut durch die **Sommerfeld-Feinstrukturformel**

$$E_{n,j} = E_n \left[1 - \frac{\alpha^2}{n^2} \left(\frac{n}{j + 1/2} - \frac{3}{4} \right) \right] \tag{6.42}$$

erfasst werden, worin mit E_n die ursprünglichen Energiewerte nach Schrödinger bezeichnet werden. Die Größe $\alpha \approx 1/137$ bezeichnet wieder die einheitenlose Feinstrukturkonstante. Die Feinstruktur hat folgende Konsequenzen für die Energieniveaus:

1. Die Energiezustände werden jetzt von den vier Quantenzahlen n, ℓ, j und m_j durchnummeriert, die wiederum die einschränkenden Beziehungen

$$\ell = 0, 1, \ldots, n-1; \quad j = \ell \pm 1/2; \quad m_j = -j, -j+1, \ldots, j-1, j$$

erfüllen. Für den Grundzustand des Wasserstoffatoms bedeutet das

$$n = 1, \quad \ell = 0, \quad j = 1/2, \quad m_j = +1/2 \text{ oder } -1/2.$$

Das Vorzeichen der m_j-Quantenzahl wird durch die Spin-Richtung festgelegt, wofür es ja zwei Möglichkeiten gibt. Der Grundzustand ist also doppelt entartet, weil die Energie nicht vom Spin abhängt. Einsetzen der Werte in (6.42) liefert eine Korrektur von

$$\frac{\alpha^2}{1^2}\left(\frac{1}{1/2 + 1/2} - \frac{3}{4} \right) = \frac{\alpha^2}{4} = 1{,}3 \cdot 10^{-5}.$$

2. Die Energiewerte der Eigenzustände hängen jetzt nicht nur von der Hauptquantenzahl n, sondern auch von der Gesamtdrehimpulsquantenzahl j ab. Das führt zu einer Aufspaltung der zuvor entarteten Energieniveaus in Abhängigkeit von j. Die Energien sind jedoch weiterhin von ℓ unabhängig, d. h. die sogenannte ℓ-Entartung bleibt bestehen. Alle Energieniveaus erfahren eine energetische Absenkung. Wie für den Grundzustand sind die Korrekturen zwar messbar, bewegen sich aber in der Größenordnung von $E_n \cdot \alpha^2$, also maximal im 0,2-meV-Bereich.

3. Das Grotrian-Diagramm mit den ersten drei Schalen $n = 1, 2, 3$ in Abb. 6.15 veranschaulicht die Veränderungen nach der Feinstrukturformel in (6.42). Die Niveaus werden konventionell mit dem Termsymbol

$$n\ell_j$$

benannt. Die Bahndrehimpulsquantenzahl ℓ wird dabei mit den bekannten Buchstaben bezeichnet, also s für $\ell = 0$, p für $\ell = 1$, d für $\ell = 2$, f für $\ell = 3$ und so fort. Die Korrekturen von bis zu wenigen 100 μeV sind im Vergleich zur Einteilung der Energieachse extrem vergrößert dargestellt. Für die p- und d-Zustände ist die Energieaufspaltung angegeben.

Der Grundzustand des H-Atoms ist

$$1s_{1/2}.$$

Für $n = 2$ gibt es die Niveaus $2s_{1/2}$, $2p_{1/2}$ und $2p_{3/2}$, wobei die ersten beiden energetisch entartet sind. Wegen der m_j-Quantenzahl enthalten die Energieniveaus unterschiedlich viele Zustände. Es gibt je zwei Zustände für $1s_{1/2}$, $2s_{1/2}$, $2p_{1/2}$ und vier Zustände für $2p_{3/2}$.

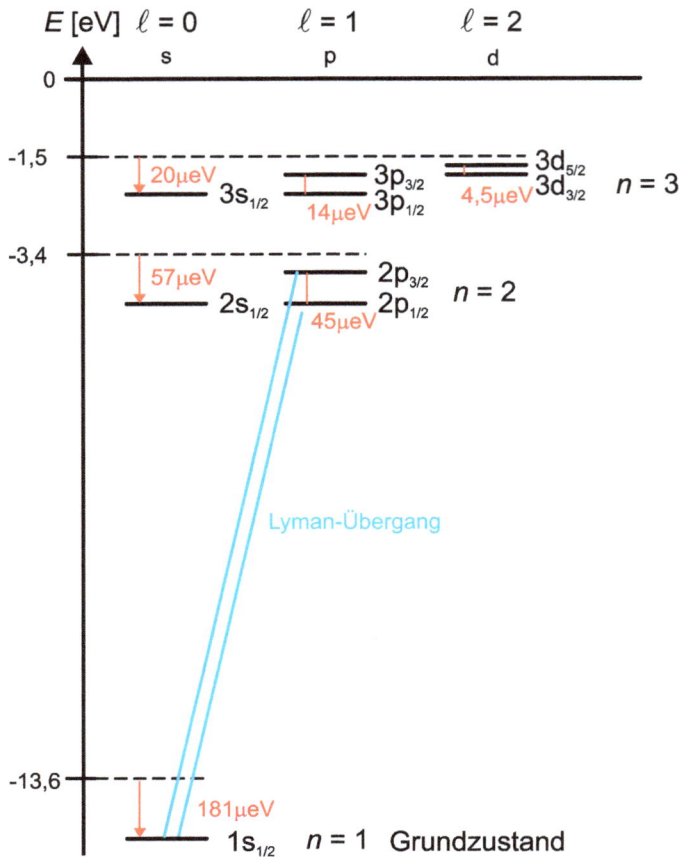

Abb. 6.15: Feinstrukturaufspaltung und -verschiebung von Energieniveaus im Wasserstoffatom. Die Niveaus der drei unteren Schalen in einem Grotrian-Diagramm sind dargestellt. Der Umfang der Korrekturen ist extrem vergrößert gezeichnet.

Wie in Abb. 6.15 zu erkennen, existieren für die dritte Schale auch doppelt aufgespaltene d-Niveaus mit vier Zuständen für $3d_{3/2}$ und sechs Zuständen für $3d_{5/2}$. Der Entartungsgrad einer Schale, d. h. die Zahl der Zustände innerhalb einer Schale ist weiterhin wie im Schrödinger-Modell $2n^2$.

Darüber hinaus zeigt die Abb. 6.15 auch die beiden dipolerlaubten Übergänge aus der Lyman-Serie, $n = 2 \leftrightarrow n = 1$. Aus dem einfachen Übergang wird durch die Feinstruktur ein **Dublett**, d. h. eine Doppellinie, die mit dem Spin einfach erklärt werden kann.

6.3.2 Weitere sehr kleine Korrekturen

Es gibt zwei weitere schwache Einflüsse, die das Wasserstoffspektrum zusätzlich verändern. Die sogenannte **Lamb-Shift** kann quantenelektrodynamisch erklärt werden. Dabei wird die Wechselwirkung des Elektrons mit dem von ihm erzeugten elektromagnetischen Feld betrachtet, das als Photonengas beschrieben wird. Die Korrektur ist in der Regel eine Größenordnung kleiner als die Feinstruktur und hebt die ℓ-Entartung auf.

Die nochmals um eine Größenordnung kleinere **Hyperfeinstruktur** beruht auf der Wechselwirkung des Gesamtdrehimpulses des Elektrons mit dem Kernspin. Das im Wasserstoffkern befindliche Proton hat eine Spinquantenzahl von 1/2 und erzeugt ein magnetisches Dipolmoment, das aber wegen der ungefähr 1 800-fach größeren Masse um den Faktor 0,000 5 kleiner ist als das Moment des Elektrons.

Die Einflüsse auf den Grundzustand des H-Atoms sind in Abb. 6.16 dargestellt. Die Lamb-Shift erhöht die Grundzustandsenergie um 31 μeV, während die Hyperfeinstruktur den Grundzustand aufspaltet. Der Gesamtdrehimpuls des Elektrons im Grundzustand des H-Atoms ist gleich seinem Spin. Daher kann man sagen, dass die hyperfein aufgespalten Niveaus dadurch gekennzeichnet sind, dass einmal Kern- und Elektronenspin antiparallel und einmal parallel ausgerichtet sind, wie in Abb. 6.16 skizziert. Der untere Zustand mit antiparallelen Spins ist um 4,4 μeV des Wertes ohne Hyperfeinwechselwirkung abgesenkt, der obere mit parallelen Spins um 1,5 μeV angehoben. Bei einer Ionisierungsenergie von 13,6 eV bedeutet dies eine Korrektur um den Faktor 10^{-7}!

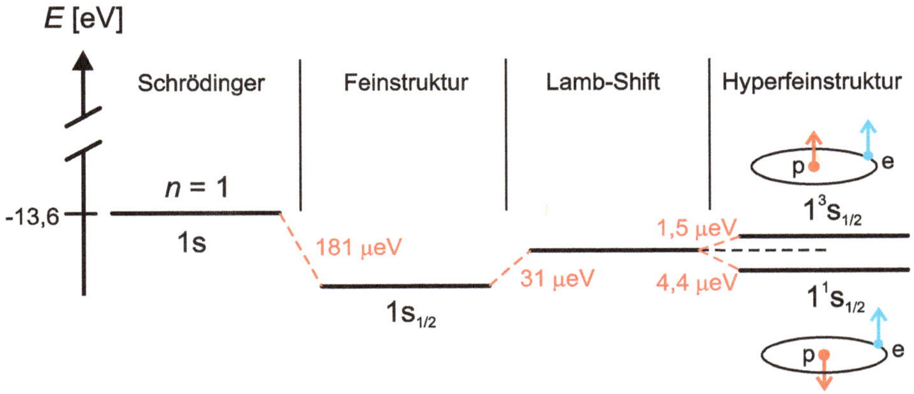

Abb. 6.16: Kleine Korrekturen der Grundzustandsenergie des Wasserstoffatoms. Die Effekte der Feinstruktur, der Lamb-Shift und der Hyperfeinwechselwirkung sind schrittweise und nicht maßstabsgetreu dargestellt. Beim oberen Zustand in der Hyperfeinstruktur sind Kern- und Elektronenspin gleich ausgerichtet, beim unteren antiparallel.

Anwendung: Pioneer 10/11-Plakette

Obwohl die Hyperfeinaufspaltung des Wasserstoffgrundzustands so klein ist, hat sie doch eine gewisse Berühmtheit erlangt. Sie dient als Zeit- und Längenmaßstab auf einer kleinen vergoldeten Metallplakette, die an den Raumsonden Pioneer 10 und 11 befestigt ist. Abbildung 6.17 zeigt die Gravuren auf der Plakette. Die Pioneer-Missionen starteten 1972 und untersuchten vor allem die Planeten Jupiter und Saturn, bevor sie unser Sonnensystem verließen. Die Plakette ist als Botschaft an extraterrestrische Wesen in unserer Galaxis gedacht, die möglicherweise irgendwann die Raumsonden bergen. Neben einer Silhouette von der Raumsonde und maßstäblichen Abbildungen von Mann und Frau findet sich eine Skizze unseres Sonnensystems am unteren Rand. Die beiden Kugeln links oben sollen zwei Wasserstoffatome darstellen, einmal mit parallelen und einmal mit antiparallelen Spins von Kern und Elektron. Auf der Verbindung, die den Übergang kennzeichnen soll, ist eine kleine Eins als Strich gezeichnet. Der Übergang gibt sowohl einen Zeit-, als auch einen Längenstandard durch

$$\Delta t = \frac{h}{\Delta E} \approx 7 \cdot 10^{-10}\,\text{s} \quad \text{und} \quad \Delta x = \frac{hc_0}{\Delta E} \approx 0{,}21\,\text{m}$$

mit der Übergangsenergie $\Delta E \approx 5{,}9\,\mu\text{eV}$ vor. Zwischen den Linien, die die Größe der Frau anzeigen, ist die Binärzahl $1000 = I\,{-}{-}{-} = 8$ geschrieben, was $8 \cdot \Delta x = 1{,}67\,\text{m}$ ergibt.

Das strahlenförmige Gebilde auf der Plakette teilt in Form von Binärzahlen die Periodendauern von 14 verschiedenen Pulsaren und ihre relative Entfernung zur Erde

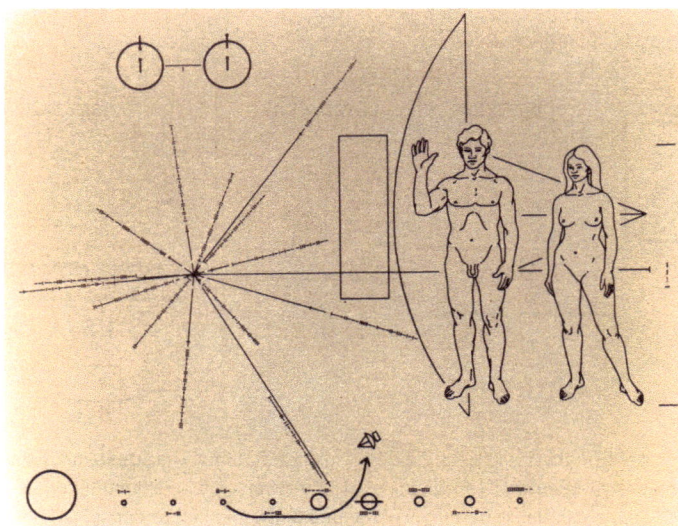

Abb. 6.17: Plakette an den Raumsonden der Pioneer-Missionen. Der Hyperfeinstrukturübergang, der oben links schematisch dargestellt ist, dient als Zeit- und Längenstandard. (Foto: NASA, USA).

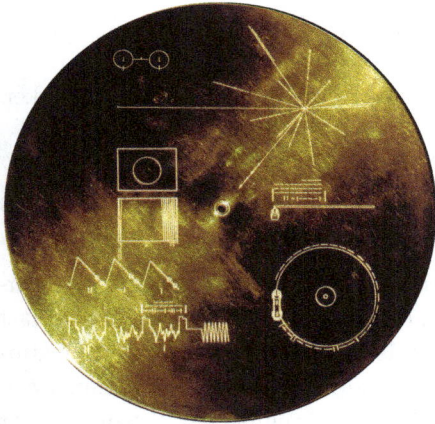

mit. Pulsare sind rotierende Neutronensterne, die mit sehr guter Periodizität charakteristische Radiosignalimpulse aussenden. Aus den Beobachtungsrichtungen kann auf den Ort der Erde in der Galaxis geschlossen werden. Die Frequenz eines Pulsars variiert über lange Zeiten, so dass bei Auffinden der Sonde der Zeitpunkt des Sondenstarts aus den aufgedruckten Periodizitäten ermittelt werden kann. Eines ist sicher: damit Außerirdische die Plakette entziffern und interpretieren können, muss ihre Zivilisation soweit entwickelt sein, dass die Hyperfeinaufspaltung im Spektrum des Wasserstoffatoms bekannt ist.

Übrigens wurde dieser Zeit- und Längenstandard auch bei weiteren Missionen eingesetzt. Abbildung 6.18 zeigt die Rückseite der sogenannten *golden record* der Voyager-Missionen aus dem Jahr 1977. Die Schallplatte enthält Musik und Tondokumente, die als epochal für die Menschheit angesehen wurden.

6.4 Wasserstoffähnliche Systeme

6.4.1 Echte Wasserstoffsysteme

Darunter sind physikalische Zentralkraftsysteme bzw. Atome und Ionen zu verstehen, die formal mit der Wasserstoff-Schrödinger-Gleichung nach (6.1) und (6.2) beschrieben werden. Einige Beispiele seien im Folgenden vorgestellt:

1. **Ionen mit einem Elektron und Kernladung Z**
    Ein Mehrelektronenatom mit Kernladung Z, bei dem alle Elektronen bis auf ein Elektron im 1s-Zustand ausgelöst wurden, ist ein Ion mit der Ladung $Z - 1$. Es entspricht einem Wasserstoffatom mit der Kernladung Z. Beispiele sind He^+, Li^{2+} oder Ar^{17+}. In den Formeln für die Energien bzw. für den Bohr-Radius ist die Feinstrukturkonstante α durch $Z\alpha$ zu ersetzen. Die Energieniveaus skalieren also mit Z^2 und liegen bei

$$E_n = -\frac{m_e c_0^2}{2}(Z\alpha)^2. \tag{6.43}$$

Ebenso werden Verschiebung und Aufspaltung durch die Feinstruktur stärker. Der Bohr-Radius ist mit

$$a_B = r_1 = \frac{\pi\epsilon_0 \hbar^2}{m_e Z e_0^2} \tag{6.44}$$

um den Faktor $1/Z$ kleiner, was die Hyperfeinwechselwirkung mit dem Kern verstärkt. Aus Stabilitätsgründen kommt zu den Protonen im Kern noch eine fast gleiche Anzahl von Neutronen. Die Masse des Kerns ist gegenüber der Elektronenmasse so groß, dass die Kernmitbewegung vernachlässigt werden kann. Hoch geladene Ionen lassen sich heute mit verhältnismäßig einfachen Mitteln im Labor herstellen, so dass Spektroskopie an ihnen möglich wird.

2. **Myonwasserstoff**
Auch die Masse des Elektrons kann in Grenzen variiert werden, indem es gegen ein anderes negativ geladenes, schweres Lepton ersetzt wird. Als Beispiel betrachten wir den **Myonwasserstoff**, in dem an die Stelle des Elektrons ein elementares Myon μ^- mit der Masse $m_\mu = 207 m_e$ tritt. Wie schon in Kapitel 10 (Band 2) erwähnt, beträgt die Halbwertszeit eines Myonensembles 1,5 µs, woraus eine kurze Lebensdauer des freien Myons von 2,2 µs folgt (siehe Kapitel 10). Entsprechend kurz existiert ein Myonwasserstoffatom. Der Bohr-Radius beträgt nur noch $r_1 = 256$ fm, und der Betrag der Grundzustandsenergie bzw. die Ionisierungsenergie erhöht sich auf $E_1 = 2790$ eV.

3. **Positronium**
Ein besonderes wasserstoffartiges System ist das **Positronium**, das in der klassischen Bahnvorstellung in Abb. 6.19 skizziert ist. Es besteht aus einem Elektron und einem massegleichen Positron. Das Positron ist das positiv geladene Antiteilchen des Elektrons. Treffen beide aufeinander, vernichten sie sich unter Aussendung von γ-Strahlen (siehe Abschnitt 11.1.2). Im Bild der klassischen Mechanik umkreisen die beiden Teilchen den gemeinsamen Schwerpunkt S. Die Bewegung

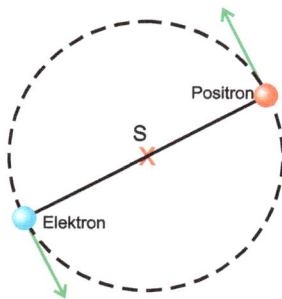

Abb. 6.19: Im Positronium umkreisen Elektron und Positron den gemeinsamen Schwerpunkt S.

kann in eine Schwerpunkt- und eine Relativbewegung zerlegt werden, und es ergibt sich ein Zentralkraftsystem mit einem hypothetischen Teilchen der reduzierten Masse $\mu = 0{,}5m_e$. Für die Schrödinger-Gleichung bedeutet dies, dass anstelle der Elektronenmasse der halbe Wert von m_e eingesetzt wird. Das Positronium wurde in den 1950er Jahren erstmals vermessen. Die Vernichtung von Positron und Elektron findet in sehr kurzer Zeit statt, wie die extrem kurze Lebensdauer von ungefähr 125 fs zeigt.

4. **Anti-Wasserstoff**

   Ein besonders exotisches Wasserstoffsystem ist der **Anti-Wasserstoff**, der aus einem negativ geladenen Anti-Proton und einem Positron besteht. Dieses antimaterielle Atom darf nicht mit Materie wechselwirken, weil es sofort unter Aussendung intensiver γ-Strahlung vernichtet würde. Hergestellte Anti-Wasserstoffatome müssen daher in speziellen Atomfallen eingesperrt werden (siehe Kapitel 8). Die Spektroskopie an diesen Atomen soll Aufschluss über sehr fundamentale Fragen des Ursprungs unserer Materie geben. Dabei sucht man nach kleinsten Abweichungen zum bekannten Spektrum des H-Atoms. Eine junge Messung aus dem Jahre 2018 an 15 000 Anti-Wasserstoffatomen ergab im Rahmen höchster relativer Genauigkeit von 10^{-12} aber keine signifikanten Abweichungen.

6.4.2 Alkalimetallatome

Im nächsten Kapitel werden wir erklären, dass das Wasserstoffatom zur ersten Hauptgruppe des Periodensystems gehört. Diese Gruppe umfasst Elemente mit einem äußeren Valenzelektron pro Atom. Das sind neben Wasserstoff die Alkalimetallatome Lithium (Li), Natrium (Na), Kalium (K), Rubidium (Rb) und Cäsium (Cs). Obwohl sie natürlich Mehrelektronenatome sind, können wir sie qualitativ als dem H-Atom ähnlich betrachten.

Alkalimetallatome haben Z Elektronen, wovon $Z-1$ *Rumpfelektronen* eine Schale vollständig füllen und sich das verbliebene Valenzelektron in dem s-Zustand der nächst höheren Schale befindet. Dies ist in Abb. 6.20(a) schematisch dargestellt. Eine volle Schale entspricht einer *Edelgaskonfiguration*, d. h. die Bahndrehimpulse und die Spins der Elektronen addieren sich zu null auf. Eine mit Elektronen gefüllte Schale besitzt keinen Gesamtdrehimpuls und keinen Spin. Die Ladungswolke der vollen Schale ist kugelsymmetrisch! Dies ist äquivalent mit der Gleichung (6.19), die besagt, dass die Summe über alle Drehimpulszustände einer Schale eine Konstante ergibt.

Befindet sich das Valenzelektron sehr weit vom Kern entfernt, erfährt es im Wesentlichen das von der Rumpfelektronenhülle abgeschirmte Kernpotenzial, das der einfachen Coulomb-Energie $E_{\text{pot}} = e_0^2/(4\pi\epsilon_0 r)$ entspricht und in Abb. 6.20(b) als blaue Linie gezeichnet ist. Diese potenzielle Energie wirkt, wenn sich das Elektron in angeregten Zuständen befindet und einen maximalen Bahndrehimpuls $\ell = n-1$ besitzt,

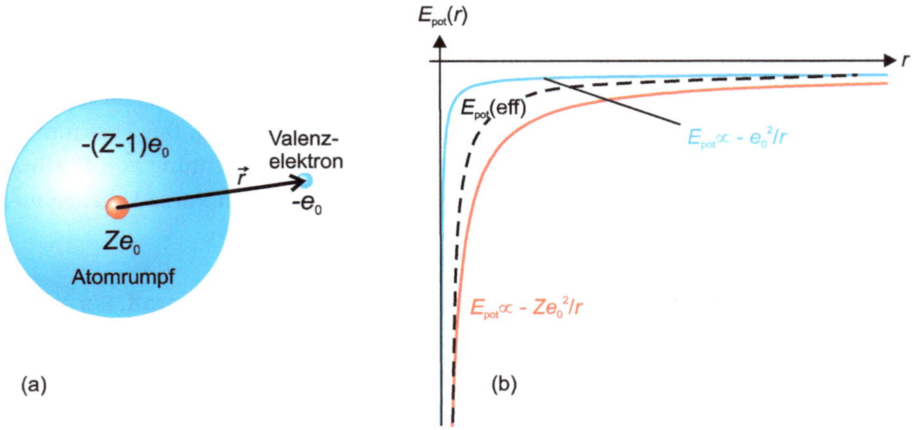

Abb. 6.20: (a) Schematische Darstellung der Wasserstoffähnlichkeit zwischen einem Alkaliatom mit kugelsymmetrischem Rumpf und Valenzelektron. (b) Das effektiv wirkende elektrische Rumpfpotenzial (gestrichelt) entspricht dicht am Kern der Coulomb-Kernenergie (rot) und weit entfernt der Coulomb-Energie einer Einfachladung (blau).

was klassisch einer Kreisbahn nahekommt. Bei kleinen ℓ-Werten taucht das Valenzelektron zunehmend in die innere Hülle ein und spürt die stärkere potenzielle Energie des vielfach geladenen Kerns, das in Abb. 6.20(b) in Rot dargestellt ist. Die resultierende *effektiv* wirkende, abgeschirmte Coulomb-Energie $E_{pot}(\text{eff})$ für das Valenzelektron ähnelt in Kernnähe dem elektrischen Kernpotenzial und weit entfernt der Coulomb-Energie des einfach positiv geladenen Rumpfes. Es ist in Abb. 6.20(b) als gestrichelte Linie aufgetragen.

Natürlich ist das Alkalimetallatom mit einem effektiven Einelektronenpotenzial nach Abb. 6.20(b) quantitativ kein Wasserstoffsystem, aber sein Energiezustandsspektrum zeigt einige verblüffende Ähnlichkeiten mit dem H-Atom. Als Beispiel betrachten wir das Grotrian-Diagramm für das Valenzelektron von Natrium ($Z = 11$) im Vergleich zu den Wasserstoffenergieniveaus ab $n = 3$ in Abb. 6.21(a). Die Feinstrukturaufspaltung der Zustände ist stark übertrieben und wäre auf dieser Energieachse mit dem Auge nicht aufzulösen. Die Aufspaltung der 3p-Zustände beträgt nur ungefähr 2 meV.

Der Vergleich mit den Wasserstoffniveaus zeigt eine besser werdende Übereinstimmung, je größer n und vor allem je größer ℓ ist. Für den Grundzustand des Valenzelektrons ergeben sich allerdings Abweichungen, vor allem ist die deutliche Aufhebung der ℓ-Entartung erkennbar. Die 3s-, 3p- und 3d-Zustände im Na-Atom liegen weit auseinander. Darüber hinaus ist der bedeutende optische Dipolübergang zwischen den 3p-Zuständen und dem 3s-Grundzustand eingezeichnet. Die Feinstrukturaufspaltung ergibt eine Doppellinie im Spektrum, die historisch als *Natrium-D-Linien* bezeich-

Abb. 6.21: (a) Grotrian-Diagramm für das Valenzelektron im Natriumatom ($Z = 11$) im Vergleich mit den Niveaus im H-Atom. (b) Natriumatome wie hier im NaCl leuchten intensiv orange in einer Flamme. Die Farbe ist charakteristisch für die NaD-Linien.

net werden. Ihre Energien und damit verbundenen optischen Wellenlängen liegen bei

$$\Delta E = 2{,}105 \, \text{eV} \Rightarrow \lambda = 589{,}6 \, \text{nm für die } D_1\text{-Linie: } 3p_{1/2} \leftrightarrow 3s_{1/2},$$
$$\Delta E = 2{,}107 \, \text{eV} \Rightarrow \lambda = 589{,}0 \, \text{nm für die } D_2\text{-Linie: } 3p_{3/2} \leftrightarrow 3s_{1/2}.$$

Licht dieser Wellenlänge erscheint orange. Angeregte Na-Atome leuchten deshalb in einem satten, warmen Orangeton, der leicht demonstriert werden kann. In Abb. 6.21(b) wird ein Keramikstab in eine Bunsenbrennerflamme gehalten, an dem durch Anfeuchten Kochsalzkörnchen kleben. Kochsalz ist NaCl und wird in der Flamme zersetzt, so dass die Na-Atome angeregt werden. Die Salze anderer Alkalimetalle lassen sich ebenso jedoch bei anderen Wellenlängen zum Leuchten bringen. Die Flammenfärbung wird in der Chemie als Flammenfotometrie eingesetzt. Sie ist eine gängige analytische Methode zum Nachweis z. B. von Natrium, Kalium oder auch Calcium.

Quellenangaben

[6.1] W. Gerlach, O. Stern, *Der experimentelle Nachweis der Richtungsquantelung im Magnetfeld*, Zeitschrift für Physik, Band 9 (1922) S. 349–352.

Übungen

1. Eine Elektronenschale im Wasserstoffatom stellt die Summe aller Zustände für einen festen Wert der Hauptquantenzahl n dar. Wie viele Elektronenzustände existieren im Wasserstoffatom für ein festes n (Entartungsgrad)? Weisen Sie für den Fall $n = 2$ (L-Schale) nach, dass die Elektronenschalen kugelsymmetrisch sind. Zeigen Sie dazu, dass die Summe der Aufenthaltswahrscheinlichkeitsdichten

$$\sum_{l=0}^{n-1} \sum_{m=-l}^{l} \left| \psi_{n,l,m}(r,\vartheta,\varphi) \right|^2$$

   nicht von ϑ und φ abhängt.

2. Betrachten Sie den Grundzustand 1s im Wasserstoffatom, d. h., $n = 1$ und $l = 0$. Wie lautet $\psi_{100}(r,\vartheta,\varphi)$? Skizzieren Sie $1/4\pi|R_{10}|^2$ und $r^2|R_{10}|^2$. Welche Bedeutung haben die beiden Aufenthaltswahrscheinlichkeitsdichten?

3. Durch die Feinstruktur (Spin-Bahn-Wechselwirkung) ist der 2p-Zustand im Wasserstoffatom in zwei Unterzustände aufgespalten. Verwenden Sie die Sommerfeld-Feinstrukturformel, um die Aufspaltung zu berechnen. Um welches Vielfache sind die Unterzustände entartet?

4. Die Lyman-α-Linie entspricht dem Übergang 2p $\leftrightarrow$ 1s. Die Feinstruktur macht daraus eine Doppellinie. Geben Sie die Wellenlängen der beiden Linien für diesen Übergang an.

5. Die Aufspaltung der Lyman-α-Linie, wie sie in der vorangegangenen Aufgabe berechnet wurde, lässt sich mit einfacher optischer Spektroskopie nicht auflösen, was eine Abschätzung klar machen soll. Sie verwenden ein optisches Gitter mit einer Strichzahl von 1000/cm und beobachten auf einem UV-empfindlichen Schirm 1 m hinter dem Gitter die gebeugte Lyman-α-Doppellinie in erster Beugungsordnung. Wie weit sind die beiden Feinstrukturlinien räumlich voneinander entfernt, wenn sie unendlich schmal wären?

6. Rydberg-Atome sind Atome mit Elektronen in extrem angeregten Zuständen. Ein Wasserstoffatom ist in einem Rydberg-Zustand, wenn sich das Elektron in einem Zustand mit großer Hauptquantenzahl n befindet. Solche Zustände können durch Absorption mehrerer Photonen präpariert werden. Sie haben eine relativ hohe Lebensdauer.
   - Sie wollen mit zwei Lasern den Rydberg-Zustand von $n = 100$ im Wasserstoffatom präparieren. Der erste (Ar-Excimer-)Laser habe eine Photonenwellenlänge von 126 nm. Welche Wellenlänge muss das Licht des zweiten Lasers haben, um den Zustand besetzen zu können?
   - Wie groß ist die Ionisierungsenergie des Zustands? Wie groß wären der Radius und die Umlaufzeit der entsprechenden Bohrschen Bahn?
   - Das Rydberg-Wasserstoffatom mit $n = 100$ befinde sich in einem Plattenkondensator mit einem Plattenabstand von $d = 10$ mm. Das elektrische Feld zeige in z-Richtung, so dass das Rydberg-Atom der potenziellen Energie

$$V_{\text{pot}}(z) = -\frac{e_0^2}{4\pi\epsilon_0|z|} - \frac{Ue_0}{d}z$$

in z-Richtung ausgesetzt ist. Ab welcher Spannung U gibt das Atom das Elektron ab (Feld-ionisation)? Wie groß ist dann die sogenannte kritische Feldstärke?

Hinweis: Bestimmen Sie mittels Kurvendiskussion das Maximum der potenziellen Ener-gie und stellen Sie fest, ab wann das Energieniveau des Rydberg-Zustands darüber liegt.

7. Im Einstein-de Haas-Versuch hänge ein Eisenstab mit einem Durchmesser von $2r = 2\,cm$ und einer Länge von $L = 50\,cm$ an einem masselosen Torsionsfaden. Der Stab werde bis zu einer homogenen Magnetisierung von $M = 6,1 \cdot 10^5\,A/m$ aufmagnetisiert. Aus der Magnetostatik wissen Sie, dass M gleich der Volumendichte der magnetischen Momente ist.

–   Berechnen Sie die Zahl N der mit ihrem Spin zur Magnetisierung beitragenden Elek-tronen, wenn Sie für das magnetische Spinmoment eines Elektrons ein Bohrsches Ma-gneton einsetzen. Wie viele Spinmomente kommen auf ein Eisenatom? (Dichte von Fe $\approx 8\,g/cm^3$)

–   Wie groß ist bei Erhaltung des Drehimpulses die Winkelgeschwindigkeit des Eisenstabs, wenn er vollständig *ummagnetisiert* wird?

    Hinweis: Trägheitsmoment des Stabs $I = \frac{1}{2}mr^2$.

–   Um welchen Winkel α wird der Eisenstab bei der Ummagnetisierung maximal gedreht, wenn das Torsionsmoment des Fadens ähnlich wie im Cavendish-Experiment gleich $\kappa = 10^{-8}\,Nm$ pro rad beträgt?

    Hinweis: Setzen Sie die Rotationsenergie mit der potenziellen Energie im Torsionsfaden, $\frac{1}{2}\kappa\alpha^2$, gleich.

7 Atome mit mehreren Elektronen

Die quantenmechanische Beschreibung des Wasserstoffatoms mit einem Elektron in der Elektronenhülle ist komplex, wie in dem vorausgegangenen Kapitel dargestellt. Die Situation wird noch einmal viel komplizierter, wenn viele Elektronen in einem Atom enthalten sind. Um qualitativ den Aufbau der Atome und damit die Systematik des Periodensystems zu verstehen, beginnen wir mit zwei fundamentalen Prinzipien für Quantenteilchenensembles, dem Ununterscheidbarkeits- und dem Ausschließungsprinzip nach Pauli. Mit ihnen und den Regeln nach Hund lässt sich der allgemeine Aufbau der Atome nachvollziehen. Abschließend zeigen wir in der Diskussion des Heliumatoms als einfachstes Mehrelektronenatom, wie eine formale quantenmechanische Beschreibung aussehen muss.

7.1 Allgemeine Regeln für Ensembles von Quantenteilchen

7.1.1 Ununterscheidbarkeit

Das **Prinzip von der Ununterscheidbarkeit** besagt:

> In einem Ensemble von quantenmechanischen Objekten mit gleichen physikalischen Eigenschaften, wie z. B. mehrere Elektronen, sind diese ununterscheidbar.

Diese Regel ist in der klassischen Physik nicht vorstellbar. Sie steht im Widerspruch zur Vorstellung des Identitätsprinzips, das auf Gottfried Wilhelm Leibniz (1646–1716) zurückgeht und besagt, dass in der materiellen Welt keine zwei Dinge existieren können, die sich in nichts unterscheiden.

Die Regel von der Ununterscheidbarkeit lässt sich in die mathematische Sprache der Quantenmechanik überführen. Wir haben festgestellt, dass die Wellenfunktion alle Informationen über ein physikalisches System in sich trägt. Ihr Betragsquadrat entspricht der messbaren Aufenthaltswahrscheinlichkeitsdichte. Nehmen wir ein System mit zwei identischen Teilchen an, so hängt die Wellenfunktion

$$\Psi(\vec{r}_1, \vec{r}_2)$$

allgemein von den beiden Ortsvektoren der Quantenteilchen ab. Die genaue Form der Wellenfunktion ist für unsere Überlegung unwichtig. Die Bedingung der identischen Teilchen bedeutet, dass ein Vertauschen der beiden Teilchen eine Wellenfunktion erzeugt, die den gleichen physikalischen Inhalt trägt. In der Quantenmechanik drückt man eine Aktion gerne durch einen Operator aus, der auf die Wellenfunktion wirkt. Wir wollen den *Vertauschungsoperator* mit $\hat{P}$ bezeichnen. Wirkt er auf die Zweiteilchenwellenfunktion, schreiben wir zunächst allgemein

https://doi.org/10.1515/9783110468977-007

$$\hat{P}\Psi(\vec{r}_1, \vec{r}_2) = a\Psi(\vec{r}_2, \vec{r}_1)$$

mit einer Zahl a. Wenden wir den Operator $\hat{P}$ erneut an, liegt wieder die gleiche Wellenfunktion vor,

$$\hat{P}^2\Psi(\vec{r}_1, \vec{r}_2) = a^2\Psi(\vec{r}_1, \vec{r}_2) = \Psi(\vec{r}_1, \vec{r}_2), \tag{7.1}$$

woraus die Bedingung $a^2 = 1$ folgt. Damit gibt es zwei Möglichkeiten, wie die Vertauschung zweier Teilchen die Wellenfunktion verändert,

$$\Psi(\vec{r}_2, \vec{r}_1) = +\Psi(\vec{r}_1, \vec{r}_2) \quad \text{oder} \tag{7.2}$$

$$\Psi(\vec{r}_2, \vec{r}_1) = -\Psi(\vec{r}_1, \vec{r}_2). \tag{7.3}$$

Im ersten Fall sagt man, die Wellenfunktion ist **symmetrisch** gegen Vertauschung zweier Quantenteilchen, im zweiten Fall entsprechend **antisymmetrisch**. Mit der Physik sind diese Bedingungen auch verträglich, denn die beiden unterschiedlichen Vorzeichen ergeben bei der Bildung des Betragsquadrats die gleiche Aufenthaltswahrscheinlichkeitsdichte.

7.1.2 Zwei Sorten von Quantenobjekten und das Pauli-Prinzip

Die Unterscheidung zwischen symmetrischer und antisymmetrischer Wellenfunktion teilt die Quantenwelt in zwei Klassen. Ensembles identischer Teilchen haben eine Wellenfunktion, die ausschließlich eine der beiden Eigenschaften in (7.2) und (7.3) erfüllt. Es gibt sowohl keine gemischt symmetrischen Zustände als auch keine Übergänge zwischen symmetrisch und antisymmetrisch.

Quantenobjekte, deren Wellenfunktionen auf Teilchentausch symmetrisch sind, werden **Bosonen** genannt, während bei Antisymmetrie von **Fermionen** gesprochen wird. Die Bezeichnungen gehen auf die Namen der bedeutenden Physiker Enrico Fermi (1901–1954) und Satyendranath Bose (1894–1974) zurück. Eine fundamentale Folgerung besteht in dem

Pauli-Prinzip für Fermionen:
Mehrere Fermionen können nicht gleichzeitig den gleichen Quantenzustand besetzen, bzw. die Zustände zweier Fermionen eines Systems müssen sich in mindestens einer Quantenzahl unterscheiden.

Das Pauli-Prinzip folgt direkt aus der Antisymmetrie der Wellenfunktion. Wir wollen dies an einem Beispiel plausibel machen. Die Wellenfunktion für zwei Quantenteilchen kann in vielen Fällen durch

$$\Psi(1,2) = \text{const.} \left[\psi(1)\psi(2) \pm \psi(2)\psi(1) \right] \tag{7.4}$$

ausgedrückt werden, wobei $\psi(1), \psi(2)$ die einzelnen Zustände von Teilchen 1 und 2 sind. In den Nummern seien alle Freiheitsgrade wie z. B. die Ortsvektoren zusammengefasst. Das Pluszeichen gilt für den symmetrischen Fall, also für Bosonen, das Minuszeichen für den antisymmetrischen Fall der Fermionen. Befinden sich beide Teilchen in demselben Zustand, gilt $\psi(1) = \psi(2)$, was für Fermionen eine verschwindende Gesamtwellenfunktion

$$\Psi(1, 2) = 0 \tag{7.5}$$

bedeutet. Für Bosonen bleibt die Wellenfunktion praktisch erhalten, und daher gilt das Pauli-Prinzip nicht. Beliebig viele Bosonen können im gleichen Quantenzustand sein.

Eine weitere fundamentale Beobachtung in der Statistik von Quantenensembles ist das

Spin-Statistik-Theorem:
Bosonen haben immer eine ganzzahlige Spinquantenzahl ($s = 0, 1, 2, \ldots$);
Fermionen haben stets einen halbzahligen Spin ($s = 1/2, 3/2, 5/2, \ldots$).

Der fast mysteriöse Zusammenhang soll an dieser Stelle nicht tiefer begründet werden. Er ist für die bekannten elementaren Quantenteilchen stets erfüllt. Elektronen, Protonen und Neutronen sind Beispiele für Fermionen, weil sie den Spin von $\hbar/2$ besitzen. Dagegen sind Photonen oder Wasserstoffatome Beispiele für Bosonen. Im H-Atom addieren sich die Spins von Elektron und Proton entweder zu null oder eins. In Tabelle 7.1 sind die grundlegenden Eigenschaften von Bosonen und Fermionen zusammengefasst.

Tab. 7.1: Eigenschaften von Bosonen und Fermionen als Klassen identischer Quantenteilchen.

Eigenschaft	Bosonen	Fermionen
Wellenfunktion gegen Teilchenvertauschung	symmetrisch $\Psi(\vec{r}_2, \vec{r}_1) = +\Psi(\vec{r}_1, \vec{r}_2)$	antisymmetrisch $\Psi(\vec{r}_2, \vec{r}_1) = -\Psi(\vec{r}_1, \vec{r}_2)$
Spin	ganzzahlig $0, 1, 2, \ldots$	halbzahlig $\frac{1}{2}, \frac{3}{2}, \frac{5}{2}, \ldots$
Besetzung von Zuständen mit gleichen QZ	mehrfach	nur einfach
Beispiele	Photon, H-, ^{4}He-Atom	Elektron, Proton, Neutron

Anmerkung

Das Pauli-Prinzip gilt natürlich auch für die Elektronen in einem Atom oder einem Festkörper. Es ist von fundamentaler Bedeutung für den Aufbau sowie die physikalischen und chemischen Eigenschaften der Atome und der Materie. Im folgenden Abschnitt werden wir das am Periodensystem der Elemente erkennen. Das Prinzip impliziert aber auch eine scheinbare *Wechselwirkung* zwischen den Teilchen. Zwischen zwei Elektronen wirkt weiterhin nur die Coulomb-Kraft, wenn man von der Gravitation absieht. Jedoch können zwei Elektronen mit gleichen Quantenzahlen nicht am gleichen Ort sein. Das gilt in der Regel bei Elektronen mit derselben Spinorientierung. Sie müssen sich wegen des Pauli-Prinzips räumlich meiden. Diese Eigenschaft werden wir in der theoretischen Ergänzung vertiefen, wenn wir den Singulett- und Triplettzustand im He-Atom diskutieren.

7.2 Das Periodensystem der Elemente

7.2.1 Aufbau

In Kapitel 6 wurde erklärt, dass das einzige Elektron im H-Atom im Wesentlichen neben der Coulomb-Energie des Kerns noch die Spin-Bahn-Wechselwirkung spürt. Die quantenmechanische Behandlung ist bereits mathematisch anspruchsvoll. Bei mehreren Elektronen wird diese sehr viel komplizierter und ist nur näherungsweise bzw. numerisch lösbar. Neben den Coulomb-Energien der Elektronen untereinander und zwischen Kern und Elektronen sind jetzt die Wechselwirkung der Bahndrehimpulse und Spins aller Elektronen sowie die Bedingung des Pauli-Prinzips zu beachten. Dennoch können die Einelektronenzustände im H-Atom als geeignetes Grundgerüst dienen, mit denen die Vielelektronenzustände in den anderen Atomen *qualitativ* beschrieben bzw. angeordnet werden können. Diese Tatsache ist die physikalische Grundlage des Periodensystems der Elemente, denn die Struktur der Elektronenhülle legt die grundlegenden chemischen Eigenschaften der Elemente fest.

Die chemischen Elemente wurden zunächst empirisch durch D. I. Mendelejew (1834–1907) und unabhängig von ihm durch Lothar Meyer (1830–1895) um 1870 angeordnet. Sie beobachteten, dass bestimmte Merkmale der Atome mit steigendem Atomgewicht periodisch durchlaufen werden. Es gibt z. B. reaktive Alkalimetalle und inerte Edelgase mit unterschiedlichen Atomgewichten, wobei immer ein Alkalimetall auf ein Edelgas im System folgt. Der Erfolg der vorgeschlagenen Ordnung kam mit der Vorhersage des Elements Germanium und seiner Eigenschaften, das schließlich 1886 gefunden wurde.

Das Schalenkonzept für die Elektronenzustände im Wasserstoffatom lässt sich auf Mehrelektronenatome anwenden. Abbildung 6.2 reiht die verschiedenen Zustände nach den Quantenzahlen des H-Atoms schematisch als Kästchen auf. Die Hauptquantenzahl n bezeichnet die Schale, während das Durchlaufen der Bahndrehimpuls- und magnetischen Quantenzahlen ℓ, m die Anzahl der Kästchen pro Schale festlegt. Weil noch der Spin des Elektrons zu berücksichtigen ist, kann jeder durch ein Kästchen symbolisierter Zustand von zwei Elektronen mit Spin up oder Spin down besetzt werden. Wie schon diskutiert, existieren damit pro Schale $2n^2$ Elektronenzustände.

Daraus folgt, dass es sogenannte **magische Zahlen** geben muss, die für die Ordnungszahlen von Elementen mit vollständig gefüllter Schale stehen. Die Elemente mit einer magischen Ordnungzahl bzw. Elektronenanzahl sind die *Edelgase*, die chemisch sehr stabil und nahezu nicht reaktiv sind. Ihre Ordnungszahlen sind $Z = 2, 10, 18, 36, 54, 86$. Die *Edelgaskonfiguration* hat folgende Eigenschaften:

- eine kugelsymmetrische Elektronenverteilung um den Kern wegen (6.19),
- ein verschwindender Gesamtbahndrehimpuls $\langle \hat{L} \rangle = 0$, weil sich die Bahndrehimpulse der einzelnen Elektronen zu null vektoriell addieren,
- ein verschwindender Gesamtspin $\langle \hat{S} \rangle = 0$, weil sich alle Einzelspins zu null vektoriell addieren, und daraus
- eine verschwindende Spin-Bahn-Wechselwirkung.

Die Reihenfolge, in der die Zustände mit aufsteigender Ordnungs- bzw. Elektronenzahl gefüllt werden, lässt sich nicht quantitativ aus dem Wasserstoffmodell herleiten. Sie ist empirisch bekannt und in Abb. 7.1 auf einem Schachbrett dargestellt, womit sich die Reihenfolge leicht rekonstruieren lässt. Schreibt man auf die hellen Felder die Unterschalen, und zwar auf der Diagonalen jeweils die s-, p-, d- und f-Zustände mit aufsteigender Hauptquantenzahl, liest sich die Reihenfolge dann zeilenweise, also 1s, 2s, 2p, 3s, 3p, 4s, 3d, 4p, 5s, etc.

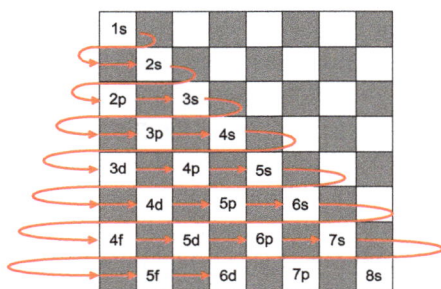

Abb. 7.1: Besetzungsreihenfolge der n, ℓ-Zustände im Periodensystem der Elemente. Durch die Darstellung auf einem Schachbrett kann die Sequenz leicht rekonstruiert werden.

Daraus folgt das Periodensystem der Elemente in Abb. 7.2, in dem die Elektronenkonfiguration im Einelektronenbild des Wasserstoffatoms angegeben ist, d. h. an den Bezeichnungen aus Haupt- und Nebenquantenzahl $n\ell$ wird oben rechts die Besetzungszahl des Zustands mit Elektronen geschrieben. Um nicht alle Zustände aufzulisten, werden volle Schalen durch den entsprechenden Edelgasrumpf, z. B. [He] = $1s^2$, [Ne] = $1s^2, 2s^2, 2p^6$ und so fort abgekürzt. Für die chemischen Eigenschaften eines Atoms sind schließlich nur die äußeren *Valenzelektronen* des Atoms entscheidend. Im Periodensystem der Abb. 7.2 sind die Konfigurationen in Rot geschrieben, bei denen die Besetzung von der Reihenfolge in Abb. 7.1 abweicht.

Das Periodensystem ist so geordnet, dass die Perioden den Schalen mit aufsteigender Hauptquantenzahl entsprechen. Die Gruppen entstehen durch das Auffüllen der Zustände nach der Bahndrehimpulsquantenzahl. Durch die energetische Reihenfolge der Zustände nach Abb. 7.1 werden in den ersten drei Perioden nur die entspre-

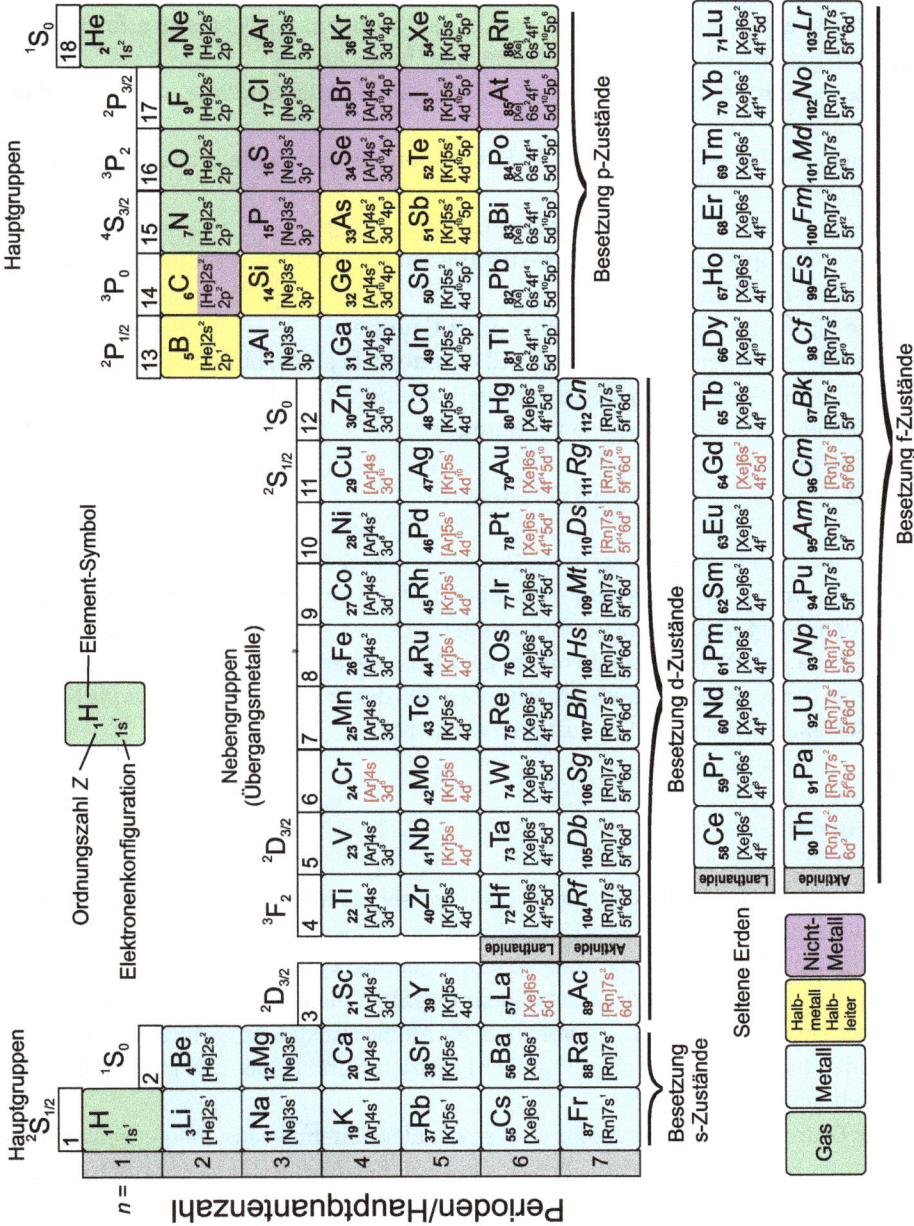

Abb. 7.2: Periodensystem der Elemente mit der Elektronenkonfiguration der Atome. Elemente, bei denen die Besetzung von der regelmäßigen Reihenfolge abweicht, sind in Rot beschriftet. Über ausgesuchte Gruppen ist die spektroskopische Bezeichnung des Grundzustands der Gruppenelemente angegeben.

chenden s- und p-Zustände gefüllt, was in den Gruppen, 1, 2, 13 bis 18 erfolgt. Diese Gruppen haben historisch eigene Namen. Man bezeichnet

- die Elemente der 1. Gruppe neben Wasserstoff als **Alkalimetalle**, die sehr reaktiv sind;
- die Elemente der 2. Gruppe als **Erdkalimetalle**, die ebenfalls chemisch sehr aktiv sind,
- die 13. Gruppe als **Bor-Aluminium-Gruppe**,
- die 14. Gruppe als **Kohlenstoff-Gruppe** mit den wichtigen Halbleitern Silizium und Germanium,
- die 15. Gruppe als **Stickstoff-Phosphor-Gruppe**,
- die Elemente der 16. Gruppe als **Chalkogene**, d. h. als Erzbildner, weil viele Mineralien aus Sauerstoff- oder Schwefelverbindungen bestehen,
- die Elemente der 17. Gruppe als **Halogene**, die reaktive Gase oder Flüssigkeiten sind, und
- die Elemente der 18. Gruppe als **Edelgase**.

Erst in der vierten, fünften, sechsten Periode erfolgt die Füllung der 3d-, 4d- bzw. 5d-Zustände, wovon es jeweils zehn gibt. Diese in den Gruppen 3–12 liegenden Elemente werden *Übergangsmetalle* genannt. In der sechsten Periode kommt es zur Füllung der 4f-Zustände. Diese Elemente bilden die Klasse der *seltenen Erden*, während die 5f-Elemente in der siebten Periode einen großen Teil der radioaktiven *Transurane* bilden. Man beachte, dass jeweils 14-f-Zustände existieren.

7.2.2 Hundsche Regeln

Die Systematik des Periodenssystems, wie wir sie bis hierher kennengelernt haben, sagt nichts darüber aus, wie die Unterniveaus besetzt werden. Damit ist gemeint, dass die Spineinstellungen und die magnetischen Quantenzahlen m der Elektronen in den Zuständen mit einer Bahndrehimpulsquantenzahl ℓ nicht zufällig sind, sondern bestimmten Regeln gehorchen, die vor allem für Atome mit kleinen Ordnungszahlen den folgenden nach dem deutschen Physiker Friedrich Hund (1896–1997) benannten Regeln gehorchen.

Im Grundzustand eines Atoms werden die Elektronenniveaus energetisch aufsteigend unter Beachtung des Pauli-Prinzips besetzt. Bei der Besetzung der Unterniveaus bei fester Bahndrehimpulsquantenzahl gilt:

1. Elektronen in Zuständen mit gleichem ℓ werden im Grundzustand so in die Unterzustände eingebaut, dass der Gesamtspin der Elektronen, beschrieben durch die Quantenzahl S, maximal wird. Die Elektronen haben also soweit wie möglich parallele Spins. Das Pauli-Prinzip sorgt dann dafür, dass die mittleren

Abstände zwischen den Elektronen groß sind und damit die Coulomb-Energie klein.

2. Ist Regel 1 erfüllt, kann es immer noch verschiedene Möglichkeiten geben, die Elektronen auf die Zustände mit verschiedenen m zu verteilen. Hier gilt dann, dass der Gesamtbahndrehimpuls maximal wird, der durch die Quantenzahl L angegeben wird.

3. Der Gesamtdrehimpuls hat die Quantenzahl J, für die die Relation

$$J = \begin{cases} L - S, & \text{wenn die Unterschale weniger als halb gefüllt ist,} \\ L + S, & \text{wenn die Unterschale mehr als halb gefüllt ist,} \end{cases} \tag{7.6}$$

gilt.

4. Bei vollen Schalen und Unterschalen heben sich die Einzelbahndrehimpulse und Einzelspins auf, d. h. $L = 0$ und $S = 0$.

Um diese Regel zu veranschaulichen, sind in Abb. 7.3 die Grundzustandsbesetzungen für die ersten zehn Elemente von Wasserstoff zu Neon schematisch gezeigt. Eingetragen ist auch die spektroskopische Bezeichnung des Grundzustands, der die Quantenzahlen n, L, S und J durch das Kürzel

$$n^{2S+1}L_J$$

zusammenfasst. Jedes Elektron ist als blauer Punkt mit einem Pfeil gezeichnet, dessen Richtung die Spinorientierung symbolisieren soll. Im Periodensystem der Abb. 7.2 sind

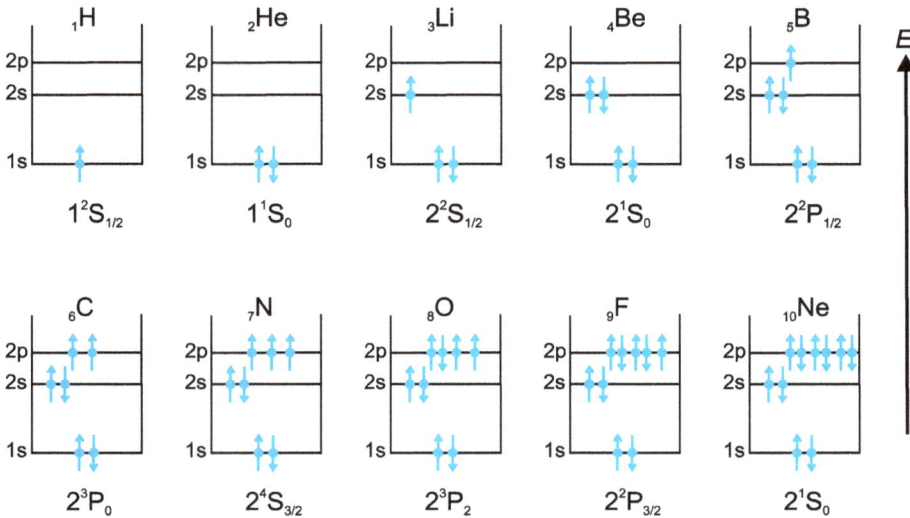

Abb. 7.3: Besetzung der unteren Zustände mit Elektronen bei den ersten zehn Elementatomen. Die Pfeile stellen die Spinorientierung dar. Die Hundsche Regel erfordert, dass zunächst die Spins der Elektronen im gleichen Zustand parallel sind, solange es das Pauli-Prinzip erlaubt.

über den Haupt- und einigen Nebengruppen die spektroskopischen Bezeichnungen des Grundzustands auch angegeben.

Die Zahl $2S + 1$ wird auch **Multiplizität** genannt, weil sie ein Maß für die Aufspaltung eines Zustands im Magnetfeld ist. Bei $S = 0$ ist die Multiplizität $2S + 1 = 1$, und man spricht von einem **Singulett**zustand, während für $S = 1$ ein **Triplett**zustand mit der Multiplizität $2S + 1 = 3$ vorliegt.

Für den Grundzustand des H-Atoms gilt einfach $S = 1/2$, $L = 0$, $J = 1/2$ und damit $^2S_{1/2}$, wobei S für den verschwindenden Bahndrehimpuls steht und nicht mit der Spinquantenzahl S verwechselt werden darf.

Bei Helium mit einer vollen K-Schale ist $S = 0$, $L = 0$ und damit $J = 0$, so dass die spektroskopische Bezeichnung $^1S_0$ lautet. Der Grundzustand des Li-Atoms mit einem Valenzelektron im s-Zustand der zweiten Schale hat die gleichen S, L, J-Quantenzahlen wie Wasserstoff und damit den gleichen spektroskopischen Term.

Nach der ersten Hundschen Regel wird im Kohlenstoffatom das zweite 2p-Elektron mit einem Spin eingefügt, der parallel zu dem des anderen 2p-Elektrons liegt ($S = 1$). Um das Pauli-Prinzip zu erfüllen, müssen sich die m-Quantenzahlen der beiden Elektronen unterscheiden. Hier gibt es prinzipiell drei Möglichkeiten: $m_1 = -1$, $m_2 = 1$ oder $m_1 = -1$, $m_2 = 0$ oder $m_1 = +1$, $m_2 = 0$. Damit nach der zweiten Hundschen Regel L maximal wird, kommt nur die letzte Möglichkeit mit $L = 1$ in Betracht. Der Gesamtdrehimpuls ist null, weil die Unterschale mit zwei Elektronen weniger als halb gefüllt ist und daher $J = L - S = 1 - 1 = 0$ ist. Die übrigen Grundzustände können in gleicher Weise erklärt werden.

7.2.3 Charakteristische physikalische Eigenschaften der Elemente

Die Gruppen des Periodensystems wie in Abb. 7.2 umfassen Elemente mit einer gleichen Valenzelektronenstruktur. Beispielsweise haben alle Alkalimetalle ebenso wie das Wasserstoffatom ein Valenzelektron in einem s-Zustand oder kurz ein *äußeres s-Elektron*. Spektroskopisch ist der Grundzustand ein $^2S_{1/2}$-Mehrelektronenzustand. Es gibt aber neben den chemischen Gemeinsamkeiten der Elemente einer Gruppe auch charakteristische physikalische Merkmale.

Abbildung 7.4(a) zeigt die kovalenten Atomradien mit aufsteigender Ordnungszahl. Die Werte sind in 10^{-12} m = 1 pm angegeben. Der Radius des einzelnen Atoms ist schwierig zu definieren, weil die Elektronenverteilung asymptotisch abfällt und nie gleich null wird. Rechnerisch kann der radiale Ladungsschwerpunkt ermittelt werden. Atomabstände lassen sich auch experimentell festlegen, weil die Atomkernabstände in Festkörpern oder in Verbindungen mit hoher Präzision bestimmt werden können, woraus auf die Ausdehnung eines gedanklich kugelförmigen Atoms geschlossen werden kann. Man spricht dann auch von *Kovalenzradien*, weil die Atomradien aus kovalenten Bindungen bestimmt werden. Die dazu verwendeten experimentellen Methoden werden in Band 4 vorgestellt. Da Edelgase keine regulären chemischen Bindungen

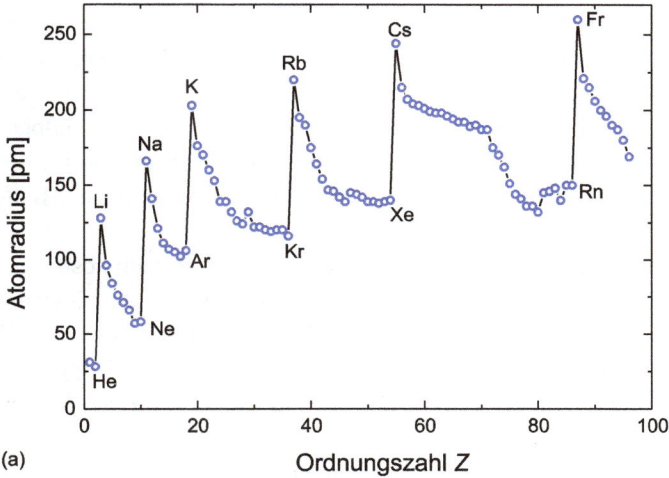

(a)

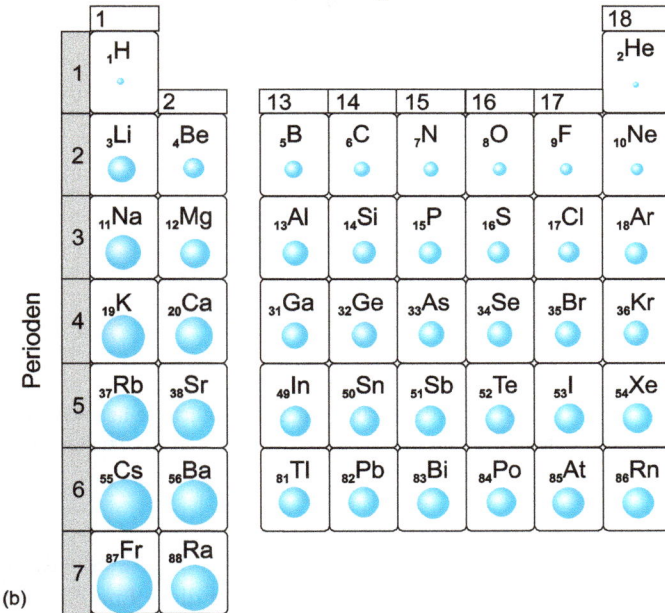

(b)

Abb. 7.4: (a) Atomradien aus Vermessung kovalenter Bindungen mit Ausnahme der Edelgase. Atomradien nehmen innerhalb einer Periode ab und innerhalb einer Gruppe zu. (b) Veranschaulichung der Atomradien der Hauptgruppenelemente.

eingehen, muss man sie so tief abkühlen, bis sie Flüssigkeiten oder Kristalle bilden. An diesen lässt sich wieder der Abstand benachbarter Atome messen.

Abbildung 7.4(a) verdeutlicht, dass in einer Periode die Alkalimetalle die größten Radien haben. Ihr Valenzelektron bevölkert allein die neue Schale. Kommen weitere Valenzelektronen hinzu, nimmt der Radius ab. Dies ist intuitiv nicht sofort nachzuvollziehen. Es ist eine Folge der Wechselwirkung zwischen den Elektronen und der Besetzung der nichtkugelsymmetrischen p- und später d-Orbitale. Die Valenzschale der Edelgase ist vollständig gefüllt. Ihre Radien werden in dieser Auftragung überschätzt, da sie nicht aus kovalenten Bindungen ermittelt sind. Edelgase und Halogene haben in einer Periode die kleinsten Atomradien. Die Atomabmessungen für die Hauptgruppen im Periodensystem werden in Abb. 7.4(b) durch maßstäbliche Abbildung von Kugeln veranschaulicht.

Entfernt man das Valenzelektron eines Alkaliatoms, bleibt ein einfach positiv geladenes Ion (Anion) übrig, dessen Abmessung in der Größenordnung des Edelgasatoms der Periode davor ist. Die Radien von Atom und Anion sind in Abb. 7.5 für K und K$^+$ dargestellt. Fügt man dagegen einem Halogenatom der siebten Gruppe ein Elektron hinzu, entsteht ein einfach negativ geladenes Ion (Kation), dessen Radius deutlich größer ist. Ähnliches gilt für die zweifach negativ geladenen Ionen der Chalkogene. In Abb. 7.5 sind O und O^{2-} und Cl und Cl$^-$ beispielhaft gezeigt.

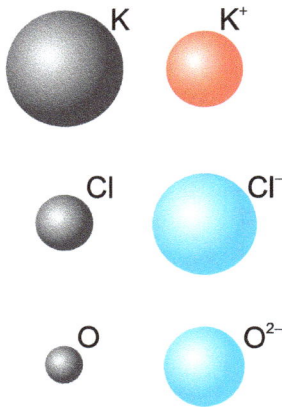

Abb. 7.5: Anionen der Alkaliatome sind deutlich kleiner, während Kationen der Halogene und Chalkogene einen größeren Radius aufweisen.

Die Energie, die mindestens aufzubringen ist, um ein Valenzelektron aus einem Atom auszulösen, wird **Ionisierungsenergie** genannt. In Abb. 7.6 sind diese Energien für die Elemente aufgetragen. Man erkennt, dass aus vollen Schalen viel Energie notwendig ist, um das Elektron aus der Valenzschale zu entfernen. Daher weisen Edelgasatome die höchsten Ionisierungsenergien auf, während Alkaliatome mit nur einem Valenzelektron sehr kleine Werte haben.

Beispiel: Ionisierungsenergien für das Heliumatom

Die höchste Ionisierungsenergie aller Elemente hat das He-Atom mit 24,6 eV. Um das zweite Elektron auszulösen, sind weitere 54,4 eV aufzubringen. Dieser Wert entspricht genau der Grundzustandsenergie für ein Elektron im zentralen Coulomb-Potenzial einer zweifach positiven Ladung, $2^2 \cdot R_H = 4 \cdot 13{,}6$ eV. Um also doppelt geladene He-Kerne,

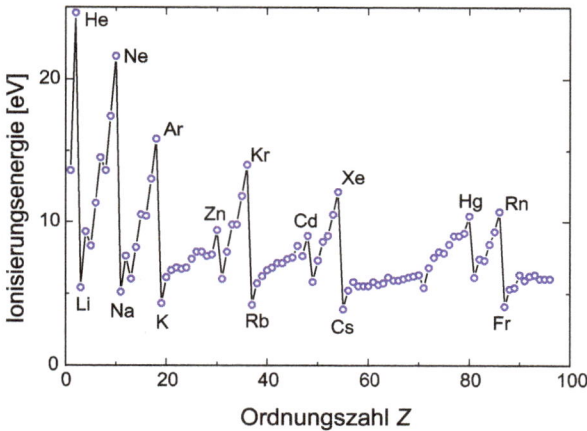

Abb. 7.6: Ionisierungsenergien der Elementatome mit steigender Ordnungszahl. Das Auslösen eines Elektrons aus vollständig gefüllten Schalen und Unterniveaus erfordert besonders hohe Energien.

das sind α-Teilchen, aus He-Atomen zu erzeugen, sind insgesamt 24,6 eV + 54,4 eV = 79 eV aufzubringen, d. h.

$$\text{He} \rightarrow \text{He}^{2+} + 2e_0 + 79\,\text{eV}.$$

Gäbe es keine Wechselwirkung zwischen den beiden Elektronen, müsste die doppelte Coulomb-Energie

$$2 \cdot R_H \cdot Z^2 = 2 \cdot 13{,}6\,\text{eV} \cdot 4 = 2 \cdot 54{,}4\,\text{eV} = 108{,}8\,\text{eV}$$

aufgewendet werden. Damit können wir aus den experimentell bestimmten Ionisierungsenergien die Wechselwirkungsenergie zwischen den Elektronen mit 108,8 eV − 79 eV = 29,8 eV angeben.

Nehmen wir an, dass diese Energie nur auf der abstoßenden Coulomb-Wechselwirkung beruht, lässt sich ein mittlerer Abstand zwischen den Elektronen von $r = e_0^2/(4\pi\epsilon_0 E) \approx 5 \cdot 10^{-11}$ m ableiten. Der Wert entspricht genau dem Durchmesser der ersten Bohrschen Bahn im Heliumatom, weil der Bohr-Radius mit $Z = 2$ nach (4.44) halb so groß ist wie im Wasserstoffatom, also $r \approx a_B/2$. Das Bohrsche Atommodell kann die Ionisierungsenergien plausibel machen, wenn wie in Abb. 7.7 die zwei Elektronen auf der Bohrschen Bahn gegenüberliegen. Dennoch taugt das semiklassische Modell nicht gut dazu, die physikalische Natur des Heliums richtig zu beschreiben. Hierzu liefert die Quantenmechanik mit Spin die richtigen Ergebnisse (siehe „Theoretische Ergänzung", S. 192).

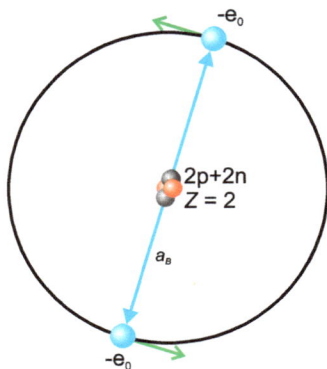

Abb. 7.7: Bohrsches Modell des He-Atoms. Elektronen umkreisen den zweifach geladenen Kern auf einem Kreis mit einem Durchmesser von a_B. Die Elektronen nehmen den maximalen Abstand voneinander ein.

7.3 Rumpfniveaus innerer Elektronen

7.3.1 Ionisation durch Auslösen von Rumpfelektronen

Mehrelektronenatome ab Lithium haben mindestens eine abgeschlossene innere Schale. Zustände, die nicht zur Valenzschale gehören, werden **Rumpfniveaus** genannt. Die Elektronen in diesen Niveaus werden entsprechend als **Rumpfelektronen** bezeichnet. Sie erfahren das nur schwach abgeschirmte Coulomb-Potenzial des Kerns, und ihre Zustände haben daher hohe Bindungsenergien. Als Beispiel ist das Grotrian-Diagramm für alle besetzten Zustände des Kaliumatoms in Abb. 7.8 abgebildet. Die Energieachse ist logarithmisch skaliert, um den weiten Energiebereich vollständig darzustellen. Jeder blaue Punkt entspricht einem Elektron. Die beiden s-Elektronen in der K-Schale ($n = 1$) mit entgegengesetzten Spins spüren die ganze Stärke der Kernladung und haben daher Bindungsenergien von mehreren 1 000 eV. Wegen der Feinstruktur gibt es drei Unterniveaus der L-Schale mit $n = 2$. Ihre Energien liegen

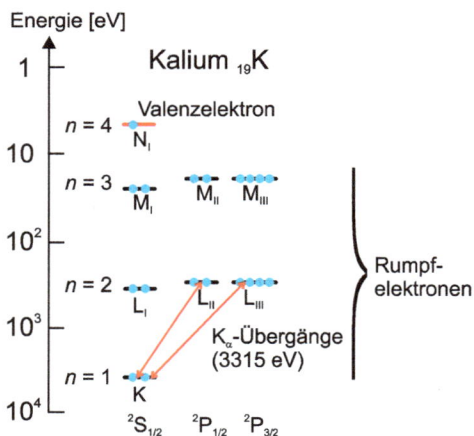

Abb. 7.8: Grotrian-Diagramm aller mit Elektronen besetzten Zustände im Kaliumatom. Jeder blaue Punkt entspricht einem Elektron. Man beachte die logarithmische Einteilung der Energieachse.

bei einigen 100 eV. Die Unterniveaus der M-Schale mit $n = 3$ haben Bindungsenergien von einigen 10 eV. Das Valenzelektron besetzt die N-Schale mit einer Bindungsenergie von 4,3 eV.

Die Bindungsenergien können z. B. durch die Absorption von monochromatischem Röntgenlicht bestimmt werden. Der entsprechende Effekt ist die **Photoionisation** und beruht auf der Auslösung eines Rumpfelektrons aus dem Atom. In Abb. 7.9(a) ist das Messprinzip skizziert. Eine Materialprobe wird mit Röntgenlicht bestrahlt. Die absorbierte Energie wird dabei als Funktion der Energie der Röntgenphotonen gemessen. Abbildung 7.9(b) erklärt das Geschehen im Energiediagramm. Immer wenn die Photonenenergie ausreicht, ein Rumpfelektron auszulösen, erhöht sich abrupt die Absorption. Das macht sich im Absorptionsspektrum als charakteristische *Absorptionskante* bemerkbar. In Abb. 7.11(a) ist schematisch ein Röntgenabsorptionsspektrum gezeigt. Die Kanten sind Spitzen bei den Bindungsenergien der inneren Zustände. Liegt die Photonenenergie darüber, wird das Niveau weniger effizient ionisiert, weshalb die Absorption jenseits der Kante leicht abnimmt. Die Feinstruktur der Kanten informiert über die energetische Lage der Unterniveaus, die üblicherweise mit römischen Zahlen, z. B. L_I, L_{II} etc., durchnummeriert werden.

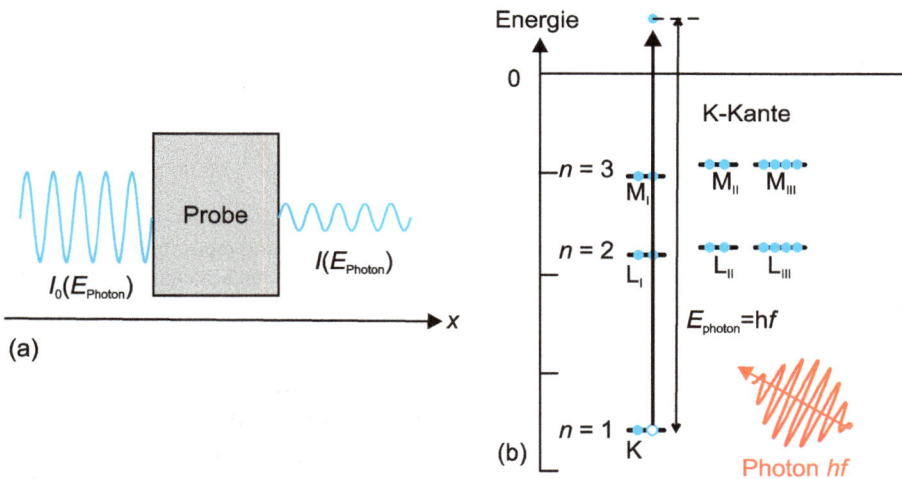

Abb. 7.9: (a) Schematisches Messprinzip bei der Röntgenabsorptionsspektroskopie. (b) Die Absorption steigt abrupt, wenn die Energie des einfallenden Photons ausreicht, ein Rumpfelektron auszulösen.

Alternativ zur Photoionisation können die Rumpfelektronen auch bei Beschuss mit entsprechend energiereichen Elektronen austreten. Diese **Elektronenstoßionisation** eignet sich aber nicht direkt zur Bestimmung der Bindungsenergien, weil die Absorption auch durch Emission von Bremsstrahlung groß ist. Erst zusammen mit der

Fluoreszenz lassen sich Rückschlüsse auf die Energien gewinnen, wie im folgenden Abschnitt beschrieben.

7.3.2 Röntgenfluoreszenz

Man bezeichnet fehlende Elektronen in den Rumpfzuständen auch lapidar als Löcher. Das fehlende Elektron in einem Rumpfniveau, das Loch, kann sehr schnell durch Elektronen aus energetisch höheren Zuständen besetzt werden. Wenn dies unter Aussendung eines Photons geschieht, spricht man von **Fluoreszenz**. Wegen der hohen Bindungsenergien liegen die ausgesandten Photonen im Röntgenspektrum.

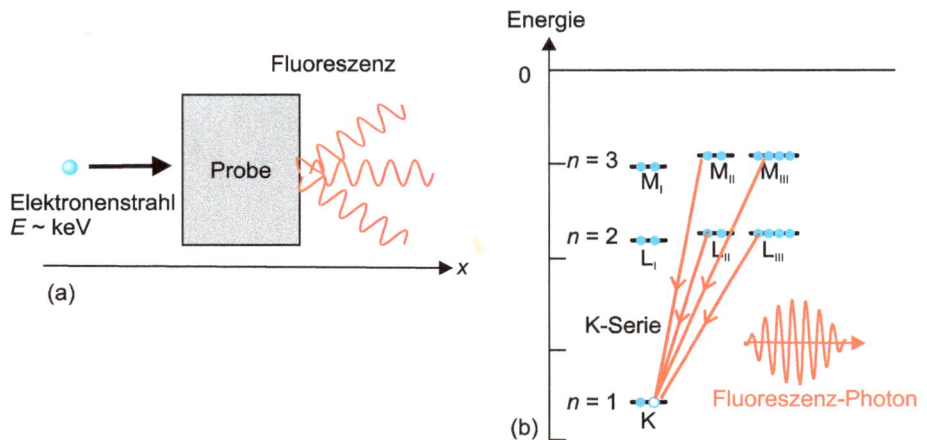

Abb. 7.10: (a) Schematisches Messprinzip der Röntgenfluoreszenzspektroskopie. (b) Die scharfen Linien im Spektrum entstehen durch Übergänge von Elektronen aus höheren Schalen in das ionisierte Niveau, hier der K-Schale.

Der schematische Messaufbau ist in Abb. 7.10(a) gezeigt. Die Rumpfniveaulöcher können durch hochenergetische Elektronen erzeugt werden, die die Materialatome ionisieren. Das Entstehen der charakteristischen Linien ist anhand der K-Serie in Abb. 7.10(b) erklärt. Elektronen von den energetisch höheren Schalen L, M etc. füllen das Loch in der K-Schale. Die Linien werden mit aufsteigender Energie mit Buchstaben des griechischen Alphabets benannt. Die Linie mit der niedrigsten Energie der K-Serie heißt K_α und ist oft die intensivste Linie. Ein schematisches Fluoreszenzspektrum bei Elektronenstoßionisation, z. B. in einer Röntgenröhre, ist in Abb. 7.11(b) dargestellt. Auf dem breiten weißen Bremsstrahlungsuntergrund stechen scharfe charakteristische Linien hervor, die sogenannte **charakteristische Strahlung**. Die Energien der Fluoreszenzübergänge sind stets kleiner als die Ionisierungsenergie des unteren Niveaus.

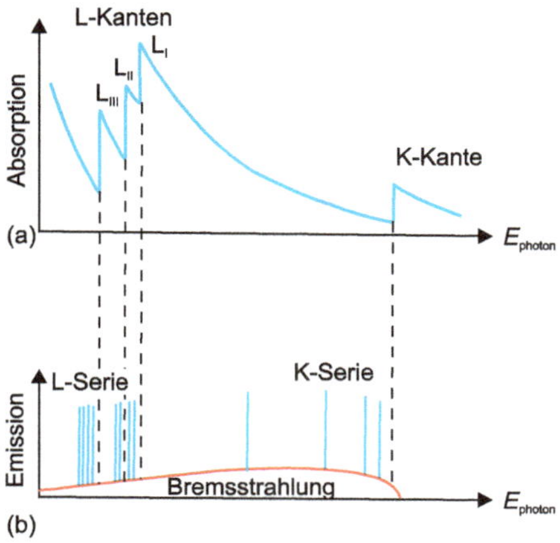

Abb. 7.11: (a) Schematisches Röntgenabsorptionsspektrum mit typischen Absorptionskanten. (b) Schematisches Röntgenfluoreszenzspektrum am gleichen Material. Die charakteristischen Linien sind energetisch stets kleiner als die Energie der Kante, die durch Ionisation des Rumpfniveaus entsteht.

Die charakteristische Strahlung wird heute in Laboren oft als monochromatische Röntgenlichtquelle verwendet. Elektronen mit einer Energie von 15 keV werden z. B. auf eine Al-Anode beschleunigt, was intensive Al-K_α-Strahlung mit einer Photonenenergie von 1 487 eV erzeugt.

Weil die freiwerdende Energie der Fluoreszenzübergänge immer kleiner als die Bindungsenergie des Rumpfniveaus ist, liegen die Absorptionskanten stets bei höheren Energien als die Fluoreszenzlinien, was in Abb. 7.11 schematisch dargestellt ist.

7.3.3 Auger-Meitner-Effekt

Gerade bei leichten Atomen mit Ordnungszahlen unter $Z = 30$ findet ein zur Fluoreszenz konkurrierender, strahlungsloser Prozess statt. Beim dem nach Pierre Auger (1899–1993) und Lise Meitner (1878–1968) benannten **Auger-Meitner-Effekt** füllt ein Elektron aus einer oberen Schale das Loch im Rumpfniveau, ohne jedoch ein Photon zu erzeugen. Die freiwerdende Energie wird vielmehr direkt auf ein weiteres Elektron der Ausgangsschale übertragen, das dann aus dem Atom gelöst wird. Der Vorgang ist schematisch für einen *KLL*-Übergang in Abb. 7.12 erklärt. Wie man leicht in der Abbildung nachvollzieht, beträgt die kinetische Überschussenergie des ausgelösten Auger-Elektrons in diesem Fall

$$E_{\text{kin}} = |E_K| - 2|E_L|. \tag{7.7}$$

Die Auger-Elektronenspektroskopie nach Elektronenstoßionisation ist heute ein Standardverfahren zum empfindlichen Nachweis leichter chemischer Elemente auf Proben, weil die Energien der Auger-Elektronen für jedes Element charakteristisch sind.

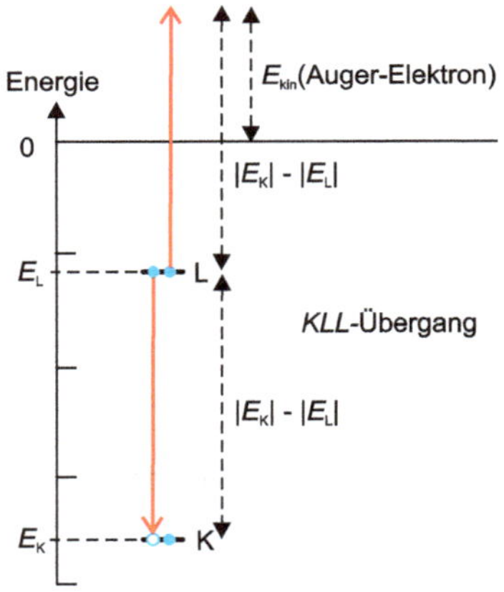

Abb. 7.12: Beim Auger-Meitner-Effekt wird das Loch in der K-Schale von einem Elektron einer höheren Schale, hier der L-Schale, gefüllt. Die frei werdende Energie wird auf ein Elektron der höheren Schale übertragen und löst das Elektron aus dem Atom aus. Dargestellt ist der *KLL*-Auger-Übergang.

Theoretische Ergänzung: Quantenmechanik des Heliumatoms

Natürlich vorkommendes Helium besteht zu 99,99 % aus dem ^{4}He-Isotop mit zwei Protonen und zwei Neutronen im Kern und zwei Valenzelektronen. Um die elektronische Struktur zu beschreiben, muss die Wellenfunktion $\Psi(\vec{r}_1, \vec{r}_2)$ aus der stationären Schrödinger-Gleichung für zwei Teilchen

$$\hat{H}\Psi = E\Psi \tag{7.8}$$

mit dem komplizierten Hamilton-Operator

$$\hat{H} = -\frac{\hbar^2}{2m_e}(\Delta_1 + \Delta_2) - \frac{2e_0^2}{4\pi\epsilon_0}\left(\frac{1}{r_1} + \frac{1}{r_2}\right) + \frac{e_0^2}{4\pi\epsilon_0|\vec{r}_1 - \vec{r}_2|} + \mathcal{O} \tag{7.9}$$

gelöst werden. Der erste Term des Hamilton-Operators entspricht der kinetischen Energie der beiden Elektronen, gekennzeichnet durch die Zahlen 1 und 2. Der zweite Term ist die Coulomb-Energie der Elektronen im Feld des Kerns, wobei die Startpunkte der Ortsvektoren im Kern liegen. Der dritte Term berücksichtigt die Coulomb-Abstoßung zwischen den Elektronen, und $\mathcal{O}$ steht für alle Wechselwirkungen der Fein- und Hyperfeinstruktur. Die Schrödinger-Gleichung ist bestenfalls näherungsweise zu lösen.

Dennoch lassen sich die Lösungen präziser umreißen, weil sie sich wegen des Pauli-Prinzips in ihrer Symmetrie unterscheiden. Die Gesamtwellenfunktion

$$\Psi(\vec{r}_1, \vec{r}_2) = \psi(\vec{r}_1, \vec{r}_2) \cdot \chi(1, 2) \tag{7.10}$$

lässt sich formal als Produkt der Ortswellenfunktion ψ und der Spinwellenfunktion χ schreiben. Sie muss wegen des Pauli-Prinzips gegen Vertauschen der beiden Elektronen antisymmetrisch sein, d. h. $\Psi(\vec{r}_1, \vec{r}_2) = -\Psi(\vec{r}_2, \vec{r}_1)$. Dadurch sind zwei Heliumatomsysteme möglich.

1. **Parahelium**

   Die beiden Spins der Elektronen sind antiparallel, womit χ antisymmetrisch wird und ψ symmetrisch sein muss. Die Spinwellenfunktion lautet dann formal

$$\chi(1, 2) = \frac{1}{\sqrt{2}}(\uparrow_1\downarrow_2 - \uparrow_2\downarrow_1), \tag{7.11}$$

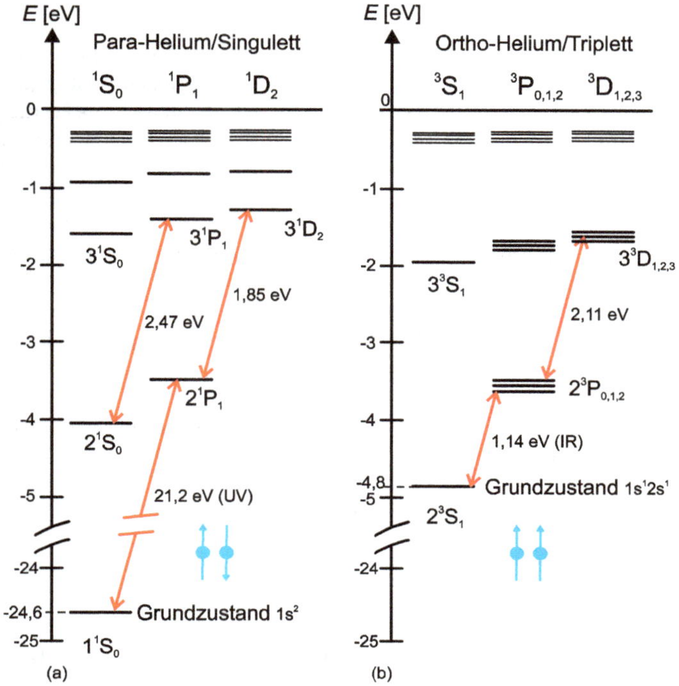

Abb. 7.13: Termschemata der beiden Heliumkonfigurationen mit ausgesuchten dipolerlaubten optischen Übergängen. Es gibt keine optischen dipolerlaubten Übergänge zwischen den Systemen. (a) Parahelium. (b) Orthohelium.

wobei die Pfeile die Spinwellenfunktionen der Elektronen 1 bzw. 2 und deren Spinrichtung angeben. Der Vorfaktor dient nur zur Normierung. Der Zustand in (7.11) weist bemerkenswerte Eigenschaften auf. Er ist wie vermutet antisymmetrisch, denn $\chi(1,2) = -\chi(2,1)$. Er besagt, dass sowohl Elektron 1 im Spin-up- und Elektron 2 im Spin-down-Zustand sein kann, als auch umgekehrt. Die beiden Elektronen sind ja ununterscheidbar. Man spricht auch von einer **Verschränkung** der beiden Einzelspinzustände. Eine irgendwie geartete Messung des Spins eines Elektrons legt die Richtung des anderen Spins sofort fest.

Der Gesamtspin in dieser Konfiguration ist $S = 0$. Ebenso verschwindet der Gesamtbahndrehimpuls $L = 0$, weil sich beide Elektronen im Grundzustand des He-Atoms in einem s-Zustand befinden. Beide Elektronen besetzen den 1s-Zustand und unterscheiden sich nur in ihrer Spinquantenzahl. Das Pauli-Prinzip ist also erfüllt.

Wie in Abb. 7.13(a) gezeichnet, lautet die Elektronenkonfiguration $1s^2$ bzw. spektroskopisch 1^1S_0. Der Zustand entspricht dem niedrigsten Energieniveau und stellt daher den Grundzustand des Heliumatoms mit einer Ionisierungsenergie von 24,6 eV dar. Die Multiplizität ist $2S + 1 = 1$ und beschreibt daher einen **Singulett**zustand. Heliumgas, dessen Atome im Grundzustand entgegengesetzte Elektronenspins haben, wird Para- oder auch Singuletthelium genannt. Die nächsten beiden angeregten Zustände des Paraheliums, 2^1S_0 und 2^1P_1, sind ebenfalls im Energieschema in Abb. 7.13(a) eingezeichnet. Der stärkste dipolerlaubte optische Übergang liegt mit einer Photonenenergie von 21,2 eV im Ultravioletten. Zwei dipolerlaubte Übergänge im Sichtbaren zwischen der zweiten und dritten Schale sind auch eingezeichnet.

2. **Orthohelium**

Im Orthohelium sind die Spinquantenzahlen der beiden Elektronen gleich, d. h. die Spins sind gegenüber einer Quantisierungsachse gleich orientiert, und die Spinwellenfunktion ist gegenüber Vertauschung der Elektronen symmetrisch. Das Pauli-Prinzip verbietet, dass beide Elektronen den 1s-Zustand bevölkern, denn die vier Quantenzahlen wären gleich. Ein Elektron muss in den 2s-Zustand ausweichen, und die Elektronenkonfiguration ist $1s^1 2s^1$. Wegen des fehlenden Bahndrehimpulses ist der Gesamtbahndrehimpuls des Grundzustands wieder $L = 0$. Die parallelen Spins addieren sich jedoch zu einem Gesamtspin mit der Quantenzahl $S = 1$. Dadurch beträgt die Multiplizität $2S + 1 = 3$, weshalb man auch von einem **Triplett**system spricht. Der spektroskopische Term des Grundzustands des Orthoheliumatoms ist 2^3S_1, wie im Energieschema in Abb. 7.13(b) skizziert. Die P- und D-Zustände sind wegen der Spin-Bahn-Kopplung dreifach aufgespalten, was in der Abb. 7.13(b) schematisch dargestellt ist. Die unteren optischen Übergänge in der zweiten Schale zwischen 2^3P und 2^3S liegen im Infraroten, während die optischen Übergänge zwischen 2^3P und 2^3D sichtbares Licht erzeugen.

Die Multiplizität spiegelt die mögliche Ausrichtung des Spins gegenüber der Quantisierungsachse wider, die wir als z-Achse ansehen. Es gilt

$$S_z = m_S \hbar \quad \text{mit } m_S = -1, 0, 1. \tag{7.12}$$

Die zu den verschiedenen m_S gehörenden, symmetrischen Spinwellenfunktionen lauten jetzt

$$\chi(1,2) = \begin{cases} \uparrow_1 \uparrow_2 & \text{wenn } m_S = +1, \\ \frac{1}{\sqrt{2}}(\uparrow_1 \downarrow_2 + \uparrow_2 \downarrow_1) & \text{wenn } m_S = 0, \\ \downarrow_1 \downarrow_2 & \text{wenn } m_S = -1. \end{cases} \tag{7.13}$$

In Abb. 7.13(b) sind der Grundzustand und einige angeregte Zustände des Orthoheliums eingetragen.

Es gibt keine Übergänge zwischen Para- und Orthohelium durch Einwirken elektromagnetischer Dipolstrahlung. Optisch lassen sich keine Spinumkehrungen erreichen. Daher sind Orthoheliumatome *metastabil*. Erst durch Stöße mit anderen He-Atomen oder mit Oberflächen können sie ihre hohe Anregungsenergie abgeben. Darüber hinaus fällt in der Abb. 7.13 auf, dass gleiche Elektronenkonfigurationen, z. B. $1s^1 2s^1$, im Triplettsystem eine höhere Bindungsenergie aufweisen als im Singulettatom. Der Grundzustand des Triplettsystems liegt z. B. um 0,8 eV unterhalb des vergleichbaren Zustands 2^1S im Singulettsystem. Dies liegt am Pauli-Prinzip. Elektronen mit parallelen Spins halten einen größeren Abstand zueinander ein, weshalb die Coulomb-Abstoßung kleiner ist, was die Energieniveaus absenkt.

Die Addition der Einzelspins zum Gesamtspin lässt sich im Vektorenbild veranschaulichen. Ist die z-Achse die Quantisierungsachse, kann nur die z-Komponente des Spins präzise gemessen werden, während die x- und y-Komponenten unbestimmt sind. Wir verbildlichen dies durch die Lage des quantenmechanischen Drehimpulsvektors auf einem Kegel um die z-Achse. Weil sich die beiden Spinwellenfunktionen der Elektronen kohärent überlagern, hat die Differenz ihrer Phasen einen definierten Wert. In Abb. 7.14 sind für den Singulettzustand $S = 0$ die Spineinstellungen als Vektoren gezeichnet, die um die z-Achse präzedieren. Im Singulettsystem sind die Phasen der Einzelspins um π phasenverschoben.

Im Triplettsystem präzedieren die Einzelspins in Phase. In Abb. 7.15 sind die drei Orientierungsmöglichkeiten skizziert, die sich unterschiedlich zum Gesamtspin addieren.

Die beiden Heliumatomsysteme können durch optische Spektroskopie auseinandergehalten werden. Das sichtbare Linienspektrum aus einer He-Gasentladung ist in Abb. 7.16 gezeigt. Die Linien

Singulett S = 0

$\uparrow\downarrow - \downarrow\uparrow$ --------- $= 0$

Abb. 7.14: Vektormodell der Spineinstellungen der beiden Elektronen im Parahelium. Der Gesamtspin ist gleich null.

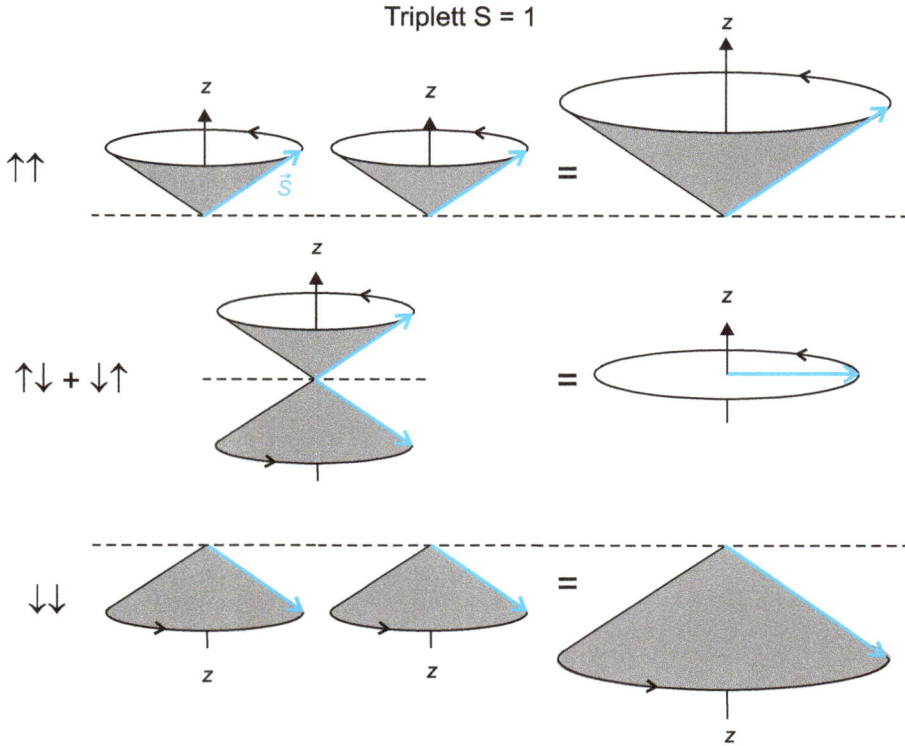

Triplett S = 1

$\uparrow\uparrow$ ... $=$

$\uparrow\downarrow + \downarrow\uparrow$ --------- $=$

$\downarrow\downarrow$ ... $=$

Abb. 7.15: Vektormodell der Spineinstellungen der beiden Elektronen im Orthohelium. Die Summe der Einzelspins ergibt den Gesamtspin eins. Es gibt drei mögliche Orientierungen.

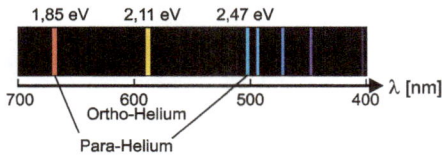

1,85 eV   2,11 eV   2,47 eV

700   600   500   400 λ [nm]
          Ortho-Helium

    Para-Helium

Abb. 7.16: Die Spektrallinien aus einer Heliumgasentladung entsprechen Übergängen aus beiden Systemen. Es werden keine Übergänge zwischen Para- und Orthohelium beobachtet.

gehen auf Übergänge im Para- wie auch im Orthohelium zurück, wie der Vergleich mit den ausgesuchten Übergängen in den Grotrian-Diagrammen in Abb. 7.13 belegen. Im Spektrum einer Gasentladung sind wegen der hohen Zahl an Stößen immer Übergänge beider Systeme zu beobachten, allerdings nie zwischen den beiden Systemen. Die stärkste Linie des Paraheliums liegt im UV mit $hf = 21{,}2$ eV. Sie wird gerne als intensive UV-Quelle verwendet. Sie ist erheblich intensiver als die stärkste sichtbare Linie bei 2,11 eV (gelb), die auf einen Übergang im Orthohelium zurückgeführt werden kann. Die zweitstärkste Linie im VIS ist ein Übergang im Parahelium mit ungefähr 1,85 eV, was rotem Licht entspricht.

Übungen

1. Geben Sie unter Beachtung der Hundschen Regeln die Elektronenkonfiguration und die spektroskopische Bezeichnung des Grundzustands der Atome von $_{11}$Na bis $_{18}$Ar an.

2. Ausgehend vom Bohrschen Atommodell soll angenommen werden, dass sich die beiden Elektronen im He-Atom auf der ersten Bohrschen Bahn bewegen. Die beiden Elektronen nehmen dabei immer entgegengesetzte Punkte auf der Kreisbahn ein, wie in Abb. 7.7 gezeichnet.
   - Wie groß ist der Radius der ersten Bohrschen Bahn, wenn die Coulomb-Abstoßung zwischen den Elektronen vernachlässigt wird?
   - Wie groß ist die Bahngeschwindigkeit der Elektronen?
   - Bestimmen Sie die Gesamtenergie der Elektronen, also die Summe von kinetischer und potenzieller Energie inklusive der Coulomb-Abstoßung, und vergleichen Sie diese mit dem korrekten Wert von 79 eV.

3. In welcher Spektralserie des He$^+$-Ions ist die komplette Balmer-Serie des H-Atoms enthalten? Warum gibt es dennoch kleine Abweichungen zwischen Wasserstoff- und Heliumspektrallinien?

4. Schätzen Sie die Energie des *KLL*-Auger-Elektrons im Kaliumatom mit Abb. 7.8 ab.

5. Photonen welcher Wellenlänge können die K-Schale im Kaliumatom ionisieren?

6. Lithium (Li) ist ein Atom mit drei Elektronen. Um ein Elektron aus dem Li-Atom auszulösen, wird eine Energie von 5,4 eV benötigt (Erste Ionisierungsenergie). Die Entfernung des zweiten Elektrons erfordert schon 75,7 eV. Welche Wellenlängen müssen Photonen mindestens unterschreiten, damit Li-Atome einfach bzw. zweifach photoionisiert werden können?

7. Wie viel Energie ist aufzubringen, um das letzte, dritte Elektron im Lithiumatom auszulösen?

8 Atomphysikalische Anwendungen

8.1 Licht und Materie

8.1.1 Absorption und Emission von Photonen

Ändert ein Atom seinen quantenmechanischen Zustand, variiert in der Regel auch seine Energie. Nimmt das Atom einen höheren Energiezustand ein, spricht man von einer *Anregung*. Es muss Energie von außen aufnehmen, was oft durch Absorption, d. h. Aufnahme eines Photons geschieht. Bei Emission, d. h. Aussenden eines Photons nimmt das Atom einen niedrigeren Energiezustand ein. Wie schon in den vorangegangenen Kapiteln erwähnt, sind diese sogenannten *strahlenden* oder auch *optischen* Übergänge zwischen den diskreten Elektronenzuständen häufige Prozesse.

Abbildung 6.3 zeigt beispielhaft die optischen Übergänge im Wasserstoffatom, wobei die blauen Striche Übergänge der Lyman-Serie aus dem bzw. in den Grundzustand wiedergeben. Die roten Linien gehen in den bzw. aus dem angeregten Zustand mit $n = 2$ und beschreiben Übergänge der Balmer-Serie mit Photonenenergien im Sichtbaren. Offensichtlich sind nicht alle Übergänge möglich. Die **erlaubten** optischen Übergänge werden durch Auswahlregeln festgelegt, die wir in Kapitel 8.1.2 noch genauer diskutieren werden. Die eingezeichneten Zustandsänderungen in Abb. 6.3 sind erlaubt, wenn das Atom mit einem Lichtfeld wechselwirkt, das von einem elektrischen Dipol ausgegangen ist. Diese **Dipolstrahlung** elektromagnetischer Wellen wurde in Band 2 vorgestellt. Sie ist in der Regel der bei weitem stärkste Anteil in einem beliebigen Lichtfeld.

An der Absorption oder Emission eines Photons durch ein Atom sind zwei Zustände beteiligt, die wir mit ψ_i und ψ_f bezeichnen wollen. Die Indizes i und f stehen dabei für **initial** und **final** und deuten an, dass es einen Anfangs- und einen Endzustand gibt. Wir bezeichnen hier den Zustand ψ_i als den mit der niedrigeren Energie.

Albert Einstein hat die quantenmechanischen Grundprozesse der Wechselwirkung zwischen Atom und Photon in dem einfachen Modell eines Zwei-Niveau-Systems mit Anfangs- und Endzustand erklärt. Abbildung 8.1 zeigt schematisch ein solches

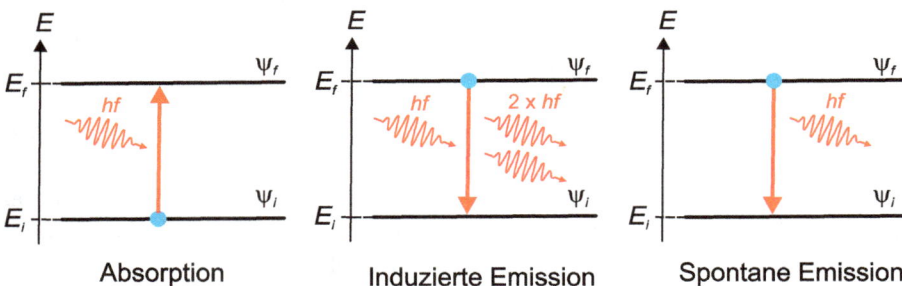

Abb. 8.1: Elementare Prozesse der Wechselwirkung von Photonen mit einem Zwei-Niveau-System.

https://doi.org/10.1515/9783110468977-008

System, wobei die beiden beteiligten Zustände gegen eine Energieachse aufgetragen sind. Einstein postulierte drei elementare Vorgänge. Diese sind in Abb. 8.1 dargestellt und heißen

- **Absorption**, bei der ein Photon aufgenommen wird und das System/Atom einen Quantensprung vom niedrigeren Anfangszustand in den angeregten Endzustand vollführt, $\psi_i \to \psi_f$;
- **induzierte Emission**, in der ein einfallendes Photon das angeregte System anstößt, durch Aussenden eines weiteren Photons in den unteren Zustand zu springen, $\psi_f \to \psi_i$, und
- **spontane Emission**, in der das angeregte System ohne äußere Stimulation und rein statistisch durch Aussenden eines Photons in den unteren Zustand zurückfällt.

Es gilt allgemein die Energieerhaltung, so dass bei Zustandsänderungen stets die **Resonanzbedingung**

$$hf = |E_f - E_i| \tag{8.1}$$

erfüllt ist. Die Energie E_f (E_i) entspricht dabei der höheren (niedrigeren) Energie des Zustands ψ_f (ψ_i). Wie genau die Bedingung in (8.1) erfüllt sein muss, werden wir in Kapitel 8.1.3 und in der folgenden Anmerkung näher betrachten.

Im Folgenden wollen wir nicht ein einzelnes Atom oder Molekül im Lichtfeld betrachten, sondern ein *Ensemble* von identischen Atomen/Molekülen, um die Diskussion möglichst anschaulich zu halten. Wir nehmen an, dass von den N identischen Atomen N_i im Anfangszustand ψ_i und N_f im Endzustand ψ_f sind. Die Teilchenanzahl bleibt erhalten, so dass stets $N = N_i + N_f$ gilt. Die Zahl der Absorptionen pro Zeit wird **Absorptionsrate** genannt und kann als

$$w_{i \to f} = B_{if} \cdot N_i \cdot u(f) \tag{8.2}$$

geschrieben werden. Sie ist proportional zur Zahl der Atome im Anfangszustand, N_i, und zur Zahl der vorhandenen Photonen richtiger Energie. Diese Stärke des Lichtfelds entspricht der spektralen Energiedichte $u(f)$, wie später noch genauer erklärt wird. Die Proportionalitätskonstante ist der sogenannte *Einstein-Koeffizient* der Absorption B_{if}. Dementsprechend ist die **induzierte Emissionsrate** gleich

$$w_{f \to i} = B_{fi} \cdot N_f \cdot u(f), \tag{8.3}$$

wobei der Einstein-Koeffizient der induzierten Emission gleich dem der Absorption sein muss. Die induzierte Emission entspricht im Prinzip dem umgekehrten quantenmechanischen Prozess der Absorption. Es gilt demnach

$$B_{fi} = B_{if}. \tag{8.4}$$

Die Rate der spontanen Emission

$$w_{f\to i}^{\text{spontan}} = A_{fi} \cdot N_f \qquad (8.5)$$

ist ein statistischer Vorgang, der nicht von der Lichtstärke abhängt. Der Einstein-Koeffizient hängt jedoch davon ab, wie viele Schwingungsmoden für das entstehende Photon zur Verfügung stehen. Diese Modenzahl pro Volumen kann rechnerisch über die Zahl der stehenden Wellen in einem würfelförmigen Volumen berechnet werden. Sie ist umso größer, je höher die Frequenz f ist. Man findet ohne Herleitung

$$A_{fi} = \underbrace{\frac{8\pi h f^3}{c_0^3}}_{\text{Modendichte}} B_{fi}. \qquad (8.6)$$

Das Einstein-Modell zur Wechselwirkung zwischen Licht und atomarer Materie ist mit seinen drei Elementarprozessen zwar denkbar einfach, aber es kann die Plancksche Strahlungsformel nach (4.7) erklären. Wir betrachten dazu das thermische Gleichgewicht zwischen einem Ensemble von identischen Atomen/Molekülen und einem Lichtfeld. Zwischen Absorption und Emission bestehe ein stationäres Gleichgewicht. Es werden genauso viele Atome angeregt, wie Atome in den unteren Zustand zurückfallen,

$$w_{i\to f} = w_{f\to i} + w_{f\to i}^{\text{spontan}}. \qquad (8.7)$$

Setzen wir die Einstein-Koeffizienten ein, folgt

$$B_{if} \cdot N_i \cdot u(f) = B_{fi} \cdot N_f \cdot u(f) + A_{fi} N_f. \qquad (8.8)$$

Durch Anwendung der statistischen Physik (siehe Kapitel 2) kann im thermischen Gleichgewicht das Verhältnis N_f/N_i mit dem Boltzmann-Faktor gleichgesetzt werden,

$$\frac{N_f}{N_i} = e^{-\frac{E_f - E_i}{k_B T}} = e^{-\frac{hf}{k_B T}}. \qquad (8.9)$$

Die Auflösung von (8.8) nach $u(f)$ und Einsetzen von (8.6) und (8.9) liefert das bekannte Plancksche Strahlungsgesetz für die spektrale Energiedichte

$$u(f, T) = \frac{\frac{A_{fi}}{B_{fi}}}{\frac{B_{if}}{B_{fi}} e^{\frac{hf}{k_B T}} - 1} = \frac{8\pi h f^3}{c_0^3} \frac{1}{e^{\frac{hf}{k_B T}} - 1}. \qquad (8.10)$$

Anmerkung: Vernachlässigung der Rückstoßenergie bei Absorption und Emission

Ein Photon besitzt den Impuls $\hbar\vec{k}$, der im Falle von sichtbarem Licht sehr klein ist. Auch bei der Absorption und Emission von Photonen gilt der Impulserhaltungssatz. Das absorbierende Atom oder Molekül übernimmt den Photonenimpuls vollständig und ändert seinen Anfangsimpuls. Das emittierende Atom erfährt dagegen einen Rückstoß. Die beiden Fälle sind in Abb. 8.2 schematisch für ein ruhendes Atom dargestellt. Die Impulserhaltung wirkt sich auf die kinetische Energie des Atoms aus. Bei der Absorption erhöht sich die kinetische Energie, die neben der Übergangsenergie auch vom Photon zur Verfügung gestellt werden muss. Die Resonanzbedingung in (8.1) erhöht sich um die aufgenommene Energie des Atoms bzw. Moleküls und lautet richtiger

$$hf_a = |E_f - E_i| + \frac{\hbar^2 k^2}{2m} \tag{8.11}$$

mit m als der Masse des Teilchens und Index a für Absorption. Bei der Emission reduziert sich die Photonenenergie, weil ein kleiner Teil in die Rückstoßenergie des Atoms fließt. Gleichung (8.1) verändert sich zu

$$hf_e = |E_f - E_i| - \frac{\hbar^2 k^2}{2m}. \tag{8.12}$$

Absorptions- und Emissionsenergien unterscheiden sich also um

$$\Delta hf = \frac{\hbar^2 k^2}{m} = \frac{h^2}{\lambda^2 m}. \tag{8.13}$$

Wir wollen für die optischen Übergänge im Sichtbaren die energetische Verschiebung der Spektrallinien abschätzen. Dazu betrachten wir das Wasserstoffatom, das wegen der kleinen Masse den größten Rückstoß erfährt. Die Balmer-α-Linie hat eine Energie

Absorption

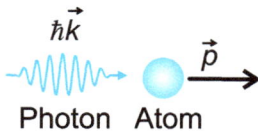

Photon   Atom

Emission

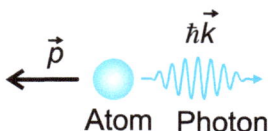

Atom   Photon

Abb. 8.2: Bei Absorption und Emission von Photonen gilt der Impulserhaltungssatz. Das Atom verändert seine kinetische Energie infolge des Rückstoßes, was die Resonanzbedingung geringfügig verändert.

von 1,9 eV und eine Wellenlänge von 656 nm, so dass

$$\Delta hf \approx \frac{(6{,}6 \cdot 10^{-34} \text{J s})^2}{(6{,}56 \cdot 10^{-7}\text{m})^2 \cdot 1{,}6 \cdot 10^{-27}\text{kg}} = 4 \cdot 10^{-9} \text{ eV} \tag{8.14}$$

folgt. Diese minimale Verschiebung ist viel kleiner als die natürliche Spektrallinienbreite, die in Kapitel 8.1.3 diskutiert wird. Daher können wir die Rückstoßverschiebung der Spektrallinien vom Sichtbaren bis ins kurzwellige UV getrost vernachlässigen. Absorptions- und Emissionslinien liegen praktisch bei der gleichen Energie.

Wenn aber die Photonenenergie sehr hoch ist wie z. B. bei der Emission von γ-Photonen aus Atomkernen, oder wenn sogenannte verbotene Übergänge mit extrem kleinen natürlichen Linienbreiten spektroskopiert werden, kann vom Rückstoßeffekt nicht mehr abgesehen werden.

Beispiel: Absorption und Emission an Natriumatomen
Das Wechselspiel von Absorption und Emission lässt sich an einem einfachen Schulversuch gut demonstrieren. Das Licht einer Natriumdampflampe ist wegen der starken NaD-Spektrallinien intensiv orange. Die elektronischen Übergänge wurden in Abb. 6.21(a) vorgestellt. Zwischen der Na-Lichtquelle und einem Schirm wird ein Bunsenbrenner gestellt, in dessen Flamme Kochsalzkörner (NaCl) mit einem Keramikstäbchen gebracht werden. Wie in Abb. 8.3 gezeigt, leuchtet wegen der Na-Atome im Salz die Flamme orange auf. Im Lichtschein der Lampe auf dem Schirm entsteht ein Schatten der Flamme aufgrund der Absorption des Lampenlichts durch die Na-Atome in der Flamme. Das Experiment verdeutlicht, dass der Rückstoßeffekt keine erkennbare Rolle spielt. In einem Atom sind also bei Übergängen zwischen zwei Zuständen Photonen gleicher Energie beteiligt, unabhängig davon, ob Photonen absorbiert oder emittiert werden. Darüber hinaus verdeutlicht dieser Versuch die zunächst erstaun-

(a)   (b)

Abb. 8.3: (a) Licht aus einer Natriumdampflampe wird auf eine Na-Flamme gerichtet. (b) Es wird auf dem Schirm ein Schatten der Flamme beobachtet. Licht aus der Natriumdampflampe wird in der Natriumflamme absorbiert.

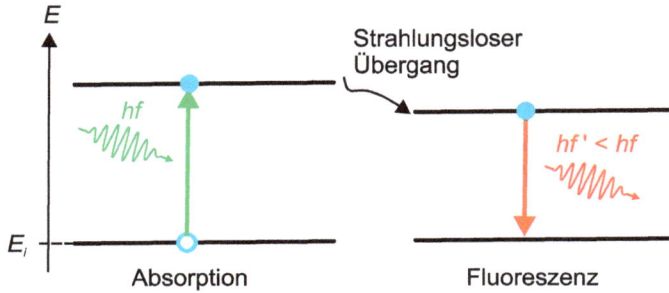

Abb. 8.4: In Molekülen sind wegen der hohen inneren Freiheitsgrade auch strahlungslose Übergänge möglich, so dass die Wellenlänge des Fluoreszenzlichts oft größer ist als die des absorbierten Lichts.

liche Tatsache, dass Licht und Licht zu Dunkelheit führen kann, auch wenn kein Interferenzphänomen vorliegt.

Es bleibt anzufügen, dass dieses Experiment nur gelingt, wenn wie im Fall von Na-Atomen nur zwei Niveaus beteiligt sind. In Molekülen gibt es wegen der inneren Freiheitsgrade (Schwingungen und Rotationen) sehr viele Zustände, zwischen denen auch strahlungslose Übergänge möglich sind. Das führt in der Regel dazu, dass das emittierte Licht eine kleinere Photonenenergie und damit eine größere Wellenlänge aufweist. Abbildung 8.4 zeigt schematisch den Prozess von Anregung und Entspannung.

Die Entspannung eines angeregten Atoms durch die spontane Aussendung eines Photons wird allgemein als **Fluoreszenz** bezeichnet. Typischerweise erfolgt diese Aussendung innerhalb von Nanosekunden (10^{-9} s), also sehr schnell, wenn der Übergang zwischen dem angeregten und dem entspannten Zustand dipolerlaubt ist. Ist die Emission des Photons verzögert (Millisekunden bis Stunden), spricht man auch von **Phosphoreszenz**. Das Aussenden von Licht nach *optischer* Anregung ist ein spezieller Fall der Fluoreszenz und wird **Photolumineszenz** genannt.

8.1.2 Auswahlregeln

Es soll nun qualitativ erklärt werden, welche Faktoren in die Einstein-Koeffizienten eingehen. Dazu machen wir uns wieder den Welle-Teilchen-Dualismus zunutze und betrachten das Licht zunächst als elektromagnetische Welle mit einem harmonisch schwingenden elektrischen Feldstärkevektor $\vec{E}(\vec{r}, t)$, wie in Abb. 8.5 als linear und zirkular polarisierte Welle gezeigt.

Die typischen optischen Übergangsenergien in einem Atom liegen im eV-Bereich. Die Wellenlänge des Lichts mit der gleichen Photonenenergie beträgt einige 100 nm und ist damit um einen Faktor 1 000 größer als die Abmessungen des Atoms. Abbil-

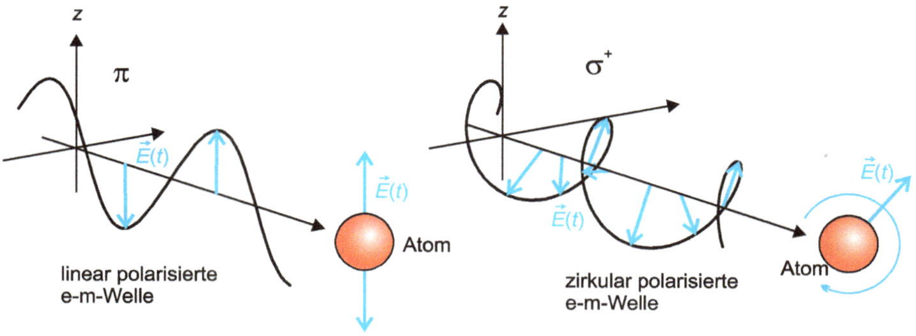

Abb. 8.5: Dargestellt ist die elektrische Feldstärke einer linear und einer zirkular polarisierten elektromagnetischen Welle (e-m-Welle). Die Elektronenverteilung folgt der zeitlichen Feldstärkeänderung, weil diese eine kleine Störung ist.

dung 8.5 soll diese unterschiedlichen Längenskalen insofern verdeutlichen, als die Elektronenwolke des Atoms der zeitlichen Variation des elektrischen Felds folgt. Die Atomgröße und die Wellenlängen sind nicht maßstäblich! Die dargestellten elektromagnetischen Wellen entspringen einem elektrischen Dipol und werden als Dipolstrahlung bezeichnet. Das Magnetfeld der elektrischen Dipolstrahlung spielt in unserer Diskussion keine nennenswerte Rolle.

Wir wollen die elektrische Feldstärke eines typischen Lichtfelds mit den inneratomaren Feldern vergleichen. Licht mit einer Intensität von $I = 100\,\text{W/cm}^2$ hat eine elektrische Feldstärkeamplitude von ungefähr

$$E_0 = \sqrt{\frac{2I}{\epsilon_0 c_0}} \approx 2{,}7 \cdot 10^4\,\frac{\text{V}}{\text{m}},$$

während beispielsweise das Elektron im Grundzustand des H-Atoms einer Feldstärke von ungefähr

$$E_0 = \frac{e_0}{4\pi\epsilon_0 a_{\text{B}}^2} \approx 5 \cdot 10^{10}\,\frac{\text{V}}{\text{m}}$$

ausgesetzt ist. Das äußere Lichtfeld kann als eine sehr kleine Störung des inneren atomaren Felds angesehen werden, d. h. die Annahme, dass die Elektronenwolke dem zeitabhängigen Feld folgt, ist vollkommen gerechtfertigt. Für solche Fälle kann das Näherungsverfahren der quantenmechanischen Störungsrechnung eingesetzt werden. Ohne auf Details der theoretischen Herleitung einzugehen, geben wir hier nur das Ergebnis an.

Die Einstein-Koeffizienten und damit die Emissions- und Absorptionsraten hängen vom Quadrat des sogenannten **Übergangsmatrixelements** ab. Dies berechnet man in Dipolnäherung und bei Einfall von Licht, das in z-Richtung linear polarisiert ist, durch

$$|\mathrm{M}_{if}|^2 = \left| \iiint \psi_i^* (e_0 z) \psi_f \, \mathrm{d}V \right|^2, \tag{8.15}$$

dem Absolutquadrat des Volumenintegrals mit dem konjugiert Komplexen des Anfangszustands ψ_i^*, dem Endzustand ψ_f und dem **Dipoloperator** $e_0 z$ als Faktoren des Integranden. Man erkennt, dass wegen des Absolutwerts die Symmetrie $|\mathrm{M}_{if}|^2 = |\mathrm{M}_{fi}|^2$ gilt, was wir im Einstein-Modell bereits qualitativ ausgenutzt haben. Der Operatorname rührt daher, dass der Faktor $e_0 z$ genau dem Dipolmoment zweier Elementarladungen im Abstand z entspricht.

Beispiel: dipolverbotener Übergang 1s ↔ 2s
Das Integral in (8.15) lässt sich meist einfach berechnen. Oft genügt es aber schon, anhand der Symmetrie festzustellen, ob das Matrixelement und damit die Übergangsrate gleich null sind. Betrachten wir z. B. das H-Atom und fragen, ob linear polarisiertes Dipollicht Übergänge zwischen dem 1s-Grundzustand und dem angeregten 2s-Zustand auslöst bzw. ob spontan Dipollicht bei diesem Übergang ausgestrahlt wird. Die Wellenfunktionen des Anfangs- und des Endzustands sind allein Funktionen vom Abstand $r = \sqrt{x^2 + y^2 + z^2}$ vom Kernmittelpunkt (siehe Kapitel 6.1). Damit sind für die s-Zustände ψ_i und ψ_f aber gerade Funktionen gegenüber der Reversion der Koordinatenachsen. Sie ändern weder Wert noch Vorzeichen, wenn das Vorzeichen einer Koordinate umgedreht wird, also beispielsweise gilt $\psi_i(x, y, z) = \psi_i(x, y, -z)$. Dagegen kehrt der Faktor $e_0 z$ beim Umdrehen des z-Vorzeichens auch sein Vorzeichen um. Er ist ungerade, und damit ist auch der gesamte Integrand im Matrixelement ungerade.

Das Integral einer ungeraden Funktion über den gesamten Raum ist aber gleich null. Dies ist für den eindimensionalen Fall in Abb. 8.6 nochmal veranschaulicht. Die Flächen links und rechts der y-Achse sind gleich, jedoch zählen Flächen unterhalb der x-Achse im Integral mit negativem Vorzeichen.

Wir halten fest, dass elektrische Dipolstrahlung keine Übergänge zwischen dem 1s- und 2s-Zustand im H-Atom auslöst. Der Übergang ist elektrisch **dipolverboten**.

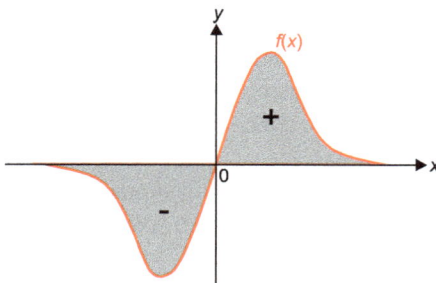

Abb. 8.6: Das Integral einer ungeraden Funktion $f(x)$ über die gesamte x-Achse ist null, weil Flächen unterhalb der x-Achse negativ zählen.

Das Beispiel lässt sich zu streng gültigen **Auswahlregeln bei elektrischer Dipol-strahlung** verallgemeinern. Übergänge zwischen elektronischen Zuständen in einem Atom sind bei Emission und Absorption von elektrischer Dipolstrahlung nur dann möglich, wenn sich die Quantenzahlen wie folgt ändern:

$$\Delta j = j_f - j_i = 0, \pm 1 \quad 0 \rightarrow 0 \text{ ist verboten,}$$

$$\Delta \ell = \ell_f - \ell_i = \pm 1,$$

$$\Delta m = m_f - m_i = \begin{cases} 0 & \text{linear polarisiertes Licht,} \\ \pm 1 & \text{zirkular polarisiertes Licht,} \end{cases}$$

$$\Delta s = s_f - s_i = 0.$$

Bei dipolerlaubten Übergängen ändert sich die Bahndrehimpulsquantenzahl immer um eins. Eine Spinumkehr ist aber **nicht** möglich.

Veranschaulichung der Auswahlregeln

Die Auswahlregeln können rechnerisch durch Auswerten von (8.15) erhalten werden. Sie lassen sich aber auch anschaulich machen, wenn die Formen der Orbitale betrachtet werden, die an dem Übergang beteiligt sind. Abbildung 8.7 zeigt Beispiele für s- und p-Wasserstoffatom-Orbitale bei optischen Übergängen. Dargestellt sind die Umrisse der Anfangs- und Endorbitale. Dazwischen sind Verformungen der Elektronenverteilung durch Wirkung des elektrischen Felds für unterschiedliche Polarisationen skizziert. Zustandsänderungen s ↔ s sind dipolverboten, weil der elektrische Feldvektor aus dem kugelsymmetrischen Anfangszustand keinen Endzustand gleicher Symmetrie erzeugen kann.

Dipolerlaubte s ↔ p-Übergänge können erfolgen, weil linear-polarisiertes Licht aus der Kugel eine lineare Doppelkeule formen kann. Für diesen Übergang gilt $\Delta m = 0$. Zirkular-polarisiertes Licht ruft dagegen den Übergang zwischen dem kugelsymmetrischen s-Zustand und dem ringförmigen p-Zustand hervor, wobei sich die magnetische Quantenzahl um eins verändert, $\Delta m = \pm 1$.

8.1.3 Spontane Fluoreszenz und natürliche Linienbreite

Es sind in der Regel mehrere Übergänge nach Anregung möglich. Abbildung 8.8(a) zeigt schematisch mehrere Energieniveaus eines Ensembles von identischen Atomen. Durch den Übergang $\psi_i \rightarrow \psi_f$ findet die Anregung statt. Es seien N_f Atome im angeregten Zustand, die durch spontane Emission von Photonen in energetisch niedrigere Zustände übergehen können. Die Größen A_0, A_1, A_2 etc. sind Übergangs- oder auch Zerfallsraten und geben an, wie viele Übergänge pro Zeit stattfinden. In einem kleinen Zeitraum dt nimmt die Zahl der angeregten Atome N_f um

$$dN_f = -A N_f dt \tag{8.16}$$

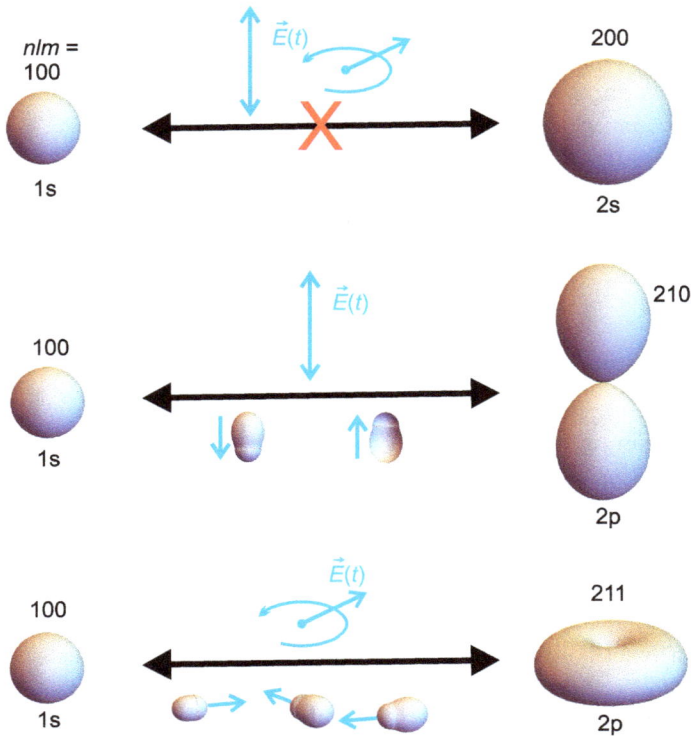

Abb. 8.7: Veranschaulichung der Dipolauswahlregeln mit Skizzen der Verformung der Elektronen-verteilung in H-Atom-Orbitalen. Bei linearer Polarisation ist der Übergang $n\ell m = 1\,0\,0$ nach $2\,1\,0$ möglich; bei zirkularer Dipolstrahlung kann sich die magnetische Quantenzahl um eins ändern, wie am Übergang $1\,0\,0$ nach $2\,1\,1$ gezeigt. Ein Übergang von $1\,0\,0$ nach $2\,0\,0$ ist dipolverboten.

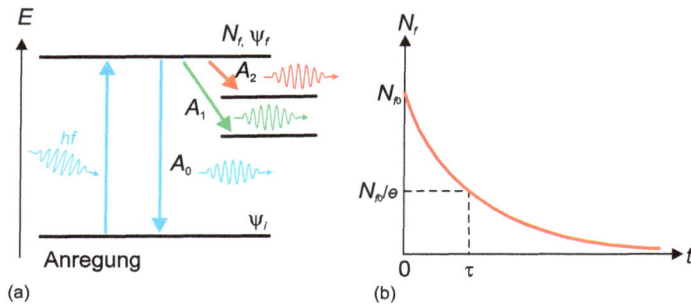

Abb. 8.8: (a) Schematische Zerfallskanäle für N_f angeregte Atome des Ensembles im Zustand ψ_f. (b) Exponentielle Abnahme der Zahl der angeregten Atome nach dem Zerfallsgesetz.

ab, wobei die **Gesamtübergangsrate**

$$A = \sum_j A_f \tag{8.17}$$

gleich der Summe aller Raten der Einzelübergänge ist. Gleichung (8.16) besagt, dass die zeitliche Änderung der Zahl angeregter Atome, dN_f/dt, proportional zu N_f ist. Die Lösung dieser Differentialgleichung ist eine Exponentialfunktion, die das **Zerfallsgesetz**

$$N_f(t) = N_f(0)e^{-At} = N_f(0)e^{-t/\tau} \tag{8.18}$$

ausdrückt. In Abb. 8.8(b) ist die exponentielle Abnahme der angeregten Atome schematisch dargestellt. Innerhalb der charakteristischen Zeitspanne

$$\tau = \frac{1}{A} \tag{8.19}$$

sind $e^{-1} = 0{,}37 = 37\,\%$ der zur Zeit $t = 0$ s angeregten Atome noch immer im Zustand ψ_f. Die anderen sind bereits in andere Zustände übergegangen. Die Zeit τ wird daher auch als **mittlere Lebensdauer** bezeichnet.

Aus der endlichen Lebensdauer des angeregten Energiezustands kann wegen der *Energie-Zeit-Unschärfe* nach (5.24) die wichtige Frage beantwortet werden, wie genau die Photonenenergie mit der Anregungsenergie übereinstimmen muss. Wie genau muss also (8.1) erfüllt sein, auch wenn man von dem Rückstoßeffekt absieht? Die energetische Schärfe des angeregten Zustands und damit der Übergangsenergie kann mit

$$\Delta E = \frac{\hbar}{\tau} \tag{8.20}$$

abgeschätzt werden. Das bedeutet, dass für einen Übergang die Photonenenergie nicht exakt gleich der Energiedifferenz der beteiligten Zustände sein muss, sondern eine gewisse Unschärfe haben kann. Ohne es genau herzuleiten, sieht das Intensitätsspektrum für Absorption und Emission von Photonen wie in Abb. 8.9 aus. Es entspricht einer Lorentz-Resonanzkurve bzw. einem Lorentz-Profil um die Resonanzenergie hf_0

$$I(hf) = I_0 \frac{(\Delta E/2)^2}{(hf - hf_0)^2 + (\Delta E/2)^2}, \tag{8.21}$$

wie wir sie bereits als Energieresonanzkurve des harmonischen Oszillators in Band 1 kennengelernt haben. Das energetische Breite der Kurve ΔE wird als **natürliche Linienbreite** bezeichnet. Abbildung 8.9 gibt also das Spektrum einer Spektrallinie wieder.

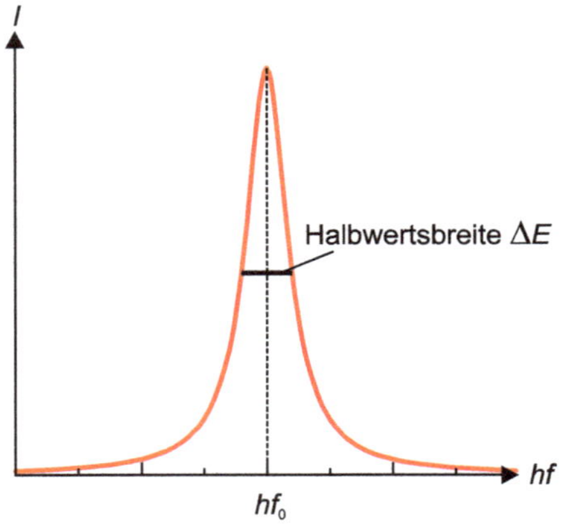

Abb. 8.9: Profil einer Lorentz-Resonanzkurve. Sie gibt das Spektrum einer Spektrallinie wieder. Die Halbwertsbreite entspricht der natürlichen Linienbreite.

Gleichung (8.21) verdeutlicht die Verwandtschaft zwischen strahlenden Übergängen in einem Atom und einem harmonischen Oszillator. Wir können das Atom, das elektrische Dipolstrahlung aussendet oder absorbiert, wie einen sehr kleinen Hertzschen Dipol mit harmonisch schwingender Ladung ansehen. Die Güte des Oszillators hängt direkt mit der mittleren Lebensdauer des angeregten Niveaus zusammen. Je länger der Zustand überlebt, desto schärfer ist die Emissions- bzw. Absorptionslinie. Das spielt beim Bau hochgenauer Uhren eine wichtige Rolle (siehe Kapitel 8.4.2). In der Praxis werden aber oft breitere Spektrallinien gemessen, was im folgenden Abschnitt genau abgehandelt wird. Selbst mit größtem Aufwand lässt sich jedoch eine Spektrallinie niemals schärfer als ihre natürliche Linienbreite vermessen.

Als Beispiel betrachten wir einen optischen Übergang mit einer mittleren Lebensdauer von 10 ns. Die natürliche Lebensdauer beträgt dann ungefähr 70 neV(!), was schon im Vergleich zu den Photonenenergien im eV-Bereich sehr schmal ist.

8.1.4 Vergrößerte Linienbreiten

Spektrallinien lassen sich nur mit sehr großem experimentellen Aufwand so genau vermessen, dass ihre Breite der natürlichen Linienbreite entspricht. Üblicherweise wird das Licht eines großen Ensembles spektroskopiert, z. B. eines Gases. Verschiedene Einflüsse führen zu einer starken Linienverbreiterung. Diese sind
- **Inhomogene Verbreiterung**
  Atome des untersuchten Gases befinden sich in verschiedenen physikalischen Umgebungen mit z. B. fluktuierenden elektromagnetischen Feldern. Das Ensemble ist also nicht homogen.
- **Stoß- und Druckverbreiterung**
  Durch Stöße der Gasatome untereinander verändern sich geringfügig die Energien der optischen Übergänge.

– **Doppler-Verbreiterung**
Die emittierenden Gasatome bewegen sich mit unterschiedlichen Geschwindigkeiten gegenüber dem Beobachter, was zu unterschiedlichen Emissionswellen-
längen führt.

Die *Doppler-Verbreiterung* ist bei Messungen an Gasen bestimmend für die beobachtete Spektrallinienbreite. Wir wollen auf sie etwas genauer eingehen. Abbildung 8.10(a)
zeigt bewegte Gasatome, deren emittiertes Licht untersucht wird. Wie Schallwellen
unterliegen auch elektromagnetische Wellen dem Doppler-Effekt, d. h. die Emissions-
frequenz verändert sich für den ruhenden Beobachter, wenn sich der Emitter relativ
zu ihm mit einer Geschwindigkeit $\vec{v}$ bewegt. Anders als beim Schall ist die beobachtete
Photonenenergie hf relativistisch zu berechnen. Man findet, dass

$$hf = hf_0 + \hbar \vec{k} \cdot \vec{v}, \tag{8.22}$$

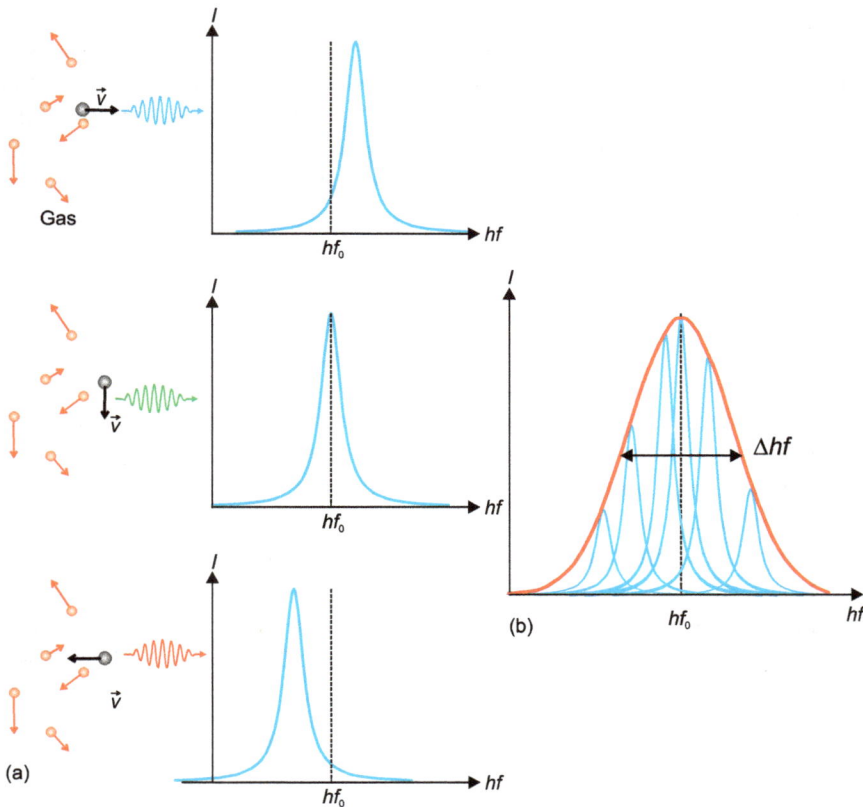

Abb. 8.10: (a) Die Spektrallinien einzelner Gasatome sind wegen ihrer Geschwindigkeit rot- und
blauverschoben. (b) Die resultierende Spektrallinie des Gasatomensembles setzt sich aus allen
atomaren Spektrallinien zusammen und ist stark Doppler-verbreitert.

wobei hf_0 der Übergangsenergie im ruhendem Atom entspricht. Es spielt hier keine Rolle, ob sich der Beobachter oder die Quelle bewegt. In Abb. 8.10(a) wird exemplarisch ein Atom betrachtet, dessen Emissionslicht von rechts, entgegen der Bewegungsrichtung, spektroskopiert wird. Bewegt sich das Atom auf den Beobachter zu, verschiebt sich die Spektrallinie zu größeren Energien. Es liegt eine Blauverschiebung vor. Im umgekehrten Fall kommt es zur Rotverschiebung. Bewegt sich das Atom senkrecht zur Beobachtungsrichtung, liegt das Emissionsmaximum an der erwarteten Stelle.

Die Geschwindigkeit im Atomensemble ist nach der Maxwell-Verteilung verteilt, so dass sich die Linienbreite entsprechend der Häufigkeitsverteilung der Gasteilchen und sortiert nach ihrer Geschwindigkeit zusammensetzt. Das ergibt ein temperaturabhängiges Profil, das einer Gaußschen Glockenkurve entspricht,

$$N(f) = K \exp\left[-\frac{(hf - hf_0)^2}{(hf_0 v_{max}/c_0)^2} \right] \tag{8.23}$$

mit der Geschwindigkeit im Maximum der Verteilung von $v_{max} = \sqrt{2k_B T/m}$, der Vakuumlichtgeschwindigkeit c_0 und der Masse m der Gasteilchen. In Abb. 8.10(b) ist skizzenhaft erkennbar, wie sich das gesamte Profil der Spektrallinie in Rot aus den Einzelspektrallinien zusammensetzt. Bei Zimmertemperatur spielt die natürliche Linienbreite für die Gesamtbreite in der Regel keine Rolle mehr. Die Doppler-Verbreiterung ergibt eine Linienbreite von ungefähr

$$\Delta(hf) = \frac{hf_0}{c_0} \sqrt{\frac{5{,}55 k_B T}{m}}. \tag{8.24}$$

Beispiel: Balmer-α-Linie im Wasserstoffatom
Die Linie mit der größten Wellenlänge in der Balmer-Serie des Wasserstoffatoms (α-Linie) enthält dipolerlaubte Übergänge von $n = 3$ nach $n = 2$. Im einfachen Wasserstoffatommodell hat dieser Übergang eine Photonenenergie von ungefähr 1,9 eV. Unter Berücksichtigung der relativistischen Feinstruktur und Hyperfeinstruktur setzt sich der Übergang prinzipiell aus sieben dipolerlaubten Einzellinien zusammen, wie in Abb. 8.11 gezeigt. Eine konventionelle spektroskopische Messung der Emissionslinie an einem Wasserstoffatomgas mit einer Gastemperatur von ungefähr 300 K ist in Abb. 8.11 in Blau dargestellt. Sie zeigt bestenfalls zwei sich überlappende Linien. Dies liegt an der Doppler-Verbreiterung, denn nach (8.24) ist

$$\frac{\Delta(hf)}{hf_0} \approx 10^{-5} \quad \Rightarrow \quad \Delta(hf) \approx 19\,\mu eV.$$

Wie in Abb. 8.11 zu sehen, erstreckt sich die gemessene Doppellinie tatsächlich ungefähr über 80 μeV. Es bedarf geschickter Methoden, um den Effekt der Doppler-Verbreiterung auszuschalten.

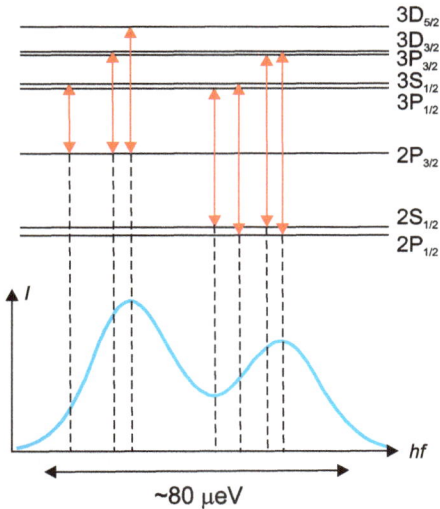

3D$_{5/2}$
3D$_{3/2}$
3P$_{3/2}$
3S$_{1/2}$
3P$_{1/2}$

2P$_{3/2}$

2S$_{1/2}$
2P$_{1/2}$

I

hf

~80 µeV

Abb. 8.11: Die Feinstruktur der Balmer-α-Linie des H-Atoms besteht aus sieben dipolerlaubten Übergängen. Optische Spektroskopie an einem Gasatomensemble ergibt wegen der Doppler-Verbreiterung nur eine Doppellinie, die in Blau eingezeichnet ist.

8.2 Laser

Der Laser ist heute eine allgegenwärtige Lichtquelle mit besonderen Eigenschaften. Sein Licht ist in der Regel einfarbig bzw. monochromatisch, intensiv und in einem scharfen Strahl gerichtet. Der Name ist ein Akronym und steht für den englischen Ausdruck *Light Amplification by Stimulated Emission of Radiation*, d. h. Lichtverstärkung durch stimulierte Emission von Strahlung. Die Funktionsweise des Lasers beruht auf einer einfachen Idee.

Nehmen wir an, es gäbe wie in Abb. 8.12(a) einen strahlenden Übergang zwischen einem angeregten Zustand und einem Grundzustand eines Atoms. Ferner wollen wir annehmen, dass es gelänge, in einem Ensemble solcher Atome eine **Besetzungsinversion** zu erreichen, d. h. die Mehrzahl der Atome sei im angeregten Zustand, $N_f > N_i$. Diesen Vorgang nennt man **Energiepumpen** oder kurz *Pumpen*. Wenige Photonen genügen dann, durch stimulierte Emission eine starke Photonenlawine zu erzeugen.

Praktisch ist dies nicht einfach zu verwirklichen, denn in einem Zwei-Niveau-System wie in Abb. 8.12(a) kann durch Lichteinfall bzw. optisches Pumpen keine Besetzungsinversion erzielt werden. Wegen der spontanen Emission und der identischen Raten der stimulierten Emission und der Absorption nach (8.4) ist in einem solchen System bestenfalls Besetzungsgleichheit $N_f \approx N_i$ erreichbar. Es ist für die Inversion mindestens ein Drei-Niveau-System notwendig, in dem Anregungs- und Emissionsprozess verschieden sind. In Abb. 8.12(b) ist dies schematisch gezeichnet. Durch Einstrahlen von intensivem Pumplicht werden viele Atome vom Grundzustand mit der Energie E_0 in den angeregten Zustand bei E_2 gebracht. Sehr schnell gehen die Atome strahlungslos z. B. durch Stöße untereinander in das energetisch niedrigere Anre-

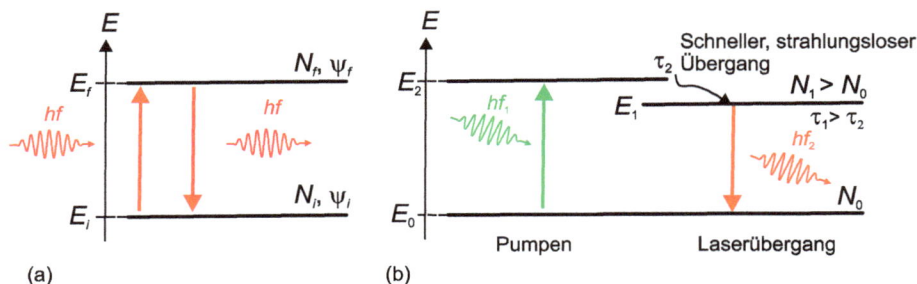

Abb. 8.12: (a) In einem Zwei-Niveau-System lässt sich keine Besetzunginversion erreichen. (b) Drei-Niveau-System zu Verwirklichung eines Laserübergangs. Der Zustand bei E_1 lässt sich stark bevölkern, weil er über den schnellen strahlungslosen Übergang vom Zustand E_2 besetzt wird.

gungsniveau mit E_1 über. Die Lebensdauer τ_1 dieses Niveaus ist sehr viel länger als τ_2. Dadurch lässt sich die Besetzungsinversion für den strahlenden Laserübergang vom E_1-Zustand in den Grundzustand erreichen.

Die Emissionslinie mit $hf = E_1 - E_0$ ist meist verbreitert, so dass keine starke einfarbige stimulierte Emission einsetzen kann. Das Lasermedium wird daher in einen optischen Resonator hoher Güte gebracht, in dem nur stehende Lichtwellen mit scharf definierten Wellenlängen existieren können. Ein typischer Resonator besteht aus zwei gegenüberstehenden, sehr guten Spiegeln, wobei das Reflexionsvermögen eines Spiegels unter 100 % ist, um das Laserlicht auszukoppeln. Der Resonator hat die Aufgabe, die im laseraktiven Medium gespeicherte Energie in wenigen Moden zu konzentrieren und die stimulierte Emission durch Rückführung der emitterten Strahlung weiter zu verstärken. Weil das Licht im Resonator zwischen den Spiegeln hin- und herläuft, bezeichnet man den Laser auch als *Lichtoszillator*.

In Abb. 8.13(a) ist die Anordnung der wichtigsten Komponenten schematisch gezeichnet. Das laseraktive Medium, das ein Gas, ein Festkörper oder auch eine Flüssigkeit sein kann, wird durch eine Pumpquelle von außen stark angeregt. Dies kann durch optische Anregung, durch eine Entladung oder elektrisch durch Strom geschehen. Aus dem nicht vollständig reflektierenden Spiegel des Resonators tritt das Laserlicht aus. Liegen mehrere Resonatorschwingungsmoden innerhalb der verbreiterten Emissionslinie des Lasermediums, sind im Laserlicht mehrere scharfe Linien enthalten. Der Laser ist dann ein *Multimodenlaser*. Wie der eindimensionale optische Resonator die erlaubten *Moden* herausfiltert, ist in Abb. 8.13(b) für eine hypothetische Emission gezeigt. Oberhalb einer Schwelle werden die Lichtmoden unter der Spektrallinie verstärkt. Abbildung 8.13(b) zeigt ein sogenanntes Verstärkungsprofil, das sich aus den Laserübergängen des Mediums ableitet. Die Laserschwelle ist erreicht, wenn die Verstärkung größer als eins ist.

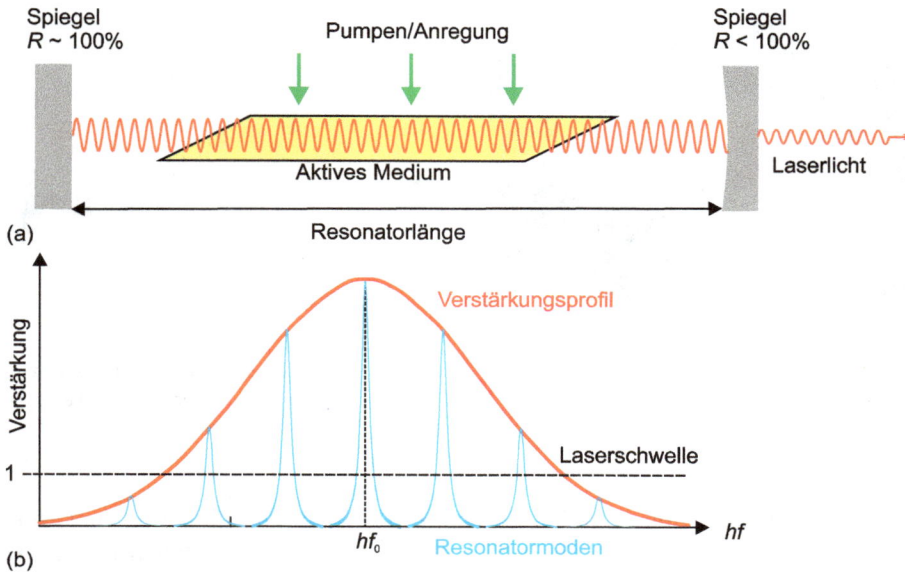

Abb. 8.13: (a) Prinzipieller Aufbau eines Lasers mit aktiv gepumptem Medium und linearem Resonator. (b) Licht der Resonatormoden unterhalb des Verstärkungsprofils und oberhalb der Laserschwelle werden verstärkt.

Beispiele

Die ersten lichtverstärkenden Instrumente, die nach dem beschriebenen Prinzip arbeiteten, funktionierten im Bereich der Mikrowellen und werden daher als *MASER* (**m**icrowave **a**mplification by **s**timulated **e**mission of **r**adiation) bezeichnet. Der erste Maser wurde 1954 von Charles H. Townes und seinen Mitarbeitern James P. Gordon und Herbert J. Zeiger mit Ammoniakgas als Medium gebaut. Erste Patentanmeldungen und theoretische Arbeiten für die Erweiterung des Konzepts auf sichtbares Licht wurden von Townes und Arthur L. Schawlow in den Jahren 1958–1960 veröffentlicht.

Der erste funktionstüchtige Lichtlaser wurde 1960 vom US-amerikanischen Physiker Theodore H. Maiman (1927–2007) entwickelt. Er besteht aus einem mit Chromatomen dotierten Rubinkristall, der von einer umgebenden Blitzlampe impulsartig optisch gepumpt wurde. Abbildung 8.14 zeigt sowohl den Aufbau als auch ein Foto der zentralen Komponenten aus einem originalen Laser. Die Chromatome, die dreifach ionisiert im Al_2O_3-Wirtskristall vorliegen, bilden ein Drei-Niveau-System nach Abb. 8.12(b). Der Laser strahlt rote Lichtpulse von 1 ms Länge bei einer Wellenlänge von 694 nm ab.

Ein weiteres Beispiel für einen optisch gepumpten Festkörperlaser besteht aus einem Yttrium-Aluminium-Granat-Glas, in dem dreifach ionisierte Neodymatome enthalten sind. Sie können Licht im nahen Infraroten aussenden. Diese Nd:YAG-Laser sind in der Lage, sehr große Laserlichtleistungen zu erzeugen. Auch der stärkste Laser

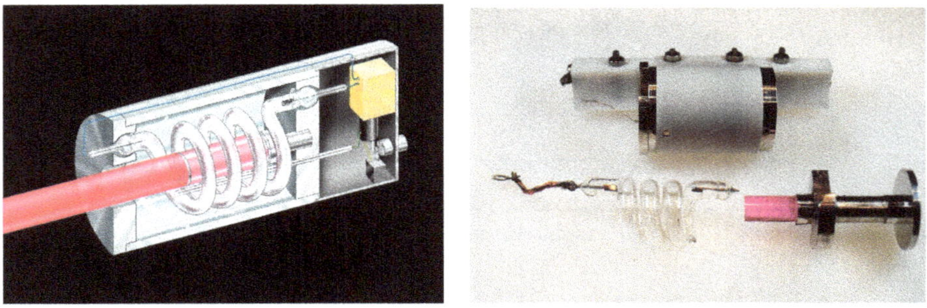

(a)   (b)

Abb. 8.14: (a) Schematischer Aufbau des ersten Lasers von T. H. Maiman. Eine konventionelle Blitz-lampe pumpt impulsweise einen dotierten Rubinstab, der zu Laserimpulsen angeregt wird. (Law-rence Livermore National Laboratory, USA) (b) Fotografie der Einzelkomponenten.

der Welt, der in der National Ignition Facility (NIF) in Kalifornien für Kernfusionsexpe-rimente eingesetzt wird, verwendet die Quantenübergänge der Nd^{3+}-Ionen eingebettet in einem Phosphatglas. Das Laserlicht wird dabei in gepumpten Glasplatten verstärkt. Die NIF erzeugt Licht der Superlative. In großen Hallen werden mit über 3 000 Glas-platten 192 Laserstrahlen erzeugt, die in synchronisierten Lichtimpulsen von wenigen ns eine Gesamtlichtleistung von ungefähr 500 TW für die Experimente liefern.

Der He-Ne-Laser ist ein bekanntes Beispiel für einen Gaslaser. Er ist im Schul-unterricht als preiswerter und kompakter Laser noch weit verbreitet. Eine typische Stabform ist in Abb. 8.15(a) dargestellt. Das Lasermedium besteht aus einem Helium-Neon-Gemisch in einer Gasentladungsröhre mit einem Innendruck von typischerwei-se 100 Pa. In dem Gemisch kommen auf ein Neonatom ungefähr fünf Heliumatome. Abbildung 8.15(b) erlaubt einen Blick auf die Gasentladungsröhre im Betrieb, wäh-rend in Abb. 8.15(c) der prinzipielle Aufbau des Gaslasers gezeigt ist. Die Gasentla-dung regt die Neonatome kontinuierlich an. Durch Stöße können sie ihre Energie an die Heliumatome übertragen, in denen verschiedene optische Laserübergänge mög-lich sind. In der Regel wird der Resonator auf die sichtbare Spektrallinie im Roten bei einer Wellenlänge von 633 nm abgestimmt. Weil die Verstärkung im Gas niedrig ist, muss der optische Resonator von hoher Güte sein. Wie in Abb. 8.15(c) gezeichnet, tritt das Laserlicht meist durch *Brewster-Fenster* aus. Sie stehen gegenüber der optischen Achse unter dem Brewster-Winkel, um optische Verluste so klein wie möglich zu hal-ten. An diesen Fenstern wird p-polarisiertes Licht nicht reflektiert, sondern tritt mit maximaler Intensität in das Glas ein. Weil s-polarisiertes Licht durch die Reflexion ge-schwächt wird, erzeugt das Medium kontinuierlich linear polarisiertes Laserlicht.

He-Ne-Laser wurden in den letzten Jahren nahezu vollständig von Halbleiterla-sern verdrängt. Sie sind sehr viel preiswerter, einfach aufgebaut, können miniaturi-siert werden und ermöglichen den Einsatz z. B. von kleinen Laserpointern oder ein-fachen Laserprojektoren. Das lichterzeugende Medium ist eine Halbleiterdiode, die

(a)

(b)

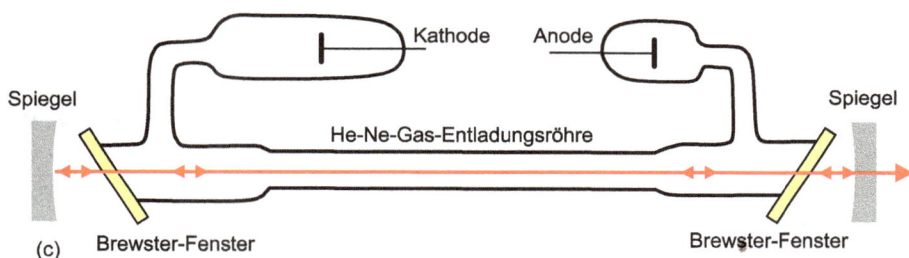

(c)

Abb. 8.15: (a) Helium-Neon-Laser erzeugen in der Regel einen roten Laserstrahl. (b) Blick auf die Gasentladungsröhre in Betrieb. (c) Schematischer Aufbau eines He-Ne-Lasers.

durch elektrischen Strom gepumpt wird. Die genaue Funktionsweise wird in Band 4 beschrieben, weil zuvor die elektrischen Eigenschaften der Halbleiter bekannt sein müssen.

8.3 Atome in statischen magnetischen und elektrischen Feldern

Sieht man von extremen elektrischen und magnetischen Feldstärken ab, wie sie im Universum vorkommen können, kann man die Wirkung statischer Felder auf die Energieniveaus eines Atoms oder Moleküls als eine kleine Störung betrachten. Sie führen dazu, dass die Energieentartung der Zustände teilweise aufgehoben wird, d. h. es kommt zu einer kleinen energetischen Aufspaltung der Energieniveaus. Im Folgenden werden die prinzipiellen Effekte kurz dargestellt.

8.3.1 Atome in statischen Magnetfeldern – Zeeman-Effekt

Bahndrehimpuls und Spin der Elektronen in einem Atom addieren sich zum Gesamt-drehimpuls $\vec{J}$. Ist dieser von null verschieden, besitzt das Atom ein magnetisches Moment $\vec{p}_{\text{mag},j}$, was in einem statischen Magnetfeld $\vec{B}$ eine potenzielle Energie von $E_{\text{pot,mag}} = -\vec{p}_{\text{mag},j} \cdot \vec{B}$ besitzt. Diese Energie muss in der Schrödinger-Gleichung berück-sichtigt werden, was zur sogenannten **Pauli-Gleichung** führt, die in der stationären Form

$$(\hat{H}_0 - \vec{p}_{\text{mag},j} \cdot \vec{B})\psi = E\psi \tag{8.25}$$

lautet. Der Hamilton-Operator $\hat{H}_0$ gilt ohne Magnetfeld.

Um zu erkennen, dass die magnetische Feldenergie sehr klein ist, betrachten wir ein Magnetfeld in z-Richtung, $\vec{B} = (0, 0, B_z)^{\text{T}}$. Das Magnetfeld legt die Quantisierungs-achse fest. Dann entspricht die potenzielle magnetische Energie

$$-\vec{p}_{\text{mag},j} \cdot \vec{B} = \mu_{\text{B}} g_j m_j B_z, \tag{8.26}$$

mit dem g-Faktor g_j des Zustands und m_j als der magnetischen Quantenzahl. Das Mi-nuszeichen kommt durch die negative Ladung des Elektrons zustande. Selbst wenn wir für g_j einen hohen Wert von 10 annehmen, beträgt bei einem starken Labormag-netfeld von 10 T die magnetische Energie des Atoms $E_{\text{pot,mag}} = 10\mu_{\text{B}} \cdot 10\,\text{T} \approx 6\,\text{meV}$, was 1 000-mal kleiner ist als typische Energien der Valenzzustände im Atom.

Die Annahme einer kleinen Störung ist also vollkommen gerechtfertigt, und man kann die zusätzliche Energie des Zustands direkt durch (8.26) ausdrücken. Der Zu-stand hat in guter Näherung eine Energie von

$$E = E_0 + E_{\text{pot,mag}} = E_0 + \mu_{\text{B}} g_j m_j B_z. \tag{8.27}$$

Elektronen in Zuständen, die sich nur in der magnetischen Quantenzahl unterschei-den, haben in einem Magnetfeld nicht mehr die gleiche Energie. Man sagt, die m-Entartung wird aufgehoben. Die magnetische Energie ist proportional zur Mag-netfeldstärke und zur Quantenzahl m_j. Ein entarteter Zustand spaltet also in ver-schiedene Unterzustände auf, wie in Abb. 8.16 schematisch für einen Atomzustand gezeigt.

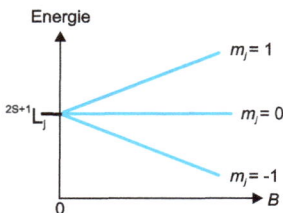

Abb. 8.16: Die m-Entartung ist in Magnetfeldern aufgehoben. Energiezustände im Atom verschieben energetisch proportional zur Magnetfeldstärke und zur Quantenzahl m_j.

Dieses Verhalten führt dazu, dass die Zahl der Spektrallinien in einem Magnetfeld durch die Aufspaltung zunimmt. Der niederländische Physiker Pieter Zeeman (1865–1943) hat diesen Effekt in den Emissionslinien im Jahr 1896 als erster mit großer Genauigkeit beobachtet, weshalb man die Phänomene bei schwachen Magnetfeldern als **Zeeman-Effekt** bezeichnet. Da die Quantenmechanik noch nicht entwickelt und der Spin des Elektrons noch nicht entdeckt war, konnte man die Ergebnisse seinerzeit nicht erklären. Daher wird aus historischen Gründen die Aufspaltung der Linien im Magnetfeld bei einem Atom mit Gesamtspin ≠ 0 als *anomaler* Zeeman-Effekt bezeichnet. In den selteneren Fällen von Atomen im Singulettzustand, in denen der Gesamtspin gleich null ist, konnte die Aufspaltung noch mit der klassischen Physik der Elektrodynamik interpretiert werden. Daher sprach man damals in diesem Fall vom *normalen* Zeeman-Effekt. Heute macht diese Unterscheidung keinen Sinn mehr.

Beispiel

Zeeman machte seine ersten Experimente an den starken Na-D-Linien im Magnetfeld. Durch den Zeeman-Effekt wird die Zahl der Na-D-Linien von zwei auf insgesamt zehn erhöht. In Abb. 8.17 ist dies an einem einfachen Termschema gezeigt. Die D_1-Linie des Übergangs $3p_{1/2} \leftrightarrow 3s_{1/2}$ spaltet in vier dipolerlaubte Übergänge auf. Zwei davon sind zirkular polarisiert ($\Delta m_j = \pm 1$), und zwei sind linear polarisiert ($\Delta m_j = 0$). In Abb. 8.17 sind linear polarisierte Übergänge in Rot und zirkular polarisierte in Blau gezeichnet. Entsprechend entstehen aus der D_2-Linie des Übergangs $3p_{3/2} \leftrightarrow 3s_{1/2}$ sechs Linien, wovon zwei linear und vier zirkular polarisiert sind.

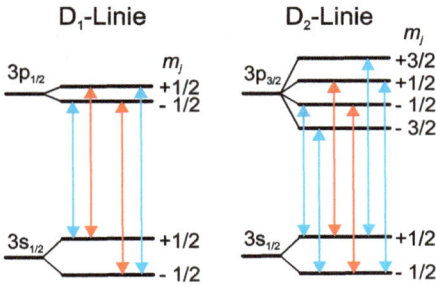

Abb. 8.17: In einem Magnetfeld spalten die Na-Atom-Zustände auf und aus der Na-D-Doppellinie entstehen zehn Spektrallinien. In der Zeichnung sind linear polarisierte Übergänge in Rot und zirkular polarisierte Übergänge in Blau eingetragen.

8.3.2 Atome in statischen elektrischen Feldern – Stark-Effekt

Die nach Johannes Stark benannte Aufspaltung und Verschiebung von atomaren Energieniveaus in elektrischen Feldern ist ein besonders kleiner Effekt. In den meisten Fällen hängt die Verschiebung quadratisch mit der elektrischen Feldstärke ab. Das liegt daran, dass das Phänomen zweiter Ordnung ist, d. h. das elektrische Feld muss den elektrischen Dipol durch Verschiebungspolarisation erzeugen,

$$\vec{p}_{el} = \alpha \vec{E}, \tag{8.28}$$

mit der atomaren Polarisierbarkeit α als Stoffgröße. Daran greift das elektrische Feld an und liefert die potenzielle Energie

$$E_{\text{pot,el}} = -\int_0^E \vec{p}_{\text{el}} \cdot \mathrm{d}\vec{E}' = -\frac{1}{2}\alpha E^2. \tag{8.29}$$

Die m-Entartung wird in elektrischen Feldern nur teilweise aufgehoben, weil Energiezustände mit gleichem m_j-Betrag im elektrischen Feld gleich verschieben.

ⓘ Beispiel

Nehmen wir wieder Natriumatome als Beispiel. Die atomare Polarisierbarkeit wird mit $\alpha = 2{,}7 \cdot 10^{-39}\,\mathrm{C\,m^2/V}$ bestimmt. In einem starken Feld von $10^8\,\mathrm{V/m}$ ergibt das eine extrem kleine Niveauverschiebung von $E_{\text{pot,el}} \approx 83\,\mu\mathrm{eV}$. Aus diesem Grund verwendet man in experimentellen Anordnungen üblicherweise magnetische Felder, um Energieniveaus zu manipulieren. Wegen der gleichen Verschiebungen der m_j-Zustände mit positivem und negativem Vorzeichen spaltet die Na-D-Doppellinie nur in insgesamt drei Spektrallinien auf, nicht in zehn wie beim Zeeman-Effekt. Abbildung 8.18 verdeutlicht Verschiebung und Aufspaltung.

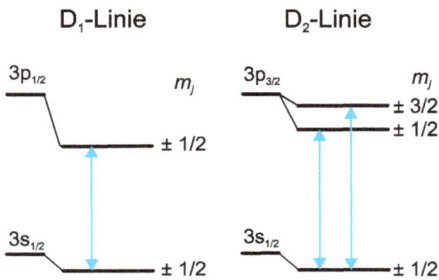

Abb. 8.18: Die m-Entartung ist in elektrischen Feldern nur teilweise aufgehoben. Energiezustände im Atom verschieben energetisch proportional zum Betrag der Quantenzahl m_j. Aus der Na-D-Doppellinie entstehen drei Spektrallinien.

8.4 Moderne Spektroskopie atomarer Zustände

Mit der Entwicklung von Laserlichtquellen wurde die optische Spektroskopie von Atomen und Molekülen revolutioniert. Laser bieten heute intensives und einfarbiges Licht mit einer sehr schmalen Linienbreite. Darüber hinaus lassen sich Laser oft in einem kleinen Wellenlängenintervall durchstimmen. Absorptionsspektren von Atomen können somit mit sehr hoher spektraler Auflösung vermessen werden, die im Prinzip der Linienbreite der Laserlinie entspricht. Wir haben oben bereits festgestellt, dass Absorptionslinien an einem Gas vor allem wegen des Doppler-Effekts stark verbreitert sind. Der besondere Vorteil des schmalbandigen Laserlichts wird in der konventionellen Absorptionsspektroskopie also nicht genutzt. Es gibt aber raffinierte Methoden, den Verbreiterungseffekt in einem Gas zu umgehen. Eine davon wird im Folgenden vorgestellt.

8.4.1 Doppler-freie Spektroskopie

Die *Doppler-freie* Spektroskopie schaltet den Einfluß der thermischen Bewegung der Teilchen auf die Spektrallinien aus. Dies kann an kleinen Ensemblen dadurch geschehen, dass die Bewegung gestoppt und gleichsam an unbewegten Gasteilchen gemessen wird. Das Gas wird also fast bis zum absoluten Temperaturnullpunkt abgekühlt. In Kapitel 8.5 wird dieses Verfahren genauer vorgestellt. Es hat aber den großen Nachteil, dass es nur für bestimmte Atome geeignet ist.

Allgemein kann auch an Gasen mit vielen Teilchen, die nicht abgekühlt sind, Doppler-frei spektroskopiert werden. Wir stellen an dieser Stelle die **Sättigungsspektroskopie** vor, deren Aufbau schematisch in Abb. 8.19(a) gezeichnet ist. Ein starker, durchstimmbarer Laserstrahl wird mit Hilfe eines Strahlteilers in einen weiterhin intensiven *Pumpstrahl* mit dem Wellenvektor $\vec{k}_P$ und einen schwachen *Abfragestrahl*

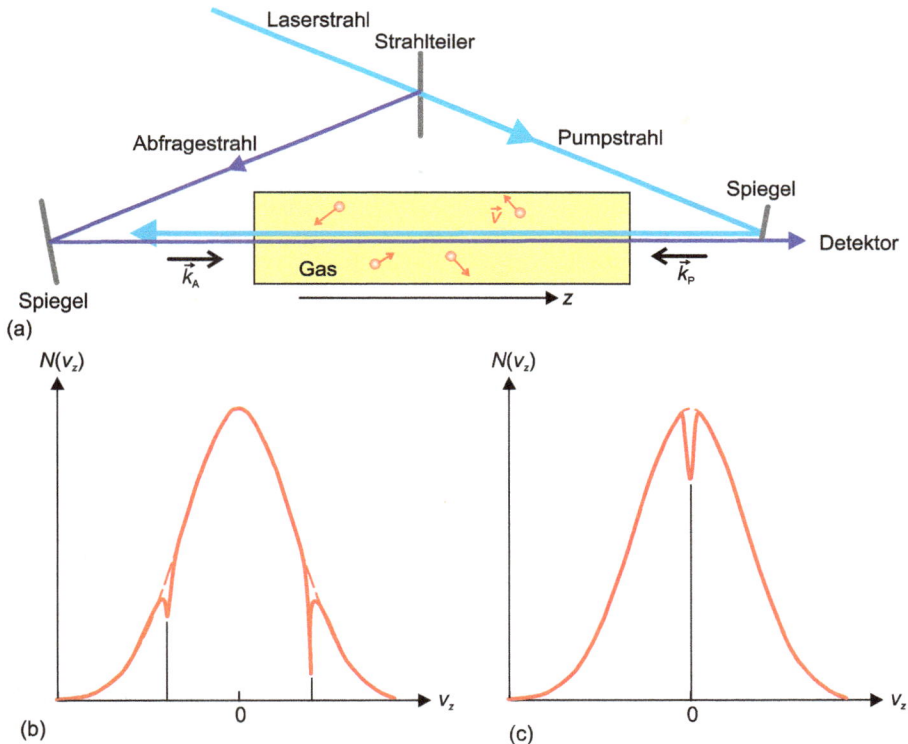

Abb. 8.19: (a) Prinzip der Doppler-freien Sättigungsspektroskopie. Ein starker Pumplaserstrahl und ein schwacher Abfragestrahl gleicher Frequenz laufen entgegengesetzt durch die Gaszelle. (b) Solange die Frequenz noch nicht der Resonanzfrequenz der Atome entspricht, die sich in z-Richtung nicht bewegen, entvölkern die beiden Laserstrahlen an zwei unterschiedlichen Stellen in der Geschwindigkeitsverteilung. (c) Bei richtiger Abstimmung liegen die beiden Minima bei $v_z = 0$.

mit $\vec{k}_A$ aufgeteilt. Über Spiegel werden die Strahlenverläufe so eingestellt, dass die beiden Strahlen übereinander, aber gegenläufig das Gas durchqueren, so dass

$$\vec{k}_P = -\vec{k}_A$$

gilt. Die Absorption des Abfragestrahls wird gemessen.

Obwohl beide Strahlen aus Photonen gleicher Energie hf bestehen, regen sie doch Atome mit unterschiedlichen Geschwindigkeiten v_z in Wellenvektorrichtung (z-Achse) an, wie in der Geschwindigkeitsverteilung der Atome in Abb. 8.19(b) gezeigt. In die Gauß-förmige Geschwindigkeitsverteilungskurve *brennt* der intensive Pumpstrahl eine Vertiefung an der Geschwindigkeit, mit der die Atome in Resonanz mit der Frequenz f stehen. Der schwache Abfragestrahl macht das Gleiche, nur schwächer und an der Geschwindigkeit gegenüber dem Verteilungsmaximum. Die Vertiefung kommt dadurch zustande, dass das Licht durch stimulierte Absorption die Zahl der Atome im Grundzustand verkleinert. Das Ensemble im Grundzustand wird für diese Geschwindigkeiten *entvölkert*. Durch Verändern der Frequenz f können die beiden Vertiefungen bei $v_z = 0\,\text{m/s}$ zusammenkommen, wenn die Laserfrequenz gerade gleich der Resonanzfrequenz für Atome ohne Bewegung in z-Richtung ist, so dass $f = f_0$ gilt. Eine Bewegung in x- oder y-Richtung ist unbedeutend, weil es zu keinem Doppler-Effekt führt. Der Fall ist in Abb. 8.19(c) dargestellt.

Als Konsequenz erhält man ein Absorptionsspektrum des Abfragestrahls, das aus einer Doppler-verbreiterten Linie mit einem scharfen Minimum, dem sogenannten *Lamb-Dip*, bei $f = f_0$ besteht. Dann spürt der Abfragestrahl an der Resonanzstelle die Entvölkerung durch den Pumpstrahl. Die Breite dieses Minimums entspricht bestenfalls der natürlichen Linienbreite.

Beispiel: Hochaufgelöste Balmer-α-Linie des Wasserstoffatoms

In Abb. 8.11 wurde die α-Linie der Balmer-Serie in konventioneller Auflösung gezeigt. Es kann nur eine Doppellinie anstelle der Gruppe von sieben Einzellinien beobachtet werden. Die Sättigungsspektroskopie liefert ein Spektrum, wie in Abb. 8.20(a) in Rot gezeichnet. Die Daten wurden [8.1] entnommen. Von den theoretisch sieben Linien können vier beobachtet werden. Die Linie A ist ein Artefakt der Messung. Die gemessene energetische Halbwertsbreite der einzelnen Linien beträgt ungefähr $2\,\mu\text{eV}$, was 1 000 000-mal kleiner ist als die eigentliche Übergangsenergie.

Dieser Faktor ist noch relativ groß. Zu welcher Genauigkeit die optische Spektroskopie an einem Gasensemble in der Lage ist, demonstrieren Messungen von Theodor Hänsch (geb. 1941) und seinen Mitarbeitern. Sie spektroskopierten den dipolverbotenen Übergang 2s $\leftrightarrow$ 1s im Wasserstoffatom mit einer Doppler-freien Spektroskopie, die die Absorption zweier Photonen nutzt. Der Anregungszustand ist sehr langlebig, was zu einer extrem kleinen natürlichen Linienbreite führt. Eine frühe Messung aus dem Jahr 1999 ist in Abb. 8.20(b) wiedergegeben [8.2]. Die Punkte sind Messwerte, während die blaue Linie einem Lorentz-Resonanzprofil folgt. Die Linienbreite beträgt $4 \cdot 10^{-12}\,\text{eV}$, während der optische Übergang eine Energie von ungefähr 10 eV aufweist.

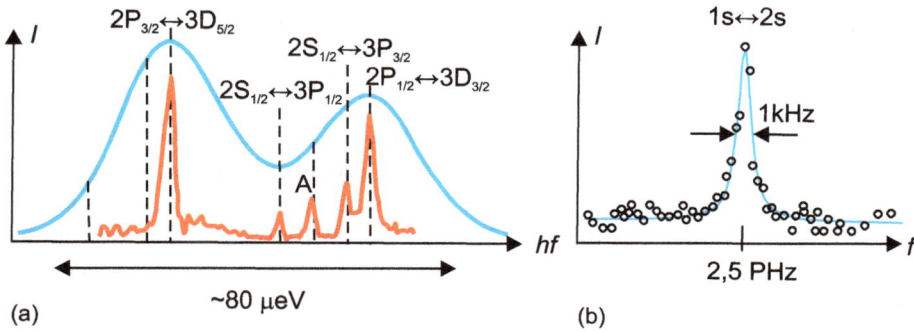

Abb. 8.20: (a) Die Balmer-α-Linie des Wasserstoffatoms in extrem hoher Auflösung (Daten aus [8.1]). (b) Doppler-freie Spektroskopie des dipolverbotenen 1s↔2s-Übergangs im Wasserstoffatom [8.2].

Inzwischen lässt sich die Übergangsenergie mit einer relativen Genauigkeit von $4 \cdot 10^{-15}$ vermessen. Betrachtet man die Kurve in Abb. 8.20(b) als Resonanzkurve eines harmonischen Oszillators, stellt das Atom einen Oszillator mit extrem hoher Güte dar. Er wäre als Taktgeber für eine ebenso präzise Uhr geeignet. Die Genauigkeit des 2s ↔ 1s-Übergangsenergie-Messwerts übersteigt die derzeit gültige Präzision in der Definition der Sekunde! Das bedeutet, dass in den Laboren heute prinzipiell genauere Uhren zur Verfügung stehen, als man sie offiziell für die Zeitmessung verwendet. Neben dem Aspekt einer genaueren Darstellung der Sekunde geben die Messungen einen genauen Wert der Rydberg-Energie und damit auch Aufschluss über andere quantenphysikalische Eigenschaften des Wasserstoffatoms.

8.4.2 Magnetische Resonanz und Cäsiumatomuhr

Mit Laserlichtquellen lassen sich optisch erlaubte Übergänge in Atomen mit extrem hoher Präzision vermessen. Die Zeeman-Aufspaltung des unteren 3s-Niveaus der Na-D-Linie in Abb. 8.17 kann allerdings nur indirekt als Differenz zweier optisch bestimmter Spektrallinien bestimmt werden. Eine direkte Messung der Aufspaltung ist mit niederfrequenter elektrischer Dipolstrahlung nicht möglich, weil sich der Spin des Elektrons von einem Zustand zum anderen umkehrt. Diese Umkehr ist streng dipolverboten. Ähnlich verhält es sich mit der Hyperfeinwechselwirkung, die durch Doppler-freie Laserspektroskopie auch nur indirekt bestimmt werden kann. Wir erinnern uns, dass bei der Hyperfeinaufspaltung der Spin des Elektrons in einem Atom das magnetische Moment des Kerns spürt, wenn dieser einen von null verschiedenen Kernspin aufweist.

Die *magnetische Resonanzspektroskopie* ist dagegen eine Methode, mit der Übergänge mit Spinumkehr (Spinflip) durch magnetische Wechselfelder erlaubt sind. Weil sich die beteiligten Niveaus nur wenig in ihrer Energie unterscheiden, genügen in der

Regel magnetische Wechselfelder im MHz- bis GHz-Bereich, die auch in Festkörper oder organische Substanzen eindringen. So ist der Kernspin von Wasserstoffatomen in makroskopischen Feststoffen oder in organischen Geweben mit der magnetischen Kernspinresonanz (NMR) zugänglich. In der NMR-Tomografie (MRT) der Medizin lassen sich dreidimensionale Bilder vom Inneren des Körpers in Echtzeit erzeugen. Mit der magnetischen Resonanz können auch Hyperfeinübergänge direkt vermessen werden, was z. B. in Atomuhren angewendet wird. Darüber hinaus ist die NMR in der analytischen Chemie von großer Bedeutung, weil die gemessenen Übergangsenergien empfindlich von der chemischen Umgebung der beteiligten Atome abhängen.

Wegen der Vielfalt und Komplexität der Methode betrachten wir der Einfachheit halber einen reinen Spin in einem homogenen Magnetfeld $\vec{B}_0$, wie in Abb. 8.21(a) dargestellt. Es ist hier unwichtig, ob er ein Kernspin oder ein Elektronenspin ist. Wegen $\vec{J} = \vec{S}$ und $m_j = m_s = \pm 1/2$ liefert die Richtungsquantelung zwei Einstellmöglichkeiten des Spins relativ zur Quantisierungsachse. Diese wird durch das Magnetfeld $\vec{B}_0 = B_0 \vec{e}_z$ in z-Richtung festgelegt. Mit dem Spin ist nach (6.14) ein magnetisches Dipolmoment $\vec{p}_{\mathrm{mag}} = \pm \gamma \vec{S}$ mit dem gyromagnetischen Verhältnis γ verbunden. Das Vorzeichen wird von der Ladung des spintragenden Teilchens bestimmt. Wie beim Spin hat also auch das magnetische Moment zwei Einstellmöglichkeiten relativ zur Quantisierungsachse, wie in Abb. 8.21(a) gezeichnet.

Ohne Magnetfeld sind die beiden Spineinstellungen in Abb. 8.21(a) energetisch entartet. Durch die Wechselwirkung mit dem Magnetfeld kommt es aber zu einer Zeeman-Aufspaltung des Grundzustands, wie in den Niveaus in Abb. 8.21(b) skizziert.

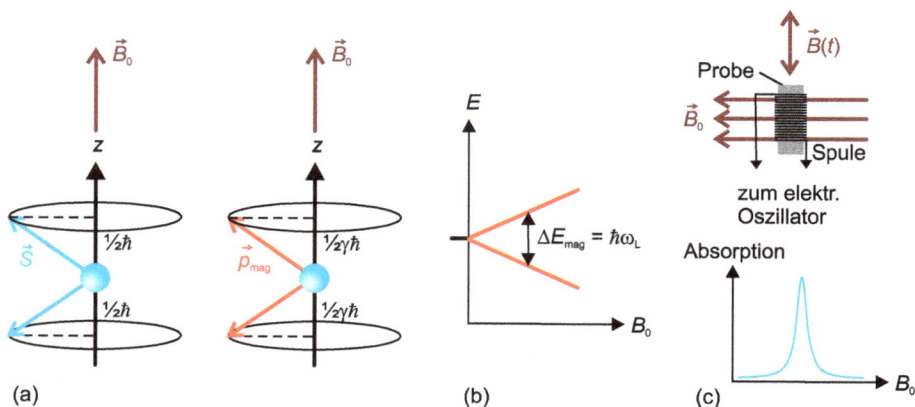

Abb. 8.21: (a) Richtungsquantisierung eines Spins im homogenen Magnetfeld. (b) Zeeman-Aufspaltung des Energiezustands mit zwei Spinrichtungen. Die Aufspaltung ist proportional zur Magnetfeldstärke. (c) Prinzipieller Aufbau eines magnetischen Resonanzversuchs. Neben dem starken statischen Feld bewirkt das senkrecht stehende Wechselfeld einen Spinflip bzw. einen Übergang zwischen den Zeeman-Niveaus.

Die antiparallele Stellung von $\vec{p}_{\text{mag}}$ und $\vec{B}_0$ ist energetisch günstiger als der Zustand paralleler Vektoren, denn die potenzielle Energie ist gleich $E_{\text{pot}} = -\vec{p}_{\text{mag}} \cdot \vec{B}_0$. Die Energiedifferenz zwischen den aufgespaltenen Niveaus lässt sich leicht ausrechnen und beträgt

$$\Delta E_{\text{mag}} = \left(\frac{1}{2} + \frac{1}{2} \right) \hbar \gamma B_0 = \hbar \omega_{\text{L}}. \tag{8.30}$$

Die Größe

$$\omega_{\text{L}} = \gamma B_0 \tag{8.31}$$

wird **Larmor-Frequenz** genannt. Für einen Elektronenspin gilt

$$\gamma = \frac{g e_0}{2 m_e} \quad \text{und} \quad \omega_{\text{L}} = \frac{g \mu_{\text{B}}}{\hbar} B_0, \tag{8.32}$$

mit dem g-Faktor des Spins, $g \approx 2$, und dem Bohr-Magneton μ_{B}. Für den Kernspin des Wasserstoffatoms, also den Spin des Protons gilt dagegen

$$\gamma = \frac{g e_0}{2 m_p} \quad \text{und} \quad \omega_{\text{L}} = \frac{g \mu_{\text{I}}}{\hbar} B_0, \tag{8.33}$$

was wegen der höheren Masse um einen Faktor von fast 2000 kleiner ist. Daher ist die Larmor-Frequenz in der Kernspinresonanz im MHz-Bereich, während sie in der Elektronenspinresonanz (ESR) im GHz-Bereich liegt.

Die Larmor-Frequenz hat eine anschauliche Bedeutung im halbklassischen Vektorbild. Aus der klassischen Magnetostatik wissen wir, dass auf ein magnetisches Dipolmoment in einem homogenen Magnetfeld das Drehmoment $\vec{M} = \vec{p}_{\text{mag}} \times \vec{B}_0$ wirkt. Ganz ähnlich gilt dies im Atom. Mit $\vec{p}_{\text{mag}} = \pm \gamma \vec{S}$ und $\mathrm{d}\vec{S}/\mathrm{d}t = \vec{M}$ folgt die Relation

$$\frac{\mathrm{d}\vec{S}}{\mathrm{d}t} = \pm \vec{B}_0 \times \gamma \vec{S} = \pm \vec{\omega}_{\text{L}} \times \vec{S}. \tag{8.34}$$

Eine formal ähnliche Gleichung ist uns schon bei der Diskussion des schweren Kreisels in Band 1 begegnet, der um seine Drehachse eine Präzessionsbewegung durchführt. Im Atom präzediert der Spin also mit der Larmor-Frequenz um die Magnetfeldrichtung, wie in Abb. 8.21(a) schematisch dargestellt.

Es lässt sich zeigen, dass durch Einstrahlen magnetischer Dipolstrahlung mit einem wechselnden Magnetfeld $\vec{B}(t)$ die Spinorientierung gedreht bzw. ein Übergang zwischen den beiden Zeeman-Niveaus hervorgerufen werden kann, wenn die Feldrichtung von $\vec{B}(t)$ senkrecht auf $\vec{B}_0$ steht und die Kreisfrequenz der Larmor-Frequenz ω_{L} entspricht (Resonanzbedingung). Eine schematische Versuchsanordnung ist in Abb. 8.21(c) gezeigt. Das Wechselfeld wird je nach Frequenz entweder über eine Spule oder einen Mikrowellenresonator eingekoppelt. Da es einfacher ist, die hohe Feldstärke des statischen $\vec{B}$-Felds als die Frequenz des Wechselfelds zu variieren, wird die Absorption der eingestrahlten Energie als Funktion der homogenen Feldstärke gemessen. Bei magnetischer Resonanz kommt es zu Spinflips bzw. Übergängen zwischen den Zeeman-aufgespalteten Niveaus, und die Absorption ist maximal.

Anwendung: Cäsiumatomuhren

Atome mit unterschiedlichen Spin- und magnetischen Dipolmomentrichtungen erfahren in inhomogenen Magnetfeldern unterschiedliche Kräfte. Mit diesem vom Stern-Gerlach-Versuch bekannten Effekt können Atome mit einer spezifischen Spinrichtung aus einem Atomstrahl herausgefiltert werden. Der so präparierte Strahl wird *spinpolarisiert*. Der Magnet, der das inhomogene Feld erzeugt, wird daher auch als Polarisator bezeichnet. Ein gleiches Magnetfeld kann auch zur Analyse der Spinrichtung eines spin-polarisierten Atomstrahls verwendet werden.

In Abb. 8.22 ist die Anordnung von Polarisator, magnetischem Resonator und Analysator gezeigt, die der amerikanische Physiker Isaac Rabi (1898–1988) im Jahr 1939 vorstellte [8.3]. Sie stellt den prinzipiellen Aufbau einer Atomuhr dar. Die inhomogenen magnetischen Sektorfelder von Polarisator und Analysator sind farblich hervorgehoben. Im Resonator wirken die gekreuzten Magnetfelder wie in der magnetischen Resonanz beschrieben. Der durch den ersten Magneten polarisierte Atomstrahl tritt in den Resonator, in dem ein homogenes Magnetfeld $\vec{B}_0$ und ein dazu senkrecht stehendes magnetisches Wechselfeld $\vec{B}(t)$ wirken. Hinter dem Resonator überprüft der Analysator, ob sich für einen Teil der Atome die Spinrichtung geändert hat. Diese

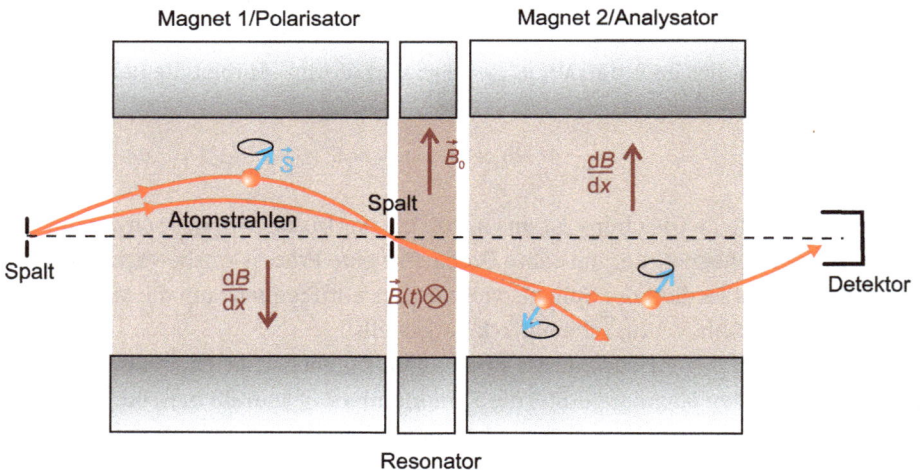

Abb. 8.22: Prinzip einer Atomuhr nach Rabi, bestehend aus Polarisator, Analysator und Resonator. Im Resonanzfall kehrt sich der Spin im Resonator, um und das Atom wird herausgefiltert. Nach [8.3].

werden aussortiert. Im Resonator ändert sich die Spinrichtung der Atome nur, wenn die Frequenz f des Wechselfelds gleich der Larmor-Resonanzfrequenz zur Veränderung der Spinrichtung ist. Nimmt man die Zahl der durch diese Anordnung gehenden Atome als Messgröße, kann f auf die magnetische Resonanzfrequenz im Atom fest eingestellt werden, und zwar mit einer Genauigkeit, die der Güte des atomaren Übergangs entspricht.

Für das Zeitnormal der Sekunde verwendet man ^{133}Cs-Atome. Das einzelne Valenzelektron besetzt den Grundzustand 6s. Der Spin des Cs-Atomkerns beträgt $\frac{7}{2}\hbar$ und koppelt über die Hyperfeinwechselwirkung mit dem Elektronenspin von $\frac{1}{2}\hbar$ zu den beiden möglichen Gesamtdrehimpulszuständen $F = (\frac{7}{2} - \frac{1}{2})\hbar = 3\hbar$ oder $F = (\frac{7}{2} + \frac{1}{2})\hbar = 4\hbar$, wie in Abb. 8.23 dargestellt. Die Hyperfeinaufspaltung $\Delta E_{\text{Cs,HFS}}$ entspricht der elektromagnetischen Mikrowellenfrequenz

$$f = \frac{\Delta E_{\text{Cs,HFS}}}{h} = 9\,192\,631\,770\,\text{Hz},$$

die wir aus der offiziellen Definition der Sekunde bereits kennen.

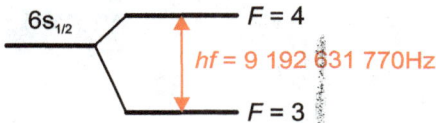

$6s_{1/2}$ ——— $F = 4$

$hf = 9\,192\,631\,770\,\text{Hz}$

——— $F = 3$

Abb. 8.23: Hyperfeinaufspaltung des 6s-Niveaus im ^{133}Cs-Atom, die als Grundlage für die Definition der Sekunde dient.

Wie in der Rabi-Methode werden in der Cs-Atomuhr zunächst die Atome auf einen festen F-Wert polarisiert. Wird im Resonator die Resonanzfrequenz getroffen, ändert ein Teil der Atome ihren F-Wert bzw. die Spinrichtung und scheiden im Analysator aus. In Abb. 8.24(a) ist der Aufbau und in (b) sind die Einzelteile einer Standardatomuhr abgebildet. Es fällt auf, dass der Resonator nicht aus einem quaderförmigen Hohlraum, sondern aus einem U-förmigen Doppelresonator besteht, den die Cs-Atome zweimal durchqueren. Dieser nach Norman Ramsey benannte Doppelresonator bietet eine deutlich höhere Energieauflösung, weil die Wirkungszeit des Magnetfelds Δt durch die räumliche Trennung vergrößert wird. Die zur Zeit komplementäre Größe der Energie wird wegen der Unschärferelation $\Delta E = h/\Delta t$ entsprechend schärfer. Man muss dazu sicherstellen, dass die Atome beim Durchflug durch den Resonator in einem kohärenten Zustand bleiben, d. h. es dürfen keine störenden Felder vorhanden sein. Die gesamte Anordnung befindet sich in einem Ultrahochvakuumrezipienten aus Edelstahl. Die Einfügung in Abb. 8.24(b) zeigt eine Fotografie einer solchen Atomuhr aus der Uhrenhalle der Physikalisch-Technischen Bundesanstalt (PTB) in Braunschweig. Sie trägt den Namen CS2 und liefert seit 1991 die gesetzliche Zeit in Deutschland. Sie synchronisiert auch die zahlreichen Funkuhren über den Langwellensender DCF77. Ihre relative Genauigkeit beträgt ungefähr 10^{-14}, was einem Gangunterschied von 1 s in mehr als 3 000 000 Jahren entspricht.

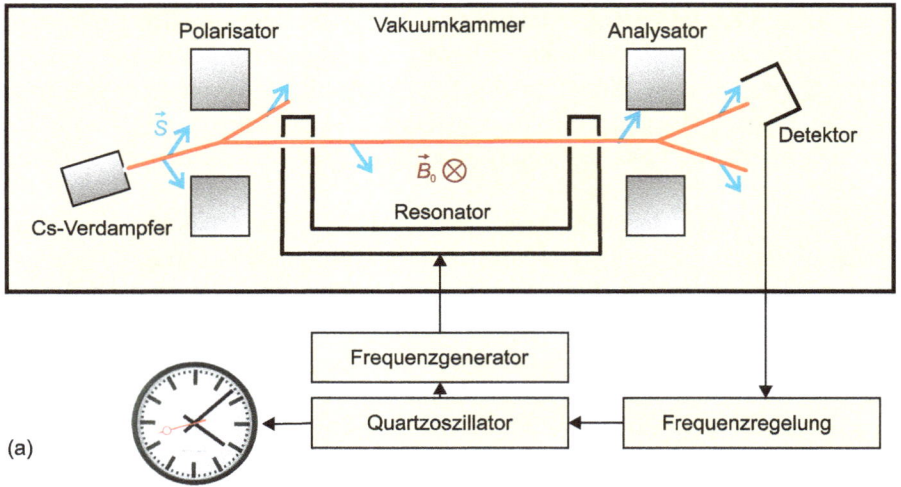

(a)

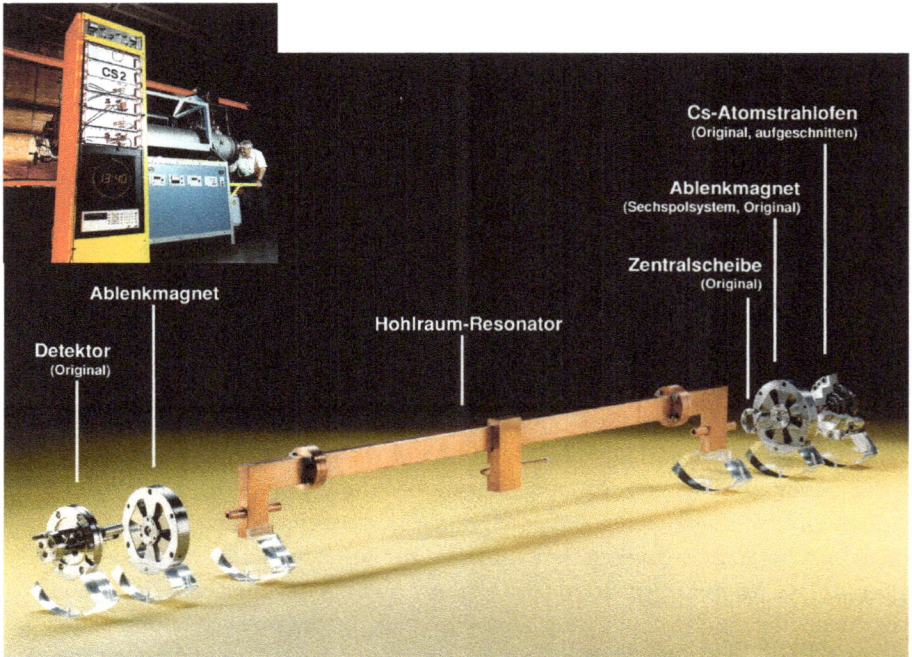

(b)

Abb. 8.24: (a) Schematischer Aufbau einer Cs-Atomuhr mit Doppelresonator. (b) Einzelteile einer realen Cs-Atomuhr und Atomuhr CS2 der Physikalisch-Technischen Bundesanstalt (PTB) in Braunschweig, die die gesetzliche Zeit in Deutschland liefert. Mit freundlicher Genehmigung der Physikalisch-Technischen Bundesanstalt.

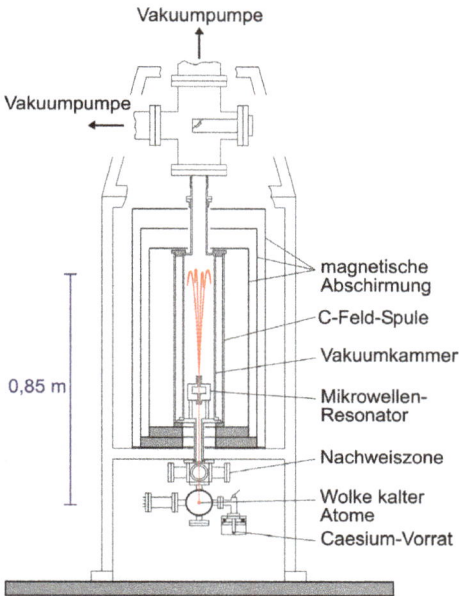

Abb. 8.25: Schematischer Schnitt durch eine Cs-Fontänenuhr, die wegen der längeren Flugzeit der Cäsiumatome eine deutlich gesteigerte Ganggenauigkeit besitzt (Physikalisch-Technische Bundesanstalt).

Verkleinert man die Geschwindigkeit der Cs-Atome, lässt sich die Genauigkeit noch steigern. In der Cäsium-Fontänenuhr, wie sie im Prinzip in Abb. 8.25 gezeigt ist, wird eine Wolke von Cs-Atomen zunächst in einer Atomfalle (siehe Kapitel 8.5) gefangen und schließlich durch einen Laserstrahl entgegen der Gravitation nach oben geschleudert. Die Cs-Atome erleben also einen senkrechten Wurf. Sie gehen zweimal durch den Mikrowellenresonator und durch ein inhomogenes Magnetfeld als Polarisator bzw. Analysator. Da die Flugzeit viel länger als bei herkömmlichen Atomuhren ist, werden noch größere Genauigkeiten erreicht. In den beiden genauesten Atomuhren CSF der PTB beträgt die gesamte Flugzeit für 10 000 000 Cs-Atome ungefähr 0,5 s. Sie erreichen relative Genauigkeiten von bis zu $2 \cdot 10^{-16}$, was einer Sekunde in 158 000 000 Jahren entspricht.

Dennoch lassen sich heute mit optischen Methoden noch genauere Oszillationen vermessen, die einen noch besseren Standard der Sekunde darstellen könnten. Solche optischen Gitteruhren werden im Folgenden kurz besprochen. Eine neue Definition der Sekunde wird aber bisher nicht angestrebt, weil die derzeitige Festlegung zwar nicht mehr die genaueste, aber für praktische Anwendungen noch vollkommen ausreichend ist. Abbildung 8.26 verdeutlicht zusammenfassend die rasante Verbesserung der Genauigkeit in der Zeitmessung im Laufe der Geschichte.

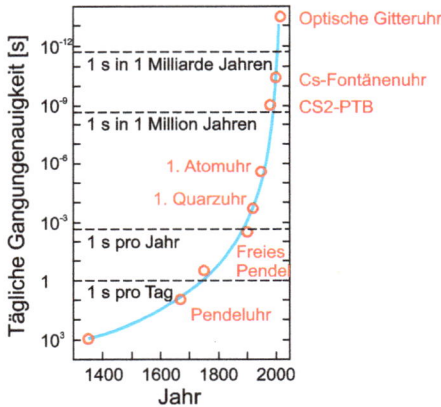

Abb. 8.26: Entwicklung der Ganggenauigkeit von Uhren im Lauf der Jahrhunderte. Insbesondere die Fortschritte in der experimentellen Quantenphysik und -optik brachte in den letzten Jahrzehnten eine überexponentielle Steigerung der Genauigkeit.

8.5 Unbewegte Atome und Ionen

Die Verbreiterung der Spektrallinien lässt sich komplett vermeiden, wenn einzelne Atome und Ionen oder Gruppen davon abgebremst und eingefangen werden. Dies lässt sich mit verschiedenen Methoden realisieren. Das Einfangen von Ionen ist schon länger möglich, weil hierzu relativ einfach zu erzeugende elektromagnetische Felder eingesetzt werden, die Kräfte auf die elektrische Ladung der Teilchen ausüben. Es gilt das sogenannte *Earnshaw-Theorem*, dass mit statischen Feldern allein keine freien Ladungen im Raum eingefangen werden können. Es gibt immer Fluchtwege für das geladene Teilchen. Gleiches gilt auch für neutrale Atome und Einfangmethoden mit Licht. Es sind also Wechselfelder oder andere Randbedingungen notwendig, um Teilchen effektiv in der Falle zu halten.

8.5.1 Ionenfallen

Der deutsche Physiker Wolfgang Paul (1913–1993) entwickelte die ersten Ionenfallen. Die Paul-Falle besteht aus einem Metallring und zwei elektrisch verbundenen, konvexen Metallelektroden oberhalb und unterhalb des Rings, wie in Abb. 8.27(a) zu erkennen. Zwischen Deckelelektroden und Ring wird ein elektrisches Wechselfeld mit zeitlich konstantem Anteil angelegt. Durch die Geometrie der Elektroden wird ein dynamisches Quadrupolfeld erzeugt, wie es in Abb. 8.27(b) für zwei Zeitpunkte gezeichnet ist, die um eine halbe Periode gegeneinander versetzt sind. Wie man sieht, erfährt ein geladenes Teilchen in der Falle abwechselnd konzentrische und exzentrische Kräfte. Wechseln sich diese schnell genug ab, bleibt das Teilchen durch die Massenträgheit in der Fallenmitte gefangen.

Abbildung 8.27(c) zeigt ein zweidimensionales modellhaftes Sattelpotenzial, wie es in der Schnittebene der Paul-Falle in Abb. 8.27(b) wirkt. Im statischen Fall ent-

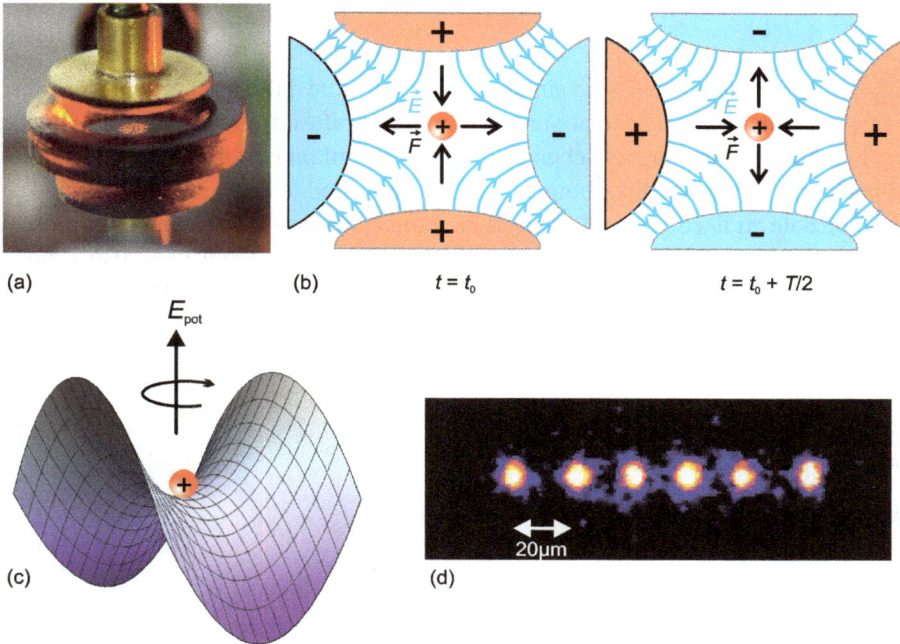

(a)

(b) $t = t_0$

$t = t_0 + T/2$

(c)

(d)

Abb. 8.27: (a) Paul-Falle für den Unterricht mit geladenen Bärlappsporen. Mit freundlicher Geneh-migung von Reiner Keller, Universität Ulm. (b) Schematische elektrische Feldlinien in der Schnitt-zeichnung einer Paul-Falle zu zwei ausgesuchten Zeitpunkten. (c) Rotierendes Sattelpotenzial zur Veranschaulichung des dynamischen Felds in einer Paul-Falle. (d) Sechs fluoreszierende Ca^+-Ionen in einer linearen Paul-Falle [8.4]. Mit freundlicher Genehmigung von Prof. Dr. Michael Block, Univer-sität Mainz.

weicht das Teilchen entlang der abschüssigen Potenzialflächen. Die Rotation des Sattels führt aber zu einer dynamisch stabilen Position in der Sattelmitte. Eine be-sondere Eigenschaft der Paul-Falle ist ihre Skalierbarkeit, d. h. es lassen sich auch größere geladene Partikel mit diesem Aufbau einfangen. Die Frequenz der Wech-selspannung muss dann entsprechend reduziert werden. In Abb. 8.27(a) sind kleine geladene Staubteilchen (Bärlappsporen) in der Falle zu sehen.

Ionenfallen, die mit dynamischen elektromagnetischen Feldern betrieben wer-den, können auch über größere räumliche Bereiche viele Ionen gefangen halten. Die Ionen ordnen sich dann in regelmäßigen und kristallinen Strukturen. Diese speziellen Ionenkristalle in einer Falle lassen sich unter bestimmten Voraussetzungen als Quan-tensysteme für Quantencomputer verwenden, da die Zustände der einzelnen Ionen miteinander verschränkt werden können (siehe „Theoretische Ergänzung", S. 234). Ein Beispiel für die Fluoreszenz von sechs Ca^+-Ionen in einer linearen Paul-Falle ist in Abb. 8.27(d) (aus [8.4]) gezeigt. Sie schweben im Abstand von ungefähr 20 μm von-einander und geben Photonen unter Anregung durch eine intensive Lichtquelle ab.

8.5.2 Atomfallen

Auch neutrale Atome lassen sich einfangen. Der Aufwand dafür ist aber sehr viel höher als im Falle von Ionen, weil keine starken Coulomb-Kräfte angreifen können. Es lassen sich in inhomogenen magnetischen Feldern kleine Einfangkräfte erzeugen, wenn das Atom ein magnetisches Dipolmoment besitzt. Diese sind jedoch zu klein und die Fallenpotenziale zu flach, um z. B. thermische Atome aus Gasen bei Zimmertemperatur mit Geschwindigkeiten von mehreren 100 m/s einzufangen. Atome müssen also zuvor abgebremst werden, was durch gerichtete Laserstrahlen gezielt gelingt.

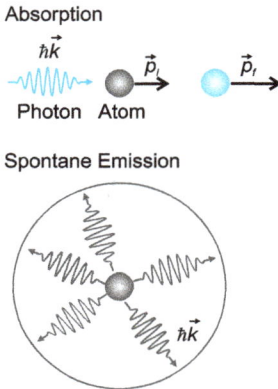

Abb. 8.28: Prinzip der Laserabbremsung eines Atoms. Die Absorption von Photonen eines Laserstrahls erfolgt immer mit einem Impulsübertrag in der definierten Richtung des Laserstrahls. Die spontane Emission ist isotrop und führt zu keinem mittleren Impulsübertrag.

Das Prinzip der **Laserkühlung** ist in Abb. 8.28 dargestellt. Ein einfallender Laserstrahl ist auf eine Anregungsenergie des Atoms abgestimmt. Wird ein Photon vom Atom absorbiert, überträgt sich der kleine Photonenimpuls $\hbar\vec{k}$ wegen der Impulserhaltung auf das Atom. Dies hatten wir auch schon beim Rückstoß des Atoms bei Absorption und Emission behandelt. Ist $\vec{p}_i$ der Impuls des Atoms vor der Absorption, beträgt der Impuls nachher

$$\vec{p}_f = \vec{p}_i + \hbar\vec{k}. \tag{8.35}$$

Die Richtung dieses Impulsübertrags wird von der Einstrahlrichtung des Lasers bestimmt. Die Emission des Photons erfolgt überwiegend spontan und daher isotrop. Im Mittel gewinnt das Atom durch viele spontane Emissionen keinen Impuls, d. h. durch vielfache Absorptions-Emissions-Zyklen wird aufgrund der gerichteten Absorption insgesamt Impuls auf das Atom pro Zeit übertragen. Es wirkt also eine Nettokraft in Laserstrahlrichtung. Ist B die Absorptionsrate, d. h. die Zahl der Absorptionen pro Zeit, beträgt die Kraft

$$\vec{F}_B = B\hbar\vec{k}. \tag{8.36}$$

Beispiel

Ein thermisches Cs-Atom mit der Masse 133 u habe eine Geschwindigkeit von 200 m/s. Sein Impuls beträgt $4{,}4 \cdot 10^{-23}$ kg m/s. Starke Absorption findet im Cs-Atom von Licht mit einer Wellenlänge von ungefähr 460 nm statt. Der Impuls eines einzelnen Photons zu dieser Wellenlänge beträgt $h/\lambda = 1{,}4 \cdot 10^{-27}$ kg m/s und ist demnach 20 000-mal kleiner als der Cs-Atomimpuls. Bei einer Absorptionsrate von 10^7/s ergibt das eine Kraft von ungefähr 10^{-20} N.

Soll ein Atom zum Stillstand gebracht werden, kann die Laserabbremsung in der einfachen, dargestellten Form nicht funktionieren. Ein Grund liegt in der Doppler-Verschiebung, die die Resonanzfrequenz der Absorption mit der Abbremsung verändert. Das schmalbandige, monochromatische Laserlicht müsste also kontinuierlich verstimmt werden, um die Absorptionsrate aufrecht zu erhalten. Eine weitere Schwierigkeit liegt darin, dass statische Laserstrahlen Atome nicht einfangen können (optisches Earnshaw-Theorem). Man verwendet daher eine raffinierte Kombination von sechs senkrecht aufeinanderstehenden Laserstrahlen mit einem inhomogenen magnetischen Feld. In diesen *magnetooptischen* oder auch *MOT-Fallen* können neutrale Atome mit magnetischem Moment gefangen werden.

Der prinzipielle Aufbau einer MOT-Falle ist in Abb. 8.29(a) gezeigt. Das magnetische Quadrupolfeld wird von zwei Helmholtz-Spulen erzeugt, die von entgegengesetzten elektrischen Strömen durchflossen werden. In der Fallenmitte ist die Magnetfeldstärke gleich null. Entfernen sich die Atome von der Mitte, wird durch den Zeeman-Effekt die m-Entartung aufgehoben. Das Licht der sechs Laserstrahlen ist leicht verstimmt z. B. gegen einen s $\leftrightarrow$ p-Übergang im Atom. Bewegt sich das Atom von der Fallenmitte fort in Richtung eines Lasers, wird an einem bestimmten Ort das Licht resonant für einen Übergang mit $\Delta m = \pm 1$, weil der Zeeman-Effekt die Unterniveaus des p-Zustands verschiebt. Die Absorption übt eine Kraft auf das Atom in Richtung der Fallenmitte aus. Damit ein Photon mit dieser Auswahlregel absorbiert werden kann, ist das Licht zirkular polarisiert. Für eine Raumrichtung ist in Abb. 8.29(b) die Verschiebung der ursprünglich entarteten p-Niveaus gezeigt. Die Laserstrahlen treiben ein Atom immer in die Fallenmitte zurück.

In MOT-Fallen lassen sich Ensembles von Alkalimetallatomen wie Natrium und Rubidium bis auf eine Temperatur von 2 μK abkühlen. Legt man eine Maxwell-Geschwindigkeitsverteilung zugrunde, beträgt die mittlere thermische Geschwindigkeit eines Na-Atoms bei dieser Temperatur ungefähr 4 cm/s. Weil Na- wie auch Rb-Atome Bosonen sind, geschieht ein besonderer Quantenphasenübergang bei extrem kleinen Temperaturen. Alle Atome gehen dann in den gleichen Grundzustand über, was als *Bose-Einstein-Kondensation* (BEC) bezeichnet wird. Die Atome des Ensembles lassen sich durch eine Wellenfunktion vollständig beschreiben. Beim Übergang in das BE-Kondensat erhöht sich die Dichte plötzlich um mehrere Größenordnungen. Sie erreicht dann Werte von bis zu 10^{14} Atome pro cm^3.

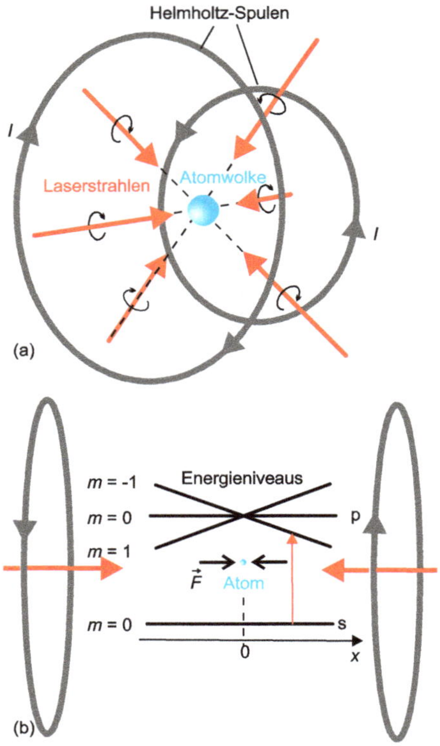

(a)

(b)

Abb. 8.29: (a) Prinzip einer magnetooptischen Atomfalle. Die Helmholtz-Spulen erzeugen ein inhomogenes magnetisches Quadrupolfeld. Sechs zirkular polarisierte Laserstrahlen bremsen die Atome in dem Ensemble ab. (b) Wirkung entlang einer Raumachse. Durch den Zeeman-Effekt wird ein Übergang im Atom, das sich aus der Falle bewegt, an einem bestimmten Ort resonant mit dem Laserlicht, und das Atom erfährt eine Kraft zur Fallenmitte.

8.5.3 Optische Atomgitter

Mehrere ultrakalte Atome lassen sich heute in sogenannten optischen Gittern in regelmäßiger Anordnung fangen. Ein optisches Gitter ist ein stehendes Wellenmuster, das durch kohärente Überlagerung von Laserstrahlen entsteht. In Abb. 8.30(a) ist schematisch ein solches Gitter gezeigt, das an eine Eierpappe erinnert und das die Atome in einer regelmäßigen Potenziallandschaft einfängt. Die Potenzialmulden sind meist flach, so dass die Atome erst abgebremst werden müssen. Die Wechselwirkung der Atome mit dem starken elektrischen Lichtfeld wirkt über induzierte Dipolkräfte. Die Atome werden an den Intensitätsmaxima der Welle festgehalten. Auf diese Weise lassen sich im Vakuum Gitter von verschiedenen Atomen wie z. B. Aluminium- und Strontiumatomen realisieren. Bei entsprechender Justage fluoreszieren die Atome im Sichtbaren. Die Spektrallinien sind äußerst scharf. Sie sind wegen der sehr viel höheren Frequenz in der Güte um Größenordnungen besser als der Mikrowellenübergang im Cs-Atom der Atomuhr. Mit den optischen Atomgittern lassen sich also Uhren bauen, die sehr viel genauer sind als der heutige Zeitstandard. In Abb. 8.30(b) ist die sichtbare Fluoreszenz eines Sr-Atom-Gitters gezeigt.

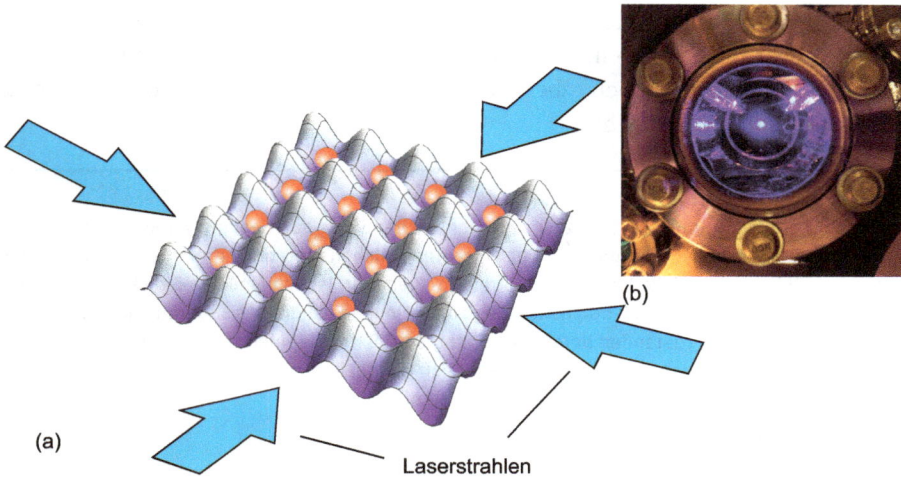

Abb. 8.30: (a) Schematische Darstellung eines optischen Gitters, das ultrakalte Atome in einer regelmäßigen Struktur einfangen kann. (b) Blick auf ein fluoreszierendes optisches Gitter aus Strontiumatomen. Mit freundlicher Genehmigung von Prof. Dr. Jun Ye, Joint Institute for Laboratory Astrophysics (JILA), Boulder, USA.

Neben diesen praktischen Vorteilen können mit optischen Gittern fundamentale Quantenexperimente durchgeführt werden, die durch einen Analogieschluss auch kosmologische Modelle überprüfen können. Darüber hinaus können sie möglicherweise als Systeme für künftige Quantencomputer dienen.

Anmerkung: Kann man Atome sehen?

Blickt man auf das mikroskopische Bild einer Oberfläche mit dem Rastertunnelmikroskop wie in Abb. 5.21 oder auf die Fluoreszenz einzelner, stehender Ionen in Abb. 8.27, ist man geneigt, die Frage mit Ja zu beantworten. Hier ist aber grundsätzlich Skepsis geboten. Ohne auf die philosophische Diskussion einzugehen, ob die sinnlichen Erfahrungen eines Menschen überhaupt die Wirklichkeit erfassen, können wir bereits aus den dargestellten Beispielen eine gewisse Vorsicht ableiten. Das Wort *sehen* suggeriert eine umittelbare, sinnliche Wahrnehmung von Realität mit objektivierbaren Eigenschaften, die sich im Sehen erschließen lassen. Die Instrumente, die wir zum Untersuchen der mikroskopischen Welt einsetzen, liefern uns aber nur Strukturen, die zudem von den technischen Einstellungen abhängen. Das Rastertunnelmikroskopbild ändert sich deutlich, wenn die Spannung zwischen Spitze und Probe oder die Polarität der Spannung geändert wird. Was bleibt, ist die räumliche Periodizität der Struktur. Auch die Lichtpunkte von einzelnen Atomen oder Ionen geben räumlich nur den Abstand zwischen ihnen wieder. Die Größe eines Lichtpunkts hat nichts mit der eigentlichen Ausdehnung eines Atoms zu tun. Sie wird von der Beugungsbegrenzung der optischen Instrumente festgelegt. Dies führt zu der paradoxen Erkenntnis, dass wir heute zwar tiefer in die mikroskopische physikalische Welt eindringen und sie auch gut beschreiben können, aber dass sich diese in ihrer Quantennatur unserer dinglichen Erfahrung entzieht.

Theoretische Ergänzung: Verschränkte Zustände

In Quantensystemen mit mindestens zwei Quantenteilchen kann das Gesamtsystem in einem definierten Zustand sein, aber die Zustände der einzelnen Teilchen sind unbestimmt und voneinander abhängig. Diese Abhängigkeit wird auch Korrelation genannt. Ist es nämlich möglich, die zufällige Eigenschaft eines Einzelteilchens durch Messung zu bestimmen, ist die des anderen auch sofort festgelegt. Wir sind solchen Zuständen bereits begegnet, so z. B. im Singulettgrundzustand des Heliumatoms. Der Gesamtelektronenspin des Atoms ist gleich null, d. h. die Spins der einzelnen Elektronen sind entgegengesetzt, und die Spinwellenfunktion lautet

$$\chi(1,2) = \frac{1}{\sqrt{2}}(\uparrow_1\downarrow_2 - \uparrow_2\downarrow_1).$$

Die Spinrichtungen der einzelnen Elektronen sind nicht festgelegt und werden zu 50 % als Spin up bzw. Spin down gemessen. Nun ist das Beispiel des He-Atoms nicht so erstaunlich, da die beiden ununterscheidbaren Elektronen das gleiche Orbital bevölkern.

Man kann aber Quantenteilchen in einem präparierten Gesamtzustand auch räumlich voneinander trennen, ohne dass die Kohärenz des Zustands und die Korrelation zwischen den Teilchen verloren gehen. Relativ einfach gelingt das mit verschränkten Photonenzuständen. Wir beschränken uns auf Photonenpaare, die durch nichtlineare Effekte in bestimmten Kristallen mit Laserlicht hergestellt werden können. Auch die Vernichtungsstrahlung beim Aufeinandertreffen von Elektron und Positron erzeugt ein solches korreliertes Photonenpaar.

Analog zu den zwei Spineinstellungen kann ein Photon zwei unterschiedliche Polarisationen aufweisen, die wir parallel oder senkrecht nennen wollen und durch Doppelpfeile darstellen. Es lässt sich jetzt ein Paarzustand präparieren, in dem die beiden Photonen des Paars stets die gleiche Polarisation haben und die Wahrscheinlichkeit einer Polarisationsrichtung 50 % sei,

$$\psi(1,2) = \frac{1}{\sqrt{2}}(\leftrightarrow_1\leftrightarrow_2 + \updownarrow_1\updownarrow_2). \tag{8.37}$$

In Abb. 8.31 ist eine Versuchsanordnung gezeigt, mit der an zwei entfernten Orten die Polarisation der Photonen gemessen werden kann. Anna und Bernd verfügen über einen Polarisationsstrahlteiler, der Licht in die zwei senkrecht zueinander stehenden Polarisationen aufteilt. Die Quelle in der Mitte sende verschränkte Photonenpaare aus. Eine Folge der Verschränkung besteht darin, dass bei gleichzeitigen, koinzidenten Messungen von Anna und Bernd immer die paarweise gleichen Polarisationen festgestellt werden, also beide parallel oder beide senkrecht. Dies ist in Abb. 8.31 dargestellt.

Die koinzidente Messung gleicher Polarisationen wird auch vom quantenmechanischen Zustand nach (8.37) erwartet und ist zunächst nicht überraschend. Man könnte nämlich annehmen, dass sich bereits lokal am Quellenort entscheidet, ob das Photonenpaar parallel oder senkrecht polarisiert ist. Dies ist aber nicht richtig, denn der Zustand nach (8.37) sagt aus, dass erst die Messung bei Anna oder Bernd entscheidet, wie das Photon polarisiert ist. Eine Messung der Polarisationsrichtung z. B. durch Anna legt zwangsläufig auch die Polarisationsrichtung bei Bernd fest. Die Messung zerstört die Verschränkung der einzelnen Zustände.

Diese nichtlokale Korrelation erscheint ziemlich mysteriös. Wie soll das Photon bei Bernd von der Polarisationsrichtung seines Paarpartners wissen, um genau die gleiche Polarisationsrichtung zu

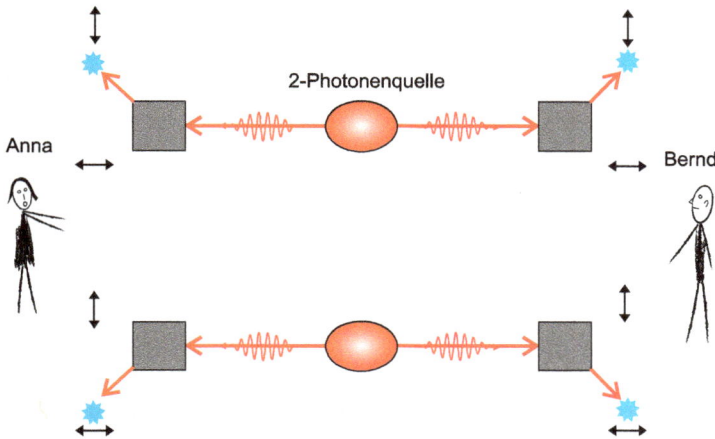

Abb. 8.31: Verschränkte Photonenpaare haben paarweise die gleiche Polarisation, die von Bernd und Anna an ihren Orten gemessen wird. Es ist erstaunlich, dass bis zur Messung der Polarisation durch Anna oder Bernd die Polarisationsrichtung des jeweiligen Photons noch vollkommen unbestimmt ist.

zeigen? Manche sprechen deshalb auch von einer spukhaften Wechselwirkung zwischen korrelierten Quantenteilchen, die zudem auch noch mit Überlichtgeschwindigkeit erfolgen müsste. Es stellt sich die Frage, wie man überhaupt zwischen der falschen, lokalen Beschreibung, dass die Polarisation an der Quelle beim Aussenden festgelegt wird, und der richtigen, nichtlokalen Beschreibung unterscheiden kann. Der irische Physiker John Steward Bell (1928–1990) hat Messreihen an Paaren von Quantenteilchen theoretisch untersucht. Er fand heraus, dass sich die koinzidenten Messungen von Anna und Bernd für den lokalen und den nichtlokalen Fall in ihrem Ergebnis unterscheiden, wenn in der Anordnung von Abb. 8.31 auf einem oder beiden Wegen die Polarisationsrichtung z. B. durch ein $\lambda/2$-Plättchen gedreht wird.

Es macht also im Ergebnis einen Unterschied, ob die Polarisation an der Quelle oder erst durch Messung bei Bernd oder Anna festgelegt wird. Das liegt daran, dass bei einem gedrehten Polarisator die Intensitäten am Strahlteiler davon abhängen, ob der Zustand $\leftrightarrow_1\leftrightarrow_2$ bzw. $\updownarrow_1\updownarrow_2$ durch den Polarisator geht (lokaler Fall) oder der verschränkte Zustand nach (8.37) (nichtlokaler Fall). An dieser Stelle können wir nicht auf die Details von Bells Arbeiten eingehen. Er konnte eine Ungleichung für die Erwartungswerte im lokalen Fall herleiten, die aber im quantenmechanischen Fall nicht erfüllt ist. Die Nichtlokalität der Verschränkung ist vielfach experimentell bestätigt worden und spielt in Anwendungen wie der Quantenkryptografie eine zentrale Rolle.

Verschränkte Zustände finden auch in Quantencomputern Anwendung. In diesen werden sogenannte *Qubits* verschränkt. In konventionellen Computern ist die elementare Informationseinheit das Bit. Es kann entweder 0 oder 1 sein. Im Qubit liegt ein reiner Quantenzustand als Linearkombination von zwei Quantenzuständen vor, die wir auch 0 oder 1 nennen können,

$$\psi_q = \frac{1}{\sqrt{2}}\big(\varphi(0) + \varphi(1)\big).$$

Es gibt unterschiedliche physikalische Systeme, in denen solche Qubits dargestellt und miteinander verschränkt werden können. Der größte Prototyp eines Quantencomputers enthält bereits über 100 Qubits. Der Vorteil der quantenmechanischen Unbestimmtheit eines Qubits gegenüber dem definierten Informationsgehalt eines Bits besteht darin, dass manche mathematischen Aufgaben wie z. B. die Primzahlenzerlegung von großen Zahlen durch einen Quantencomputeralgorithmus sehr viel schneller zu lösen sind. Die progressive, aktuelle Forschung auf dem Gebiet lässt große Fortschritte für die Zukunft erwarten.

Quellenangaben

[8.1]   T. W. Hänsch, I. S. Shahin, A. L. Schawlow, *Optical Resolution of the Lamb Shift in Atomic Hydrogen by Laser Saturation Spectroscopy*, Nature Physical Science, Band 235 (1972) S. 63-–65.

[8.2]   A. Huber, B. Gross, M. Weitz, T. W. Hänsch, *High-resolution spectroscopy of the 1S-2S transition in atomic hydrogen*, Physical Review A, Band 59 (1999) S. 1844–1851.

[8.3]   I. I. Rabi, S. Millman, P. Kusch, *The Molecular Beam Resonance Method for Measuring Nuclear Magnetic Moments*, Physical Review, Band 55 (1939) S. 526–535.

[8.4]   M. Block, *Untersuchungen an gespeicherten $^{40}Ca^+$-Ionen in einer linearen Paulfalle: Lebensdauer des metastabilen $^3D_5/2$-Niveaus und Separation atomarer Zustände in einem Ionenkristall*, Dissertation zur Erlangung des Grades Doktor der Naturwissenschaften am Fachbereich Physik der Johannes-Gutenberg-Universität Mainz (2002) S. 58.

Übungen

1. Erklären Sie, warum selbst in stärksten Strahlungsfeldern keine Besetzungsinversion ($N_f > N_i$) möglich ist.

2. Berechnen Sie das Verhältnis von induzierter zu spontaner Emission ($w_{f\to i}/w_{f\to i}^{spontan}$) bei einer Glühbirne für die Wellenlänge von 550 nm. Der Glühfaden sei auf einer Temperatur von 2500 K, und es werde angenommen, dass dieser ein idealer schwarzer Strahler im thermischen Gleichgewicht ist. Kommentieren Sie das Ergebnis.

3. Man kann zeigen, dass das Verhältnis aus dem vorangegangenen Aufgabenteil der mittleren Photonenzahl pro Mode entspricht. Wie groß müsste hypothetisch die Temperatur sein, damit sich im Mittel bei der angenommenen Wellenlänge ein Photon pro Mode befindet?

4. Bestimmen Sie die Energiedifferenz der Lyman-α-Linien des Wasserstoffatoms infolge des Rückstoßes. Vergleichen Sie den Wert mit der Doppler-Verbreiterung der Linie bei $T = 300$ K.

5. Wie groß ist mindestens die Rückstoßenergie bei einem K-Atom, dessen K-Schale durch ein Photon ionisiert wird?

6. Welche der folgenden Übergänge in den Atomen können mit elektrischer Dipolstrahlung angeregt werden? Begründen Sie anhand der Auswahlregeln.
    - H-Atom: $3p \leftrightarrow 1s$; $3d \leftrightarrow 1s$
    - He-Atom: $2^3P_1 \leftrightarrow 1^1S_0$
    - Na-Atom: $3^2P_{3/2} \leftrightarrow 3^2S_{1/2}$; $3^2D_{3/2} \leftrightarrow 3^2S_{1/2}$

7. Die Na-D_1-Linie ($^2P_{1/2} \leftrightarrow {}^2S_{1/2}$ mit $\lambda = 589{,}6$ nm) hat eine natürliche Linienbreite von ungefähr $\Delta f = 60$ MHz. Wie groß sind Lebensdauer des angeregten Zustands und Relaxationskonstante A? Wie groß ist die reale Linienbreite unter Berücksichtigung des Doppler-Effekts, wenn Sie von einem Na-Atom-Dampf bei $T = 600$ K ausgehen und eine Maxwell-Geschwindigkeitsverteilung annehmen? Wie groß ist der Impulsübertrag auf ein Na-Atom, wenn dieses ein Photon absorbiert?

8. Mit gerichtetem Laserlicht, das auf die Na-D_1-Linie abgestimmt ist, sollen Na-Atome abgebremst werden. Entscheidend für einen Gesamtimpulsübertrag sind die absorbierten Pho-

tonen, die spontan in beliebige Richtungen wieder emittiert werden. Wir können also die für die Abbremsung relevante Absorptionsrate gleich der spontanen Emissionsrate A setzen. Wie groß ist dann die Kraft auf das Na-Atom? Wie lange muss der Laserstrahl auf das Na-Atom wirken, bis dieses zum Stillstand kommt, wenn es anfangs eine Geschwindigkeit am Maximum der Maxwell-Verteilung bei $T = 293\,$K hat?

9 Struktur der Atomkerne

Das Rutherford-Streuexperiment hat das uns vertraute Bild vom Atom geprägt. Der Atomkern ist ungefähr fünf Größenordnungen kleiner als die umgebende Elektronenhülle. Er trägt nahezu die gesamte Masse des Atoms. Das Kapitel beschreibt Form und Eigenschaften der Kerne, ausgehend von experimentellen Befunden. Die Bindungsenergie der Nukleonen lässt sich mit der Massenspektrometrie bestimmen und führt auf eine neue sehr starke Grundkraft. Sie ist auch Ausgangspunkt für das phänomenologische Tröpfchenmodell des Kerns. Weitere quantenmechanische Modellvorstellungen werden qualitativ vorgestellt, die die Stabilität der Kerne und die Ungleichheit in der Zahl von Neutronen und Protonen in stabilen Kernen erklären können. Abschließend betrachten wir das Deuteron als den einfachsten zusammengesetzten Kern.

9.1 Zusammensetzung und Struktur der Atomkerne

9.1.1 Nukleonen

Die Atomkerne setzen sich aus den elementaren Bausteinen, **Protonen** und **Neutronen**, zusammen, die wir auch als **Nukleonen** bezeichnen. Wie in Kapitel 11 noch besprochen wird, sind die Nukleonen keine Elementarteilchen, d. h. sie sind aus weiteren Teilchen, den Quarks, zusammengesetzt. Weil die Nukleonen nicht elementar sind, haben sie eine messbare Ausdehnung. Der Protonenradius wurde 2019 erneut mit großer Präzision gemessen, indem Myonwasserstoffatome mit höchster Auflösung spektroskopiert wurden. Abweichungen zum geläufigen Wasserstoffatom geben Hinweise auf die Ausdehnung des Protons, weil sich Myon und Elektron im Grundzustand auch mit einer kleinen Wahrscheinlichkeit im Kern aufhalten können. Der derzeit akzeptierte Wert des Protonenradius liegt bei r_p = 0,83 fm. Eine vergleichbare Ausdehnung können wir für das Neutron annehmen. Nukleonen sind also in Abständen von Femtometern voneinander entfernt. Die fundamentalen Eigenschaften der Nukleonen sind in Tabelle 3.1 aufgelistet.

Rutherford vermutete bereits, dass die Kerne aus positiv geladenen Protonen und etwa gleich schweren neutralen Teilchen aufgebaut sind. Jedoch wurde das Neutron erst 1932 vom englischen Physiker James Chadwick (1891–1974) entdeckt. Zwischen den Nukleonen, einerlei ob Protonen oder Neutronen, muss eine extrem starke Anziehungskraft herrschen, die als **starke Kernkraft** bezeichnet wird. Sie ist die Restkraft einer neuen Grundkraft, die starke Farbwechselwirkung zwischen Quarks genannt und in Kapitel 11 noch genauer beschrieben wird. Um die Nukleonenkraft abzuschätzen, können wir die Coulomb-Kraft zwischen zwei Protonen zum Vergleich heranziehen. Gehen wir von einem Abstand von 1 fm = 10^{-15} m aus, ergibt sich eine abstoßende Coulomb-Kraft zwischen zwei Protonen von $F_C \approx 231$ N und eine potenzielle Energie von $E_{pot} \approx 1,4$ MeV. Die Kernkraft muss also Bindungsenergien hervorru-

https://doi.org/10.1515/9783110468977-009

fen, die im MeV-Bereich pro Nukleon liegen. Sie sind damit millionenfach höher als typische chemische Bindungsenergien zwischen Atomen.

9.1.2 Nuklide

Die chemischen Eigenschaften von Elementatomen werden von der Elektronenstruktur, der Zahl und den Zuständen der Valenzelektronen bestimmt. Damit sind alle Elemente mit gleicher Kernladungszahl/Ordnungszahl Z in chemischer Hinsicht praktisch identisch. Die Zahl der Neutronen im Kern eines Elements spielt für die Chemie kaum eine Rolle, kann aber variieren. Daher gibt es zu einem Element verschiedene **Isotope** mit gleichem Z, aber unterschiedlicher Neutronenzahl N und Atommassenzahl A. Der Begriff **Nuklid** bezeichnet ein Atom mit definierter Protonen- und Neutronenzahl. Wie schon in Kapitel 3 erwähnt, beschreibt die Notation

$$^{A}_{Z}\text{Element}_{N}$$

das entsprechende Nuklid. Im Folgenden identifizieren wir einfach A als Nukleonenzahl und setzen

$$A = Z + N. \tag{9.1}$$

Folgende Bezeichnungen für Nuklide sind geläufig, bei denen Z und N bestimmte Bedingungen erfüllen:
- **Isotope**
  Isotope nennt man Nuklide mit gleichem Z aber unterschiedlichen N und A. Die entsprechenden Atome gehören zum gleichen chemischen Element, allerdings mit unterschiedlicher Masse, z. B. Wasserstoff $^{1}_{1}\text{H}_{0}$ und Deuterium $^{2}_{1}\text{D}_{1}$.
- **Isobare**
  Isobare sind Nuklide mit gleichem A, z. B. Kohlenstoff $^{14}_{6}\text{C}_{8}$ und Stickstoff $^{14}_{7}\text{N}_{7}$.
- **Isotone**
  Als Isotone werden Nuklide mit gleichem N aber unterschiedlichen Z und A bezeichnet, z. B. Kohlenstoff $^{14}_{6}\text{C}_{8}$ und Stickstoff $^{15}_{7}\text{N}_{8}$.
- **Isomere**
  Isomere sind identische Nuklide, also mit gleichen Z und N, aber in unterschiedlichen nuklearen Anregungszuständen, ähnlich den angeregten Atomen.
- **Spiegelkerne**
  Zwei Nuklide sind Spiegelkerne, wenn sie vertauschte Z- und N-Werte haben, z. B. Tritium $^{3}_{1}\text{H}_{2}$ und Helium $^{3}_{2}\text{He}_{1}$.
- **gg- und uu-Kerne**
  Sind Z und N beide gerade (ungerade), liegt ein gg-Kern (uu-Kern) vor.

Die physikalischen Eigenschaften der Kerne hängen stark von der Nukleonenzahl ab, weshalb in der Kernphysik anstelle des Periodensystems der Elemente die **Nuklidkarte** mit den bekannten Isotopen für die Systematik tritt. Es existieren sehr viel mehr Isotope bzw. Nuklide als Elemente im Periodensystem. Derzeit sind mehr als 3 000 davon verzeichnet. Der ganz überwiegende Teil ist aber instabil und zerfällt zufällig nach einer charakteristischen **Halbwertszeit** $t_{1/2}$ (siehe Kapitel 10). Die Halbwertszeit gibt an, in welcher Zeit ein Ensemble von Kernen zur Hälfte zerfallen ist. Der überwiegende Teil der heute bekannten instabilen Isotope ist extrem kurzlebig und kann praktisch gar nicht dargestellt werden. Fortschritte in der Beschleunigertechnik und in der theoretischen Modellierung erhöhen die Zahl der bekannten Nuklide stetig.

Abbildung 9.1 zeigt einen kleinen Ausschnitt aus einer Nuklidkarte mit den leichtesten Nukliden. Die Isotope sind so angeordnet, dass auf der Ordinate Z und auf der Abszisse N aufgetragen ist. In den Feldern sind zudem die Nukleonenzahl A, das natürliche Vorkommen in der Erdkruste in Prozent für die stabilen Isotope (schwarz), und die Halbwertszeit für die instabilen Nuklide angegeben. Die Farbe steht für die Zerfallsart, z. B. zerfällt das freie Neutron mit einer Halbwertszeit von ungefähr 10 min durch β^--Zerfall, während das Proton stabil ist. Das Nuklid ^{7}Be stellt eine Ausnahme dar, da es durch Elektroneneinfang aus der Elektronenhülle zerfällt.

Für den Überblick ist in Abb. 9.2 eine schematische, reduzierte Nuklidkarte gezeichnet, in der die stabilen Isotope schwarz markiert sind. Außerhalb dieser Zone zerfallen die Nuklide durch typische Prozesse, die wir im nächsten Kapitel genauer diskutieren werden. Wie im Auschnitt der Nuklidkarte verwenden wir für instabile Isotope die Farbe Blau (Rot), wenn sie durch β^--Zerfall (β^+-Zerfall) zerfallen. Der gelbe Bereich umfasst schwere Isotope, die sich durch α-Zerfall umwandeln. Die Halbwertszeiten der in Abb. 9.2 markierten instabilen Nuklide variieren sehr stark. Während Nuklide, die weit von der stabilen Zone entfernt sind, mit Halbwertszeiten unter einer Attosekunde (10^{-18} s) zerfallen, sind einige andere Nuklide praktisch stabil, wie z. B. Wismuth ^{209}Bi mit einer Halbwertszeit von $t_{1/2} \approx 2 \cdot 10^{19}$ Jahren oder Uran ^{238}U mit $t_{1/2} \approx 4{,}5 \cdot 10^9$ Jahren. An der Abbildung lassen sich auch bereits wichtige Beobachtungen machen:

– Bis auf die Ausnahmen des Wassertoffatoms und des ^{3}He-Atoms befinden sich in den stabilen Nukliden mehr Neutronen als Protonen, d. h. $N \geq Z$. Diese Relation wird vor allem für die schwereren Kerne auffällig. Später in diesem Kapitel werden wir eine Erklärung dafür geben können, die mit der Coulomb-Abstoßung zwischen den Protonen zusammenhängt.

– Für $Z \geq 7$ findet man keine stabilen uu-Kerne. Ist Z ungerade, gibt es höchstens zwei stabile Isotope, die sich für $Z \geq 7$ in der Nukleonenzahl A um zwei unterscheiden. Ist N ungerade, gibt es oft gar keine stabilen Isotope.

– Es sind daher Doppelstufen zu erkennen, d. h. auf eine Ordnungszahl mit vielen stabilen Isotopen folgt eine Ordnungszahl mit nur einem stabilen Isotop. Kerne mit geradem Z besitzen deutlich mehr Isotope als welche mit ungeradem Z. Dies

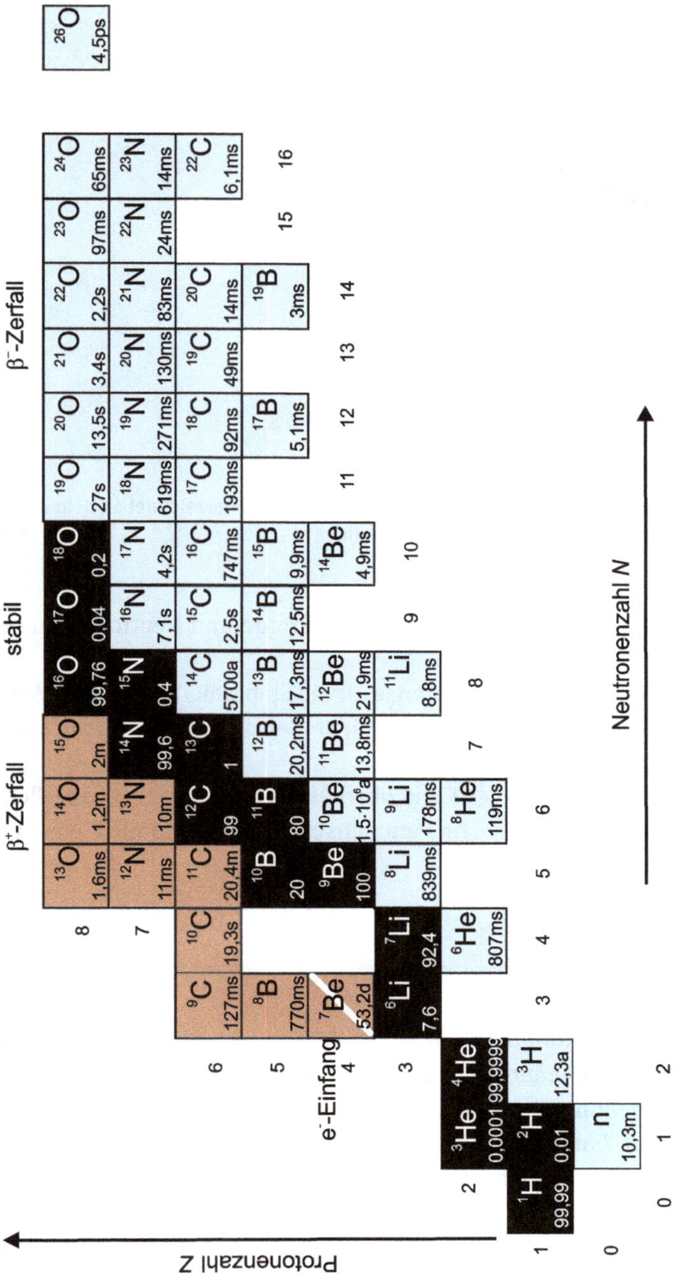

β^--Zerfall

β^+-Zerfall stabil β^--Zerfall

e^--Einfang

Protonenzahl Z

Neutronenzahl N

Z	Nuklide
8 (O)	^{13}O 1,6ms · ^{14}O 1,2m · ^{15}O 2m · ^{16}O 99,76 · ^{17}O 0,04 · ^{18}O 0,2 · ^{19}O 27s · ^{20}O 13,5s · ^{21}O 3,4s · ^{22}O 2,2s · ^{23}O 97ms · ^{24}O 65ms · ^{26}O 4,5ps
7 (N)	^{12}N 11ms · ^{13}N 10m · ^{14}N 99,6 · ^{15}N 0,4 · ^{16}N 7,1s · ^{17}N 4,2s · ^{18}N 619ms · ^{19}N 271ms · ^{20}N 130ms · ^{21}N 83ms · ^{22}N 24ms · ^{23}N 14ms
6 (C)	^{9}C 127ms · ^{10}C 19,3s · ^{11}C 20,4m · ^{12}C 99 · ^{13}C 1 · ^{14}C 5700a · ^{15}C 2,5s · ^{16}C 747ms · ^{17}C 193ms · ^{18}C 92ms · ^{19}C 49ms · ^{20}C 14ms · ^{22}C 6,1ms
5 (B)	^{8}B 770ms · ^{10}B 20 · ^{11}B 80 · ^{12}B 20,2ms · ^{13}B 17,3ms · ^{14}B 12,5ms · ^{15}B 9,9ms · ^{17}B 5,1ms · ^{19}B 3ms
4 (Be)	^{7}Be 53,2d · ^{9}Be 100 · ^{10}Be 1,5·10^{6}a · ^{11}Be 13,8ms · ^{12}Be 21,9ms · ^{14}Be 4,9ms
3 (Li)	^{6}Li 7,6 · ^{7}Li 92,4 · ^{8}Li 839ms · ^{9}Li 178ms · ^{11}Li 8,8ms
2 (He)	^{3}He 0,0001 · ^{4}He 99,9999 · ^{6}He 807ms · ^{8}He 119ms
1 (H)	^{1}H 99,99 · ^{2}H 0,01 · ^{3}H 12,3a
0 (n)	n 10,3m

Abb. 9.1: Ausschnitt aus einer Nuklidkarte mit leichten Isotopen. In Schwarz sind stabile Isotope gekennzeichnet. Die Zahlen entsprechen dem natürlichen Vorkommen in der Erdkruste in Prozent. In Rot sind Isotope gekennzeichnet, die durch β^+-Zerfall oder Elektroneneinfang (^{7}Be) zerfallen. In Blau sind Isotope gekennzeichnet, die mit β^--Strahlung zerfallen. Die Zahlen entsprechen den Halbwertszeiten mit a: Jahre; d: Tage; m: Minuten; s: Sekunden, ms: Millisekunden.

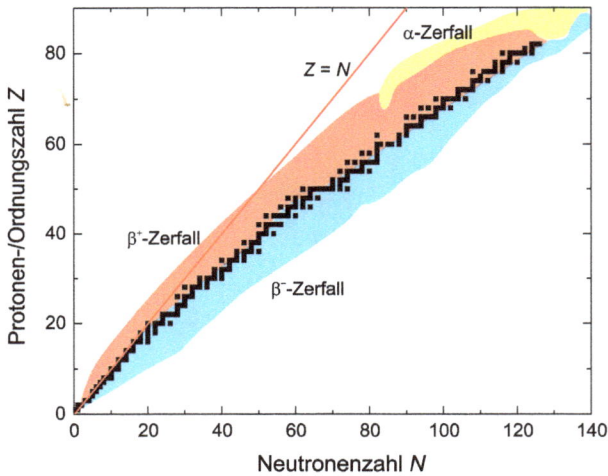

Abb. 9.2: Schematische Nuklidkarte, in der die stabilen Isotope schwarz eingezeichnet sind. In der Regel gibt es in stabilen Nukliden mehr Neutronen als Protonen.

werden wir qualitativ damit erklären können, dass Proton und Neutron Fermionen sind.

- Es gibt offensichtlich eine obere Massengrenze für die Stabilität der Nuklide. Weitere stabile Inseln jenseits davon werden zwar mit großem Aufwand gesucht, sind aber bisher noch nicht entdeckt worden.
- Für die Ordnungszahlen $Z = 43$, $Z = 61$ und oberhalb der Stabilitätsgrenze (Blei, $Z = 82$) gibt es keine stabilen Isotope. Im Periodensystem haben wir die Elemente als *radioaktiv* gekennzeichnet.

9.1.3 Ausdehnung und Ladungsverteilung der Kerne im Grundzustand

In Kapitel 3.3 wurde die Rutherford-Streuung von α-Teilchen an Goldkernen vorgestellt. Bei ausreichend hoher Energie kann der Stoßparameter genügend klein gemacht werden, dass Abweichungen von der Rutherfordschen Streuformel nach (3.21) festgestellt werden können. Daraus lässt sich bereits der Radius des gedanklich kugelförmigen Kerns ableiten. Man findet empirisch den Zusammenhang

$$R_K = r_0 \sqrt[3]{A} \quad \text{mit } r_0 \approx 1{,}3 \cdot 10^{-15} \text{m} \tag{9.2}$$

zwischen dem Kernradius und der Nukleonenzahl. Genaueren Aufschluss über die Kernstruktur erhält man durch die elastische Streuung hochenergetischer Neutronen oder Elektronen an Kernen. Dabei werden typischerweise Neutronen mit wenigen 10 MeV und Elektronen mit einigen 100 MeV verwendet. In Abb. 9.3 ist eine Messung

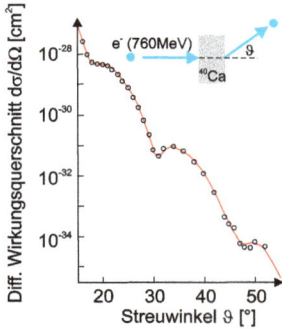

Abb. 9.3: Gemessener differenzieller Wirkungsquerschnitt von 760-MeV-Elektronen, die an einer ^{40}Ca-Probe gestreut werden, als Funktion des Streuwinkels. Es sind markante Oszillationen zu beobachten. Die Daten sind [9.1] entnommen.

des differenziellen Wirkungsquerschnitts als Funktion des Streuwinkels für die Streuung von 760 MeV Elektronen an ^{40}Ca-Kernen dargestellt. Der Wirkungsquerschnitt ist logarithmisch aufgetragen. Er nimmt mit zunehmendem Streuwinkel stark ab, wie es auch die Rutherford-Streuung vorhersagt. Jedoch kommt eine oszillierende Abhängigkeit hinzu, die für die hochenergetische elastische Kernstreuung typisch ist.

Die Elektronen sind auf die innere Ladungsstruktur des Kerns sehr empfindlich. Es ist relativ einfach, mit Hilfe der Fourier-Transformation aus dem differenziellen Wirkungsquerschnitt die räumliche Ladungsverteilung $\rho_{el}(r)$ im Kern auszurechnen. Danach sind die stabilen Nuklide in erster Näherung kugelförmig und haben eine konstante Ladungsdichte bis zu einem relativ scharfen Rand. In Abb. 9.4(a) sind Ladungsverteilungen ausgesuchter Kerne in Abhängigkeit vom Abstand zum Kernmittelpunkt in fm dargestellt. Bei leichten Nukliden ist das konstante Plateau noch nicht gut ausgeprägt. Man erkennt aber, dass die schweren Kerne wie z. B. im Goldatom offenbar im

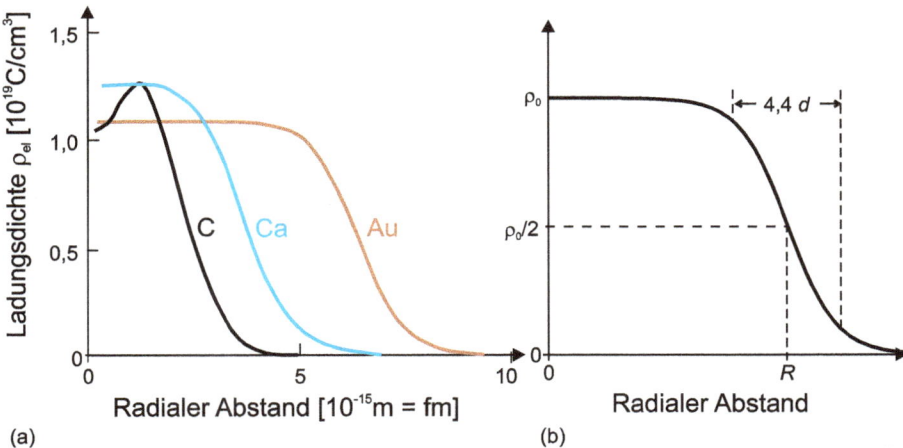

(a)   (b)

Abb. 9.4: (a) Aus Streudaten berechnete Ladungsverteilung im Kohlenstoff-, Calcium- und Goldkern. (b) Modellierung der Ladungsverteilung durch eine Fermi-Funktion mit charakteristischen Parametern.

Inneren Ladungsdichten in der Größenordnung von 10^{19} C/cm^3 aufweisen. Die Form der Kurve kann gut durch eine **Fermi-Funktion**

$$\frac{\rho_{el}(r)}{\rho_{el,0}} = \frac{1}{1 + e^{(r-R)/d}} \tag{9.3}$$

beschrieben werden, wie sie in Abb. 9.4(b) gezeichnet ist. Der Kernradius R wird so definiert, dass bei ihm die Ladungsdichte auf die Hälfte ihres Innenwerts abgefallen ist. Die Größe d beschreibt die Schärfe des Rands bzw. die Randschichtdicke. Innerhalb von $4{,}4d$ sinkt $\rho_{el}(r)/\rho_{el,0}$ um R von 90 % auf 10 %. Die Analyse der Ladungsverteilungen für Kerne mit $A > 20$ ergibt die Parameter

$$\rho_{el,0} = 0{,}17 \frac{Ze_0}{A \, \text{fm}^3},$$
$$d = 0{,}55 \, \text{fm},$$
$$R = \left(1{,}128 \sqrt[3]{A} - \frac{0{,}89}{\sqrt[3]{A}}\right) \text{fm}. \tag{9.4}$$

Man stellt fest, dass der Kernradius eben nicht einfach proportional zur dritten Wurzel von A ist.

Mit den Werten aus (9.4) kann auch die Massendichte der Kernmaterie mit

$$\rho \approx \frac{3A \cdot u}{4\pi R^3} \approx \frac{3A \cdot u}{4\pi(1{,}128 \sqrt[3]{A})^3 \text{fm}^3} = 0{,}166 \frac{u}{\text{fm}^3} = 2{,}8 \cdot 10^{17} \, \text{kg/m}^3 \tag{9.5}$$

abgeschätzt werden. In (9.5) steht u für die atomare Masseneinheit. Der zweite Term in (9.4) wurde weggelassen, was bei großen Nukleonenzahlen A gerechtfertigt ist. Die Abschätzung zeigt, dass die Massendichte der Kerne praktisch nicht von der Nukleonenzahl abhängt.

Beispiel

Für einen Au-Kern mit $A = 197$ gelten die Parameter $\rho_{el,0} = 1{,}1 \cdot 10^{19}$ C/cm^3 und $R = 6{,}4$ fm, d. h. der Radius ist ungefähr zwölfmal größer als der Rand des Kerns.

Im Volumen des Goldkerns mit $V_{Au} = 4\pi R^3/3 \approx 1100$ fm^3 haben rechnerisch 195 Nukleonen Platz, wenn man von einer dichten Kugelpackung der Nukleonen mit dem Durchmesser von jeweils 2 fm ausgeht. Der Wert kommt der Nukleonenzahl im Au-Kern erstaunlich nahe. Protonen und Neutronen sind im Kern also nicht auf Abstand, sondern lassen sich wie in Abb. 9.5 als Kugelhaufen darstellen. Dieses Bild ist aber irreführend. Die Kernmaterie ist nicht statisch, sondern sehr dynamisch, wie im Abschnitt über Kernmodelle näher erläutert wird.

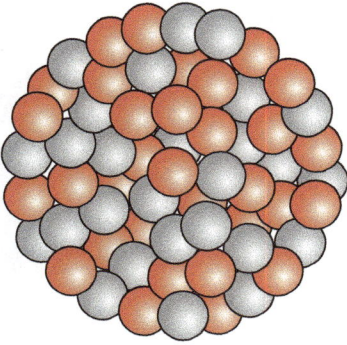

Abb. 9.5: Statische Vorstellung des Atomkerns als Kugelhaufen von Protonen (rot) und Neutronen (grau).

9.2 Bindungsenergie der Kerne

Unter der Bindungsenergie E_B eines Kerns versteht man die *Energie, die aufgebracht werden muss, um den Kern in Protonen und Neutronen zu zerlegen.* Wir betrachten dabei den Kern in seinem Grundzustand.

Die Bindungsenergie ist mit der Massenspektroskopie leicht zu bestimmen. Man beobachtet, dass Kerne leichter sind als die Massensumme ihrer Nukleonen. Dieser **Massendefekt** ΔM folgt aus der speziellen Relativitätstheorie, die den Massenverlust durch Freiwerden der Bindungsenergie erklärt. Mit der Formel $E = mc_0^2$, welche die Äquivalenz von Energie und Masse beschreibt, folgt daraus

$$\frac{E_B}{c_0^2} = \Delta M = Z \cdot m_p + N \cdot m_n - M_{\text{Kern}}(Z, N). \tag{9.6}$$

In Abb. 9.6(a) ist die experimentell bestimmte Bindungsenergie der stabilen Nuklide gegen die Nukleonenzahl aufgetragen. Erwartungsgemäß nimmt die Bindungsenergie mit A zu. Es gibt eine kleine Abweichung vom linearen Verlauf. Die Auftragung der Bindungsenergie pro Nukleon E_B/A gegen A ist daher aufschlussreicher, wie Abb. 9.6(b) zeigt. Aus den Diagrammen lassen sich einige wichtige Schlüsse ziehen:

– Die Kernkraft zwischen den Nukleonen ist offensichtlich ladungsunabhängig.
– Bis auf die Variationen, die in Abb. 9.6(b) dargestellt sind, ist die gesamte Bindungsenergie fast proportional zur Nukleonenzahl, $E_B \propto A$. Dieses Ergebnis ist deshalb so wichtig, weil es etwas über die Reichweite der Kernkraft aussagt. Nehmen wir an, dass die Kernkraft so langreichweitig sei wie z. B. die Coulomb-Kraft, so wäre die Gesamtenergie gleich $A \cdot E_{\text{pot}}(A-1)$, also Nukleonenzahl mal einer potenziellen Energie, die durch $(A-1)$-Paar-Wechselwirkungen hervorgerufen wird. Die totale Bindungsenergie müsste demnach quadratisch von der Nukleonenzahl $E_B \propto A(A-1)$ abhängen, was aber nicht der Fall ist. Das einzelne Nukleon wechselwirkt nur mit seinen unmittelbaren Nachbarn, deren Zahl bei schwereren Nukliden nahezu konstant ist. Wie in Kapitel 11 noch genauer besprochen, beruht

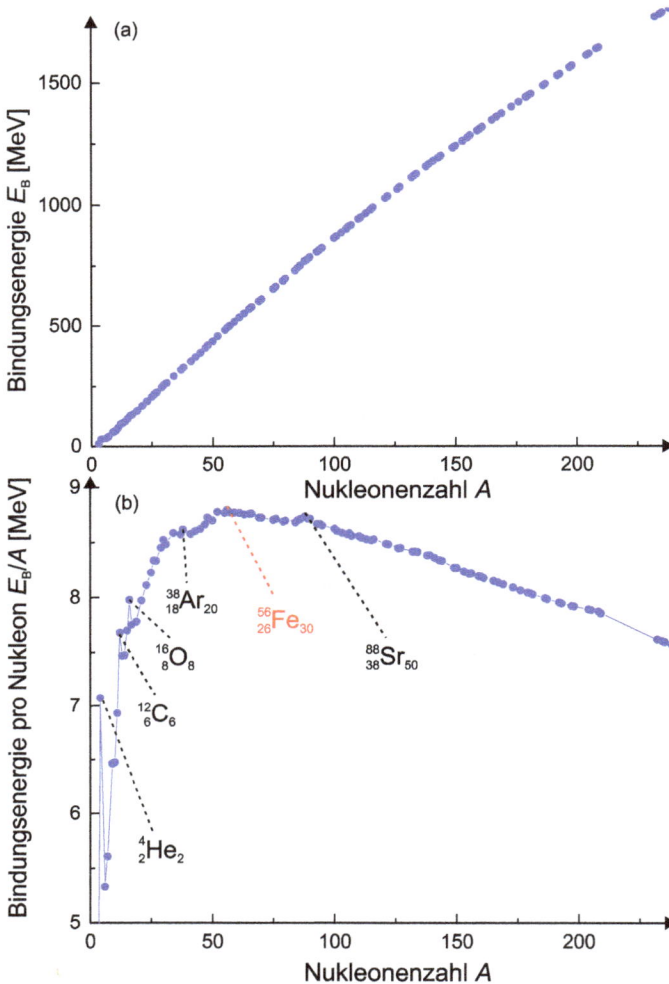

Abb. 9.6: (a) Gesamtbindungsenergie stabiler Nuklide als Funktion der Nukleonenzahl. Der Verlauf ist nahezu linear. (b) Bindungsenergie pro Nukleon der stabilen Nuklide als Funktion der Nukleonenzahl. Eisen-56-Kerne (^{56}Fe) zeigen die höchste Bindungsenergie pro Nukleon und sind daher energetisch am günstigsten.

  die Natur der Kernkraft auf der Grundkraft der starken Farbwechselwirkung zwischen Quarks.
– Für nicht zu leichte Nuklide bewegt sich die Bindungsenergie pro Nukleon zwischen 7 und 8,8 MeV. Dieser Wert passt zu unserer früheren Abschätzung für die Nukleonanziehung, die ja stärker als die Coulomb-Abstoßung sein muss.
– Die höchste Bindungsenergie pro Nukleon weist das Eisennuklid ^{56}Fe auf. Es hat thermodynamisch den stabilsten Kern. Bei den leichten Nukliden ist der Helium-

kern ^{4}He besonders stabil. Er wird auch α-Teilchen genannt und wird leicht aus schweren instabilen Kernen abgespalten (siehe Kapitel 10).

- Die in Abb. 9.6(b) hervorgehobenen Kerne sind besonders stabil. Sie haben gerade Neutronen- und Protonenzahlen, sind also gg-Kerne. Betrachtet man allgemein die *Separationsenergie* zur Abspaltung eines Protons oder eines Neutrons aus einem Kern, stellt man fest, dass bei geraden Nukleonenzahlen sehr viel mehr Energie aufzubringen ist als bei ungeraden. Neutronen bzw. Protonen sind paarweise fester gebunden, weil sie Fermionen sind und zwei Protonen bzw. zwei Neutronen mit entgegengesetzten Spins einen Zustand besetzen können. Das ist energetisch sehr günstig. Bei Elektronen haben wir diesen Effekt besprochen, jedoch in schwächerer Ausprägung. In Kernen ist die **Paarungsenergie** mit ungefähr 2 MeV hoch.

- Einige gg-Kerne mit Neutronenzahlen $N = 2, 8, 20, 28, 50, 82, 126$ bzw. Protonenzahlen $Z = 2, 8, 20, 28, 50, 82$ stechen in ihrer Stabilität besonders heraus. Man spricht daher auch von *magischen Zahlen*. Diese Kerne haben oft eine hohe natürliche Häufigkeit und wegen ihrer Kugelgestalt kein elektrisches Quadrupolmoment und auch kein magnetisches Moment. Nuklide, bei denen sowohl Z als auch N eine magische Zahl ist, werden auch *doppelt magisch* genannt, wie z. B. $^{16}_{8}O_8$ oder $^{208}_{82}Pb_{126}$.

- Die hohe Bindungsenergie von gg-Kernen drückt sich auch in der relativen Häufigkeit von Nukliden im Sonnensystem aus. Abbiung 9.7 zeigt die quantitative Häufigkeit der stabilen Isotope gegenüber der Atommassenzahl. Sie ist logarithmisch

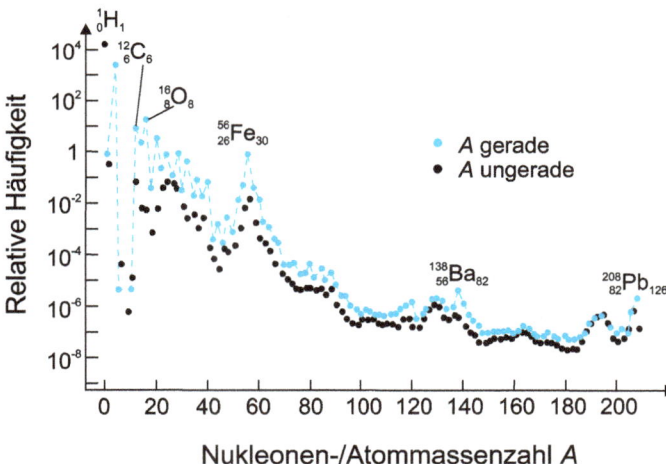

Abb. 9.7: Relative Häufigkeit stabiler Nuklide im Sonnensystem als Funktion der Nukleonen- bzw. Atommassenzahl. Die Nuklidanzahl ist auf das Nuklid Silizium ^{28}Si normiert. Nuklide mit gerader Nukleonenzahl sind häufiger vorhanden als jene mit ungerader (Oddo-Harkins-Regel). Das besonders stabile Nuklid ^{56}Fe ist das häufigste unter den schweren Nukliden.

aufgetragen und auf die Häufigkeit von ^{28}Silizium bezogen. Offensichtlich sind Nuklide mit gerader Atommassenzahl häufiger vorhanden als solche mit ungerader. Diese Beobachtung wird auch als *Oddo-Harkins-Regel* bezeichnet. Darüber hinaus ist offenbar das bindungsstärkste Nuklid ^{56}Fe auch das häufigste für $A >$ 20. Die Häufigkeit leichterer Nuklide übersteigt jene des Eisennuklids, weil sie durch Kernfusion und -reaktionen in Sternen fortlaufend nachgeliefert werden. In Abb. 9.7 sind auch Nuklide mit magischen Zahlen gekennzeichnet. Auch sie fallen durch eine hohe Häufigkeit auf.

9.3 Magnetische und elektrische Momente

9.3.1 Kernspin und magnetisches Dipolmoment

Proton und Neutron sind Fermionen mit dem Spin 1/2 und besitzen auch ein magnetisches Dipolmoment. Letzteres ist für das Neutron auf den ersten Blick überraschend, denn es trägt keine Nettoladung, so dass das gyromagnetische Verhältnis eigentlich gleich null sein müsste. Die Messungen der magnetischen Momente ergeben überraschende Ergebnisse. Es gilt im Allgemeinen für das magnetische Moment der Nukleonen

$$\vec{p}_{\mathrm{mag}} = g\mu_{\mathrm{K}} \frac{\vec{S}}{\hbar} \tag{9.7}$$

mit dem g-Faktor und der Konstanten des **Kernmagnetons**

$$\mu_{\mathrm{K}} = \frac{e_0 \hbar}{2m_p} = 5{,}050\,783\,746\,1(15) \cdot 10^{-27}\,\mathrm{J/T}. \tag{9.8}$$

Das Kernmagneton ist im Vergleich zum Bohr-Magneton fast 2 000-mal kleiner, weil im Nenner anstelle der Elektronen- die Protonenmasse steht.

Wegen der Richtungsquantelung spielt nur die Komponente entlang der Quantisierungsachse, für uns ist das die z-Achse, eine Rolle. Für das Proton betrachten wir dessen magnetisches Dipolmoment in z-Richtung

$$p_{\mathrm{mag,p,z}} = g_p \mu_{\mathrm{K}} \frac{s_z}{\hbar}, \tag{9.9}$$

mit

z-Komponente des Spins $s_z = \hbar/2$ und

g-Faktor des Protons $g_p = 5{,}585\,5.$

Hierbei fällt der außergewöhnlich hohe g-Faktor auf, der nicht wie bei Elektronen $g \approx 2$ mit der Fermioneneigenschaft erklärt werden kann. Für Neutronen findet man ebenso unerwartet

$$p_{\text{mag,n,}z} = g_n \mu_{\text{K}} \frac{s_z}{\hbar} \quad \text{und} \quad \textbf{g-Faktor des Neutrons } g_n = -3{,}826\,3. \tag{9.10}$$

Das Neutron hat also eine innere Ladungsstruktur, die ein magnetisches Dipolmoment hervorruft. Das Moment ist dem Spin entgegengesetzt, was durch das negative Vorzeichen des g-Faktors ausgedrückt wird.

In Einheiten des Kernmagnetons erhalten wir also magnetische Dipolmomente freier Protonen und Neutronen von

$$p_{\text{mag,p,}z} = 2{,}792\,8\mu_{\text{K}} \quad \text{und}$$
$$p_{\text{mag,n,}z} = -1{,}913\,2\mu_{\text{K}},$$

die vom Betrage ungefähr 1 000-mal kleiner sind als das Moment von freien Elektronen.

Kerne setzen sich aus Protonen und Neutronen zusammen, die neben dem Spin auch einen Bahndrehimpuls im Kern haben können. Die g-Faktoren für den Bahndrehimpuls sind, wie erwartet, $g_\ell = 1$ für Protonen und $g_\ell = 0$ für Neutronen. Neutronen tragen keine Nettoladung und rufen daher kein magnetisches Bahnmoment hervor.

Der Gesamtdrehimpuls des Kerns, d. h. die Summe von Bahn- und Spinanteilen wird kurz **Kernspin**

$$\vec{I} = \sum_{j=1}^{A} \vec{L}_j + \sum_{j=1}^{A} \vec{S}_j \tag{9.11}$$

genannt. Für den Kernspin der Nuklide im Grundzustand lassen sich einige einfache Regeln festhalten:
- Kerne mit einer geraden Nukleonenzahl A haben einen ganzzahligen Kernspin. Die Kernspinquantenzahl ist also $I = 0, 1, 2, \ldots$ Kerne mit einer ungeradzahligen Nukleonenzahl haben einen halbzahligen Kernspin, $I = 1/2, 3/2, 5/2, \ldots$
- gg-Kerne haben keinen Kernspin, $I = 0$. Darunter fallen natürlich auch die doppelt magischen Kerne.
- Der Kernspin von gu-Kernen variiert typischerweise zwischen $I = 1/2$ und $9/2$.

Die Summe über die Bahnmomente der Protonen und die Spinmomente von Protonen und Neutronen ergibt das magnetische Dipolmoment des Kerns, wobei die verschiedenen g-Faktoren zu beachten sind,

$$\vec{p}_{\text{mag,K}} = \frac{e_0}{2m_p}\left(\sum_{j=1}^{Z} \vec{L}_j + g_p \sum_{j=1}^{A} \vec{S}_{\text{p},j} + g_n \sum_{j=1}^{N} \vec{S}_{\text{n},j} \right). \tag{9.12}$$

Diese Gleichung ist eigentlich als Operatorgleichung zu lesen. Auch ist die Kopplung der Drehimpulse zu beachten. Für die z-Komponente des magnetischen Dipolmoments können wir durch Einführen eines g_K-Faktors für den Kern wieder verkürzt

$$p_{\text{mag,K,z}} = g_K \mu_K \frac{I_z}{\hbar} \tag{9.13}$$

schreiben. Da viele stabile Nuklide gg-Kerne besitzen, tragen sie wegen des fehlenden Kernspins kein magnetisches Dipolmoment.

Wie schon früher bei der Diskussion der elektronischen Energiespektren in Atomen diskutiert wurde, führt die magnetische Wechselwirkung der Kernmomente mit dem Gesamtdrehimpuls der Elektronen im Atom zu einer sehr kleinen Aufspaltung der Energieniveaus. Dieser Effekt wird *Hyperfeinwechselwirkung* genannt. Die Aufspaltung lässt sich genau und relativ einfach an Atomen in einem Magnetfeld vermessen, weil sie durch Absorption elektromagnetischer Radiowellen angeregt werden kann. Bei Vorhandensein eines $\vec{B}$-Felds ergeben sich scharfe Resonanzen bei der Larmor-Frequenz

$$f_L = \frac{g\mu_K B}{h}$$

im MHz- bis GHz-Bereich.

Die Wechselwirkung hängt sehr empfindlich von der chemischen Umgebung des Atoms ab, so dass die Nuklide mit Kernspin in Stoffen als lokale Sonden dienen können. Diese **magnetische Kernresonanz** (*nuclear magnetic resonance*, NMR) ist heute eine perfektionierte Methode zur präzisen chemischen Analyse der Struktur und Zusammensetzung von Stoffen insbesondere in der Biologie, weil es viele biologisch relevante Nuklide mit Kernspin gibt, z. B. das Wasserstoffatom. Auch in der Batterietechnik von Li-Ionen-Akkumulatoren spielt die NMR eine wichtige Rolle, da die ^{6}Li- und die ^{7}Li-Nuklide einen Kernspin haben. Weit verbreitet ist die medizinische Kernspintomografie (MRT), die auf der Kernresonanz in Wasserstoffatomen beruht und durch raffinierte technische Ausführungen sogar orts- und zeitaufgelöste Messungen an inneren Strukturen von lebenden Objekten erlaubt, ohne Schädigungen in ihnen hervorzurufen.

i Beispiel

Wasserstoffatome haben den Kernspin des Protons $I = (1/2)\hbar$ und den g-Faktor 5,58, woraus eine Larmor-Frequenz von $f_L = 42{,}6$ MHz bei $B = 1$ T folgt. Das ^{7}Li-Nuklid mit Kernspin $I = (3/2)\hbar$ und dem g-Faktor 2,17 weist im gleichen Feld eine Frequenz von 16,5 MHz auf.

9.3.2 Elektrisches Quadrupolmoment

Kerne haben kein statisches elektrisches Dipolmoment. Das bedeutet, dass der Erwartungswert des Dipoloperators, der proportional zum Ortsvektor ist, verschwindet. Der Integrand im Integral des Erwartungswerts ist ungerade, weil die Wellenfunktion eindeutig entweder gerade oder ungerade ist. Daher gilt

$$\langle \hat{\vec{p}}_{el} \rangle \propto \int \psi^* \vec{r} \psi \, dV = 0.$$

Die Kernmaterie ist aber in vielerlei Hinsicht einem Flüssigkeitstropfen ähnlich, der durch Rotation und Schwingung zusätzlich deformiert werden kann. Betrachten wir also den Kern im Grundzustand als ein homogen geladenes Rotationsellipsoid. Drei Ausführungen sind in Abb. 9.8 dargestellt: der Sonderfall der Kugel, das prolate, zigarrenförmige, und das oblate, diskusförmige, Ellipsoid. Die Oberfläche des Ellipsoids gehorcht der Parametergleichung

$$\frac{x^2 + y^2}{b^2} + \frac{z^2}{a^2} = 1, \tag{9.14}$$

mit a, b als Längen der Halbachsen. Die Gesamtladung des Kerns ergibt sich aus

$$Q = Z \cdot e_0 = \rho_{el} \cdot V = \rho_{el} \frac{4\pi a b^2}{3}, \tag{9.15}$$

und das elektrische Dipolmoment des homogen geladenen Ellipsoids ist erwartungsgemäß

$$\vec{p}_{el} = \rho_{el} \int \vec{r} \, dV = 0, \tag{9.16}$$

gleich null.

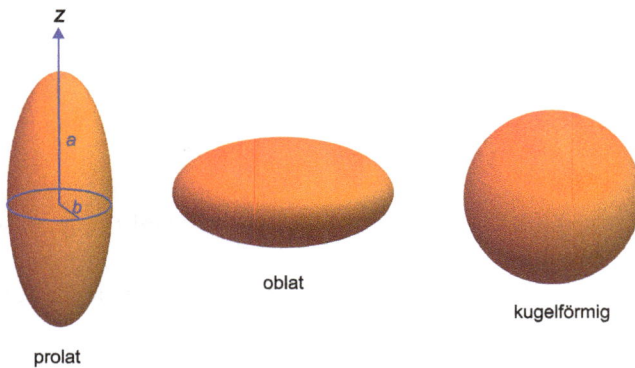

Abb. 9.8: Verschiedene Formen eines Rotationsellipsoiden, die als Modelle der Kernform dienen können. Prolate Kerne haben ein positives und oblate Kerne ein negatives Quadrupolmoment.

Je nach Verformung existiert aber ein elektrisches Quadrupolmoment, das auch gemessen werden kann. Das Quadrupolmoment Q_{el} wird über eine 3×3-Matrix, einem sogenannten Tensor 2. Stufe, beschrieben. Hier interessiert uns nur das Element Q_{zz}, das ohne Herleitung relativ einfach mit

$$Q_{zz} = \rho_{el} \int (3z^2 - r^2)\, dV = \frac{2Q(a^2 - b^2)}{5} \tag{9.17}$$

berechnet werden kann. Daraus folgt sofort, dass das elektrische Quadrupolmoment ein Maß für die Verformung des Kerns im Grundzustand ist, denn

$$Q_{zz} = 0 \quad \text{für die Kugel } a = b,$$
$$Q_{zz} > 0 \quad \text{für die Zigarre } a > b,$$
$$Q_{zz} < 0 \quad \text{für den Diskus } a < b.$$

Es ist praktisch, einen mittleren Kernradius $\bar{r} = (a + b)/2$ einzuführen und ein reduziertes Qudrupolmoment

$$Q_{el,red} = \frac{Q_{zz}}{Q\bar{r}^2} = \frac{4}{5}\frac{a - b}{\bar{r}} \tag{9.18}$$

zu definieren, das direkt die Verformung des Kerns gegenüber der Kugelsymmetrie wiedergibt.

In Abb. 9.9 ist das reduzierte Quadrupolmoment für gu- und ug-Kerne als Funktion der Protonen- oder Neutronenzahl aufgetragen, je nachdem welche von beiden ungerade ist. Offensichtlich sind die Abweichungen von der Kugelform im Grundzustand klein. Maximal 30 % Abweichung werden für ^{167}Er gefunden, was maßstäblich in Abb. 9.9 gezeichnet ist. Prolate Formen sind ausgeprägter als oblate. In der Nähe der magischen Zahlen verschwindet das interpolierte Quadrupolmoment und die Deformation des Kerns. So wie die Elektronenhülle eines Atoms mit vollständig gefüllter Schale kugelsymmetrisch ist, deutet dieses Verhalten des Quadrupolmoments auch auf eine abgeschlossene Schale.

9.4 Modellvorstellungen vom Atomkern

Eine umfassende Beschreibung der Kerne gelingt erst mit dem Standardmodell, das die *Quarks* als Elementarteilchen des Kerns und ihre Wechselwirkungen untereinander durch Austausch sogenannter *Gluonen* betrachtet. In Kapitel 11 werden wir auf die elementaren Teilchen und die fundamentalen Grundkräfte zurückkommen. Kernmodelle, wie sie in diesem Abschnitt vorgestellt werden, können nur bestimmte, aber nicht alle Eigenschaften der Kerne erklären. Dennoch sind sie für unsere Anschauung der Kernmaterie nützlich.

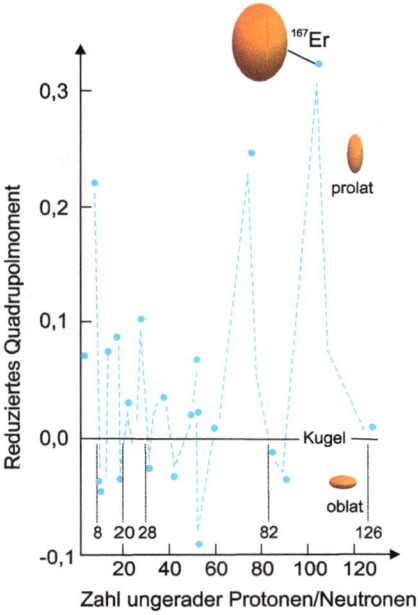

Abb. 9.9: Das reduzierte Quadrupolmoment von gu- und ug-Kernen ist gegen Z oder N aufgetragen, je nachdem welche Zahl ungerade ist. Es ist ein Maß für die Deformation des Kerns von der Kugelgestalt. Aus dieser Auftragung ist zu vermuten, dass magische Kerne kugelförmig sind.

9.4.1 Tröpfchenmodell

Die Kernmaterie ist eine extrem dichte und hochdynamische Materieform, die in mancher Hinsicht Ähnlichkeiten mit einem Flüssigkeitstropfen aufweist. Die beiden Physiker Carl Friedrich von Weizsäcker (1912–2007) und Hans Bethe (1906–2005) entwickelten um 1935 das phänomenologische *Tröpfchenmodell* der Atomkerne. Es kann die allgemeine Abhängigkeit der Bindungsenergie pro Nukleon von der Nukleonenzahl A und weitere Beobachtungen bei Kernumwandlungen gut erklären. Die Feinstruktur im E_B/A-Verlauf in Abb. 9.6(b) erfasst das Modell nicht.

Das Tröpfchenmodell setzt eine homogene und deformierbare Kernmaterie voraus. Die Bindungsenergie wird dabei in fünf additive Anteile zerlegt, die sich in der **Bethe-Weizsäcker-Formel** wiederfinden. Sie schreibt sich als

$$E_B(A) = \underbrace{b_V \cdot A}_{\text{Volumenenergie}} \qquad - \underbrace{b_O \cdot A^{2/3}}_{\text{Oberflächenenergie}}$$

$$- \underbrace{b_C \cdot Z^2 \cdot A^{-1/3}}_{\text{Coulomb-Energie}} \qquad - \underbrace{b_A \frac{(Z-N)^2}{A}}_{\text{Asymmetrieenergie}}$$

$$+ \underbrace{\begin{cases} b_P \cdot A^{-1/2} & \text{bei gg} \\ 0 & \text{bei ug und gu} \\ -b_P \cdot A^{-1/2} & \text{bei uu.} \end{cases}}_{\text{Paarungsenergie}} \qquad\qquad (9.19)$$

Die Volumenenergie ist direkt proportional zur Nukleonenzahl und ist konstant für E_B/A. Die Oberflächenenergie verringert die Bindungsenergie und hängt von der Zahl der Nukleonen an der Kugeloberfläche ab. Somit ist sie proportional zu $A^{2/3}$. Die Coulomb-Abstoßung zwischen den Protonen verkleinert die Bindungsenergie weiter und hängt vom Kehrwert des mittleren Abstands zwischen den Protonen ab, der mit $r \propto A^{1/3}$ geht. Die Asymmetrieenergie berücksichtigt die Beobachtung, dass stabile Kerne stets mehr Neutronen als Protonen enthalten. Die Paarungsenergie erhöht die Bindungsenergie für gg-Kerne und verringert sie für uu-Kerne.

Die einzelnen Beiträge zur Bindungsenergie pro Nukleon sind in Abb. 9.10(a) gegen die Nukleonenzahl A aufgetragen. Die konstante Volumenenergie wird durch die

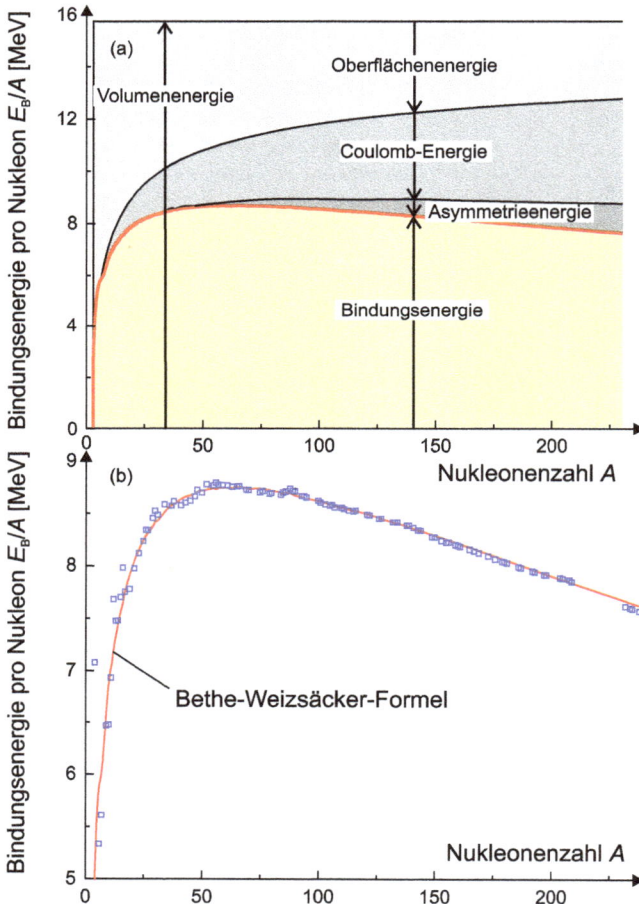

Abb. 9.10: (a) Unterschiedliche Bindungsenergieanteile pro Nukleon im Tröpfchenmodell. (b) Der Verlauf der Bindungsenergie pro Nukleon als Funktion der Nukleonenzahl wird im Tröpfchenmodell gut reproduziert. Die rote Linie folgt der Bethe-Weizsäcker-Formel. Die blauen Punkte sind die experimentellen Daten.

anderen Anteile reduziert. Die Bindungsenergie pro Nukleon resultiert als rote Linie im Tröpfchenmodell. In Abb. 9.10(b) folgt die durchgezogene rote Linie der Bethe-Weizsäcker-Formel und beschreibt den allgemeinen Verlauf der Messwerte sehr gut. Die Konstanten der Formel werden durch optimale Anpassung an die Datenpunkte empirisch ermittelt und betragen

$$b_V = 15{,}85\,\text{MeV},$$

$$b_O = 18{,}34\,\text{MeV},$$

$$b_C = 0{,}71\,\text{MeV},$$

$$b_A = 92{,}86\,\text{MeV und}$$

$$b_P = 11{,}46\,\text{MeV}.$$

9.4.2 Potenzialtopf-Modell

In diesem Abschnitt wollen wir uns von der Elektronenstruktur in Atomen leiten lassen. Elektronen sind Fermionen mit Spin 1/2, die die einzelnen Energieniveaus in dem atomaren Potenzial doppelt besetzen können. Wir erinnern, dass die doppelte Besetzbarkeit aus der zweifachen Spineinstellung gegenüber der Quantisierungsachse herrührt und dass zwei Fermionen keinen Zustand mit gleichen Quantenzahlen teilen können.

Betrachtet man jetzt Protonen und Neutronen im Kern als einzelne Fermionen, die diskrete Energieniveaus in einem Potenzialtopf einnehmen, lässt sich die Überzahl von Neutronen gegenüber Protonen in stabilen Kernen einfach erklären. Protonen und Neutronen sind wie Elektronen Fermionen mit dem Spin 1/2. Sie können daher Energieniveaus nur doppelt besetzen, da sich die Quantenzahlen der Einteilchenzustände für die Teilchen unterscheiden müssen. Anders als im Atom gibt es in Kernen zwei Sorten von Fermionen, die sich in unterschiedlich tiefen Potenzialtöpfen befinden, wie in Abb. 9.11 schematisch gezeichnet. Durch die Coulomb-Abstoßung zwischen den Protonen ist der Potenzialtopf der Protonen weniger tief, jedoch zeigt er auch einen Coulomb-Wall oder eine Coulomb-Barriere, wenn ein Proton aus großer Entfernung r dem Kern angenähert wird. Durch die elektrische Neutralität der Neutronen gibt es für sie keine Coulomb-Potenzial-Beiträge, die den ursprünglichen Potenzialtopf verändern.

Die Energieniveaus sind in Abb. 9.11 schematisch eingezeichnet. Ihr Abstand nimmt aber mit steigender Energie ab, weil der Potenzialtopf mit einer typischen Tiefe von 40 MeV endlich tief ist. Protonen und Neutronen besetzen die Zustände bis circa 10 MeV unterhalb des Nullpotenzials, d. h. bis ungefähr zur gleichen Energie, die auch als *Fermi-Energie* E_F bezeichnet wird. Protonen und Neutronen können durch Kernumwandlungen ineinander umgewandelt werden. Besetzte eine Sorte deutlich höhere Energieniveaus als die andere, würde der Kern durch Umwandlung

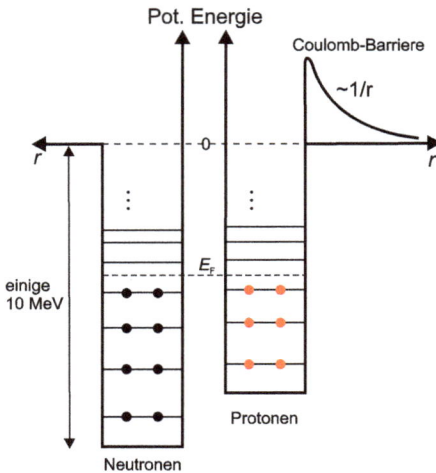

Abb. 9.11: Schematische Darstellung der kugelsymmetrischen Potenzialtöpfe für Protonen und Neutronen. Der Boden des Protonenpotenzialtopfs ist wegen der Coulomb-Abstoßung nicht so tief. Dafür entsteht eine Coulomb-Barriere. Die Zustände der Nukleonen werden bis zur Fermi-Energie besetzt, die für Protonen und Neutronen gleich ist.

der Neutronen- und Protonenanzahl seine Gesamtenergie verringern, bis beide Sorten höchste Zustände gleicher Energie besetzen.

In Abb. 9.11 wird qualitativ klar, warum ein stabiler Kern mehr Neutronen als Protonen enthält. Es gibt bis zur Fermi-Energie für Neutronen mehr Zustände als für Protonen.

9.4.3 Schalenmodell

Die beobachteten Kerneigenschaften zeigen, dass Nuklide mit bestimmten Anzahlen von Protonen und/oder Neutronen eine hohe Häufigkeit bzw. eine große Stabilität besitzen. Diese sogenannten *magischen Zahlen*

$$Z, N = 2, 8, 20, 28, 50, 82 \quad \text{und} \quad N = 126$$

deuten auf abgeschlossene Schalen hin, wie man sie aus der Atomphysik bei der Edelgaskonfiguration kennt. Ist nur eine Zahl von N, Z magisch, die andere aber gerade, sind die Nuklide darüber hinaus durch einen fehlenden Kernspin, eine sphärische Kernform bzw. ein fehlendes Quadrupolmoment ausgezeichnet.

Das Potenzialtopfmodell kann als Ausgangspunkt für eine quantitativ genaue Berechnung der Energieniveaus im Einteilchenbild dienen. Zunächst ist ein sinnvolles Zentralpotenzial als Modell zu wählen. In der Kernphysik sind drei Topfpotenziale genau studiert worden, das Rechteck-, das kugelsymmetrische parabolische Oszillatorpotenzial und das Wood-Saxon-Potenzial, die in Abb. 9.12 skizziert sind. Die Quantenmechanik ergibt Energiezustände mit Quantenzahlen $n = 1, 2, 3, \ldots$ als Hauptquantenzahl und $\ell = 0, 1, 2, 3, \ldots$ bzw. $\ell = $ s, p, d, f, etc. als Bahndrehimpulsquantenzahl.

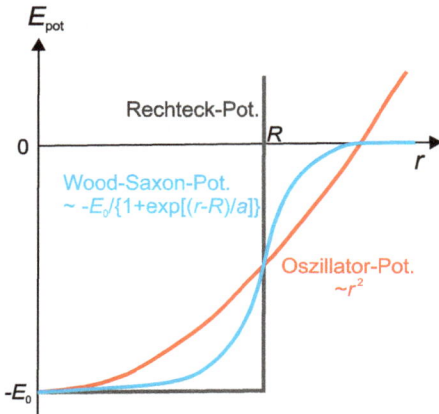

Abb. 9.12: Drei typische radiale Potenzialtopfmodelle für den Atomkern.

Es gibt aber keine Bedingung zwischen n und ℓ wie im atomaren Coulomb-Potenzial, d. h. für n, ℓ sind Kombinationen wie 1p oder 2d erlaubt.

Das Zentralpotenzial allein kann die magischen Zahlen nicht erklären. Es war eine besondere Leistung der theoretischen Kernphysik zu erkennen, dass die Spin-Bahn-Kopplung für die Protonen und Neutronen im Kern zu starken Aufspaltungen führt. Wir erinnern uns, dass die Spin-Bahn-Wechselwirkung der Elektronen im Atom nur sehr kleine Korrekturen in der Feinstruktur hervorruft. Bei Kernen ist sie in der Größenordnung der Potenzialtopfenergien und legt die Lage der Energieniveaus besonders bei schwereren Kernen fest.

Abbildung 9.13 verdeutlicht die energetische Lage der Einteilchenzustände der Nukleonen. In dem Energieschema sind die (n, ℓ)-Zustände sowohl ohne Spin-Bahn-Wechselwirkung als auch mit Aufspaltung in Dubletts für $\ell \neq 0$ für Neutronen und Protonen aufgetragen. Im aufgespaltenen Spektrum fallen große Energielücken auf. Bei kleinen Energien sind die Zustände einer Gruppe mit n, ℓ noch zusammen. Das ändert sich mit höherer Energie, wenn durch die Spin-Bahn-Aufspaltung die Zustände vermischt werden. Addiert man die Zahl der besetzbaren Zustände (mit Spin) auf, erhält man für die Unterkante der Energielücken die in Blau geschriebenen Besetzungszahlen. Sie entsprechen den bekannten magischen Zahlen. Es gibt also einen Schalenabschluss unterhalb des Energiesprungs.

Beispiel: Sauerstoff-Nuklide

Die Stabilität der Kerne mit magischen Zahlen kann am Beispiel von Sauerstoffnukliden in Abb. 9.14 illustriert werden. Es sind die Grundzustände und die ersten angeregten Energiezustände auf der Energieachse eingezeichnet. Die Einheit ist Mega-Elektronenvolt (MeV)! Der doppelt magische Kern $^{16}_{8}O_8$ hat keinen Kernspin und eine erste Anregungsenergie von ungefähr 6 MeV. Im Nuklid $^{15}_{8}O_7$ ist nur Z magisch. Es hat immerhin noch eine erste Anregungsenergie von 5,2 MeV und einen Kernspin von $\hbar/2$, während der Kern $^{17}_{8}O_9$ nur eine typische Anregungsenergie von 0,9 MeV zeigt.

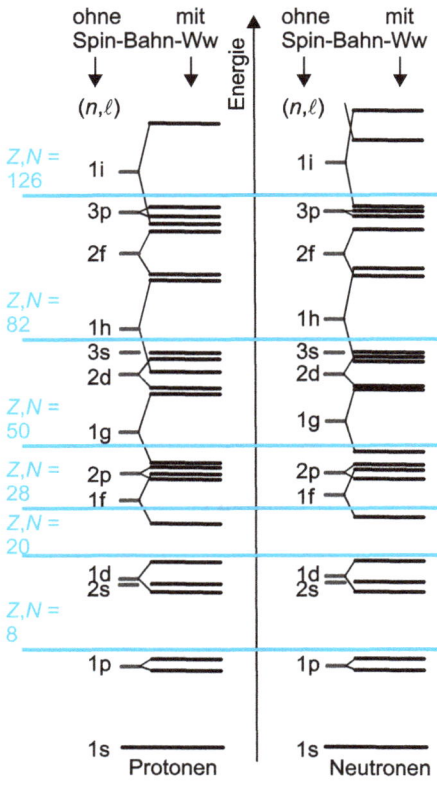

Abb. 9.13: Energetische Lage der durch die Spin-Bahn-Wechselwirkung in Dubletten aufgespaltenen Zustände für Protonen und Neutronen in einem Potenzialtopf (nach [9.2]). Bei Erreichen einer Energielücke entspricht die Anzahl besetzbarer Zustände einer magischen Zahl. Die Energielücken zeigen einen Schalenabschluss an.

Abb. 9.14: Grundzustände und erste Anregungszustände von Nukliden. Der doppelt magische Sauerstoffkern hat eine besonders hohe erste Anregungsenergie, da ein Schalenabschluss für Protonen und Neutronen besteht. Die beiden Spiegelkerne haben ein sehr ähnliches Anregungsspektrum.

Die Energieschemata von Spiegelkernen ähneln sich sehr, wie der Vergleich zwischen $^{15}_{8}O_7$ und $^{15}_{7}N_8$ in Abb. 9.14 verdeutlicht. Die untersten angeregten Zustände beider Nuklide sind bei nahezu gleichen Energien zu finden.

9.5 Das Deuteron

Ein einfaches Nuklid mit zwei Nukleonen stellt der Kern des Deuteriums $_1^2$H oder $_1^2$D dar, der auch als *Deuteron* bezeichnet wird. Er besteht aus einem Proton und einem Neutron, von denen wir annehmen, dass sie im Grundzustand jeweils ihren tiefsten Energiezustand bei gleicher Bindungsenergie E_B besetzen. Abbildung 9.15(a) zeigt das Energieniveau in einem Potenzialtopf der Tiefe E_0. Die Spins von Proton und Neutron sind parallel, so dass der Kernspin $1\hbar$ beträgt und der Grundzustand ein Triplettzustand ist. Dagegen addiert sich der Gesamtbahndrehimpuls praktisch zu null, was eine für einen s-Zustand typische kugelsymmetrische Verteilung der Nukleonen bedeutet. Das magnetische Dipolmoment des Deuterons ergibt sich durch Summation der Einzelmomente und ist gleich $0{,}86\mu_K$.

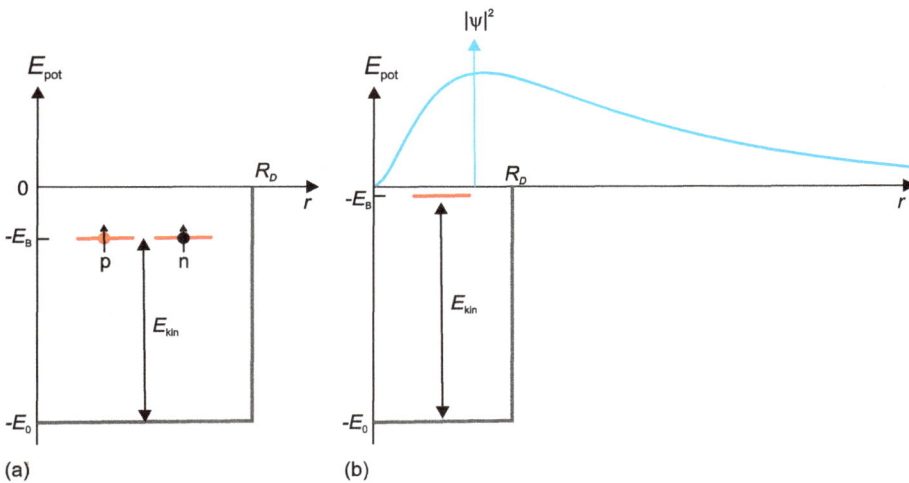

Abb. 9.15: (a) Qualitatives Energieniveauschema im Potenzialtopf des Deuterons. (b) Maßstäbliche Lage der Bindungszustände von Proton und Neutron im Deuteron und des Potenzialtopfbodens. Oberhalb ist die Aufenthaltswahrscheinlichkeitsdichte von Neutron und Proton im Deuteron skizziert.

Die Bindungsenergie kann experimentell durch *Photospaltung* bestimmt werden, wie in Abb. 9.16(a) im Prinzip gezeichnet. Ein weißes γ-Photonen-Spektrum wird – ganz ähnlich wie bei Röntgenstrahlen – durch Auftreffen energiereicher Primärelektronen auf ein Metall, z. B. Gold, erzeugt und auf ein Gefäß mit schwerem Wasser D_2O gelenkt. Die Bleiabschirmung schützt vor den energiereichen γ-Photonen, und das Paraffin absorbiert langsame Neutronen. Durch Variation der Elektronenenergie kann die maximale Photonenenergie eingestellt werden. Sobald die Photonenenergie ausreicht, um das Deuteron zu spalten, werden freie Neutronen mit einem BF_3-Detektor nachgewiesen. Im Detektor entstehen durch eine Kernreaktion zwischen den Neutronen

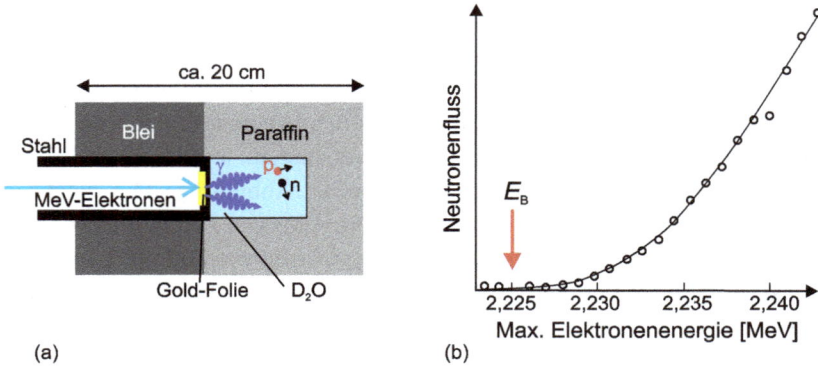

Abb. 9.16: (a) Prinzip der Photospaltung der Deuteronen im schweren Wasser durch energiereiche γ-Photonen. Der Nachweis erfolgt über die Neutronenmessung mit BF_3-Detektoren (nach [9.3]). (b) Einsetzen der Deuteronspaltung bei einer Photonenenergie, die der Bindungsenergie entspricht. Die Messergebnisse wurden [9.3] entnommen.

und den Boratomen geladene α-Teilchen, die elektrisch gemessen werden. Man stellt fest, dass ab einer Primärelektronenenergie von $E_B = 2{,}225$ MeV die Neutronenbildung durch Photospaltung einsetzt. Abbildung 9.16(b) zeigt Originalergebnisse des Neutronenflusses als Funktion der Primärelektronenenergie [9.3].

Aus diesem Bindungsenergiebetrag des Deuterons kann die Potenzialtopftiefe durch die quantenmechanische Berechnung der Bindungsenergie im einfachen Potenzialtopf bestimmt werden. Dies geschieht ganz ähnlich wie bei den eindimensionalen Systemen in Kapitel 5. Ohne auf die genaue Rechnung einzugehen, hängen Potenzialtopftiefe E_0 und Bindungsenergie E_B nach

$$\cot \sqrt{\frac{m_p(E_0 - E_B)R_D^2}{\hbar^2}} = -\sqrt{\frac{E_B}{E_0 - E_B}} \tag{9.20}$$

zusammen. In (9.20) entspricht R_D dem Radius des Potenzialtopfs, den wir mit dem doppelten Protonenradius gleichsetzen wollen, also $R_D = 1{,}6$ fm. Einsetzen des experimentellen Werts von E_B ergibt eine Potenzialtopftiefe von $E_0 = 53{,}4$ MeV, die viel größer ist als die Bindungsenergie. Diese Relation ist maßstabgetreu in Abb. 9.15(b) dargestellt. Die kinetische Energie der beiden Nukleonen im Kern ist also sehr groß. Das liegt auch daran, dass Proton und Neutron eine relativ lockere Bindung von ungefähr 1 MeV/Nukleon eingehen. Der Verband der Nukleonen ist bekannterweise fester bei schwereren Kernen, bei denen die typischen 8 MeV pro Nukleon gefunden werden.

Aus dem flachen Bindungszustand folgt eine radiale Aufenthaltswahrscheinlichkeitsdichte, die sehr weit über den Topf hinausreicht, wie in Abb. 9.15(b) in Blau aufgetragen. Proton und Neutron halten sich ungefähr zu 80 % der Zeit außerhalb des Potenzialtopfes auf. Das Beispiel des Deuterons verdeutlicht die äußerst dynamische Natur der Kernmaterie.

Quellenangaben

[9.1] J. B. Bellicard, P. Bounin, R. F. Frosch, R. Hofstadter, J. S. McCarthy, F. J. Uhrhane, M. R. Yearian, B. C. Clark, R. Herman, D. G. Ravenhall, *Scattering of 750-MeV electrons by calcium isotopes*, Physical Review Letters, Band 19 (1967) S. 527–529.

[9.2] P. F. A. Klinkenberg, *Tables of Nuclear Shell Structure*, Reviews of Modern Physics, Band 24 (1952) S. 63–73.

[9.3] R. C. Mobley, R. A. Laubenstein, *Photo-Neutron Thresholts of Beryllium and Deuterium*, Physical Review, Band 80 (1950) S. 309–315.

Übungen

1. Bestimmen Sie den Kerndurchmesser eines ^{12}C-, eines ^{56}Fe- und eines ^{238}U-Nuklids.
2. Wie groß sind die Energieanteile im Tröpfchenmodell für ^{12}C- und ^{238}U-Nuklide?
3. Das Deuteron hat eine Bindungsenergie von 2,2246 MeV und einen Kernradius von ungefähr 1,64 fm. Berechnen Sie den Massendefekt und die Masse des Deuterons. Bestimmen Sie näherungsweise die Dichte der Kernmaterie und vergleichen Sie diese mit der Dichte von Wasser.
4. Schätzen Sie die kinetische Energie der Nukleonen im Potenzialtopf des Deuterons mit der Unschärfebeziehung $p_i R \approx \hbar$ ab. Setzen Sie dazu $E_{kin} \approx 2 \cdot 3 \frac{p_i^2}{2m_D/2}$ an (Faktor 2 wegen 2 Nukleonen; Faktor 3 wegen 3 Raumrichtungen).
5. Deuteronnuklide werden von 3-MeV-Photonen gespalten. Wie groß sind Energie und Geschwindigkeit der entstehenden Protonen und Neutronen?
6. Warum ist das Deuteron ein Boson?

10 Kernzerfall, Kernumwandlung und Radioaktivität

Atomkerne sind nur unter bestimmten Bedingungen dauerhaft stabil, obwohl die anziehende Kernkraft zwischen den Nukleonen sehr stark ist. Die meisten bekannten Nuklide zerfallen statistisch in charakteristischen Halbwertszeiten. In diesem Kapitel werden wir zunächst die Statistik der Kernzerfälle beschreiben und danach auf die drei typischen Zerfallsarten und ihre Mechanismen eingehen, die die Radioaktivität von Stoffen hervorbringen. Die Detektion von energiereichen Teilchen als Folge von Kernprozessen ist eine wichtige Technologie zum Schutz der Umwelt und des Menschen vor ionisierenden Strahlen, was ein kurzer Abriss über den Strahlenschutz thematisiert. Abschließend werden noch Kernreaktionen beleuchtet, die in Natur und Technik von hoher Relevanz sind.

10.1 Kernzerfall

10.1.1 Statistik spontaner Zerfälle

Instabile Atomkerne, sogenannte *Radionuklide*, zerfallen spontan und rein statistisch. Man spricht auch von der **Radioaktivität** der Nuklide. Der Zeitpunkt des Zerfalls kann nicht vorhergesagt werden. Nur für sehr große Ensembles kann eine mittlere Zerfallszeit angegeben werden. Diese Zerfallszeiten sind charakteristisch für den Zerfall eines Kerns und lassen sich bis heute durch technische Mittel nicht effektiv beeinflussen oder verkürzen. Diese Beschreibung ist der Lumineszenzstatistik bei angeregten Atomen in Kapitel 8.1 ganz ähnlich.

Wir betrachten ein sehr großes Ensemble mit $N(t)$ Kernen. Durch die Instabilität nimmt N zeitlich ab. Die **Zerfallsrate**, d. h. die Gesamtzahl der Zerfälle pro Zeit

$$\frac{dN}{dt} = -\lambda \cdot N = -A(t) \tag{10.1}$$

ist bei rein zufälligen Vorgängen proportional zur Anzahl der Kerne im Ensemble. Das Minuszeichen berücksichtigt die Abnahme der Kerne im Ensemble durch den Zerfall. Die Proportionalitätskontante

$$\lambda, \quad [\lambda] = \frac{1}{s}$$

wird als **Zerfallskonstante** bezeichnet, die für jeden Kernzerfall charakteristisch ist. Die Größe der **Aktivität**

$$A(t), \quad [A] = \frac{1}{s} = Bq = Becquerel,$$

https://doi.org/10.1515/9783110468977-010

entspricht der negativen Zerfallsrate. Die Differentialgleichung (10.1) hat die einfache Exponentialfunkton als Lösung, die das

Zerfallsgesetz

$$N(t) = N_0 e^{-\lambda t} \tag{10.2}$$

beschreibt. Die Zahl N_0 ist gleich der Zahl der Kerne zur Zeit $t = 0$ s. Aus diesem Gesetz lassen sich weitere anschauliche Größen ableiten.

Die **mittlere Lebensdauer** eines Kerns

$$\tau = \frac{1}{N_0} \int_0^\infty t \cdot \lambda N(t)\, dt = \frac{1}{\lambda} \tag{10.3}$$

gibt an, in welcher Zeit noch ein Anteil von $e^{-1} = 0{,}37 = 37\,\%$ nicht zerfallen ist.

Die **Halbwertszeit** $t_{1/2}$ ist definiert durch

$$N(t_{1/2}) = \frac{1}{2} N_0. \tag{10.4}$$

Sie gibt die Zeit an, nach der die Hälfte des Ensembles zerfallen ist.

Mit diesen beiden Definitionen lässt sich das Zerfallsgesetz auch in der Form

$$N(t) = N_0 e^{-t/\tau} \quad \text{oder}$$
$$N(t) = N_0 \left(\frac{1}{2}\right)^{-t/t_{1/2}}$$

schreiben. Es ist mit den charakteristischen Zeiten in Abb. 10.1 aufgetragen.

Aus der Relation $0{,}5 = e^{-t_{1/2}/\tau}$ lässt sich leicht berechnen, wie mittlere Zerfallszeit und Halbwertszeit zusammenhängen,

$$t_{1/2} = \tau \cdot \ln 2 = \frac{\ln 2}{\lambda} = 0{,}69\tau. \tag{10.5}$$

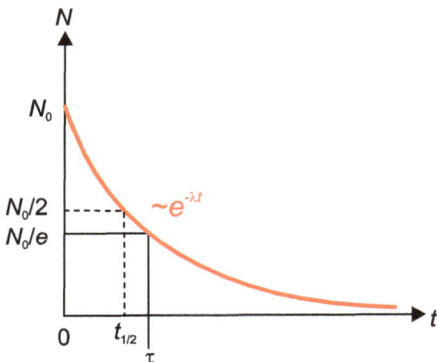

Abb. 10.1: Zerfallsgesetz mit charakteristischen Zeiten.

i **Beispiele**

Radionuklide leben umso kürzer, je weiter sie von der stabilen Zone im Z-N-Diagramm entfernt sind. In Tabelle 10.1 sind einige Beispiele für Halbwertszeiten von Kernen aufgeführt. Zum Vergleich ist auch die Halbwertszeit des freien Neutrons und eines W-Bosons (siehe Kapitel 11) eingetragen.

Tab. 10.1: Zerfallskonstante und Halbwertszeit ausgesuchter Radionuklide.

Isotop	Zeichen	Halbwertszeit	Zerfallskon-stante [s^{-1}]	Aktivität in 1 g [Bq]	Zerfallsart
Tritium	$^{3}_{1}$H	12,3 a	$1,8 \cdot 10^{-9}$	$3,6 \cdot 10^{14}$	β
angeregtes Technetium-99	$^{99m}_{43}$Tc	6 h	$3,2 \cdot 10^{-5}$	$2 \cdot 10^{17}$	γ
Radon-222	$^{222}_{86}$Rn	3,82 d	$2,1 \cdot 10^{-6}$	$5,7 \cdot 10^{15}$	α
Uran-238	$^{238}_{92}$U	$4,5 \cdot 10^{9}$ a	$4,9 \cdot 10^{-18}$	$1,2 \cdot 10^{4}$	α
Neutron	$^{1}_{0}$n	880 s	$7,9 \cdot 10^{-4}$	–	β
W-Boson	W^{+}, W^{-}	$2 \cdot 10^{-25}$ s	$3 \cdot 20^{24}$	–	β

10.1.2 Zerfallsarten

In Abb. 9.2 sind schon unterschiedliche Zerfallsarten markiert, ohne dass wir auf die Prozesse eingegangen sind. Dies werden wir im Folgenden nachholen und drei grundlegende Zerfallsprozesse im Detail kennenlernen. Die aus den Kernen emittierten Teilchen sind hochenergetisch mit kinetischen Energien im MeV-Bereich und bewegen sich daher mit Lichtgeschwindigkeit. Sie werden auch oft als *Strahlung* bezeichnet.

1. **α-Zerfall, α-Strahlung**

   Diese Zerfallsart betrifft vor allem schwere Kerne, wie in Abb. 9.2 erkennbar. Beim α-Zerfall emittiert der Kern ein α-Teilchen mit einer Energie von typischerweise 2–5 MeV. Ein α-Teilchen ist ein $^{4}_{2}$He-Kern, der sehr stabil ist und aus zwei Protonen und zwei Neutronen besteht. Abbildung 10.2 veranschaulicht den Prozess.

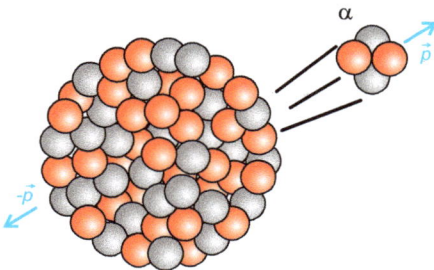

Abb. 10.2: Schema des α-Zerfalls. Das α-Teilchen besteht aus zwei Protonen und zwei Neutronen. Der Gesamtimpuls bleibt erhalten.

Der Kern erfährt einen starken Rückstoß, weil der Gesamtimpuls erhalten bleibt. Der α-Zerfall kann allgemein für ein Isotop $_Z^A X$ durch die Kernumwandlungsgleichung

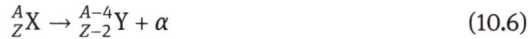

$$_Z^A X \rightarrow {}_{Z-2}^{A-4} Y + \alpha \tag{10.6}$$

ausgedrückt werden. Bei α-Strahlung reduzieren sich Protonen-/Ordnungszahl Z und Neutronenzahl N um jeweils zwei.

Im Jahr 1928 lieferten George Gamow und unabhängig davon Ronald Gurney und Edward Condon ein auch heute noch diskutiertes Modell des α-Zerfalls, das als **Gamow-Modell** in die Lehrbücher eingegangen ist. Es führt die Emission des α-Teilchens auf den Tunneleffekt im Kernpotenzial zurück. Das Modell beschreibt den Gesamtprozess in drei Schritten, die in Abb. 10.3 veranschaulicht sind.

(a) Im Kern bildet sich mit einer Wahrscheinlichkeit w_0 ein α-Teilchen aus zwei Protonen und zwei Neutronen. Die Größe w_0 misst eine Rate, also die Zahl der gebildeten Teilchen pro Zeit. Durch die hohe frei werdende Bindungsenergie ist die kinetische Energie des Subteilchens im Kern höher als die der restlichen Nukleonen. Der erhöhte Energiezustand ist in Abb. 10.3 bei E_α eingezeichnet.

(b) Wegen der zweifach positiven Ladung existiert eine Coulomb-Barriere, gegen die das Teilchen mit einer Rate w_1 anläuft. Dabei gilt ungefähr

$$w_1 \approx \frac{v_\alpha}{2R_N},$$

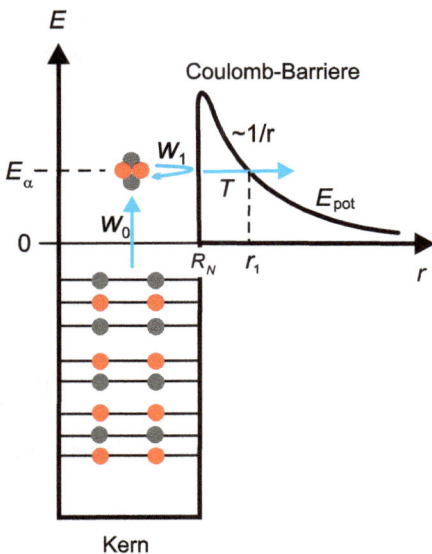

Abb. 10.3: Das Gamow-Modell des α-Zerfalls setzt sich aus drei Schritten zusammen: Bildung des Teilchens im Kern; Anlauf gegen die Coulomb-Barriere; Durchtunneln der Coulomb-Barriere.

mit $v_\alpha \sim 0{,}1c_0$ als Geschwindigkeit des α-Teilchens und R_N als Kernradius. Diese einfache Näherung sagt nichts anderes, als dass das Teilchen im Kern hin- und herläuft und an der Barriere umkehrt. Jeder Stoß auf die Barriere zählt als ein Versuch für die Rate w_1.

(c) Die Coulomb-Barriere hat eine endliche Höhe und Breite. Nach den Gesetzen der Quantenmechanik kann das α-Teilchen mit einer Transmissionswahrscheinlichkeit pro Stoß von

$$T = e^{-G}$$

durch die Barriere hindurchtunneln und den Kern verlassen. Der sogenannte **Gamow-Faktor**

$$G = \frac{2}{\hbar} \int_{R_N}^{r_1} \sqrt{2m_\alpha(E_{\text{pot}}(r) - E_\alpha)} \, dr \approx \frac{4\pi(Z-2)\alpha c_0}{v_\alpha}$$

hängt also umgekehrt proportional von der Geschwindigkeit des α-Teilchens ab. Die Größe $\alpha \approx 1/137$ ist die Sommerfeld-Feinstrukturkonstante. Die Integralgrenzen sind durch den Anfangs- und Endort des Potenzialwalls bei Energie E_α gegeben, wie in Abb. 10.3 eingezeichnet.

Das Modell liefert also einen Zusammenhang zwischen kinetischer Energie des α-Teilchens und Zerfallskonstante λ, denn

$$-\log T = G \propto \frac{1}{\sqrt{E_{\text{kin},\alpha}}} \quad \text{und} \quad \log \lambda \propto G.$$

Man erwartet demnach einen linearen Zusammenhang zwischen $\log \lambda$ und $1/\sqrt{E_{\text{kin},\alpha}}$. Dieser wurde schon 1908 in leicht abgewandelter Form empirisch gefunden und wird als *Geiger-Nuttal-Regel* bezeichnet. Die Erklärung dieser Beobachtung führte zum besonderen Ruhm des Gamow-Modells.

Wie in Abb. 10.2 gezeichnet, wird durch die Emission des α-Teilchens dem Rumpfkern mit der Nuklidmasse $M \approx A$ u ein Rückstoßimpuls

$$M \cdot v_{\text{Rumpf}} = 4\text{u} \cdot v_\alpha \tag{10.7}$$

mitgegeben, was einer kinetischen Energie des entstehenden Rumpfkerns von

$$E_{\text{kin,Rumpf}} = \frac{4\text{u}}{M} E_{\text{kin},\alpha} \approx \frac{4}{A} E_{\text{kin},\alpha} \tag{10.8}$$

entspricht. Beachte, dass hier v_α der Geschwindigkeit des freien α-Teilchens und nicht des im Kern befindlichen Teilchens entspricht.

Beispiel: Zerfall von Radon-222 ($^{222}_{86}$Rn)

Das Edelgas Radon ist ein α-Strahler und das einzige natürlich vorkommende radioaktive Gas. Es besteht zu 90 % aus dem Isotop mit der Nukleonenzahl $A = 222$. In Tabelle 10.1 sind die Zerfallswerte aufgeführt. Da Radon in natürlichen Zerfallsketten vorkommt, reichert sich das schwere Gas vor allem in tiefgelegenen Schächten und Stollen in Mittel- und auch Hochgebirgen an, in denen es erhöhte natürliche Bodenradioaktivität gibt. In der sogenannten Radonbalneologie, also bei Luftbädern in Radonstollen z. B. in Bad Gastein, wird dies medizinisch genutzt.

Aus dem Radon-Nuklid entsteht nach

$$^{222}_{86}\text{Rn} \rightarrow {}^{218}_{84}\text{Po} + \alpha$$

ein Polonium-218-Nuklid mit einer Halbwertszeit von ungefähr 3 min.

Das Radon-222-Nuklid ist mit einer Halbwertszeit von drei Tagen und 19 Stunden kurzlebig. Die emittierten α-Teilchen haben eine kinetische Energie von jeweils 5,6 MeV, so dass der Poloniumkern eine kinetische Rückstoßenergie von ungefähr 100 keV übernimmt.

2. **β-Zerfall, β-Strahlung**

Beim β^--Zerfall eines Kerns wandelt sich ein Neutron in ein Proton unter Emission eines energiereichen Elektrons und eines Elektronen-Anti-Neutrinos um. Der verwandte β^+-Zerfall emittiert ein Anti-Elektron bzw. Positron und ein Elektronenneutrino und beruht auf der Umwandlung eines Protons in ein Neutron im Kern. Die Umwandlungsgleichungen lauten demnach

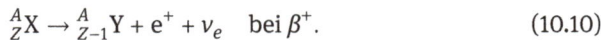

$$^A_Z\text{X} \rightarrow {}^A_{Z+1}\text{Y} + \text{e}^- + \overline{\nu_e} \quad \text{bei } \beta^-, \tag{10.9}$$

$$^A_Z\text{X} \rightarrow {}^A_{Z-1}\text{Y} + \text{e}^+ + \nu_e \quad \text{bei } \beta^+. \tag{10.10}$$

Neutrinos sind Elementarteilchen mit extrem geringer Ruhemasse. Sie wechselwirken kaum mit Materie, weshalb sie trotz ihrer weiten Verbreitung nur mit sehr großem experimentellen Aufwand nachweisbar sind.

Wolfgang Pauli postulierte um 1930 die Existenz dieses geheimnisvollen Teilchens beim β-Zerfall, weil das emittierte Elektron keine scharfe Energie aufweist, sondern die kinetischen Energien breit verteilt sind. Abbildung 10.4 zeigt die Verteilung für die Umwandlung eines $^{210}_{83}$Bi- in einen $^{210}_{84}$Po-Kern (aus [10.1]). Um die Impulserhaltung zu erfüllen, muss ein drittes Teilchen am Zerfall beteiligt sein, das einen Teil des Impulses übernimmt. Erst 26 Jahre später sollte der Nachweis der Neutrinos gelingen.

In Kapitel 11 werden wir auf die treibende Kraft hinter der β-Strahlung eingehen. Prozesse, in denen Neutrinos beteiligt sind, werden von der sogenannten *schwachen Wechselwirkung* verursacht.

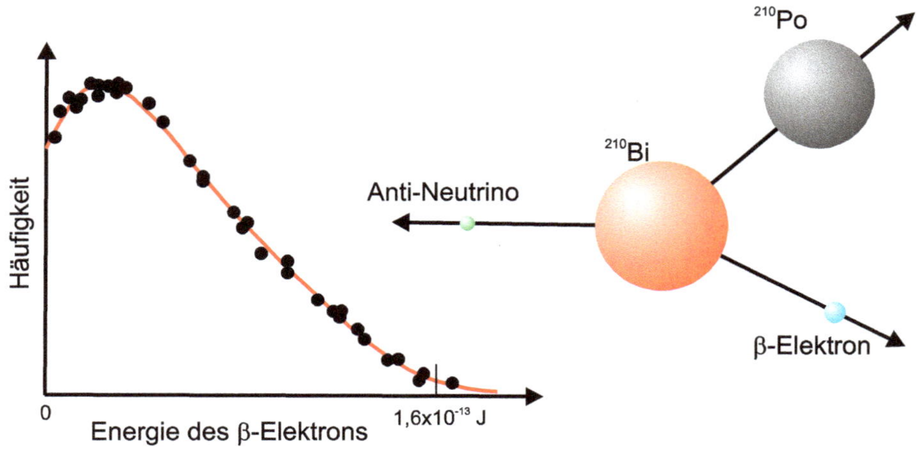

Abb. 10.4: Verteilung der kinetischen Energie der ausgesandten Elektronen beim β-Zerfall des ^{210}Bi-Kerns. Daten aus [10.1].

Der Prototyp der β-Umwandlung ist der Zerfall eines freien Neutrons in ein Proton,

$$\,_0^1 n \rightarrow \,_1^1 p^+ + e^- + \overline{\nu_e}.$$

Die Halbwertszeit beträgt ungefähr 880 s, und es wird eine kinetische Energie von $(m_n - m_p - m_e)c_0^2 = 783$ keV freigesetzt. Die Umwandlung des freien Neutrons in ein Proton ist möglich, weil die Ruhemasse des Neutrons größer ist als die des Protons und Elektrons zusammen. Die kleine Neutrinomasse spielt keine Rolle. Dagegen ist der umgekehrte Vorgang der Umwandlung eines freien Protons in ein Neutron durch einen β^+-Prozess energetisch nicht erlaubt. In Kernen ist dieses jedoch möglich, weil sich die Energieniveaus für Protonen und Neutronen unterscheiden, wie Abb. 10.5 verdeutlicht. Das entstandene Neutron nimmt einen tieferen Energiezustand ein als das ursprüngliche Proton.

3. **γ-Zerfall, γ-Strahlung**

Der γ-Prozess ist eigentlich kein Zerfall eines Kerns, sondern die Relaxation eines angeregten Kerns durch Emission eines γ-Photons. Der Mechanismus entspricht wie im Atom einem elektromagnetischen Übergang zwischen Energieniveaus mit den bekannten Regeln für Dipolstrahlung. Nukleonen-, Protonen- und Neutronenzahl ändern sich nicht,

$$\,_Z^A X^* \rightarrow \,_Z^A X + \gamma.$$

Die Entspannung des angeregten Kernzustands kann auch so erfolgen, dass anstelle des Photons ein Elektron aus der Atomhülle herausgeschleudert wird und ein Ion entsteht. Man spricht dann von *innerer Konversion*. Ist die frei werden-

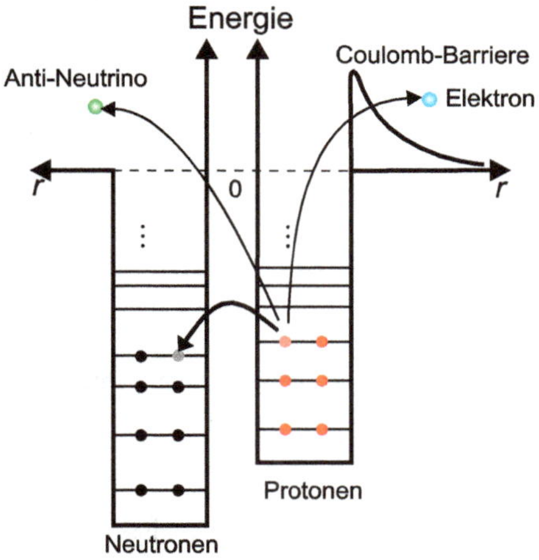

Abb. 10.5: Ein freies Proton kann nicht durch einen β^+-Zerfall in ein freies Neutron zerfallen, weil die Massen-/ Energiebilanz nicht aufgeht. In einem Kern ist dieses möglich, weil das betreffende Proton eine höhere Energie einnehmen kann als das entstehende Neutron.

de Energie größer als die doppelte Ruheenergie des Elektrons von 1 022 keV, können auch Elektron-Positron-Paare anstelle des γ-Photons entstehen. Dieser Prozess wird *innere Paarbildung* genannt.

Anwendung: radioaktive Strahler für Schulexperimente

Für Schulexperimente gibt es schwach radioaktive Präparate, die in gut gekapselten Gehäusen untergebracht sind. Üblicherweise werden folgende Präparate im Aktivitätsbereich um 75 kBq verwendet:

- α-**Strahler:** Americium-241, $^{241}_{95}$Am, sendet α-Teilchen mit einer Energie von ungefähr 5,5 MeV und bei einer Halbwertszeit von 432 Jahren aus.
- β^--**Strahler:** Strontium-90, $^{90}_{38}$Sr, entsteht in relativ großen Mengen in Kernreaktoren. Es emittiert Elektronen mit einer maximalen Energie von 546 keV bei einer Halbwertszeit von 28,8 Jahren.
- γ-**Strahler:** Kobalt-60, $^{60}_{27}$Co, zerfällt bei einer Halbwertszeit von 5,3 Jahren hauptsächlich über β-Emission mit 0,3 MeV in einen angeregten Zustand des $^{60}_{28}$Ni-Radionuklids, das unter Aussendung zweier γ-Photonen bei 1,2 und 1,3 MeV in den Grundzustand übergeht.

10.1.3 Zerfallsreihen

Kernzerfälle können durch Sprünge in der Nuklidkarte veranschaulicht werden. Abbildung 10.6 zeigt für den α- und den β-Zerfall den Sprung vom Ausgangskern (Mutternuklid) zum Produktkern (Tochternuklid). Während die Elektronen-/Positronenemission einer diagonalen Verschiebung um ein Feld nach links oben oder rechts unten entspricht, ruft die Abspaltung eines α-Teilchens eine diagonale Verschie-

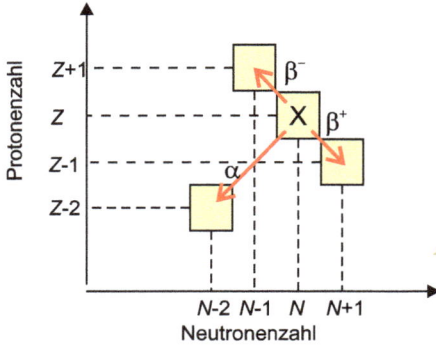

Abb. 10.6: Sprung vom Mutter- zum Tochternuklid beim α- und beim β-Zerfall.

bung um zwei Felder nach links unten hervor, wenn die N-Achse die Abzisse und die Z-Achse die Ordinate ist.

Die Produktkerne von Zerfällen sind oft wieder instabil, so dass ausgehend von einem Startnuklid **Zerfallsreihen** oft auch mit Abzweigen bzw. Nebenreihen entstehen, bis schließlich ein stabiles Nuklid, meistens Blei, erreicht wird. In Abb. 10.7 ist die Zerfallsreihe des Uran-Nuklids $^{235}_{92}$U mit den Halbwertszeiten der Zwischennuklide als Beispiel gezeichnet. Uran-235 macht nur 0,7 % des natürlichen Uranvorkommens aus, jedoch ist es für die kernenergetische Nutzung von großer Bedeutung, weil die Kerne durch langsame Neutronen sehr effizient gespalten werden. Das häufigste Nuklid ist

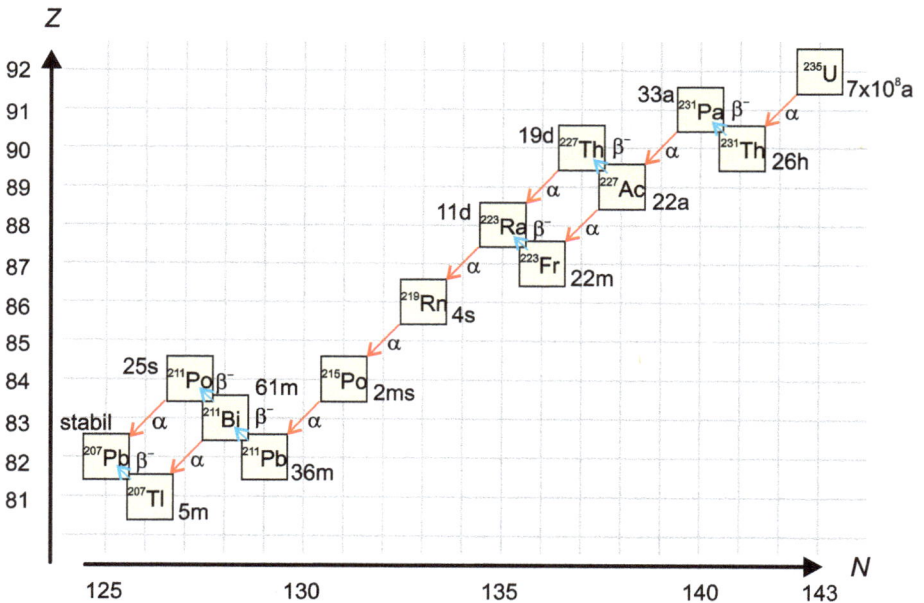

Abb. 10.7: Zerfallsreihe des $^{235}_{92}$U-Radionuklids.

das $^{238}_{92}$U-Nuklid, das eine ähnliche Zerfallsreihe aufweist. Das stabile Endnuklid der $^{235}_{92}$U-Reihe ist Blei-207.

Die Halbwertszeit beider Urannuklide ist mit ungefähr einer 1 Mrd. Jahren sehr lang. Natürliches Uran ist daher seit Entstehung des Sonnensystems immer noch in Gesteinen und Erzen der Erde aktiv. Die α-Strahlung kann den Boden wegen der kurzen Reichweite (siehe Kapitel 10.2) nicht verlassen. In beiden Reihen entsteht jedoch kurzzeitig Radon, das als Gas aus dem Boden entweicht und zu einer Strahlenbelastung für den Menschen führt.

10.1.4 Stabilität von Kernen im Tröpfchenmodell

Die Bethe-Weizsäcker-Formel nach (9.19) kann qualitativ die beobachtete Stabilität mancher Nuklide erklären. Dazu sind in Abb. 10.8 parabelförmige Isobaren der Bindungsenergie $E_B(Z)$ für die Fälle einer ungeraden und einer geraden Nukleonenzahl A eingezeichnet, womit folgende Beobachtungen verständlich werden:

- Ist A ungerade, findet sich oft nur ein stabiles Isotop. Dazu ist in Abb. 10.8(a) die Bindungsenergie für ug- und gu-Kerne als Funktion von Z aufgetragen. Der Kern, der dem Energieminimum am nächsten liegt, ist stabil und wird gebildet, indem die anderen Isobaren auf der Parabel durch β-Strahlung zerfallen.
- Für $Z \geq 7$ gibt es keine stabilen uu-Kerne, wie in den Isobaren in Abb. 10.8(b) zu sehen ist. Die uu-Kern-Parabel liegt oberhalb der gg-Kern-Parabel, so dass Isobare über β-Zerfälle auf die gg-Parabel gelangen. Die Regel gilt erst bei genügend hohen Nukleonenzahlen. Ist diese klein, kann es sein, dass keine Nuklide auf der gg-Parabel unterhalb des Minimums der uu-Parabel liegen.

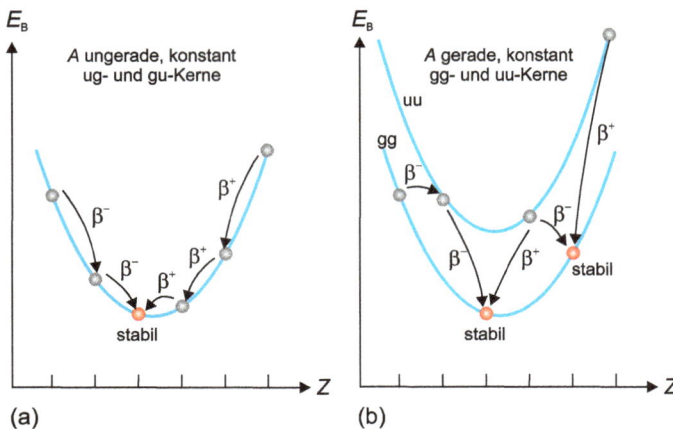

Abb. 10.8: Isobaren-Parabeln (A = konstant) im Bethe-Weizäcker-Modell. (a) A ungerade im Falle von ug- und gu-Kernen. Es gibt in der Regel nur einen stabilen Kern. (b) A gerade im Falle von uu- und gg-Kernen. Es gibt mehrere stabile gg-Kerne, wenn Z groß genug ist.

- Für gerade A gibt es in Abb. 10.8(b) mehrere stabile gg-Kerne, weil die Nuklide auf der gg-Parabel ihre Energie nur dann verringern können, wenn sie zwei Elektronen bzw. Positronen emittieren. Solche Doppelbetazerfälle sind in der Regel verboten und daher sehr selten.

10.2 Wechselwirkung von Strahlung mit Materie

10.2.1 Stopping Power, Absorption und Reichweite

Wie weit ein energiereiches Teilchen oder Photon in Materie eindringt, ist für den Strahlenschutz und für Anwendungen von Strahlung, z. B. in der Medizin, wichtig zu wissen. Die entscheidende Größe ist die sogenannte **Stopping Power** (SP)

$$SP = -\frac{dE}{dx},$$

die den Betrag des spezifischen Energieverlustes eines Teilchens pro Weglänge angibt. Sie wird auch als atomares Bremsvermögen bezeichnet. Aus der SP kann auf die mittlere Reichweite des Teilchens mit kinetischer Anfangsenergie E_0 im Material mit der Gleichung

$$\langle R \rangle = \int\limits_{E_0}^{0} \frac{dE}{SP} \tag{10.11}$$

geschlossen werden. Um diese Größen näher zu bestimmen, müssen die physikalischen (Streu-)Prozesse hinter dem Energieverlust verstanden werden. Die SP ist in der Regel nicht konstant, sondern hängt z. B. von der Energie bzw. der Masse der Teilchen oder vom Material ab. Dazu betrachten wir im Folgenden unterschiedliche Fälle

1. **Massive, geladene Teilchen, α-Strahlung**

   Schnelle geladene Teilchen können Atome in der Materie ionisieren. Infolge dieser inelastischen Streuung verlieren sie Energie. Das Modell hinter der Streuung ist der Impuls- und Energieübertrag des eindringenden Teilchens auf ein Elektron im Material, was mit den Gesetzen der klassischen Physik behandelt werden kann. Die Herleitung der SP unter Berücksichtigung relativistischer Effekte ist an dieser Stelle aber zu umfangreich. Wir geben nur die Endformel an, die als **Bethe-Bloch-Gleichung** bezeichnet wird. Sie lautet für die sogenannte *elektronische* SP (eSP)

   $$eSP = \frac{e_0^4}{4\pi\epsilon_0^2 m_e} \frac{Z^2 n_e}{v^2} \left[\ln\left(\frac{2m_e v^2}{I}\right) - \frac{v^2}{c_0^2} - \ln\left(1 - \frac{v^2}{c_0^2}\right) \right], \tag{10.12}$$

   mit der Geschwindigkeit v und der Ladungszahl Z der Teilchen, der Elektronendichte n_e und der mittleren Anregungsenergie I der Elektronen im Material. Letztere erfüllt relativ gut die Beziehung $I \approx Z_M \cdot 10\,\text{eV}$ mit Z_M als Kernladungszahl

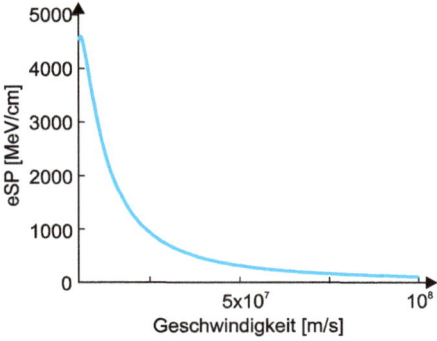

Abb. 10.9: Elektronische Stopping Power (eSP) für α-Teilchen in Aluminium als Funktion der Geschwindigkeit der Teilchen. Die eSP ist in MeV/cm angegeben.

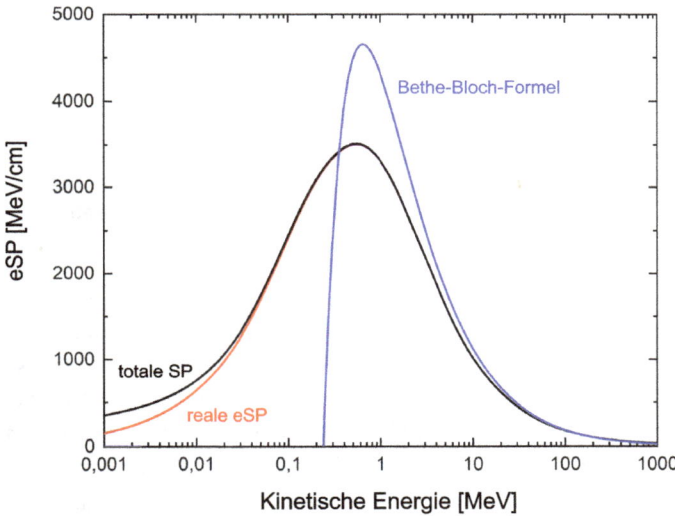

Abb. 10.10: Stopping Power (eSP) für α-Teilchen in Aluminium als Funktion der kinetischen Energie. Blau: Bethe-Bloch-Modell; Rot: Reale eSP; Schwarz: Totale SP.

der Materieatome. Die Gleichung ist für massive, geladene Teilchen wie Protonen, α-Teilchen oder Ionen im Energiebereich zwischen 0,01 und 100 MeV recht gut. Abbildung 10.9 zeigt den Verlauf der eSP als Funktion der Geschwindigkeit eines α-Teilchens bei Eindringen in Aluminium. Man erkennt, dass ab einer bestimmten Startgeschwindigkeit das Bremsvermögen mit $1/v^2$ stark abnimmt. Unterhalb der Startgeschwindigkeit fällt zwar nach (10.12) die eSP abrupt ab, aber das ist nicht realistisch, wie Abb. 10.10 verdeutlicht. Im Diagramm sind die numerisch korrekte eSP in Rot, die gesamte SP inklusive anderer Bremsprozesse in Schwarz und der Verlauf nach (10.12) in Blau gegen eine logarithmische Energieachse aufgetragen. Die Werte gelten wieder für α-Teilchen in Aluminium. Es gibt offenbar ein Maximum für die SP bei einer Energie von ungefähr 1 MeV.

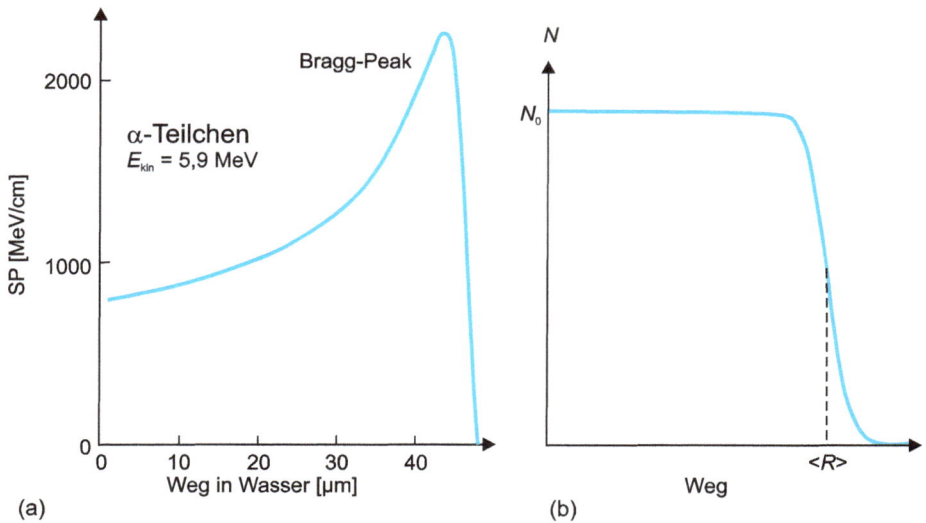

Abb. 10.11: (a) Stopping Power für α-Teilchen in Wasser als Funktion der Wegstrecke. Am Bragg-Peak ist die SP besonders groß. (b) Schematische Darstellung der inelastisch gestreuten Teilchen mit dem Weg. Massive geladene Teilchen geben in einer relativ scharf definierten Tiefe ihre Energie ab.

Ein geladenes Teilchen mit relativ großer Masse wie z. B. ein α-Teilchen mit einer typischen Energie von 6 MeV wird also in Materie erst schwach und zunehmend stärker abgebremst. α-Strahlung durch Kernzerfälle deponiert ihre Energie also überwiegend in einer bestimmten Tiefe. Abbildung 10.11(a) veranschaulicht, wie die SP eines α-Teilchens in Wasser mit der Eindringtiefe bis zu einem Maximum zunimmt. Dieser Zusammenhang wird in Lehrbüchern auch als **Bragg-Kurve** bezeichnet. Daraus folgt, dass die Teilchen zunächst wenig von der Geradeausrichtung herausgestreut und erst in einer definierten Tiefe im Material gestreut werden und stecken bleiben. In Abb. 10.11(b) ist diese Tiefe schematisch definiert. Die mittlere Reichweite lässt sich mit (10.11) berechnen und ist für Protonen und α-Teilchen in Luft und Aluminium in Tabelle 10.2 für ausgesuchte Energien angegeben. Die elastische Rutherford-Streuung, die wir schon früher kennengelernt haben, ist daher nur für sehr dünne Metallfolien beobachtbar. Die einstellbare Tiefe der Deposition der Strahlenenergie im Material wird in der radiologischen Behandlung von Tumoren in der Medizin angewendet.

2. **Elektronen, β-Strahlung**

Elektronen erfahren ebenso wie die massiven geladenen Teilchen einen Energieverlust durch Ionisaton der Materie nach der Bethe-Bloch-Gleichung. Da Elektronen aber bereits bei einer kinetischen Energie von 0,1 MeV eine relativistische Geschwindigkeit von 55 % c_0 haben, treten weitere effektive Energieverluste durch Bremsstrahlung, d. h. dem Aussenden elektromagnetischer Strahlung, auf. Es sei an die Bremsstrahlung zur Erzeugung von Röntgenlicht erinnert. Abbildung 10.12

Tab. 10.2: Reichweite von Protonen, α-Teilchen und Elektronen in Luft und Aluminium, angegeben in cm.

Material	Energie [MeV]	Protonen	α-Teilchen	Elektronen
Luft	0,1	0,13	0,15	13
	1,0	2,5	0,5	380
	5	32	3,3	2 300
	10	115	10	4 000
Al	0,1	$7,7 \cdot 10^{-5}$	$5,7 \cdot 10^{-5}$	$7,0 \cdot 10^{-3}$
	1,0	$1,4 \cdot 10^{-3}$	$3,3 \cdot 10^{-4}$	0,2
	5	$5,6 \cdot 10^{-3}$	$2,2 \cdot 10^{-3}$	1
	10	0,06	$6,6 \cdot 10^{-3}$	2

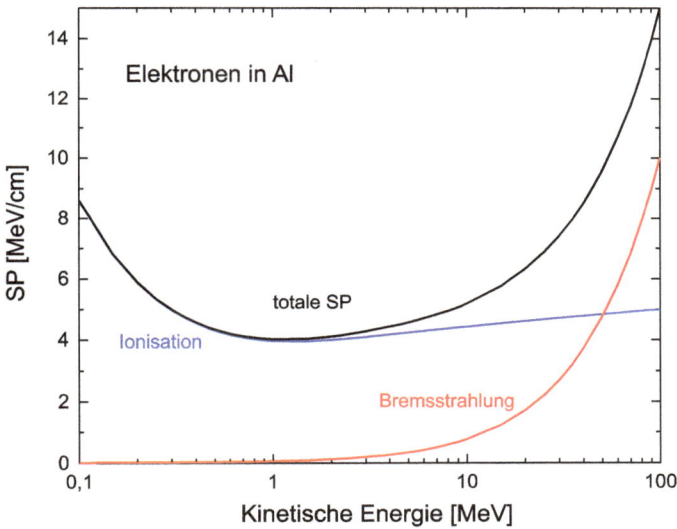

Abb. 10.12: Stopping Power (SP) für Elektronen in Aluminium als Funktion der kinetischen Energie. Blau: Ionisationsverluste; Rot: Bremsstrahlungsverluste; Schwarz: Totale SP.

zeigt die SP für Elektronen in Aluminium im Energiebereich zwischen 0,1 und 100 MeV als Kurve in Schwarz. Die einzelnen Anteile des Bremsvermögens, Ionisation bzw. Strahlung, sind ebenfalls aufgetragen.

Die deutlich geringere SP im Vergleich zu massiven geladenen Teilchen ist auffallend und erklärt, warum Elektronen bei gleicher Energie tiefer ins Material eindringen. Es gibt auch keine scharfe Eindringtiefe, sondern die Absorption von Elektronen nimmt gleichmäßig mit dem Eindringen ab, weil das leichte Elektron schon früh aus der Geradeausrichtung gestreut wird. Dabei variiert das Bremsvermögen nur schwach mit der kinetischen Energie. In Tabelle 10.2 sind die Reichweiten von Elektronen in Luft und Aluminium eingetragen. Elektronen mit einer Energie von 5 MeV dringen im Mittel mehrere m in Luft vor, in Aluminium dagegen nur um 1 cm.

3. **Photonen, γ-Strahlung**

Hochenergetische Photonen werden in Materialien nur leicht gestreut bzw. absorbiert. Es dominieren drei fundamentale Prozesse:

- im Energiebereich unterhalb von ungefähr 0,1–1 MeV der *photoelektrische Effekt*, d. h. die Absorption des Photons durch Anregung eines Elektrons im Atom. Der Impuls wird vom Atom übernommen. Der Wirkungsquerschnitt hängt mit Z^5 stark von der Kernladungszahl ab.
- im Energiebereich zwischen 1 und 10 MeV die *Compton-Streuung*, d. h. die inelastische Streuung des Photons an Elektronen im Atom, und
- bei Energien oberhalb von 10 MeV die *Paarbildung*, d. h. das Photon wird vollständig in ein Elektron-Positron-Paar umgewandelt. Dazu ist mindestens die doppelte Ruhemasse des Elektrons/Positrons $2m_e c_0^2 = 1{,}02\,\text{MeV}$ aufzubringen. Der Impuls des Photons wird von einem Atom übernommen.

Mit Ausnahme der Compton-Streuung wird das Photon in den anderen Prozessen vollständig absorbiert und vernichtet. Die Abnahme der Photonenintensität $I(x)$ mit der Eindringtiefe x kann durch statistisch unabhängige Streuereignisse mit konstantem Absorptionskoeffizienten α beschrieben werden. Sie folgt dem Beer-Gesetz (siehe auch Band 2, Seite 268)

$$I(x) = I_0 e^{-\alpha \cdot x}, \tag{10.13}$$

was in Abb. 10.13 dargestellt ist.

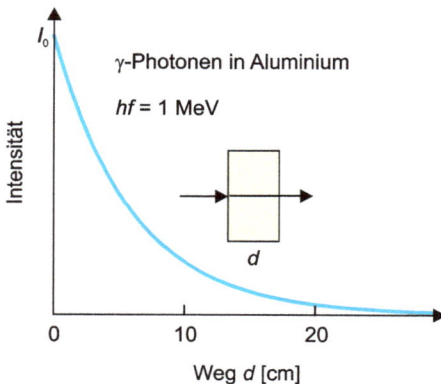

Abb. 10.13: Das Absorptionsgesetz nach Beer für 1-MeV-Photonen in Aluminium. Erst bei ungefähr 6 cm Weg im Material ist die Intensität auf unter 40% gesunken.

Abbildung 10.14 zeigt die Abhängigkeit des Absorptionskoeffizienten in 1/cm von der Photonenenergie für Aluminium in doppelt-logarithmischer Auftragung. Es

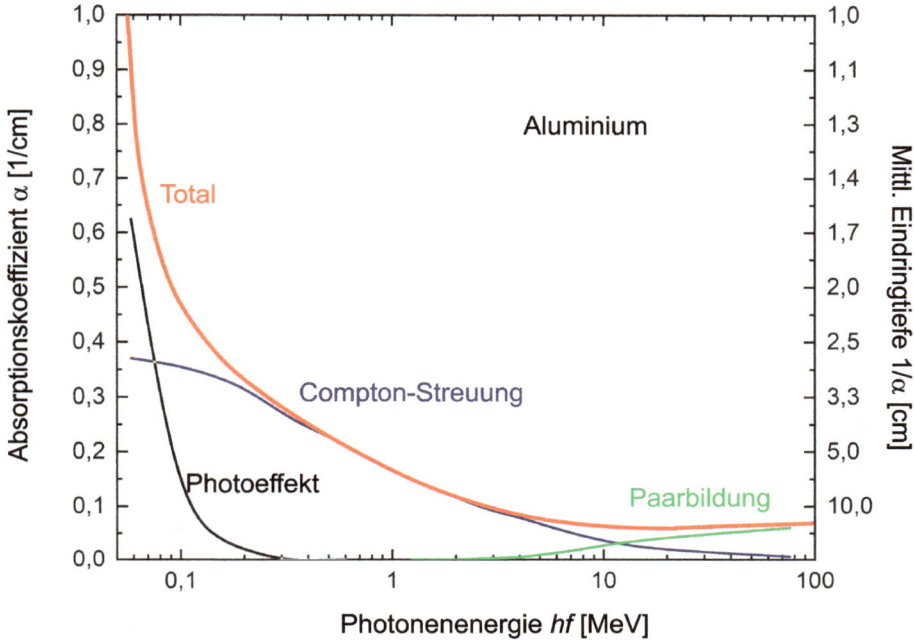

Abb. 10.14: Abhängigkeit des Absorptionskoeffizienten bzw. der mittleren Eindringtiefe von der Photonenenergie für Aluminium. Bei niedrigen Energien überwiegt der Photoeffekt, bei hohen die Paarbildung und im mittleren Energiebereich die Compton-Streuung.

sind auch die Anteile der Einzelprozesse dargestellt. Der Kehrwert von α entspricht der mittleren Eindringtiefe in cm und kann auch in Abb. 10.14 abgelesen werden. γ-Strahlung dringt tief in Materialien ein und kann nur schwer abgeschirmt werden. Photonen mit einer Energie von 1 MeV dringen in Aluminium ungefähr 6 cm ein. Blei hat eine fünfmal höhere Dichte und schirmt besser ab, so dass 1-MeV-Photonen nur 1 cm tief eindringen.

10.2.2 Nachweis ionisierender Strahlung

Schnelle Teilchen und hochenergetische Photonen wirken ionisierend bzw. regen in inelastischen Streuprozessen Materie an. Diese Eigenschaft macht man sich in verschiedenen Detektortypen zunutze. Hier sollen nur einige gängige Bauformen vorgestellt werden, von denen manche auch in Schulprojekten nachgebaut werden können.

1. **Zählrohr**

   Abbildung 10.15 zeigt den prinzipiellen Aufbau eines Zählrohrs, das in der Regel zylindrisch konstruiert ist und eine zentrale Anode aus einem dünnen Draht und eine umgebende Kathode besitzt. Im Rohr befindet sich ein spezielles Zählgas,

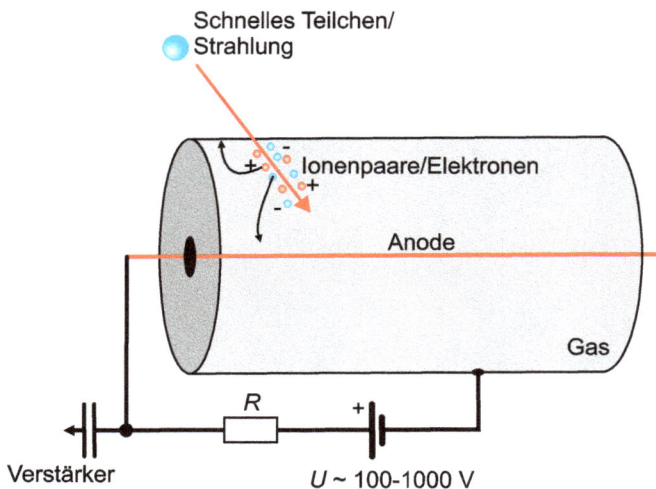

Abb. 10.15: Schematischer Aufbau eines einfachen Zählrohrs. Je nach Höhe der Spannung kann das Zählrohr in unterschiedlichen Arbeitsbereichen betrieben werden.

oft aus einem verdünnten Edelgas mit Halogen- oder Ethanolzusatz. Ionisierende Strahlen erzeugen im Gas Ionenpaare und Elektronen, die im elektrischen Feld getrennt werden und einen Stromimpuls zwischen den Elektroden erzeugen. Je nach angelegter Spannung kann das Zählrohr in unterschiedlichen Betriebsarten betrieben werden. Bei kleinen Spannungen U, typischerweise um 100 V, befindet man sich im *Ionisationsbereich*, in dem jedes Ladungspaar die Elektroden erreichen. Die Stärke des Stromimpulses ist ein Maß für die Energie des Teilchens. Die Empfindlichkeit kann durch Erhöhen der Spannung gesteigert werden. In diesem *Proportionalbereich* misst die Höhe des detektierten Signals weiterhin die Energie des Teilchens. Es entstehen jedoch mehr Ladungspaare als im Ionisationsbereich wegen sekundärer Ionisationen, d. h. dass ein durch die Strahlung erzeugtes Elektron im hohen elektrischen Feld beschleunigt wird und weitere Gasteilchen ionisiert. Bei noch höherer Zählrohrspannung erzeugt jedes ionisierende Teilchen eine kleine lokalisierte Gasentladung gleicher Stärke. Diese Betriebsart wird *Geiger-Müller-* oder *Auslösezählrohr* genannt. Jedes Teilchen erzeugt durch Lawinenbildung in der Entladung einen starken Stromimpuls. In diesem Bereich arbeitet das Zählrohr am empfindlichsten, kann aber keine Energien auflösen. Darüber hinaus sind Totzeiten nach jedem Impuls zu beachten. Anstelle eines Zählrohrs werden heute auch Halbleiterzähler verwendet, die als elektronische Bauelemente wie z. B. Dioden aufgebaut sind. Diese werden wir in Band 4 näher besprechen.

2. **Szintillationszähler**

Dieser Detektortyp wird in vielen Bereichen, auch in der Medizin, eingesetzt. Er verwendet einen Szintillator, in dem die Energie der einfallenden hochenergeti-

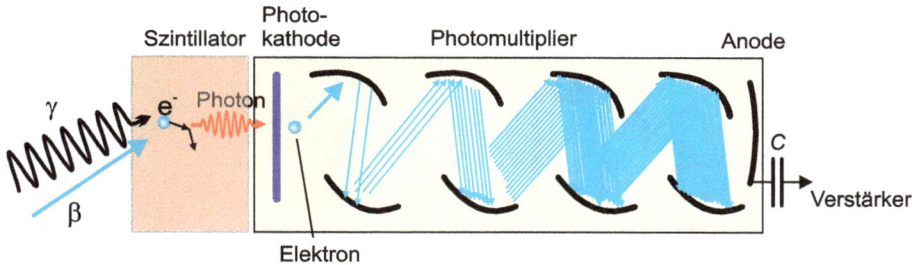

Abb. 10.16: Schematischer Aufbau eines Szintillationszählers. Hochenergetische β- oder γ-Strahlung wird im Szintillator in Lichtimpulse umgewandelt, die mit einem Photomultiplier empfindlich detektiert und vermessen werden.

schen Teilchen, in der Regel β- oder γ-Strahlung, Photonen im sichtbaren Wellenlängenbereich erzeugt. Als Szintillatoren sind neben anorganischen Kristallen wie z. B. Thallium-dotiertes Natriumiodid, NaI(Tl), auch Flüssigszintillatoren gebräuchlich. Die Zahl der entstehenden Photonen ist ein Maß für die Energie der Strahlung. Wie in Abb. 10.16 schematisch gezeigt, können die entstehenden Photonen sehr empfindlich mit einem *Photomultiplier* nachgewiesen werden, der in einem evakuierten Glasrezipienten eingebaut ist. Sein Aufbau wurde bereits kurz in Kapitel 4 vorgestellt. An der Photokathode des Multipliers lösen die Photonen einzelne Elektronen aus, die stufenweise auf sogenannte Dynoden beschleunigt werden. An jeder Dynode entstehen viele Sekundärelektronen, so dass an der Endelektrode aus einem Elektron durch die Vervielfachung ein Ladungsschauer entsteht. Die Stärke dieses Ladungsimpulses wird gemessen und liefert die notwendige Energieinformation. Die Energieauflösung ist in der Regel besser als bei Proportionalzählrohren.

3. **Spurendetektoren**

In räumlichen Detektorkammern lassen sich die Trajektorien, die Ladungen, die Masse und die Energien von Teilchen nachweisen. In heutigen Beschleunigerexperimenten finden sich moderne, hochkomplexe und haushohe Detektoren. Sie zeichnen sich durch eine extrem genaue Zeit- und Ortsauflösung aus. Hier sei auf die einschlägigen Informationsquellen der Großforschungseinrichtungen, z. B. CERN, DESY oder Fermilab verwiesen. Wir wollen das Prinzip eines Spurendetektors an der Nebelkammer besprechen, die sich auch ohne großen Aufwand selbst aufbauen lässt.

Die Idee besteht in der Sichtbarmachung der Teilchenbahn, indem die energetische Strahlung in einem übersättigten Dampf einen kleinen Kondensstreifen hinterlässt. Ein Schnitt durch den Aufbau einer solchen Schaukammer ist in Abb. 10.17(a) wiedergegeben. Flüssigkeit, oftmals Ethanol, wird im oberen Teil der Kammer verdampft, und das Gas diffundiert nach unten in den Bereich niedriger Temperaturen. Zur Aufrechterhaltung des Temperaturgradienten wird der

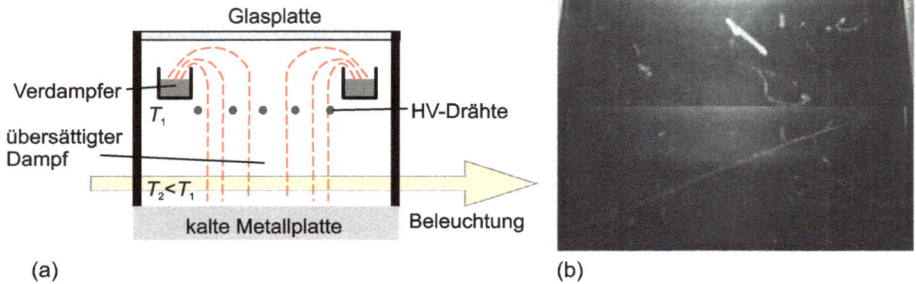

(a)   (b)

Abb. 10.17: (a) Schematischer Schnitt durch eine Nebelkammer, in der hochenergetische Teilchen Kondensatonsspuren im übersättigten Dampf erzeugen. (b) Fotografie von Spuren in einer Nebelkammer. Die dicke kurze Spur geht vermutlich auf ein Proton oder ein α-Teilchen zurück. Dünne Spuren sind in der Regel Elektronen.

obere Teil geheizt und der untere Teil gekühlt. Bevor das Gas wieder zu Nebel kondensiert, bildet sich ein Bereich übersättigten Dampfs, in dem die energiereichen Strahlen lokale Kondensation herbeiführen und die Spuren als Projektion betrachtet werden können. Über dünne elektrische Drähte können die in der Spur entstehenden Ionen abgeleitet werden, um die Kondensation wieder zu löschen.

In der Beispielfotografie (Abb. 10.17(b)) sind Ereignisse infolge der Höhenstrahlung und anderer Umgebungsradioaktivität zu sehen. Kurze und breite Spuren gehen in der Regel auf schwere Ionen wie α-Teilchen zurück. Lange breitere Spuren sind meist schnelle Protonen, während dünne Linien auf Elektronen oder Myonen hindeuten. Gewundene Bahnen rühren von Elektronen mit niedriger kinetischer Energie.

Ein vergleichbares Prinzip kann auch in einer Flüssigkeit angewendet werden, in der schnelle Teilchen Spuren von Gasblasen hinterlassen. Die Spuren in solchen *Blasenkammern* sind in der Regel schärfer und besser zu verfolgen. Abbildung 10.18 zeigt Spuren von hochenergetischen Teilchen in einer Blasenkammer,

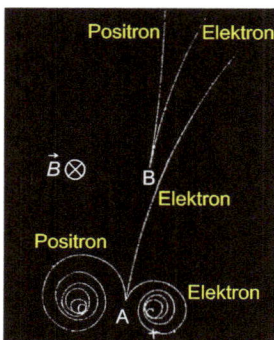

Abb. 10.18: Spuren in einer Blasenkammer bei Einstrahlen hochenergetischer γ-Strahlung. Am Punkt A entsteht ein sehr schnelles Elektron und ein Elektron-Positron-Paar. Am Punkt B entsteht ein hochenergetisches Elektron-Positron-Paar. Fotografie: Lawrence Berkeley National Laboratory/University of California.

die durch Einstrahlen von γ-Photonen entstehen. Die γ-Strahlung erzeugt keine Spur, allerdings wird ein Photon am Punkt A an einem Atom gestreut und erzeugt zum einen ein Elektron-Positron-Paar und zum anderen durch Compton-Streuung ein schnelles Elektron. Impuls und Ladung können gemessen werden, wenn senkrecht zur Beobachtungsebene ein Magnetfeld $\vec{B}$ wirkt, wie in Abb. 10.18 eingezeichnet. Durch die Lorentz-Kraft werden die Bahnen gekrümmt, wobei der Krümmungsradius ein Maß für den Impuls bzw. die kinetische Energie ist. Das positive und offenbar energiereichere Positron des Paars endet in einer großen linksdrehenden Spirale, das Elektron folgt einer Rechtsspirale mit kleinerem Radius. Das sehr energiereiche Elektron aus dem Streuvorgang wird nur leicht abgelenkt. Die beiden Spuren, die in Punkt B beginnen, sind ein Elektron-Positron-Paar mit sehr hohen Einzelenergien.

Ein Beispiel für die Komplexität von Teilchenreaktionen bei Beschuss eines Targets durch hochenergetische Strahlen ist in Abb. 10.19 dargestellt. Sie zeigt eine historische Aufnahme von Spuren in einer Flüssigwasserstoff-Blasenkammer des CERN aus dem Jahr 1960. Im Vergleich zu heutigen Detektoren war der Durchmesser der Kammer mit 32 cm sehr klein. Von links treten negativ geladene 16-GeV-Pionen ein. Eines streut an einem Proton, was einen Schauer neu erzeugter Teilchen durch Umwandlung von Energie in Masse hervorruft. Das besondere dieser Aufnahme ist der Nachweis des neutralen Λ^0-Partikels, das in der Mitte der Kammer am Punkt A in ein Teilchenpaar zerfällt, dessen Spuren gelb markiert sind. Das Λ^0-Teilchen ist ein schweres Baryon (siehe Kapitel 11) mit einer mittleren Lebensdauer von 263 ps.

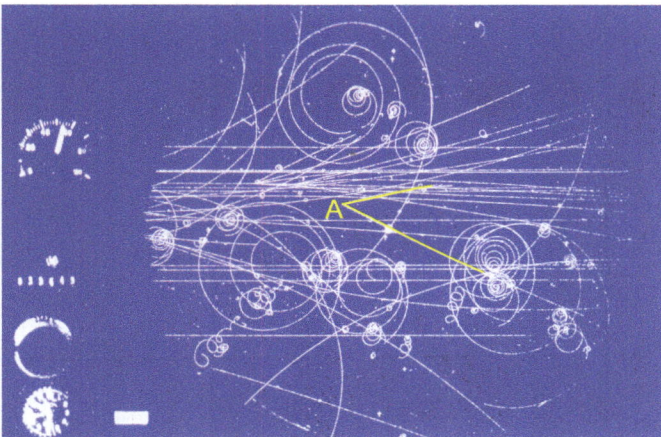

Abb. 10.19: Blasenkammerspuren durch Streuung von 16 GeV Pionen an einem Proton. Am Punkt A zerfällt ein Λ^0-Teilchen in ein Teilchenpaar. Historische Aufnahme. Fotografie: Conseil européen pour la recherche nucléaire, CERN.

10.3 Einfache Kernreaktionen

Die Umwandlung von Kernen durch Beschuss mit schnellen anderen Kernen oder Elementarteilchen ist ein weites Feld und wird heute vornehmlich aus dem Blickwinkel der elementaren Bausteine der Materie betrachtet. In Kapitel 11 werden wir auf die Elementarteilchen und die Erhaltungsgrößen in diesen Reaktionen eingehen. In diesem Abschnitt beschreiben wir die wichtigen Prozesse der Kernspaltung (Fission) und der Kernfusion.

10.3.1 Kernspaltung

Darunter wird der Bruch eines Kerns in wenigstens zwei Spaltprodukte unter Aussendung energetischer elementarer Teilchen verstanden. Gehen wir von einem kugelförmigen Kern aus, lässt sich die Spaltung wie in Abb. 10.20(a) im Bild des einfachen Tröpfchenmodells veranschaulichen. Der Kern wird deformiert, was z. B. durch eine äußere Anregung oder auch durch einen Gewinn an Bindungsenergie geschehen kann. Schreitet die Deformation voran, schnürt sich der Kern ein und spaltet schließlich am *Szissionspunkt*.

Durch die Spaltung nimmt die Oberflächenenergie zu und die Coulomb-Energie ab. Ob die Spaltung für einen Kern energetisch günstig ist, kann im Tröpfchenmodell für gleich schwere Spaltprodukte abgeschätzt werden. Dazu werden die Energieanteile nach einem Deformationsparameter entwickelt. Wir werden auf die Details der Rechnung nicht eingehen. Jedoch können verschiedene Szenarien mit dem einfachen Verhältnis Z^2/A von Kernladungs- und der Nukleonenzahl unterschieden werden:

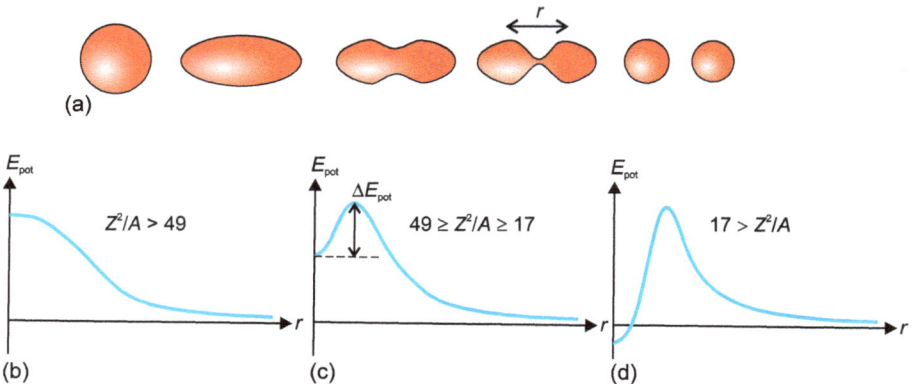

Abb. 10.20: (a) Schematischer Verlauf einer Kernspaltung im Tröpfchenmodell. (b) Spontane Spaltung. Sie ist bei natürlichen Kernen praktisch nicht beobachtbar. (c) Aktivierte Spaltung. Die Spaltprodukte sind energetisch günstiger, jedoch ist eine Aktivierungsbarriere zu überwinden. (d) Keine Spaltung. Der Ursprungskern ist energetisch günstiger.

- Fall $Z^2/A > 49$:

  Eine spontane Spaltung des Kerns ist möglich, weil die Spaltprodukte eine deutlich niedrigere Energie einnehmen als der Ursprungskern. Es gibt keine *Spaltbarriere*. Dies ist in Abb. 10.20(b) schematisch dargestellt, indem die potenzielle Energie E_{pot} als Funktion des Abstands aufgetragen ist. Sobald die Fragmente getrennt sind, nimmt E_{pot} mit $1/r$ gemäß der Coulomb-Abstoßung ab. Es gibt aber keinen natürlich vorkommenden Kern, der dieses Verhältnis erfüllt. Selbst für den Urankern $^{238}_{92}\text{U}_{146}$ findet man $Z^2/A \approx 36$.

- Fall $17 \le Z^2/A \le 49$:

  Der prinzipielle Verlauf der potenziellen Energie mit dem Abstand der Kernbruchstücke in Abb. 10.20(c) verdeutlicht zwar, dass die Kernspaltung zu einem energetisch günstigeren Zustand führt, jedoch ist dafür eine Spaltbarriere ΔE_{pot} zu überwinden. Dieses kann durch äußere Anregung oder Verschmelzung mit einem weiterem Teilchen, z. B. einem Neutron, geschehen. Dieser Vorgang wird auch *induzierte Kernspaltung* genannt. Eine andere Möglichkeit ist das Durchtunneln der Barriere, was zu einer spontanen Spaltung führt. Auch eine solche spontane Kernspaltung ist extrem selten, und schwere Kerne zerfallen daher viel eher durch α-Zerfall. Die Halbwertszeit der spontanen Kernspaltung für den Urankern $^{238}_{92}\text{U}_{146}$ ist z. B. mit 10^{16} Jahren sieben Größenordnungen länger als für den α-Zerfall.

- Fall $Z^2/A < 17$:

  Wie in Abb. 10.20(d) skizziert, ist die Spaltbarriere sehr groß, und die Spaltung ist energetisch ungünstiger als der Ursprungskern. Eine Spaltung ist hier nur bei extrem starker Anregung möglich.

Im Folgenden beschränken wir uns auf die praktisch bedeutende **neutronen-induzierte Kernspaltung** des Uranatomkerns. An diesem entdeckten im Dezember 1938 die Chemiker Otto Hahn (1879–1968) und Fritz Straßmann (1902–1980) die Kernspaltung mit abgebremsten (*moderierten*) Neutronen. Diese Entdeckung gilt als eine der bedeutendsten und folgenschwersten des 20. Jahrhunderts. Kurz darauf konnten Lise Meitner (1878–1968) und Otto Frisch (1904–1979) die Beobachtungen korrekt erklären. Die enorme Energiemenge von 200 Mio. eV pro gespaltenem Kern erregte die Öffentlichkeit weltweit und verhieß eine unerschöpfliche Energiequelle, die friedlich, aber auch zerstörerisch genutzt werden konnte. Bereits 1944 baute Enrico Fermi in Chicago den ersten Kernreaktor.

Es gibt drei natürlich vorkommende Uranisotope mit den Massenzahlen 234, 235 und 238 mit einer relativen Häufigkeit von 99,27 % $^{238}_{92}\text{U}_{146}$ und 0,72 % $^{235}_{92}\text{U}_{143}$. Die Kerne können ein Neutron aufnehmen, was dann zu einer spontanen Kernspaltung führt. Eine typische Spaltreaktion lautet

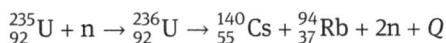

$$^{235}_{92}\text{U} + \text{n} \rightarrow {}^{236}_{92}\text{U} \rightarrow {}^{140}_{55}\text{Cs} + {}^{94}_{37}\text{Rb} + 2\text{n} + Q$$

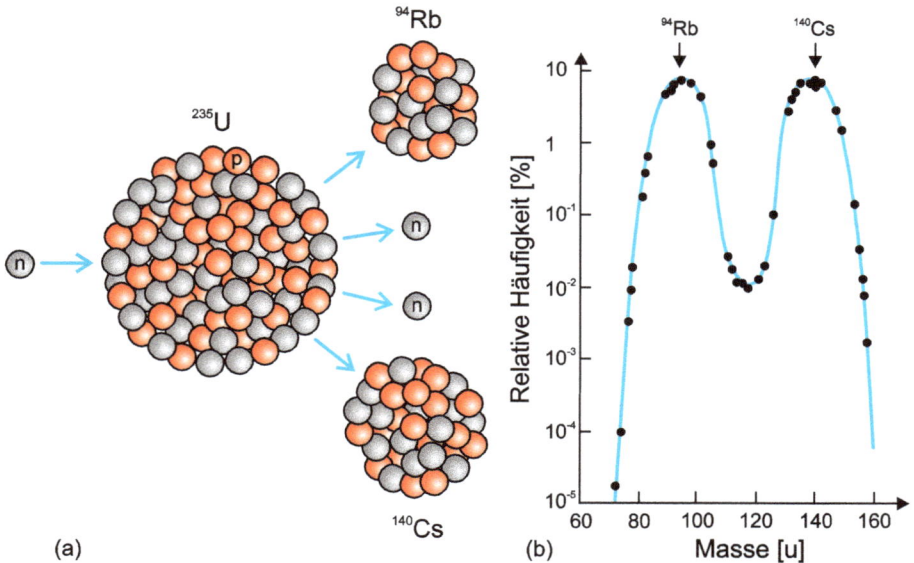

Abb. 10.21: (a) Durch ein thermisches Neutron induzierte Spaltung eines ^{235}U-Kerns. Die dargestellte Reaktion ist eine von vielen. Die resultierenden Neutronen können kettenreaktionsartig weitere Spaltungen induzieren. (b) Häufigkeit der Spaltfragmente bei der Kernspaltung von ^{235}U. Man beachte die logarithmische Auftragung. Nach [10.2].

und ist in Abb. 10.21(a) skizziert. Es sind viele verschiedene Spaltreaktionen möglich. Die Spaltfragmente sind nicht eindeutig, und es wird eine Häufigkeitsverteilung der Spaltprodukte beobachtet, wie in Abb. 10.21(b) gezeigt. Man beachte dabei die logarithmische Auftragung der Häufigkeit. Das Besondere in der Reaktion sind die resultierenden Neutronen, die ihrerseits weitere Urankerne spalten und dadurch eine Kettenreaktion in Gang bringen können. Der Wirkungsquerschnitt für die neutronen-induzierte Spaltung der Urankerne hängt stark von der Energie des Neutrons ab und ist für die beiden betrachteten Kerne ^{238}U und ^{235}U sehr verschieden. Während Neutronen mit Energien erst oberhalb von 1 MeV den ^{238}U-Kern bei einem geringen Spaltwirkungsquerschnitt von ungefähr 1 barn spalten, sind langsame, sogenannte *thermische* Neutronen im Energiebereich zwischen 0,01 und 100 eV für die Spaltung von ^{235}U mit Wirkungsquerschnitten von mehreren 100 barn äußerst effizient. Die Neutronen müssen also zur Spaltung von ^{235}U keine Energie mitbringen. Das liegt daran, dass der Zwischenkern ^{236}U ein stabiler gg-Kern ist, dessen frei werdende Bindungsenergie ausreicht, um die Spaltbarriere zu überwinden.

Um eine Kettenreaktion hervorzurufen, benötigt man mit dem Isotop ^{235}U angereichertes Uran. Für die unkontrollierte, zerstörerische Kraft einer Atombombe sind Anreicherungsgrade von mindestens 85 % notwendig. Uranbrennstäbe für die kontrollierte, zivile Nutzung in Kernkraftwerken sind typischerweise bis zu 5 % angereichert. Darüber hinaus müssen die frei werdenden Neutronen abgebremst (moderiert) werden. Die Moderation der schnellen Neutronen zu thermischen Neutronen geschieht mit Materialien, die das spaltbare Uran umgeben oder durchsetzen. Diese Moderatoren müssen einen hohen Streu-, aber einen kleinen Einfangquerschnitt für Neutronen aufweisen. Dazu eignet sich Kohlenstoff z. B. in Graphit oder Paraffin, aber auch leichtes und schweres Wasser.

Die frei werdende Energie bei der ^{235}U-Kernspaltung ist enorm. Den größten Teil mit 167 MeV tragen die Bruchstücke, die in der Regel durch Aussenden von β- und γ-Strahlung weiter zerfallen. Diese sekundäre Strahlung enthält ungefähr 26 MeV. Die prompten Neutronen tragen 5 MeV und die prompte γ-Strahlung 6 MeV davon. Pro Urankern werden also 204 MeV frei!

Abschätzung und Vergleich der frei werdenden Spaltenergie

Die Spaltenergie lässt sich aus der Bindungsenergie pro Nukleon erklären. Nehmen wir vereinfachend an, dass der Urankern in zwei gleich schwere Bruchstücke zerfällt, so beträgt die frei werdende Energie/Wärme nach der Einstein-Relation

$$Q = (m_A - 2m_{A/2})c_0^2 = E_{\mathrm{B}}(A) - 2E_{\mathrm{B}}(A/2) = A\left(\frac{E_{\mathrm{B}}(A)}{A} - \frac{E_{\mathrm{B}}(A/2)}{A/2}\right).$$

Die Bindungsenergien pro Nukleon von $-7,5$ MeV und $-8,4$ MeV für $A = 236$ bzw. $A/2 = 118$ liefert $Q = 212$ MeV.

In den Übungen soll gezeigt werden, dass der Brennwert von 1 kg Uran ungefähr dem von 2 800 Tonnen Steinkohle entspricht!

10.3.2 Kernfusion

Die Verschmelzung zweier Kerne zu einem schwereren Gesamtkern wird als Kernfusion bezeichnet. Sie ist eine Form der **Nukleosynthese**, bei der massereiche Kerne durch Verbindung leichter Kernpartikel zusammengesetzt werden. Die beiden Ausgangskerne vor der Fusion müssen die Coulomb-Barriere überwinden, die mit

$$\Delta E_{\mathrm{C}} = \frac{Z_1 Z_2 e_0^2}{4\pi\epsilon_0 d_c} \tag{10.14}$$

berechnet werden kann. Abbildung 10.22 zeigt schematisch die Barriere für zwei Protonen, also für $Z_1 = Z_2 = 1$. Unterhalb des kritischen Abstands d_c wirkt die Kernkraft, die dann die Ausgangskerne verschmelzen lässt und einen energetisch günstigeren Gesamtkern bildet. Gleichung (10.14) verdeutlicht, dass die Barriere umso größer ist, je höher die Kernladungen Z_1 und Z_2 der Ausgangskerne sind. Kernfusion ist also eher für leichte Kerne zu erwarten. Ebenso wie im Falle der Kernfusion ist es aber möglich, dass die Barriere durchtunnelt werden kann, so dass der Prozess der Vereinigung wahrscheinlicher ist, als die Barriere erwarten lässt. Wie in Abb. 9.6 zu erkennen, ist

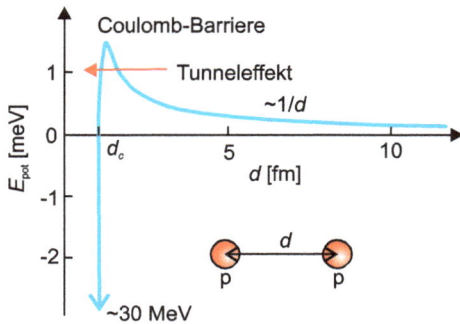

Abb. 10.22: Die Coulomb-Barriere muss bei der Fusion überwunden werden. Gezeigt ist das Beispiel der Wasserstofffusion, bei der zwei Protonen die Barriere von über 1 MeV überwinden oder durchtunneln müssen.

die Bindungsenergie pro Nukleon für ^{56}Fe am größten. Prinzipiell wird in der Nukleosynthese durch Kernfusion bis zur Fusion von Eisenkernen Energie frei. Jedoch erfordert die Fusion von Eisenkernen eine extrem hohe Aktivierungsenergie zur Überwindung der Coulomb-Barriere.

Stationäre Kernfusionen sind die Energiequelle der Sterne. Die Häufigkeitsverteilung der Elemente in Abb. 9.7 zeigt, dass 75 % aller Nuklide im Universum Wasserstoff- und 23 % Heliumnuklide sind, die vor allem in den ersten 15 min nach dem Urknall entstanden sind. Man spricht auch von der *primordialen Nukleosynthese*. Die schwereren Elemente entstehen später in den Fusionsprozessen der Sterne durch die *stellare Nukleosynthese*. Betrachten wir als Beispiel unsere Sonne, die ein junger und relativ leichter Stern ist. Sie besteht hauptsächlich aus Wasserstoff, der durch die Gravitation extrem komprimiert und aufgeheizt wird. Im Sonnenkern findet bei einer Temperatur von mehr als 10 Mio. K und bei einem Druck von über 10^{15} Pa die thermisch aktivierte Fusion von Wasserstoffkernen/Protonen zu Heliumkernen/α-Teilchen statt. Durch Strahlung und Konvektion gelangen Teilchen und Energie an die oberflächliche Photosphäre, die als Wärmestrahler bei ungefähr 6 000 K im Sichtbaren strahlt.

Die stellare Kernfusion von Wasserstoff zu Helium wird auch als Wasserstoffbrennen bezeichnet und wandelt insgesamt vier Protonen in einen Heliumkern um, was ungefähr 27 MeV Energie in Form von Strahlung und Neutrinos freisetzt. Diese Umwandlung geschieht nicht in einem Reaktionsschritt, sondern erfordert mehrere aufeinanderfolgende Reaktionen. Die wichtigste Reaktionskette ist die **Proton-Proton-Kette**, auch **p-p-Kette** abgekürzt, die fast 98 % der Sonnenleuchtkraft erzeugt. Wir betrachten hier nur die p-p-Kette erster Art, die in Abb. 10.23 grafisch dargestellt ist. Sie erzeugt zunächst aus zwei Protonen einen Deuteriumkern unter Aussendung eines Positrons und eines Neutrinos. Das Positron wird mit einem Elektron sofort vernichtet unter Aussendung der Annihilationsstrahlung (siehe Kapitel 11). Eine weitere Verschmelzung des Deuteriumkerns mit einem Proton ergibt unter γ-Strahlung einen ^{3}He-Kern. Schließlich fusionieren zwei ^{3}He-Kerne zu einem ^{4}He-Kern unter Abstoßung

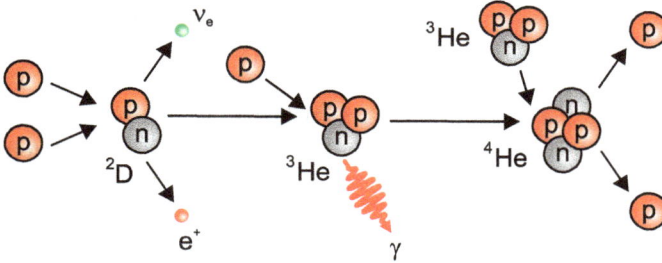

Abb. 10.23: Veranschaulichung der Proton-Proton-Kette zur Wasserstofffusion. Diese Reaktionskette dominiert das Wasserstoffbrennen in der Sonne.

zweier Protonen. Alle beteiligten Reaktionsschritte sind

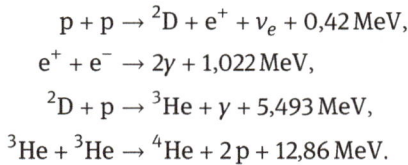

$$p + p \rightarrow {}^2D + e^+ + \nu_e + 0{,}42\,\text{MeV},$$

$$e^+ + e^- \rightarrow 2\gamma + 1{,}022\,\text{MeV},$$

$$^2D + p \rightarrow {}^3He + \gamma + 5{,}493\,\text{MeV},$$

$$^3He + {}^3He \rightarrow {}^4He + 2\,p + 12{,}86\,\text{MeV}.$$

Die frei werdende Gesamtenergie summiert sich zu $(2 \cdot 0{,}42 + 2 \cdot 1{,}022 + 2 \cdot 5{,}493 + 12{,}86)\,\text{MeV} = 26{,}73\,\text{MeV}$. Weil die Neutrinoenergie von $2 \cdot 0{,}267\,\text{MeV}$ ohne Absorption entweicht, spielt sie für die Leuchtkraft keine Rolle und verkleinert die umsetzbare Nettoenergie auf $26{,}2\,\text{MeV}$. Dieser Energieumsatz ist verhältnismäßig klein, weil die Sonnenmasse nicht groß genug ist, um den Wasserstoff bei höheren Temperaturen zu verbrennen. Dies ist aber auch eine wichtige Voraussetzung für das Leben auf der Erde, weil durch das langsame Wasserstoffbrennen der Sonne die Leuchtkraft über einige Milliarden Jahre konstant und hinreichend klein ist, so dass Leben auf der Erde möglich ist.

10.3.3 Lebenslauf der Sterne und stellare Nukleosynthese

Die Sonne unseres Sonnensystems wird noch ungefähr 5 Mrd. Jahre Protonen in Heliumkerne fusionieren. Mit abnehmenden Wasserstoffbrennstoff steigen jedoch Temperatur und Druck im Kern, und das Heliumbrennen setzt ein. Die Fusion von He-Kernen ergibt unter anderem Kohlenstoff- und Sauerstoffkerne. Durch die plötzliche Temperaturerhöhung mit der Heliumfusion bläht sich die Sonne schnell zu einem *roten Riesen* auf, dessen Durchmesser 166-mal größer als der heutige Sonnendurchmesser sein wird. In dieser Phase wird die Sonne viel Masse abgeben, insbesondere durch Abstoßung der Hülle des roten Riesen in einen planetarischen Nebel, wenn die Heliumfusion erlischt. Zurück bleibt ein kleiner *weißer Zwerg*, der zwar eine hohe Resttemperatur besitzt, aber wegen der fehlenden Energiequelle eine sehr geringe Leuchtkraft hat.

Sein Durchmesser wird nur noch 8 % des derzeitigen Sonnendurchmessers betragen. Sterne wie die Sonne erzeugen in nennenswertem Maße nur leichte Kerne.

Sterne, die mehr als dreimal höhere Massen haben als unsere Sonne, können nach dem Heliumbrennen ihre Temperatur und ihren Druck im Kern weiter steigern, so dass in ihnen in immer kürzeren Zeitabständen das Kohlenstoff-, das Neon-, das Sauerstoff- und schließlich das Siliziumbrennen einsetzt. Dabei werden Nuklide ungefähr bis zur Masse des Eisenisotops gebildet. Die Endtemperaturen im Kern dieser Sterne erreichen mehrere Milliarden Kelvin. In diesen Brennphasen werden die Nuklide im Kern vollständig in Eisen umgewandelt, das die finale Sternenasche ist. Der Stern gibt in dieser beschleunigten Fusionsaktivität ungeheure Mengen seiner Masse meist explosionsartig ab, was üblicherweise zu einer *Supernova* führt. Bleiben dem erloschenen Sternenkern noch mehr als 1,44 Sonnenmassen, kollabiert dieser zu einem Neutronenstern oder einem schwarzen Loch.

Schwerere Kerne als Eisen entstehen z. B. in Supernovae durch Einfang von Neutronen und anschließendem β-Zerfall. Dazu sind große Neutronenströme notwendig. Auch leichte Kerne wie Beryllium und Bor werden in der stellaren Fusion als Nukleosynthese ausgelassen. Sie entstehen indirekt durch Kernzertrümmerung, auch als *Spallation* bezeichnet, von schwereren Kernen mit schnellen Protonen oder Neutronen.

10.4 Strahlenexposition und Strahlenschutz

10.4.1 Messgrößen

Die schädliche Wirkung ionisierender Strahlung auf den Menschen ist allgemein bekannt. Da es keine Sinneswahrnehmung für eine Exposition gibt, ist die Strahlung z. B. durch radioaktive Isotope besonders tückisch und erfordert aufwendige Schutzmaßnahmen. Die Größen, mit denen die Gefährdung und die Strahlenbelastung objektiv messbar werden, haben zwar eine physikalische Grundlage, werden aber mit physiologischen Faktoren ergänzt.

Die Aktivität A einer radioaktiven Probe wurde schon eingeführt. Sie gibt die Zerfälle pro Sekunde an und wird in Bq = Becquerel = 1/s gemessen. Das Becquerel ersetzt die veraltete Einheit des Curie, das der Aktivität von 1 g ^{226}Ra entspricht. Weil Curie immer noch geläufig ist, geben wir hier den Umrechnungsfaktor an:

$$1 \text{ Curie} = 3{,}7 \cdot 10^{10} \text{ Bq}.$$

Die **Energiedosis** D ist die im gesamten Körper absorbierte Strahlungsenergie und hat die Einheit

$$[D] = \frac{\text{J}}{\text{kg}} = \text{Gray} = \text{Gy}.$$

Die veraltete Einheit ist das rd = rad = 0,01 Gy.

Die **Äquivalentdosis** H ist definiert als

$$H = D \cdot Q, \quad [H] = \frac{J}{kg} = \text{Sievert} = \text{Sv}$$

und entspricht der Energiedosis, die mit einem einheitenlosen, **physiologischen Qualitätsfaktor** Q multipliziert wird. Die veraltete Einheit ist das rem = 0,01 Sv.

Der Qualitätsfaktor berücksichtigt die Gefährlichkeit unterschiedlicher Strahlen, indem er sich an dem linearen Energietransfer pro Länge in einem Material orientiert. Er ist festgelegt durch die ungefähren Werte

$$Q = \begin{cases} 1 & \text{für } \beta\text{- und } \gamma\text{-Strahlung,} \\ 3 & \text{für thermische Neutronen,} \\ 10 & \text{für schnelle Neutronen und Protonen,} \\ 20 & \text{für } \alpha\text{-Strahlung, schwere Ionen, hochenergetische Neutronen.} \end{cases}$$

Es gibt noch Gewebewichtungsfaktoren für die menschlichen Organe und Gewebearten. Sie berücksichtigen die biologische Wirksamkeit der Strahlenarten, z. B. gelten Faktoren von 0,12 für Knochenmark und 0,01 für die Haut.

Beispiel

Ein Mensch mit einer Masse von 75 kg stehe in 3 m Entfernung von einer punktförmigen, isotropen Neutronenquelle entfernt, die 1-MeV-Neutronen mit $A = 10^{10}$ Bq aussendet. Die Querschnittsfläche des Menschen sei 0,5 m². Die isotrope Teilchenflussdichte ist dann

$$\frac{d^2 N}{dA\, dt} = \frac{10^{10}}{4\pi \cdot 9\, \text{m}^2\text{s}} = 8,8 \cdot 10^7\, \frac{1}{\text{m}^2\text{s}}.$$

Werden 10 % vom Körper absorbiert, ergibt sich eine Dosisleistung von

$$\frac{dD}{dt} = \frac{0,1 \cdot 8,8 \cdot 10^7\, \frac{1}{\text{m}^2\text{s}} \cdot 0,5\, \text{m}^2 \cdot 1,6 \cdot 10^{-13}\text{J}}{75\, \text{kg}} = 9,4 \cdot 10^{-9}\, \frac{J}{\text{kg s}},$$

was einer Äquivalentdosisleistung von

$$\frac{dH}{dt} = 10\frac{dD}{dt} = 9,4 \cdot 10^{-8}\, \frac{\text{Sv}}{\text{s}}$$

entspricht. In 10 min erhält die Person eine Gesamtdosis von 56 µSv.

10.4.2 Natürliche und zivilisatorische Strahlenexposition

Im Durchschnitt ist ein Mensch in Deutschland einer Strahlung von 4 mSv pro Jahr ausgesetzt. Je nach Wohnort, Lebens- und Ernährungsgewohnheiten kann dieser Wert zwischen 2 und 10 mSv schwanken. In Abb. 10.24 ist die Gesamtexposition in einzelne Anteile zerlegt. Zivilisatorische Strahlenquellen machen im Mittel 1,9 mSv pro Jahr aus, während natürliche Strahlung mit ungefähr 2,1 mSv pro Jahr beiträgt. Wir wollen die einzelnen Beiträge genauer betrachten.

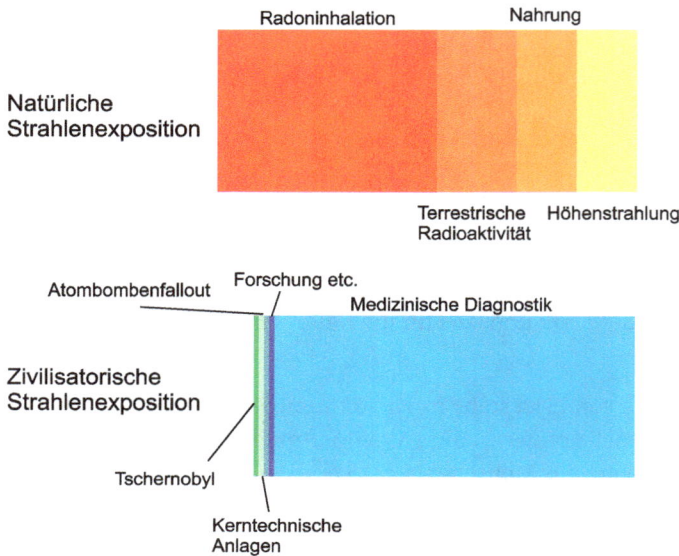

Abb. 10.24: Veranschaulichung der unterschiedlichen Strahlungsquellen in der durchschnittlichen Exposition in Deutschland. Die Breite der Balken entspricht dem Anteil an der Gesamtexposition.

Natürliche Radioaktivität

– Radoninhalation (1,1 mSv)
  Radon ist ein Zerfallsprodukt des Urans, das natürlich im Gestein vorkommt. Das radioaktive Edelgas steigt aus den Gesteinsschichten nach oben und reichert sich wegen seines hohen Atomgewichts in Stollen, aber auch in Kellerräumen oder tieferen Mulden an. Die Gefahr liegt im Einatmen des Gases. Das Hauptisotop ^{222}Rn ist ein α-Strahler und hat eine relativ kurze Halbwertszeit von 3 Tagen und 20 Stunden.
– Terrestrische Radioaktivität (0,4 mSv)
  Die radioaktiven Isotope des Thoriums und des Urans kommen in der Erdkruste und damit auch an der Oberfläche vor. Sie führen je nach Region zu einer direkten Strahlenexposition. Da die Reichweite der α-Strahlung meist nicht ausreicht und

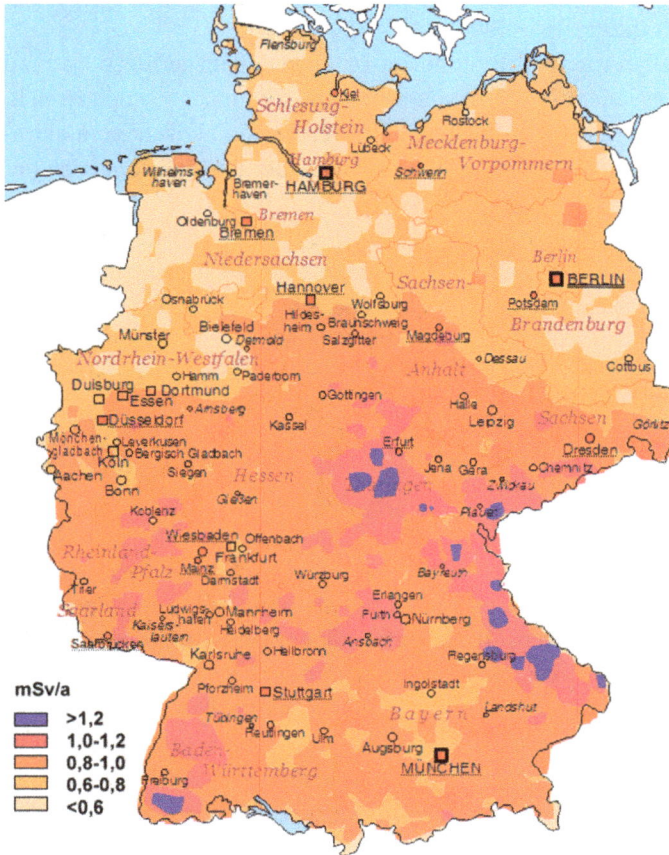

Abb. 10.25: Terrestrische Strahlenexposition in Deutschland.

diese daher abgeschirmt ist, spielt vor allem die γ-Strahlung entlang der Zerfalls-
kette eine nennenswerte Rolle. Vor allem in den Mittelgebirgen Schwarzwald und
Thüringer Wald ist die Strahlenbelastung hoch. Die Karte (Abb. 10.25) zeigt die
Verteilung der terrestrischen Strahlenexposition in Deutschland. In Norddeutsch-
land ist offensichtlich die Strahlenbelastung deutlich geringer.

– Nahrung (0,3 mSv)

Der wesentliche Anteil der Aufnahme von Radionukliden mit der Nahrung geht
vom natürlich vorkommenden ^{40}K-Nuklid aus, das mit einem Anteil von 117 ppm
unter den Kaliumisotopen auftritt. Die hohe Halbwertszeit des β-Strahlers von
mehr als 1 Mrd. Jahre sorgt aber für eine geringe Strahlung, die von jedem Menschen ausgeht. Dies führt auch zu der kuriosen Folge, dass gemeinsames Schlafen
mit einem Partner oder mit einer Partnerin im Doppelbett eine Strahlenexposition
von im Mittel 0,02 mSv pro Jahr nach sich zieht, was ungefähr zwei Röntgenauf-
nahmen beim Zahnarzt entspricht.

– Kosmische Höhenstrahlung (0,3 mSv)

Aus dem Kosmos treffen vor allem Protonen, α-Teilchen und im geringen Ausmaß Ionen auf die Erde. Geladene Teilchen von der Sonne sind nicht so energiereich, so dass sie vom Magnetfeld der Erde abgelenkt werden. Galaktische und extragalaktische Teilchenströme sind zwar sehr schwach, aber die Einzelenergien der Teilchen können gigantisch sein. Es sind Teilchen mit bis zu 10^{20} eV nachweisbar. Ein großer Teil der kosmischen Höhenstrahlung wird in der Atmosphäre absorbiert oder gestreut. Die Strahlenbelastung nimmt jedoch mit den Höhenmetern exponentiell zu. Der angegebene Dosiswert bezieht sich auf Meereshöhe. Auf den Gipfeln des Himalaya ist ein zwanzigfacher Wert möglich. Die kosmische Höhenstrahlung ist auch die wesentliche Strahlenbelastung auf der internationalen Raumstation.

Zivilisatorische Radioaktivität

– Medizinische Diagnostik (1,8 mSv)

Der überwiegende Teil der Strahlenexposition aus menschlicher Aktivität liegt in der medizinischen Röntgendiagnostik. Es bestehen große Unterschiede zwischen einzelnen Untersuchungen. Eine röntgentomografische Aufnahme des Körpers kann eine hohe Dosis von bis zu 25 mSv begleiten, während eine Röntgenaufnahme der Zähne nur um 0,01 mSv liegt. Ein kleiner Beitrag von 0,1 mSv kommt von der medizinischen Anwendung von Radionukliden. Der angegebene Wert in Abb. 10.24 ist daher über die Gesamtbevölkerung gemittelt.

– Historische Ereignisse und technische Einrichtungen (<0,05 mSv)

Die radioaktive Strahlung vom Fallout überirdischer Atombombenversuche, vom Reaktorunfall in Tschernobyl 1986, von Kernkraftwerken und anderen technischen Einrichtungen sind je im 10-μSv-Bereich und vernachlässigbar. Sie lassen sich jedoch mit den heutigen empfindlichen Messmethoden weiterhin nachweisen. So wird nach 35 Jahren wegen der Reaktorkatastrophe in Tschernobyl Wildschweinfleisch im Handel immer noch auf ^{137}Cs untersucht.

– Weitere Strahlenexposition

Ob man sich weiterer ionisierender Strahlung aussetzt, hängt auch von den Lebensgewohnheiten ab. Als Beispiel seien hier Flugreisen genannt, weil Flugzeuge in Höhen von bis zu 12 km fliegen und damit einer erhöhten Höhenstrahlung ausgesetzt sind. Als Dosisleistung für Flüge auf der Nordpolroute wird je nach Sonnenzyklus ein gemittelter Wert zwischen 0,006 und 0,01 mSv/h angegeben. Für einen elfstündigen Flug von Frankfurt nach San Francisco bedeutet dieses eine Exposition von bis zu 0,11 mSv.

Da schon kleinste Dosen ionisierender Strahlung das Erbgut in Zellen schädigen können, woraus mit einer gewissen Wahrscheinlichkeit gesundheitliche Schäden folgen, muss stets mit Vorsicht und Sachverstand mit Strahlungsquellen umgegangen werden. Hier gibt es klare und strenge gesetzliche Vorschriften. Hohe Dosen können auch die unmittelbare Strahlenkrankheit hervorrufen. Je nach Energiedosis werden schwere Krankheitssymptome beobachtet.

Beispiel: Der Fall Litwinenko

Im Jahr 2006 wurde Alexander Litwinenko in London Opfer eines Giftanschlags, bei dem er vermutlich oral eine kleine Menge ^{210}Po zu sich nahm. In weniger als drei Wochen verstarb er an der schweren Strahlenkrankheit. Das Poloniumisotop ist ein α-Strahler mit einer Halbwertszeit von 138 Tagen bei einer Aktivität von $2 \cdot 10^{14}$ Bq/g. Die biologische Halbwertszeit, innerhalb der die Hälfte des aufgenommenen Poloniums wieder ausgeschieden wird, liegt zwischen 30 und 50 Tagen. Die α-Teilchen haben eine Energie von 5,4 MeV.

Bereits eine sehr kleine Menge von 100 µg führt zu einer tödlichen Vergiftung, denn sie besitzt eine Aktivität von $2 \cdot 10^{10}$ Bq, die in einer Person mit 75 kg Körpergewicht innerhalb von sechs Stunden eine Energiedosis von 5 Gy oder eine Äquivalentdosis von 100 Sv erzeugt. Diese hohe Dosis wirkt ohne Latenzzeit direkt auf Herz und zentrales Nervensystem und führt zu einem unheilbaren Verlauf einer schweren Strahlenkrankheit mit Krämpfen, Haarausfall, Blutungen, Durchfall und schließlich kardiozirkulatorischem Schock.

Quellenangaben

[10.1] G. J. Neary, *The β-spectrum of radium E*, Proceedings of the Royal Society A, Vol. 175 (1940) S. 71ff.

[10.2] M. Alonso, E. J. Finn, *Fundamental University Physics, Band 3*, 4. Auflage (Addison-Wesley, Reading, 1983) S. 361.

Übungen

1. Welche Teilchen werden in Kernzerfällen mit α-Strahlung, mit β^--Strahlung, mit β^+-Strahlung und mit γ-Strahlung ausgesendet? Geben Sie an, in welches Isotop sich ein Kern $^A_Z X_N$ unter den genannten Zerfallsarten verwandelt.

2. Das Isotop $^3_1$H (Tritium) ist instabil und geht nach einem β^--Zerfall mit einer Halbwertszeit von 12,3 Jahren in einen stabilen Tochterkern über.
    - Geben Sie die Zerfallsgleichung an.
    - Die Masse des Tritiumkerns beträgt 3,0155 u. Berechnen Sie die totale Bindungsenergie des Kerns und die Bindungsenergie pro Nukleon.
    - In Tritiumgaslichtquellen wird der Zerfall mit Hilfe von Leuchtstoffen direkt in sichtbares Licht umgewandelt. Auf welchen Anteil ihres Anfangswerts ist die Helligkeit nach 20 Jahren abgefallen?

3. Das Isotop ^{210}Po (Polonium) ist ein natürlicher α-Strahler. Geben Sie die Zahl der Neutronen im Po-Kern und das Zerfallsprodukt an. Die Aktivität einer ^{210}Po-Probe nimmt innerhalb eines Tages **um** ungefähr 0,5 % der Anfangsaktivität ab. Wie groß ist die Halbwertszeit des Isotops?

4. Das Isotop $_{14}^{31}$Si (Silizium) ist instabil und geht nach einem β^--Zerfall mit einer Halbwertszeit von 3 h in ein stabiles Isotop über. Nennen Sie das stabile Isotop, in das sich $_{14}^{31}$Si umwandelt. Wie groß ist in einer reinen $_{14}^{31}$Si-Probe die Aktivität, und wie groß ist diese nach 10 h?

5. Eine Steinkohleneinheit (1 SKE) entspricht der Wärme, die beim Verbrennen von 1 kg Steinkohle umgesetzt wird. Sie entspricht einer Energie von 29,3 MJ. Wie viele SKE werden bei der Spaltung von 1 kg Uran frei?

6. Wie groß ist die Coulomb-Barriere für die Fusion zweier He-Kerne? Nehmen Sie als kritischen Abstand den He-Kerndurchmesser plus 1 fm.

7. Die Datierung archäologischer Funde von organischem Material geschieht mit der Radiokarbonmethode (*nukleare Chronometrie*). In lebenden Organismen gibt es nämlich einen natürlichen Anteil des seltenen ^{14}C-Isotops. Es zerfällt mit einer Halbwertszeit von 5 760 Jahren. Aufgrund des Stoffwechsels ist die Aktivität in Lebewesen zu ihren Lebzeiten mit ungefähr 260 Bq/kg relativ konstant. Bei Tod des Organismus geht die Aktivität nach dem Zerfallsgesetz zurück. Berechnen Sie das ungefähre Alter einer Probe mit einer Aktivität von 175 Bq/kg.

11 Elementarer Aufbau der Materie

Die Modellvorstellung, die aktuell die Beobachtungen und experimentellen Ergebnisse zum Aufbau und Ursprung der Materie bestmöglich beschreibt, wird **Standardmodell** genannt. In diesem Kapitel geben wir eine kurze Übersicht darüber, insbesondere über die elementaren Teilchen, die die Materie zusammensetzen, und über die Grundkräfte sowie ihrer Austauschteilchen. Umwandlungen von zusammengesetzten Teilchen und Reaktionen zwischen ihnen erfüllen Erhaltungssätze, die ebenfalls kurz vorgestellt werden. Trotzdem bleiben eine Reihe von fundamentalen Fragen unbeantwortet, die z. B. durch Beobachtung kosmischer Prozesse aufgeworfen werden.

11.1 Bausteine der Materie

11.1.1 Quarks und Leptonen

Elementarteilchen sind dadurch charakterisiert, dass sie punktförmig sind und es keine Hinweise, z. B. aus Streuexperimenten, auf eine innere Struktur gibt. Sie können instabil sein und in andere Elementarteilchen zerfallen. Es wird zwischen den **Quarks** und den **Leptonen** unterschieden, die alle eine Spinquantenzahl von 1/2 haben und daher Fermionen sind.

Quarks sind massereich, aber existieren nicht als isolierte Teilchen. Sie setzen die schweren Kernteilchen zusammen, die als **Hadronen** bezeichnet werden. Der Name Quark geht übrigens auf den Physiker Murray Gell-Mann (1929–2019) zurück, der es aus James Joyce *Finnegans Wake* entnimmt, wo es heißt *Three quarks for Muster Mark!*. Der Begriff hat trotz hartnäckiger Gerüchte nichts mit dem deutschen Wort Quark zu tun, sondern beschreibt lautmalerisch das krächzende Quaken von Vögeln.

Weil Quarks nur zusammengesetzt existieren und sehr stark untereinander gebunden sind, kann man zwischen (Ruhe-)Masse und Energie nicht sinnvoll unterscheiden. Aus gleichem Grunde ist die *nackte* Masse eines einzelnen Quarks nicht gut definiert. Vielmehr beruht die Masse des zusammengesetzten Teilchens, z. B. des Protons, im Wesentlichen auf der starken Kraft zwischen den Quarks.

Unterteilt in drei Generationen gibt es sechs Quarkteilchen plus ihre Entsprechungen als Antiteilchen, auf die wir im nächsten Abschnitt noch näher eingehen. Tabelle 11.1 listet die grundlegenden Eigenschaften der Quarks auf. Quarks haben gebrochene elektrische Ladungen, die aber wiederum nur zusammengesetzt zu ganzen Elementarladungen beobachtet werden. Neben den elektrischen Ladungen gibt es sogenannte *Farbladungen*, die die Quellen der starken Kraft zwischen den Quarks darstellen.

Die zweite Sorte von Materieteilchen sind die Leptonen, deren Massen sehr viel kleiner sind als die der Quarks und die sehr viel schwächer wechselwirken. In Tabelle 11.2 sind die Kenndaten der elementaren Leptonen aufgeführt und wiederum

https://doi.org/10.1515/9783110468977-011

Tab. 11.1: Quarks und ihre Eigenschaften.

Generation	Name	Zeichen	Elektr. Ladung [e_0]	,Nackte' Masse [u]
1	up	u	$+\frac{2}{3}$	$2{,}3 \cdot 10^{-3}$
	down	d	$-\frac{1}{3}$	$5 \cdot 10^{-3}$
2	charm	c	$+\frac{2}{3}$	1,4
	strange	s	$-\frac{1}{3}$	0,1
3	top	t	$+\frac{2}{3}$	185
	bottom	b	$-\frac{1}{3}$	4,5

Tab. 11.2: Leptonen und ihre Eigenschaften.

Generation	Name	Zeichen	Elektr. Ladung [e_0]	Masse [m_e]
1	Elektron	e	−1	1
	Elektron-Neutrino	ν_e	0	$\leq 2 \cdot 10^{-6}$
2	Myon	μ	−1	207
	Myon-Neutrino	ν_μ	0	$\leq 3{,}4 \cdot 10^{-6}$
3	Tauon	τ	−1	3 478
	Tau-Neutrino	ν_τ	0	$\leq 36{,}4 \cdot 10^{-6}$

in drei Generationen unterteilt. Neutrinos sind extrem massearm und bewegen sich daher mit nahezu Lichtgeschwindigkeit. Sie wechselwirken nur äußerst schwach mit anderer Materie und sind daher nur mit größtem Aufwand nachzuweisen, obwohl die Sonne eine intensive Neutrinoquelle ist.

Die geladenen Leptonen der zweiten und dritten Generation, das **Myon** und das **Tauon**, sind instabil und zerfallen unter Abgabe großer Energiemengen, die dem Verlust der Masse entsprechen. Das freie Myon zerfällt in ein Elektron, ein Elektron-Anti-Neutrino und ein Myon-Neutrino,

$$\mu \rightarrow e^- + \bar{\nu}_e + \nu_\mu.$$

Seine Halbwertszeit beträgt ungefähr 1,5 μs. Für das Tauon gibt es eine Vielzahl von Zerfallsreaktionen, die wegen der hohen Tauonmasse auch schwere Teilchen erzeugen können. Die Halbwertszeit beträgt nur circa 200 fs.

Die uns umgebene Materie setzt sich aus Atomen zusammen, die nur aus Elementarteilchen der ersten Generation bestehen. Teilchen, die aus Bausteinen der höheren Generationen aufgebaut sind, zerfallen schnell und existieren daher nicht in herkömmlicher Materie. Wir werden uns daher im Wesentlichen mit den Up- und Down-Quarks sowie den Elektronen und Elektronen-Neutrinos beschäftigen.

11.1.2 Anti-Materie

Es ist noch immer ein ungelöstes Rätsel, warum es in äußerst geringen Mengen Anti-Teilchen zu jedem Quark und Lepton gibt. Anti-Teilchen werden mit dem Teilchensymbol mit Überstrich geschrieben. Das Anti-up-Quark wird z. B. mit ū symbolisiert. Das Anti-Elektron macht hier eine Ausnahme, weil es wegen des β-Zerfalls sehr präsent ist. Man nennt es **Positron**, und es gibt neben ē auch das Symbol e^+.

Anti-Teilchen besitzen die gleiche Masse wie ihre Entsprechungen, jedoch entgegengesetzte elektrische Ladungen. Der Name geht darauf zurück, dass Materie und Anti-Materie nicht koexistieren können. Trifft ein Teilchen auf sein Anti-Teilchen, werden beide vernichtet (*annihiliert*), und die gesamte Ruhemasse wird in γ-Photonen umgewandelt. In Abb. 11.1 ist schematisch die Annihilation von Elektron und Positron in zwei Photonen gezeichnet unter der Voraussetzung, dass die Relativgeschwindigkeit der beiden elementaren Teilchen klein ist und nur die Ruheenergie umgesetzt wird. Das Positron mit der Masse eines Elektrons trägt eine positive Elementarladung. Der Prozess

$$e^- + e^+ \rightarrow 2\gamma$$

erzeugt zwei sich in entgegengesetzte Richtung ausbreitende, verschränkte Photonen der Energie von je

$$hf = m_e c_0^2 \approx 511\,\text{keV}.$$

Die Erhaltung des Gesamtimpulses erfordert zwei Photonen in dieser Ausbreitungsgeometrie. Durch koinzidente, d. h. gleichzeitige Detektion der Photonen, in zwei sich gegenüberstehenden Detektoren lässt sich die Vernichtung des Elektron-Positron-Paars nachweisen. Haben Elektron und Positron hohe kinetische Energien, kön-

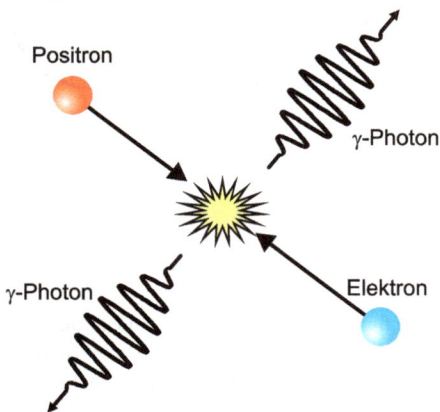

Abb. 11.1: Schematische Darstellung der Annihilation von Elektron und Positron unter Erzeugung zweier Photonen mit einer Energie von je 511 keV.

nen weitere auch schwere Teilchen entstehen. Hochenergetische Elektron-Positron-Kollisionen erzeugen in Speicherringen neue, kurzlebige Teilchen.

ℹ Beispiel: Positronen-Emissions-Tomografie (PET)

In der nuklearmedizinischen Diagnostik werden Radiopharmaka eingesetzt. Das sind Medikamente oder physiologisch wichtige Substanzen mit kurzlebigen, radioaktiven Atomen. Sie reichern sich in bestimmten Organen oder Tumoren mit erhöhtem Stoffwechsel an, wo sie zerfallen und dann die ausgesendete γ-Strahlung detektiert wird. In der PET wird ein β^+-Strahler verwendet, der Positronen im Körper entstehen lässt, die sofort mit den umgebenen Elektronen Annihilationsstrahlung erzeugen. Durch zeitgenaue Messung beider Photonen kann der Aussendeort und damit die Verteilung des Radionuklids im Körper sehr genau bestimmt werden. Heute werden sogenannte *Radiotracer* eingesetzt, die oft mit dem ^{18}F-Radionuklid versehene Substanzen sind, z. B. Glukosen. Die PET ist eine wichtige und sehr empfindliche Methode zur tomografischen Diagnose von Krebstumoren und -metastasen.

11.1.3 Hadronen

Aus Quarks zusammengesetzte Teilchen werden als *Hadronen* bezeichnet. Ihre Farbladung muss immer weiß sein. Wie in Abb. 11.2(a) schematisch gezeigt, kann deshalb ein Hadron nur aus drei Quarks mit den Farbladungen rot, blau und grün zusammengesetzt sein oder aus einem Quark-Anti-Quark-Paar bestehen, weil Farbe und ihre

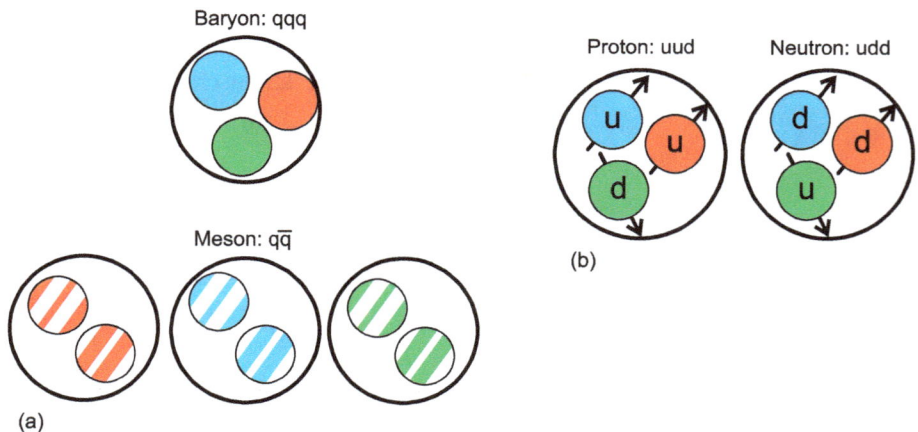

Abb. 11.2: (a) Visualisierung von möglichen Mesonen und Baryonen als Zusammenschluss von Quarks. Die Gesamtfarbe muss Weiß ergeben, entweder durch die drei Grundfarben in den Quarks oder durch Farbe und Anti-Farbe. (b) Die fundamentalen Baryonen sind Proton und Neutron. Sie haben drei Valenzquarks bestehend aus Up- und Down-Quarks, was hier veranschaulicht ist.

Anti-Farbe auch Weiß ergeben. In Abb. 11.2(a) sind Farbe und Anti-Farbe in Streifen visualisiert. Entsprechend unterscheidet man zwischen zwei Sorten von Hadronen:

- **Baryonen, qqq**

  Das Proton und das Neutron sind die wichtigsten Baryonen. Wie in Abb. 11.2(b) skizziert, ergeben zwei Up- und ein Down-Quark ein Proton sowie ein Up- und zwei Down-Quarks ein Neutron. Dabei sind die Spins der beiden doppelt auftretenden Quarks parallel und antiparallel zum dritten Quark. Der Gesamtspin von Proton und Neutron ist daher $1/2\hbar$. Die Farbladungen ergänzen sich zu weiß und die elektrischen Ladungen zu ein e_0 bzw. null.

$$\text{Proton } p = u^\uparrow u^\uparrow d^\downarrow, \quad \text{Neutron } n = u^\downarrow d^\uparrow d^\uparrow.$$

  Durch Einbeziehen der Quarks höherer Generationen und anderer Spinkombinationen lassen sich weitere Baryonen mit größeren Massen bilden, die auch in Hochenergieexperimenten nachgewiesen werden können, aber sehr kurzlebig sind. Sie sind gleichsam angeregte Zustände mit Proton bzw. Neutron als Grundzustands-Baryonen.

  Legt man die in Tabelle 11.1 genannten nackten Massen des Up- bzw. Down-Quarks zugrunde, müsste z. B. das Proton eine Masse von weniger als $1{,}3 \cdot 10^{-2}$ u besitzen, wenn man die Bindungsenergien von der Massensumme der Quarks abzieht. Es fehlen also 99 % der Nukleonenmasse. Tatsächlich haben Up- und Down-Quarks im Baryon sehr viel höhere Massen, weil sich durch die starke Anziehung weitere, sogenannte virtuelle kurzlebige Quark-Anti-Quark-Paare generieren. Aus diesem Grund werden die drei konstituierenden Quarks im Proton und Neutron auch *Valenzquarks* genannt und stehen in Abgrenzung zu den dynamischen *Seequarks*. Wir werden darauf in Kapitel 11.2 nochmal eingehen.

- **Mesonen, q$\bar{\text{q}}$**

  Mesonen bestehen aus einem Quark und einem Anti-Quark. Ihre Farben müssen sich zu Weiß summieren, also aus Farbe und ihrer Anti-Farbe bestehen. Es gibt eine Reihe von möglichen Paaren, die alle kurzlebig, aber für das Verständnis der Wechselwirkungen wichtig sind. Wir wollen hier nur die **Pionen** als leichteste Mesonen vorstellen. Die Spins der beiden Quarks sind entgegengesetzt und addieren sich zu null. Es gibt drei Pionentypen,

$$\pi^+ = u\bar{d}, \quad \pi^- = \bar{u}d, \quad \pi^0 = \frac{1}{\sqrt{2}}(u\bar{u} - d\bar{d}).$$

Das negativ geladene Pion ist das Anti-Teilchen von π^+. Die geladenen Pionen sind reine Quark-Anti-Quark-Paare mit einer Masse von ungefähr 0,15 u. Ihre für Mesonen relativ lange Halbwertszeit liegt bei 18 ns. Der dominierende Zerfallskanal des π^- erzeugt ein Myon und ein Anti-Neutrino, das π^+ die entsprechenden Anti-Teilchen. Das neutrale Pion mit einer Masse von 0,14 u stellt einen quantenmechanischen Zustand als Linearkombination dar, wie wir ihn auch schon früher im Singulettzustand der beiden Heliumelektronen kennengelernt haben. Durch die gleichnamigen Quarks als Teilchen und Anti-Teilchen ziehen sich beide Teilchen elektrisch an. Dadurch zerfällt das π^0 mit einer Halbwertszeit von weniger als $6 \cdot 10^{-17}$ s in der Regel durch Emission von Annihilationsstrahlung in zwei γ-Photonen.

11.2 Kräfte und Felder

11.2.1 Grundkräfte

Zwei Grundkräfte haben wir in den ersten beiden Bänden der Reihe schon kennengelernt: die anziehende Gravitationskraft zwischen Massen und die anziehende oder abstoßende elektrische (Coulomb-)Kraft zwischen elektrischen Ladungen. Andere Kräfte können aus den Grundkräften abgeleitet werden, wie z. B. die magnetische Kraft, die aus der relativistischen Beschreibung der elektrischen Kraft folgt. Eine Grundkraft wirkt durch ein *Feld*, das seinerseits physikalische Eigenschaften wie z. B. eine Energiedichte aufweist und dessen Stärke durch eine Feldstärke oder durch ein Potenzial gegeben ist. Das Potenzial stellt ein skalares Feld dar. Durch Gradientenbildung entsteht das vektorielle Kraftfeld, wie wir es für das elektrische Feld und das Gravitationsfeld kennen.

Sowohl das Gravitationsfeld als auch das elektrische Feld haben Quellen, nämlich Massen bzw. Ladungen. Die Felder existieren also nur, wenn der gesamte Raum nicht quellenfrei ist. Die Anregungen der Felder fassen wir als Schwingungen auf, deren kleinste Energieportionen im Modell des quantenmechanischen harmonischen Oszillators beschrieben werden können. Dieses geschieht im Prinzip in den Quantenfeldtheorien. Die Energiequanten entsprechen (Quasi-)Teilchen wie z. B. die Photonen als elementare Energiequanten des elektromagnetischen oder einfach des elektrischen Felds. Sie vermitteln also die Kraftwirkung bzw. werden zwischen zwei wechselwirkenden Teilchen ausgetauscht. Daher spricht man auch von **Austauschteilchen** der Grundkraftfelder. Anders als die fermionischen, materiellen Elementarteilchen sind die Austauschteilchen *Bosonen* mit ganzzahligem Spin. In Tabelle 11.3 sind für die vier Grundkräfte die Austauschteilchen und ihre grundlegenden Eigenschaften aufgeführt.

Tab. 11.3: Bosonische Austauschteilchen der Grundkräfte.

Grundkraft	Koppelt an	Austauschteilchen	Anzahl	Ruhemasse [u]
Elektrisch	elektrische Ladung	Photon γ	1	0
Stark	Farbladung	Gluonen $g_{ff'}$	8	0
Schwach	schwache Ladung	Vektorbosonen Z^0, $W^\pm$	3	98 (Z^0), 86 (W)
Gravitation	Masse	Graviton?	?	?

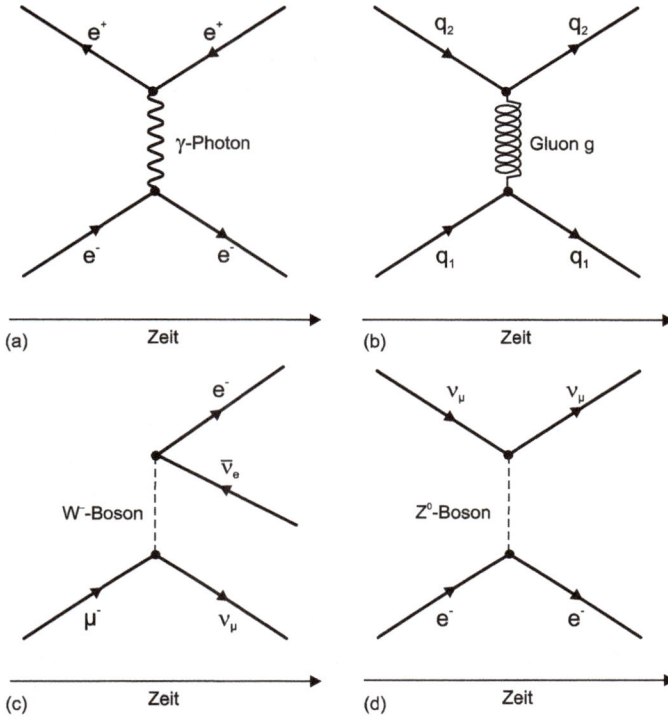

Abb. 11.3: (a) Feynman-Diagramm zur elektrischen Wechselwirkung zwischen Elektron und Positron durch Austausch eines Photons. (b) Gluonenaustausch zwischen Quarks. (c) Zerfall eines Myons durch Austausch eines W^--Bosons. (d) Streuung zwischen Myon-Neutrino und Elektron durch Austausch eines Z^0-Bosons.

Die Wechselwirkung als auch die Prozesse zwischen den Elementarteilchen können in sogenannten **Feynman-Diagrammen** schematisch dargestellt werden. Der amerikanische Physiker Richard P. Feynman (1918–1988) erfand diese diagrammatische Darstellung von in Wahrheit komplizierten Rechnungen zur mathematischen Beschreibung der Streuprozesse. Sein Kollege Gell-Mann vermutete, dass Feynman diese Bilder erschuf, um die Illusion eines Verständnisses der quantenfeldtheoretischen Vorgänge zu schaffen.

In Abb. 11.3(a) ist die elektrische Anziehung zwischen einem Elektron und einem Positron durch Austausch eines γ-Photons als beispielhaftes Feynman-Diagramm gezeichnet. Es ist nicht die Vernichtung des Paars, sondern nur die elektrische Wechselwirkung gezeigt, wie sie in einem Streuvorgang oder im Positronium vorkommt. Im Diagramm gibt es eine Zeitachse. Materieteilchen folgen hier schematischen Lebenslinien in positiver Zeitrichtung, während Anti-Teilchen in entgegengesetzter Richtung laufen. An den schwarzen Wechselwirkungspunkten findet der Photonenaustausch statt. Die Austauschteilchen werden auch als **virtuelle Teilchen** bezeichnet, weil sie sich nicht frei im Raum ausbreiten, sondern nur kurz emittiert und wieder absorbiert werden. Beim Austausch wird eigentlich der Energiesatz verletzt, weil das Photon selbst Energie besitzt, aber die Gesamtenergie von Positron und Elektron konstant ist. Das Photon kann also nur in einem Zeit- und Energieintervall existieren, das durch die Energie-Zeit-Unschärfe

$$\Delta(hf) \cdot \Delta t \geq \hbar$$

definiert ist. Teilchen, die den Energiesatz innerhalb der Unschärfe verletzen, werden daher virtuell genannt.

Die Abstandsabhängigkeit des elektrischen Potenzials lässt sich in diesem Bild auch erklären. Wenn der Abstand zwischen Elektron und Positron gleich r ist, erfordert der Austausch des virtuellen Photons die Zeit $\Delta t = r/c_0$, weil sich die masselosen Photonen mit Lichtgeschwindigkeit bewegen. Aus der Unschärferelation folgt dann eine maximale Energie des Photons von

$$\Delta(hf) = \frac{\hbar c_0}{r} \propto \frac{1}{r}, \tag{11.1}$$

die wie die potenzielle Energie des elektrischen Felds mit dem Kehrwert des Abstands geht. Virtuelle Austauschteilchen, die keine Ruhemasse besitzen, wirken mit Lichtgeschwindigkeit und erzeugen ein Potenzial, das mit 1/Abstand geht. Der Vorfaktor $\hbar c_0$ in (11.1) ist aber viel zu groß für die elektrische Wechselwirkung, wie im Folgenden noch ausgeführt wird. Er stellt eher eine obere Grenze dar.

In Abb. 11.3 sind die symbolischen Linien der verschiedenen virtuellen Austauschteilchen in Feynman-Diagrammen gezeigt. Gluonen vermitteln die Anziehung zwischen zwei Quarks, wie in Abb. 11.3(b) gezeigt. Die Z- und W-Bosonen werden zwischen schwachen Ladungen ausgetauscht. Der durch das W^--Boson vermittelte Zerfall eines Myons in ein Elektron, ein Myon-Neutrino und ein Elektron-Anti-Neutrino ist in Abb. 11.3(c) beispielhaft dargestellt, ebenso die Streuung zwischen Myon-Neutrino und Elektron durch Z^0 in Abb. 11.3(d). Bevor wir auf weitere Streuprozesse eingehen, werden wir auf die Eigenschaften der Grundkräfte eingehen.

1. **Elektrische Grundkraft**

   Die elektrische Feldkraft zwischen elektrischen Ladungen beruht auf dem Austausch von virtuellen Photonen. Die Quantenelektrodynamik (QED) beschreibt dies exakt theoretisch. Das Photon hat keine Ruhemasse und bewegt sich deshalb mit Lichtgeschwindigkeit. Die Reichweite ist unbegrenzt, allerdings fällt die potenzielle Feldenergie E_{pot} mit dem Abstand r von der Quelle mit $1/r$ ab. Das Feldlinienbild eines typischen Dipolkraftfelds zwischen zwei ungleichnamigen Ladungen ist in Abb. 11.4(a) als Schnitt durch eine Ebene gezeichnet.

2. **Starke Farbkraft**

   Die Farbkraft ist extrem stark und wirkt anziehend zwischen Quarks. Die virtuellen Austauschteilchen werden als **Gluonen** bezeichnet und koppeln an die

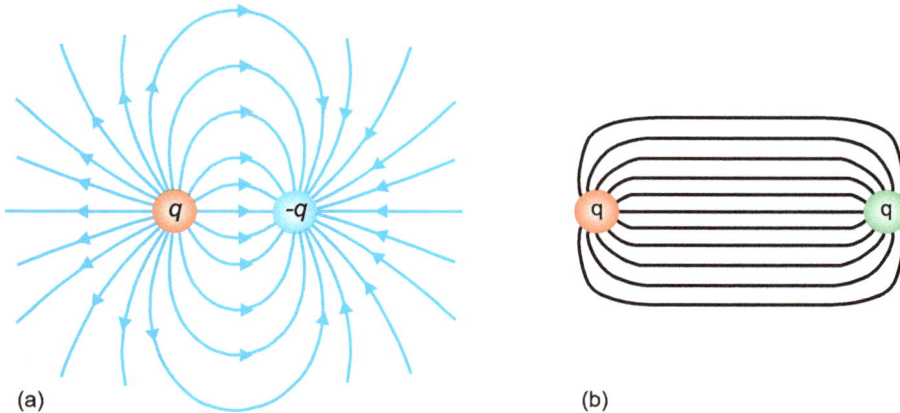

(a)

(b)

Abb. 11.4: (a) Kraftlinien zwischen zwei elektrischen Ladungen. (b) Kraftfeldlinien des Fernfelds zwischen zwei Quarks.

Farbladungen der Quarks, deren Farben (bzw. Anti-Farben der Anti-Quarks) rot, grün oder blau sein können. Die Gluonen selber tragen gleichzeitig Farbe und Anti-Farbe mit sich. Es gibt nach der gültigen Theorie der Quantenchromodynamik (QCD) je nach Farb-Paar-Kombination acht verschiedene Gluonsorten. Das bedeutet, dass die starke Kraft auch auf die Gluonen und zwischen ihnen wirkt. Das ist grundsätzlich anders als beim Photon, das ja selbst keine elektrische Ladung trägt.

Wie im Falle der Photonen besitzen aber die Gluonen keine Ruhemasse und bewegen sich auch mit Lichtgeschwindigkeit. Ihre Reichweite ist eigentlich unendlich, aber es gibt im Kraftfeldlinienbild einen entscheidenden Unterschied zur elektrischen Kraft. Die Abhängigkeit der potenziellen Energie zwischen zwei Quarks vom Abstand r enthält zwei Anteile

$$E_{\text{pot}} = -\frac{C_1}{r} + C_2 r$$

mit Konstanten C_1, C_2. Der erste Anteil dominiert bei kleinen Abständen und hat die gleiche Form wie die Coulomb-Energie. Der zweite Term dagegen sorgt dafür, dass mit zunehmendem Abstand die potenzielle Energie immer weiter wächst, weil die Kraft zwischen den Quarks konstant und abstandsunabhängig wird. Das entsprechende Feldlinienbild ist in Abb. 11.4(b) skizziert.

Die konstante Fernfeldkraft liefert auch den Grund, warum sich gebundene Quarks nicht in zwei isolierte Teilchen trennen lassen. Mit zunehmendem Abstand wird die potenzielle Energie so groß, dass neue Quark-Anti-Quark-Paare/Mesonen entstehen können, die die aufgebaute potenzielle Energie in Form von Masse übernehmen. Dieses geschieht schon auf der Subfemtometerskala und ist in Abb. 11.5 schematisch dargestellt. In Mesonen und Baryonen bleiben die Quarks

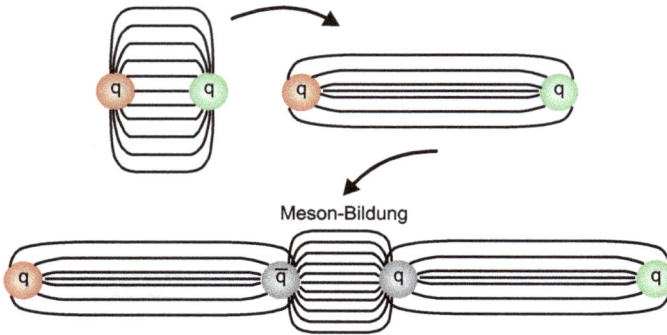

Abb. 11.5: Das Confinement der Quarks kommt dadurch zustande, dass ein Auseinanderziehen die potenzielle Energie so vergrößert, dass neue Quark-Anti-Quark-Paare entstehen.

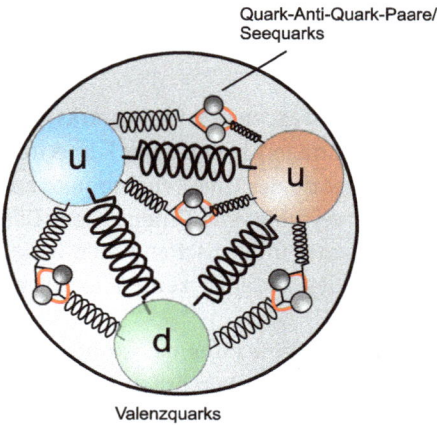

Abb. 11.6: Stark vereinfachende Veranschaulichung des dynamischen Geschehens innerhalb eines Protons. Neben den drei Valenzquarks, uud, gibt es viele Seequarks und Gluonen, die ineinander übergehen.

also auf engem Raum zusammen. Sie sind gleichsam eingesperrt, weshalb man auch von **Confinement** spricht.

In Protonen und Neutronen liegt also nicht eine statische Verteilung der drei Quarks vor. Vielmehr verwandeln sich Gluonen immer wieder in mesonische Quarkpaare, den sogenannten Seequarks, und umgekehrt Quarks in Gluonen, wie in Abb. 11.6 skizziert. Das Confinement ist dynamischer Natur und führt zu einer deutlich höheren Masse, als die nackten Massen der Quarks in Tabelle 11.1 vermuten lassen. Die drei Quarks, die das Nukleon ausmachen, werden als Valenzquarks bezeichnet.

3. **Schwache Kraft**

Diese Kraft bestimmt Prozesse zwischen unterschiedlichen Elementarteilchen. Ein wichtiges Beispiel ist der β-Zerfall z. B. eines Neutrons in ein Proton, Elektron und ein Anti-Neutrino. Hier entstehen zwei entgegengesetzte Ladungen bei Hadron und Lepton. Die Gesamtladung bleibt natürlich erhalten, aber das

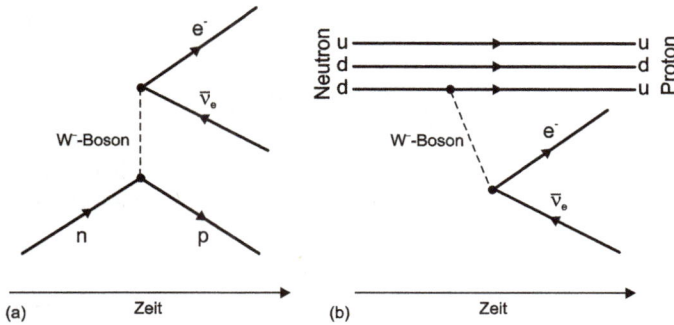

Abb. 11.7: Neutronenzerfall in Feynman-Diagrammen. (a) Einfaches Diagramm mit n und p. (b) Diagramm mit Quarklebenslinien.

Austauschteilchen selbst muss Ladung tragen. Es ist das W⁻-Boson, das diesen schwachen Ladungsstrom vermittelt. Abbildung 11.7(a) gibt das Feynman-Diagramm des Neutronenzerfalls in einfacher Form wieder. In Abb. 11.7(b) sind auch die einzelnen Quarks im Diagramm aufgelöst.

Auch rein leptonische Prozesse wie der Tauonzerfall oder rein quarkonische Prozesse werden durch die schwache Wechselwirkung vermittelt. Neben den Ladungsströmen der W-Bosonen existiert auch ein neutraler Strom der Z-Bosonen. Die virtuellen Austauschteilchen sind mit Lebensdauern im 10^{-25}-s-Bereich extrem kurzlebig, was direkt aus der Energie-Zeit-Unschärfe folgt. Die Energieunschärfe kann nicht beliebig klein werden, sondern hat eine untere Grenze mc_0^2, die durch die Ruhemasse bestimmt wird. Setzen wir die hohe Masse der W- und Z-Bosonen ein, ergeben sich die extrem kurzen Lebensdauern und damit die extrem kurzen Reichweiten. Die Masse der Austauschteilchen ist also der Grund, warum die Wechselwirkung irreführenderweise schwach genannt wird. Die schwache Kraft ist relativ stark, aber wegen der Masse der Bosonen sehr kurzreichweitig. Ihre Wirkung fällt innerhalb von Subfemtometer fast vollständig ab. Heute lassen sich die schwache und die elektrische Wechselwirkung in einer Theorie beschreiben, also vereinheitlichen. Das Problem mit den Massen löst das Higgs-Feld, auf das in Kapitel 11.2.4 eingegangen wird.

4. **Gravitation**

Die Gravitation ist eine sehr schwache Kraft mit der bekannten $1/r$-Abstandsabhängigkeit des Potenzials wie bei der elektrischen Wechselwirkung. Gravitationswellen können durch große und aufwendige Interferometrie-Experimente nach kosmischen Ereignissen detektiert werden. Das Energiequant des Gravitationsfelds wird als **Graviton** bezeichnet und trägt aber eine derart kleine Energie, das der direkte experimentelle Nachweis aussichtslos erscheint. Aus diesen Gründen ist die Grundkraft der Gravitation nicht Gegenstand des Standardmodells.

11.2.2 Stärke und Reichweite

Um die Stärke der vier Kräfte zu vergleichen, ist ein Vergleichskriterium erforderlich, denn die Kräfte hängen ja auch von den einzelnen Ladungen ab. Bei den uns vertrauten Kräften der elektrischen Wechselwirkung und der Gravitation fällt es leicht, weil Elementarteilchen wie z. B. Elektronen beide Kräfte erfahren. Die beiden Zentralkräfte haben die gleiche Abstandsabhängigkeit

$$F = \frac{K}{r^2},$$ (11.2)

wobei für die Konstante bei Elektronen

$$K = \begin{cases} \frac{e_0^2}{4\pi\epsilon_0} & \text{bei Coulomb-Kraft} \\ Gm_e^2 & \text{bei Gravitationskraft} \end{cases}$$ (11.3)

gilt. Man rechnet leicht nach, dass die elektrische Kraft in gleicher Entfernung 42 Größenordnungen stärker ist als die Gravitation. Es besteht also kein Zweifel, dass die Gravitation eine auf elementarer Ebene extrem schwache Kraft ist. Das Diagramm in Abb. 11.8 verdeutlicht diesen Sachverhalt noch einmal. Kraft und Abstand sind doppelt-logarithmisch gegeneinander aufgetragen. Die blaue und die schwarze Linie zeigen die Abstandsabhängigkeit von elektrischer Kraft bzw. Gravitationskraft im Bereich von Sub-fm bis 100 fm.

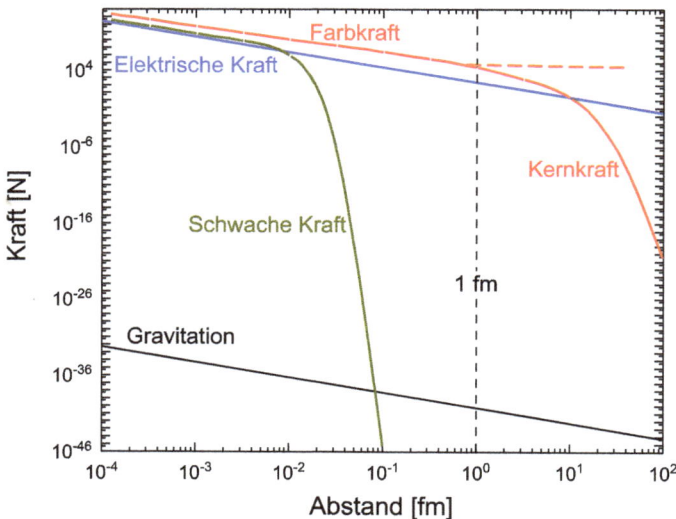

Abb. 11.8: Reichweite der Grundkräfte. Die schwache Kraft ist extrem kurzreichweitig. Die Restkraft der Farbkraft ist die Kernkraft zwischen Nukleonen.

Um die Farbkraft zwischen Quarks und die schwache Kraft dagegen abzuschätzen, vergleichen wir die Konstante K mit der Größe $\hbar c_0$, die gleichsam eine maximale Stärke darstellt. Kräfte in dieser Größenordnung werden als stark bezeichnet, während Kräfte mit Konstanten kleiner als diese Grenze als eher schwach angesehen werden. Starke Kräfte sind relativistisch und quantentheoretisch zu beschreiben. Man findet für die elektrische Kraft, dass

$$K_{\mathrm{el}} = F_{\mathrm{el}} r^2 = \alpha \hbar c_0 \approx \frac{1}{137} \hbar c_0, \tag{11.4}$$

mit α als der Sommerfeld-Feinstrukturkonstanten. Die elektrische Kraft ist also eher schwach. Sie lässt sich daher noch klassisch beschreiben, wie wir es im zweiten Band der Reihe getan haben. Dagegen findet man für die starke Farbkraft im Sub-fm- und fm-Bereich

$$K_{\mathrm{stark}} \approx (0{,}3 - 1) \hbar c_0, \tag{11.5}$$

was das Attribut *stark* begründet. Dabei gilt der größere Wert bei größeren Abständen. Oberhalb von 1 fm greift dann aber das Confinement, und eine langreichweitige Wirkung der Kraft ist nicht möglich. In Abb. 11.8 fällt daher die starke Kraft (Rot) schnell und stark ab. Der erwartete konstante Kraftbereich ist gestrichelt gezeichnet, weil er nicht physikalisch ist. Im folgenden Abschnitt werden wir die abfallende Farbkraft als die Kernkraft zwischen den Nukleonen identifizieren.

Die schwache Kraft ist auf sehr kurzen Abständen von < 1/100 fm stärker als die elektrische Kraft. Man findet Werte von $K_{\mathrm{schwach}} \approx 0{,}01 \hbar c_0$. Wie durch die dunkelgelbe Linie in Abb. 11.8 gezeigt, wirkt die schwache Kraft bei mehr als einem zehntel eines Femtometers (> 1/10 fm), also eines Protondurchmessers nicht mehr.

11.2.3 Kernkraft zwischen Nukleonen

Quarks in Hadronen wie dem Proton oder Neutron sind gefangen, und es bildet sich ein dynamisches Quark-Gluon-Gemisch, wie in Abb. 11.6 veranschaulicht. Es stellt sich also die Frage, wie die starke Kernkraft zustande kommt, die die Anziehung zwischen den Nukleonen vermittelt. Wie Abb. 11.8 verdeutlicht, fällt die Farbkraft über Distanzen eines Proton-/Neutrondurchmessers ab. Es ist diese Restkraft, die eine Bindung vermittelt. Sie ist im fm-Bereich stärker als die elektrische Abstoßung. Die Natur dieses Restes der starken Kraft lässt sich durch den Austausch eines Quark-Anti-Quark-Paars, also eines Pions beschreiben, wie in Abb. 11.9(a) als Feynman-Diagramm und in Abb. 11.9(b) als symbolische Verbindung gezeichnet. Pionen entsprechen also den Austauschteilchen der Kernkraft und wurden schon in den 1930er Jahren von Hideki Yukawa (1907–1981) vorhergesagt. Yukawa leitete bereits ein Zentralpotenzial

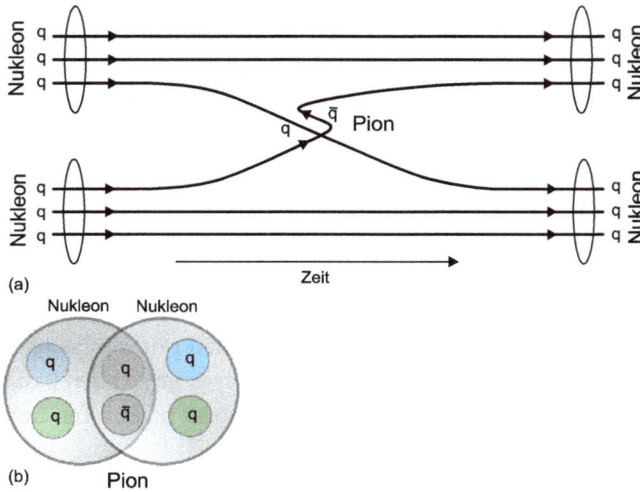

(a)

(b)

Abb. 11.9: Veranschaulichung der Kernkraft zwischen Nukleonen. (a) Pionenaustausch im Feynman-Diagramm. (b) Im vereinfachenden Bild einer Bindung zwischen Nukleonen.

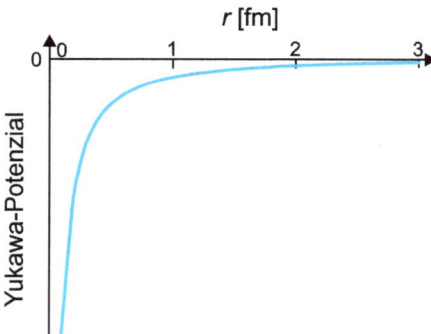

Abb. 11.10: Verlauf des Yukawa-Potenzials, das die Abstandsabhängigkeit der Kernkraft durch Pionenaustausch beschreibt.

für die Wechselwirkung zwischen den Nukleonen her, wie wir sie bereits im Deuteron in Kapitel 9.5 besprochen haben. Das *Yukawa-Potenzial* gehorcht der Formel

$$V_{\mathrm{YP}}(r) \propto -\frac{e^{-mc_0 r/\hbar}}{r},$$ (11.6)

mit m als der Pionmasse. Es ist in Abb. 11.10 als Funktion gezeichnet.

11.2.4 Das Mysterium der Masse – das Higgs-Feld

In den Anfängen des Standardmodells konnten die elementaren Teilchen zwar beschrieben werden, aber sie waren ohne Masse. Auch die Entdeckung der massiven

Austauschteilchen der schwachen Kraft ließ Zweifel an der Eignung des Standardmodells aufkommen. Durch die Vereinheitlichung von elektrischer und schwacher Kraft und durch einen komplizierten theoretischen Mechanismus, der von Robert Brout, François Englert und Peter Higgs in das Standardmodell implementiert wurde, ist eine Beschreibung der Masse der Elementarteilchen möglich. Demnach muss ein weiteres Feld, das sogenannte *Higgs-Feld* vorhanden sein, das den gesamten Raum erfüllt. Koppeln Teilchen mit diesem Feld, so gewinnen sie Masse, und zwar umso mehr, je stärker die Kopplung ist. Ohne ein solches Feld wären alle Teilchen masselos. Photonen koppeln z. B. nicht mit dem Higgs-Feld.

Dieses Feld muss in den ersten Pikosekunden nach dem Urknall entstanden sein, als eine ursprüngliche Symmetrie der elektroschwachen Feldtheorie durch einen plötzlichen Phasenübergang nicht mehr vorhanden war. Phasenübergänge kennen wir z. B. beim Übergang flüssig–fest bei fallender Temperatur. Auch bei diesem Symmetriebruch musste das gerade entstandene Universum ein wenig abgekühlt sein. Um ihn richtig zu beschreiben, benötigt die Theorie vier Bosonen. Drei davon werden von den massiven Austauschteilchen der schwachen Kraft abgedeckt. Das vierte, massive Boson wird **Higgs-Boson** H^0 genannt und stellt das elementare Schwingungsquant des raumfüllenden Higgs-Felds dar. Erst im Jahr 2012 wurde die Existenz des Higgs-Bosons in einem der aufwendigsten physikalischen Experimente am CERN (Conseil européen pour la recherche nucléaire) in Genf nachgewiesen. Wir gehen in der Anmerkung auf einige Details des Experiments ein.

Der Nachweis war deshalb schwierig, weil das Higgs-Boson mit mehr als 100 Protonenmassen sehr schwer ist und daher enorm viel Energie aufgebracht werden muss, um es zu erzeugen. Zum anderen zerfällt es praktisch sofort. Heute ist bekannt, dass die folgenden Eigenschaften des Higgs-Bosons H^0 gelten:

Masse:	139 u,
el. Ladung:	0 C,
Farbladung:	0,
Lebensdauer:	$1{,}6 \cdot 10^{-22}$ s,
Spin:	0.

Anmerkung: Large Hadron Collider (LHC)

Der Nachweis des Higgs-Bosons wurde im Sommer 2012 vom CERN verkündet und gelang mit dem LHC, der größten von Menschenhand gebauten Maschine. In einem Ringtunnel von 27 km Länge befinden sich zwei evakuierte Röhren, in denen Hadronen in entgegengesetzter Richtung auf extreme Energien beschleunigt werden und an ausgesuchten Kreuzungspunkten kollidieren. Für die Strahlführung sind fast 9 600 Magnete notwendig, die auf einer Temperatur von 1,9 K arbeiten. Derzeit lassen sich Kollisionsenergien zwischen Protonen von 13 TeV erreichen. In den Strahlen der Röhren befinden sich typischerweise 2 800 Protonenpakete mit je 10^{11} Protonen. Pro Sekunde lassen sich 10^9 Kollisionen erreichen, die eine Vielzahl neuer energetischer und instabiler Teilchen erzeugen. Teilchen und deren kinematischen Eigenschaften werden in haushohen Detektoren wie dem ATLAS-Detektor in Echtzeit gemessen. Im Normalbetrieb generiert das LHC-Experiment 30 Peta-Bytes pro Jahr an Daten, was 250 Jahren Film im HD-Format entspricht.

Zum Ende des 20. Jahrhunderts befand sich in dem Tunnel ein Synchrotron für Elektron-Positron-Kollisionen (LEP), die zu wichtigen Entdeckungen, z. B. von Hadronen führten. Jedoch konnten wegen der geringen Masse der Elektronen nur Kollisionsenergien von bis zu 0,2 TeV erreicht werden. Dies reicht nicht aus, um das Higgs-Boson direkt zu erzeugen. Daher entschloss man sich zum vieljährigen Umbau des Experiments auf den LHC.

Das Problem des H^0-Nachweises besteht zum einen in dem starken Hintergrundsignal anderer entstandener Teilchen bei den Kollisionen und zum anderen an der Seltenheit der H^0-Produktion. Da es sofort zerfällt, muss man die entstehenden Zerfallsprodukte auf dem Hintergrund detektieren. Beim LHC-Experiment ab dem Jahr 2010 hatte man sich vor allem auf den Zerfall in zwei γ-Photonen ($\gamma\gamma$-Zerfall) konzentriert. Man erreichte eine Gesamtenergie der Protonen von 8 TeV und beobachtete ungefähr 200 signifikante $\gamma\gamma$-Zerfälle.

11.3 Erhaltungssätze

Bei Reaktionen und Streuungen von elementaren Teilchen gelten wichtige Erhaltungssätze. Es lässt sich allgemein zeigen, dass hinter jeder Erhaltungsgröße eine Symmetrie des Systems steht. Wir kennen räumliche Symmetrien, wenn z. B. eine Drehung oder eine Spiegelung eine geometrische Figur in sich selbst überführt. Es gibt in der Physik aber auch innere, abstrakte Symmetrien oder auch Symmetrien gegenüber einer Zeitumkehr. Die wichtigsten Erhaltungssätze bei allen Teilchen- oder auch Kernreaktionen, in denen starke, schwache und elektromagnetische Wechselwirkungen beteiligt sind, lauten:

– **Erhaltung von Energie, Impuls und Drehimpuls**
  Die Gesamtwerte dieser Größen bleiben wie in den Stoßprozessen in der klassischen Mechanik erhalten. Eine Verletzung des Energiesatzes ist aber für ultrakurze Zeiten im Rahmen der Energie-Zeit-Unschärferelation möglich. In dieser Zeit können virtuelle Teilchen entstehen.

– **Erhaltung der elektrischen Ladung**
  In allen Reaktionen kann keine elektrische Ladung verlorengehen oder entstehen. Beim Neutronzerfall z. B. entsteht ein positives Proton und ein negatives Elektron. Bei der Annihilation von Elektron und Positron bleibt die Gesamtladung null.

– **Erhaltung der Farbladungen**

Die drei Ladungen der starken Wechselwirkung, Rot, Blau und Grün, bleiben absolut erhalten. Es ist zu beachten, dass sich Farbe und Anti-Farbe aufheben und zu Weiß addieren.

– **Erhaltung der Baryonenzahl**

Die Kernbausteine Proton und Neutron tragen die Baryonenzahl +1 und die Quarks entsprechend eine Baryonenzahl von $\frac{1}{3}$. Die Anti-Teilchen weisen die jeweiligen negativen Baryonenzahlen auf. Aus diesem Erhaltungssatz folgt direkt, dass ein freies Proton als Baryon mit der geringsten Masse nicht zerfallen kann. Energetisch ist kein Zerfall in ein schwereres Baryon möglich, und die Baryonenzahlerhaltung verbietet den Zerfall in Leptonen oder Mesonen. Als untere Grenze für die Lebensdauer eines freien Protons wird derzeit 10^{30} Jahre angegeben.

– **Erhaltung der Leptonenzahl**

Leptonen haben die Leptonenzahl +1 und die Anti-Leptonen die –1. Im Neutronzerfall bleibt die Leptonenzahl null erhalten, weil ein Elektron und ein Anti-Neutrino entsteht. Das Lepton Myon zerfällt in ein Elektron und ein Neutrino-Anti-Neutrino-Paar, wie im Feynman-Diagramm in Abb. 11.3(c) dargestellt. Die Leptonenzahl Eins bleibt erhalten.

– **CPT-Invarianz**

CPT steht für drei Symmetrieoperationen. **C** bedeutet Ladungskonjugation (*charge conjugation*) und vertauscht Teilchen mit Anti-Teilchen und umgekehrt. Damit kehren sich auch alle Ladungsvorzeichen um. Der Buchstabe **P** (*parity transformation*) bezeichnet die Symmetrieoperation der Raumspiegelung $\vec{r} \rightarrow -\vec{r}$. **T** ist der Zeitumkehroperator, der die Zeit rückwärts laufen lässt, $t \rightarrow -t$. Es wird beobachtet, dass alle elementaren Naturgesetze und physikalischen Zusammenhänge invariant sind, also unverändert gelten, wenn alle drei Operationen in beliebiger Reihenfolge angewendet werden. Die starke und die elektrische Wechselwirkung sind sogar invariant gegenüber jeder einzelnen Symmetrieoperation. Aus dem CPT-Theorem folgt eine unveränderliche Physik für physikalische Systeme aus Anti-Materie. So müssen auch alle Massen und Lebensdauern von Teilchen und Anti-Teilchen gleich sein.

Die schwache Wechselwirkung nimmt eine Sonderstellung ein, weil die von ihr hervorgerufenen Prozesse weder gegenüber einer Teilchen-Anti-Teilchen-Umkehr C noch einer Raumspiegelung P invariant sind. Lange war man davon überzeugt, dass diese Kraft immerhin einer CP-Symmetrie gehorcht, weil ihre Prozesse als unverändert vermutet wurden, wenn die Zeit umgekehrt wird. Bei einem speziellen Zerfall des neutralen Kaons bzw. K-Mesons, der durch die schwache Kraft vermittelt wird, wurde aber eine Verletzung der CP-Symmetrie beobachtet. Dies war eine Sensation. Sie bedeutet auch eine Veränderung der physikalischen Prozesse bei der Zeitumkehr. Welche Auswirkungen die CP-Verletzung z. B. für die Entstehung von Materie und Anti-Materie hat, wird aktuell erforscht.

11.4 Zusammenfassung

Der vorgestellte elementare Teilchenzoo des Standardmodells ist in Abb. 11.11 noch einmal visuell zusammengefasst. Zu den Fermionen existieren noch die entsprechenden Anti-Teilchen.

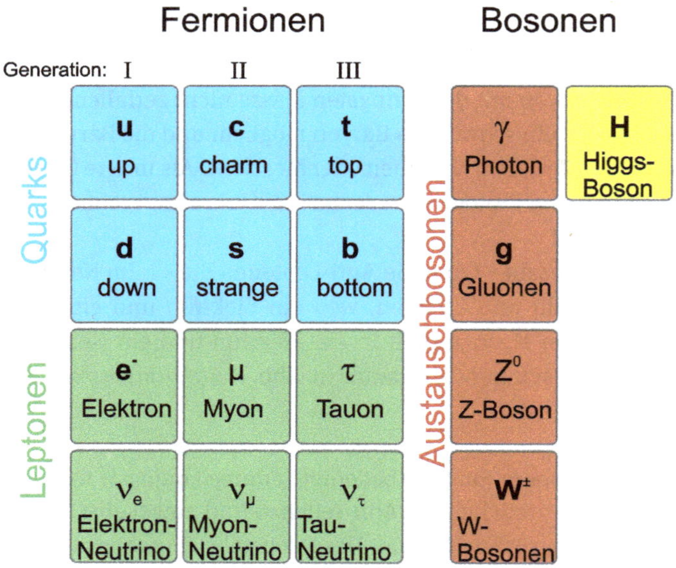

Abb. 11.11: Zusammenfassung der Teilchen im Standardmodell. Die Fermionen haben noch entsprechende Anti-Teilchen.

11.5 Teilchenphysik und Kosmologie

Das Standardmodell der Teilchenphysik kann den Aufbau der uns bekannten Materie und ihre Eigenschaften in vielen Aspekten exzellent beschreiben. Die Entstehung des Universums und der darin enthaltenen Materie untersucht die *Kosmologie*. Beide Bereiche der Physik sind eng miteinander verbunden, weil die Kosmologie zur Erklärung der Himmelsbeobachtungen auf die physikalischen Gesetze mit den elementaren Kräften und Teilchen zurückgreift. Die Wissenschaft geht vom **kosmologischen Prinzip** aus, dass auf einer großen Längenskala, die mit der Größe des Universums vergleichbar ist, kein Ort im Kosmos gegenüber einem anderen Ort ausgezeichnet ist. Auf dieser Größenordnung ist das Universum also homogen und isotrop. Auf kleinerer Skala sehen wir sofort, dass das z. B. für die Verteilung der Sterne nicht gilt. Auch was die Isotropie angeht, beobachten wir kleine Fluktuationen. Das kosmologische Prinzip verallgemeinert gleichsam die kopernikanische Voraussetzung, dass die Erde nicht im Mittelpunkt des Sonnensystems steht.

Im Folgenden werden wir kurz die wichtigsten physikalischen Erkenntnisse zur Weltentstehung ansprechen und feststellen, dass das Standardmodell noch unvollständig sein muss.

11.5.1 Das Hubble-Gesetz und die Expansion des Universums

Ausgehend von Einsteins allgemeiner Relativitätstheorie, die das Wirken der Gravitation korrekt beschreibt und mit der Geometrie des Raums verbindet, entstanden in den 1920er Jahren erste Arbeiten über die Expansion des Universums. Hier ist vor allem der russische Physiker und Mathematiker Alexander Friedman (1888–1925) zu nennen. Seinerzeit war auch schon die *Rotverschiebung* des Lichts von sehr entfernten Objekten im Kosmos bekannt. Wenn die Wellenlängen z. B. von Spektral- oder Absorptionslinien zu größeren Wellenlängen verschoben sind, spricht man von einer Rotverschiebung, die verschiedene Ursachen haben kann. So kennen wir für Wellen den *Doppler-Effekt*, wenn sich Quelle und Empfänger voneinander entfernen und dadurch die Wellenlänge vergrößert wird (siehe Band 1, Kapitel 12.6). Die allgemeine Relativitätstheorie fügt zwei weitere Erklärungen hinzu. Einmal verändern große Massen durch ihr Gravitationsfeld die Krümmung des Raums, was eine Wellenlängenverschiebung von Licht hervorruft, wenn es in der Nähe propagiert. Zum anderen führt eine Ausdehnung des Raums an sich zu einer Rotverschiebung.

Der Belgier Georges Lemaître (1894–1966) und zwei Jahre später der Amerikaner Edwin Hubble (1889–1953) fanden eine lineare Gesetzmäßigkeit zwischen der Entfernung D einer beobachteten Galaxie von uns und der Rotverschiebung

$$z = \frac{\lambda - \lambda_0}{\lambda_0} = \frac{\lambda}{\lambda_0} - 1 \tag{11.7}$$

der emittierten Wellenlänge λ_0 zur beobachteten Wellenlänge λ. Die Rotverschiebung lässt sich mit der relativistischen Doppler-Formel

$$z = \sqrt{\frac{1 + \frac{v_r}{c_0}}{1 - \frac{v_r}{c_0}}} - 1 \approx \frac{v_r}{c_0} \tag{11.8}$$

auf die sogenannte Rezessionsgeschwindigkeit v_r umrechnen, mit der sich die Galaxie augenscheinlich von uns entfernt. Die Näherung gilt für kleine Rotverschiebungen unter $z = 0{,}1$. Die lineare Relation

$$v_r = H_0 D \tag{11.9}$$

wird als **Hubble-Gesetz** bezeichnet. Der Hubble-Parameter H ist zeitabhängig, und der Index null kennzeichnet den heutigen Wert.

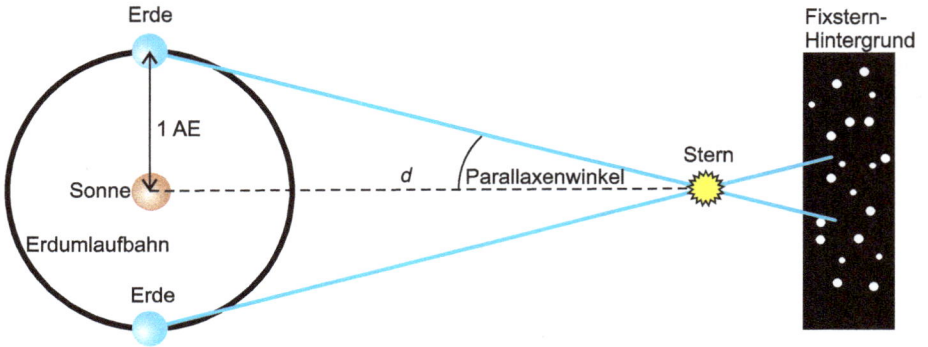

Abb. 11.12: Mit der Parallaxenmethode vermisst man den Winkel, unter dem ein Stern vor dem Fixsternhintergrund auf der Erde erscheint, und zwar zu zwei Zeitpunkten, die – wie dargestellt – ein halbes Jahr auseinander liegen. Hieraus lässt sich der Abstand des Sterns von der Erdbahn bestimmen.

Während man die Rezessionsgeschwindigkeit über die Rotverschiebung genau messen kann, sind absolute Abstände vor allem bei großen Werten schwierig zu bestimmen. Die *Parallaxenmethode* gestattet absolute Entfernungsmessungen von Sternen mit Weltraumteleskopen bis zu 10 000 Lichtjahren (Lj). Sie verwendet den Durchmesser der Erdbahn um die Sonne, indem das Objekt in den zwei extremen Bahnpunkten der Erdbahn vor dem festen (Fixstern)-Hintergrund beobachtet wird, wie in Abb. 11.12 dargestellt. Der *halbe* Öffnungswinkel entspricht dem Parallaxenwinkel. Der Stern befindet sich

$$1\,\text{Parsec} = 1\,\text{pc} \approx 3{,}086 \cdot 10^{16}\text{m} = 3{,}262\,\text{Lj}$$

entfernt, wenn der Parallaxenwinkel eine Bogensekunde ($\frac{1}{3600}°$) beträgt. Für Objekte in einer Entfernung von 10 000 Lj $\approx$ 3 000 pc sind also Parallaxenwinkel von $10^{-7°}$ aufzulösen. Dennoch reicht diese Messung nur für Sterne innerhalb unserer Galaxie. Für extragalaktische Objekte sind indirekte Methoden einzusetzen.

Es gibt Lichtobjekte am Himmel, deren beobachtete Helligkeit in einer bekannten Weise mit dem Abstand von der Erde verbunden ist. Sie dienen als sogenannte *Standardkerzen*, weil man gleichsam ihre absolute Strahlungsleistung kennt. Bevor Edwin Hubble 1929 das Gesetz nach (11.9) veröffentlichte, hatte er bereits Ruhm als Astronom erworben, weil er schwache Objekte als Sternenhaufen außerhalb unserer eigenen Galaxie identifizierte. Er war auf der Suche nach fernen Sternen, die periodisch, pulsierend ihre Helligkeit ändern und als *Cepheiden* bezeichnet werden. Diese eignen sich als Standardkerzen, denn seit 1914 war bekannt, dass die Periodendauer in einer festen Beziehung zur absoluten Helligkeit und somit zum Abstand steht. Durch Vergleich mit einer Parallaxenmessung eines nahen Cepheidensterns in der eigenen Galaxie kann die Skala kalibriert werden. Hubble untersuchte Sterne in einer Entfernung von bis zu 2 Mega-Parsec (Mpc) = 6,6 Mio. Lj.

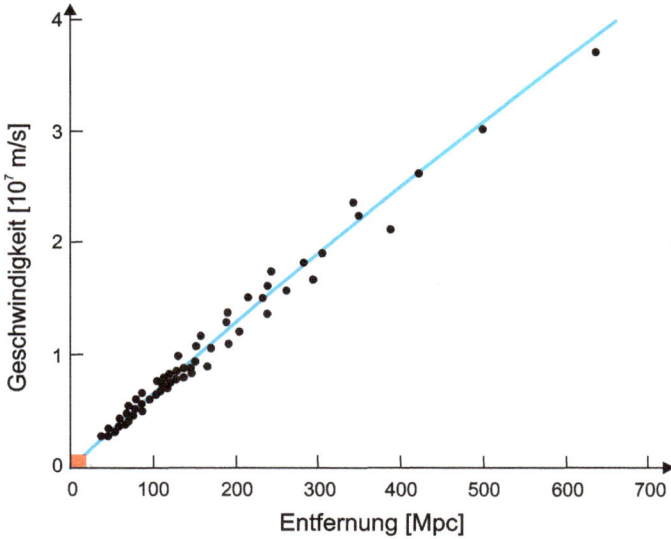

Abb. 11.13: Hubble-Diagramm für Typ-Ia-Supernovae mit Entfernungen bis zu 2,1 Mrd. Lichtjahren. Der rote Bereich wurde von Hubble untersucht. Aus [11.1].

Um noch entferntere Objekte zu studieren, werden derzeit sogenannte Typ-Ia-Super-novae als Standardkerzen verwendet, die in nahezu allen Galaxien vorhanden sind. Sie haben eine extrem große Leuchtkraft, die gut über den ursächlichen Mechanismus verstanden ist. Demnach saugt ein weißer Zwergstern einem benachbarten Stern kontinuierlich große Massen ab, bis der weiße Zwerg instabil wird und thermonuklear explodiert. Abbildung 11.13 zeigt ein Hubble-Diagramm von solchen Objekten mit relativ kleinen Rotverschiebungen bis $z = 0,1$ bei Entfernungen bis zu 650 Mpc = 2,1 Mrd. Lj und demonstriert die exzellente Proportionalität zwischen beiden Größen [11.1]. Der rote Bereich grenzt den Bereich ein, den Edwin Hubble untersuchte. Das Supernova-Cosmology-Project am Ende des 20. Jahrhunderts analysierte noch deutlich distantere Objekte mit Rotverschiebungen bis $z = 0,8$, deren Licht mehr als 10 Mrd. Jahre zu uns unterwegs war. Man bedenke, dass diese Beobachtungen auch immer ein Blick in die Vergangenheit des Kosmos sind.

Anmerkung: Ursache der Rotverschiebung

Die beobachtete Geschwindigkeit, mit der sich Galaxien voneinander entfernen, nimmt mit dem Abstand von uns als Beobachter zu. Das Universum dehnt sich also mit großer Geschwindigkeit aus. Hier ist aber Vorsicht angebracht, denn die Expansion ist keine mit der Erde im Mittelpunkt. Wie im kosmologischen Prinzip angesprochen, wird diese Expansion an jedem Ort im Kosmos beobachtet. Die Rotverschiebung kommt also nicht durch den Doppler-Effekt als Geschwindigkeit zwischen

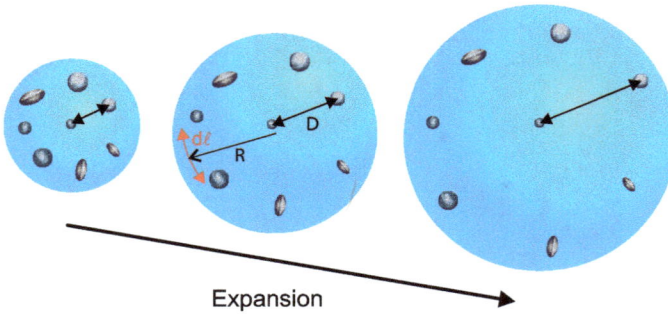

Expansion

Abb. 11.14: Ein expandierendes zweidimensionales Universum kann man durch eine Kugeloberfläche veranschaulichen, auf der die Galaxien liegen. Die Zunahme des Kugelradius (Skalenparameter) vergrößert die intergalaktischen Abstände.

Quelle (Supernova) und Empfänger (Erde) zustande, sondern durch die Expansion des Raumes selber. Die Vergrößerung der Wellenlänge geschieht also nicht im Moment des Aussendens, sondern auf dem Weg des Lichts zur Erde durch Vergrößerung der Skalenlänge im Raum.

Die isotrope Ausdehnung des dreidimensionalen Raums ist schwer zu veranschaulichen, weil dazu eine vierte Raumdimension notwendig ist. Um dennoch eine Vorstellung von der Expansion zu gewinnen, wechseln wir gedanklich in ein zweidimensionales Universum auf einer kugelförmigen Ballonoberfläche, wie in Abb. 11.14 gezeigt. Die Galaxien befinden sich auf der Oberfläche verteilt. Die Expansion kann jetzt mit dem Aufblasen des Ballons verglichen werden, das alle Objekte voneinander entfernen lässt. Der Radius R der Kugel liegt in der dritten Raumdimension und nimmt mit der Expansion zu. Der Kehrwert des Radius ist ein Maß für die Krümmung der zweidimensionalen Oberfläche. Abstände auf der Oberfläche skalieren mit R, denn das Linienelement

$$\mathrm{d}\ell = R\sqrt{(\mathrm{d}\vartheta)^2 + \sin^2\vartheta(\mathrm{d}\varphi)^2} \tag{11.10}$$

ist proportional zu R. Die Winkel ϑ und φ entsprechen den bekannten Polar- und Azimutwinkeln der Kugelkoordinaten. Den Radius bezeichnet man auch als *Skalenparameter* der Metrik des Raums, die die Abstände zwischen Objekten definiert. Der Abstand zwischen den Galaxien skaliert ebenso mit R. Auf der Kugeloberfläche gibt es auch keine Begrenzung. Eine Bewegung in beliebiger Richtung führt nicht zum Erreichen eines Randes. Genauso verhält es sich mit dem Universum. Es ist nicht begrenzt, und eine Bewegung in beliebiger Richtung im dreidimensionalen Raum führt nicht zu einer Grenzfläche.

Darüber hinaus kann sich der Raum mit Überlichtgeschwindigkeit ausdehnen, während das Licht und andere Teilchen nur mit maximal c_0 propagieren können. Dies kann dazu führen, dass die Distanz zu einer sehr entfernten Galaxie größer ist als der

Weg, den das Licht zu uns zurückgelegt hat. Die beobachtete Rotverschiebung folgt direkt aus dem Verhältnis des Skalenparameters zu unterschiedlichen Zeiten.

Trotz der vielfältigen und aufwendigen Studien variiert der Wert der Hubble-Konstanten H_0 im Bereich

$$H_0 = 67 - 77 \frac{\text{km/s}}{\text{Mpc}} \; .$$

Die Unsicherheiten der Messungen sind bemerkenswerterweise kleiner als die Schwankungen zwischen den verschiedenen Studien, was weiterhin Gegenstand aktueller Forschung ist.

Ein expandierendes Universum bedeutet, dass es vor endlicher Zeit aus einem Punkt durch einen sogenannten **Urknall** entstanden ist. Das Alter des bekannten Universums lässt sich zunächst einfach als Kehrwert von $H_0 \approx 72\,(\text{km/s})/\text{Mpc}$ abschätzen,

$$\frac{1}{H_0} \approx \frac{1\,\text{s} \cdot 3{,}086 \cdot 10^{19}\,\text{km}}{72\,\text{km}} = 4{,}3 \cdot 10^{17}\,\text{s} = 13{,}6\,\text{Mrd. Jahre},$$

wenn man fälschlicherweise von einem konstanten Hubble-Parameter ausgeht. Dieser Wert liegt dennoch dem akzeptierten Wert von 13,7 Mrd. Jahren sehr nahe.

Wie sich die Ausdehnung und damit die Hubble-Konstante mit der Zeit entwickelt, hängt davon ab, wie sich kinetische und potenzielle Energie im Universum entwickeln. Wie im folgenden Abschnitt noch besprochen wird, gibt es hier verblüffende Beobachtungen, die nur mit einer beschleunigten Expansion des Universums erklärt werden können.

Hier wollen wir uns die Zeitabhängigkeit der Hubble-Konstante noch einmal genauer ansehen. Wir können annehmen, dass die Rezessionsgeschwindigkeit proportional zur zeitlichen Ableitung des Skalenparameters ist und dass der mittlere Abstand der Galaxien ebenfalls linear vom Skalenparameter abhängt,

$$v_r = \text{const.} \cdot \frac{\text{d}R}{\text{d}t} \quad \text{und} \quad D = \text{const.} \cdot R \; ,$$

dann lässt sich die Hubble-Konstante umformen nach

$$H(t) = \frac{1}{R(t)} \frac{\text{d}R(t)}{\text{d}t} = \frac{\text{d}}{\text{d}t} \ln R(t) \; . \tag{11.11}$$

Eine zeitlich unabhängige Hubble-Konstante würde einen exponentiell ansteigenden Skalenfaktor nach sich ziehen. Nehmen wir dagegen einmal an, dass das Universum leer und masselos ist und dass sich die Energie mit der Expansion nicht ändert, können wir von einer konstanten Rezessionsgeschwindigkeit ausgehen. In Abb. 11.15 ist der Skalenparameter bzw. der Maßstab für die intergalaktischen Abstände als Funktion der Zeit aufgetragen. Die schwarze Linie gilt für ein masseloses Universum, in dem die Rezessionsgeschwindigkeit konstant ist und daher R linear mit der Zeit zunimmt.

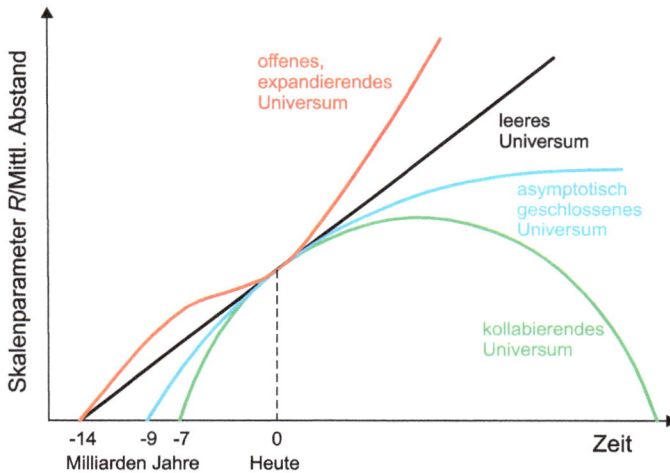

Abb. 11.15: Verschiedene Szenarien für die zeitliche Ausdehnung und weitere Entwicklung des Universums. Schwarze Linie: Masseloses Universum, das sich linear mit der Zeit ausdehnt.

Die Hubble-Konstante nimmt für diesen Fall mit $H(t) \propto 1/t$ mit der Zeit ab. Beide Szenarien, das masselose Universum wie auch die konstante Hubble-Konstante, sind aber nicht realistisch.

11.5.2 Das Urknallmodell und die Entwicklung des Universums

Abbildung 11.16 zeigt einen Zeitstrahl mit logarithmischer Zeitachse, auf der die vermutlichen Lebensphasen des Universums aufgetragen sind. In dieser Beschreibung insbesondere der ersten Sekunden und Minuten ist noch vieles spekulativ. Darüber hinaus vermittelt die Temperaturskala einen Eindruck vom Energiegehalt des Kosmos. Wir wollen holzschnittartig die einzelnen Epochen für das jeweilige Alter t diskutieren:

– **Planck-Epoche:** $t \leq 10^{-44}$ s
  Der Zeitpunkt null markiert den Urknall. Danach sind für Zeiten kleiner als die Planck-Zeit von

$$t_\mathrm{P} = \sqrt{\frac{\hbar G}{c_0^5}} \approx 5{,}4 \cdot 10^{-44}\ \mathrm{s} \tag{11.12}$$

die uns bekannten physikalischen Gesetze der Relativitätstheorie und Quantenphysik nicht mehr anwendbar. Ebenso lassen sich eine Planck-Masse, -Energie und -Länge herleiten. Überschreiten die physikalischen Größen die Planck-Grenzen, ist die Gravitationskraft vergleichbar mit der starken Kraft, und es müsste eine vereinheitlichte Quantentheorie aller Kräfte geben.

$T = 10^{32}$ K 10^{28} K 10^{25} K 10^{12} K 10^{9} K 10^{4} K 10^{2} K

Planck-Epoche | GUT-Epoche | Kosmische Inflation | Hadronen-Epoche | Leptonen-Epoche | Primordiale Nukleosynthese | Übergang Strahlung zu Masse | Universum wird durchsichtig | Stern- und Galaxienentstehung | Heute

Zeit t [s]

10^{-44} 10^{-35} 10^{-32} 10^{-4} 1 10^{14} $5 \cdot 10^{17}$
                                                                        100              $5 \cdot 10^{11}$
                                                                                    $3 \cdot 10^{10}$

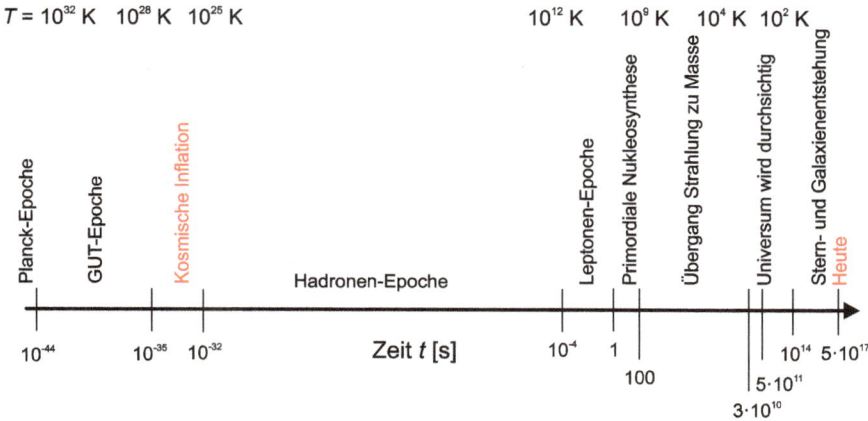

Abb. 11.16: Lebenslinie des Universums auf logarithmischer Zeitskala. Die Vorgänge in den ersten 3 min sind noch spekulativ.

– **GUT-Epoche:** 10^{-44} s $\leq t \leq 10^{-35}$ s
  Nach einem ersten Symmetriebruch spaltet sich die Gravitation von den drei anderen Wechselwirkungen ab, die weiterhin vereinheitlicht sind. Daher nennt sich diese Ära GUT (*grand unification theory*), die aber bis heute nicht entwickelt werden konnte. Das Universum besteht aus einem Plasma von Quarks und Gluonen.
– **Kosmische Inflationsepoche:** 10^{-35} s $\leq t \leq 10^{-32}$ s
  Weil sich starke und elektroschwache Wechselwirkung durch einen weiteren Symmetriebruch trennen, werden Quarks und Leptonen unterscheidbar. Der Name beschreibt die explosionsartige, exponentielle Ausdehnung des Raums um einen Faktor zwischen 10^{40} und 10^{50}. Da keine Objekte oder Quantenteilchen bewegt werden, gilt keine Geschwindigkeitsbegrenzung durch die Lichtgeschwindigkeit.
– **Hadronenepoche:** 10^{-32} s $\leq t \leq 10^{-4}$ s
  Es gibt nun die vier Grundkräfte, und es sind auch Elektronen, Neutrinos und deren Anti-Teilchen vorhanden. Der Raum dehnt sich weiter aus, und die Temperatur fällt weiter, so dass bei ungefähr $t = 10^{-10}$ s die ersten Hadronen wie Protonen und Neutronen und deren Anti-Teilchen entstehen. Bei der Lebensdauer durch Zerstrahlung gibt es offenbar eine kleine Asymmetrie zwischen Teilchen und Anti-Teilchen. Diese könnte dann zu dem heute vorhandenen reinen Materieuniversum geführt haben. Mit der Entstehung der Hadronen werden die Vermutungen weit weniger spekulativ, da die Energie der beteiligten Teilchen jetzt eine Größenordnung erreicht, wie sie in den größten Beschleunigern erreicht werden kann. Damit kommen Teilchenphysik im Labor und Kosmologie zusammen.
– **Leptonenepoche:** 10^{-4} s $\leq t \leq 1$ s
  Die Temperatur ist zu weit gefallen, um weitere Hadronen thermisch zu erzeugen. Elektron-Positron-Paare entstehen und zerstrahlen wieder und stehen mit der Strahlung im Gleichgewicht.

- **Primordiale Nukleosynthese:** $1\,\text{s} \leq t \leq 100\,\text{s}$
  Die Temperatur fällt weiter, und die Kerne leichter Nuklide von Deuterium, Helium und Lithium werden gebildet. Nach 3 min läuft die primordiale Nukleosynthese aus. Alle weiteren Nuklide werden von nun an in Sternen oder Sternexplosionen gebildet.
- **Übergang zum masse-dominierten Universum:** $100\,\text{s} \leq t \leq 30\,000\,\text{Jahre}$
  Viele Vorgänge laufen jetzt sehr viel langsamer ab. Es können zwar keine Elektron-Positron-Paare thermisch gebildet werden, aber die Temperatur ist immer noch zu groß dafür, dass die freien Elektronen mit den Kernen Atome bilden. Daher kann sich elektromagnetische Strahlung weiterhin nicht frei im Raum ausbreiten. Nach einigen 10 000 Jahren nach dem Urknall übersteigt aber die Materiedichte die Strahlungsenergiedichte. Das Universum wandelt sich von einem strahlungs- zu einem masse-dominierten Kosmos.
- **Das Universum wird durchsichtig:** $t \geq 380\,000\,\text{Jahre}$
  Das Universum dehnt sich weiter aus, und die Temperatur fällt soweit, dass Atome entstehen, und Strahlung kann im Raum ungehindert propagieren. Der Nachhall dieser Strahlung ist heute als *kosmische Hintergrundstrahlung* mit einem Mikrowellenfrequenzspektrum um 150 GHz nachweisbar. Das Spektrum entspricht dem eines schwarzen Strahlers auf der Temperatur von 2,73 K. Es war eine Sensation, als eine schwache Anisotropie der Hintergrundstrahlung festgestellt wurde. Sie verweist auf weitere Masse- und Energieanteile im Universum, die für uns bis heute verborgen sind. Sie werden als **dunkle Materie** und **dunkle Energie** bezeichnet.
- **Sternen- und Galaxieentstehung:** $t \geq 100\,\text{Mio. Jahre}$
  Die folgenden 100 Mio. Jahre werden auch das dunkle Zeitalter genannt, weil es ungefähr solange dauerte, bis der erste Stern zu strahlen begann. Zuvor kollabierte durch die Gravitation ein großer Teil der Materie zu großen Materiehaufen, aus denen sich Sternen- und Galaxienhaufen sowie Galaxien entwickelten. Es wird vermutet, dass die inhomogene Verteilung der Materie im Universum durch Quantenfluktuationen im jungen Universum schon sehr früh angelegt wurde. Das Licht sehr entfernter Sterne und Galaxien erlaubt also einen Blick in den frühen Kosmos nur wenige 100 Mio. Jahre nach dem Urknall.

11.5.3 Weitere Entwicklung des Universums

Wir nehmen zunächst an, dass es keine uns noch unbekannten dunklen Anteile an Materie und Energie gibt und dass die für uns beobachtbare, mittlere Massendichte im Weltall $\bar{\rho}(t)$ ausschlaggebend ist für das weitere Schicksal des Universums. Die derzeitige Gesamtenergie einer Beispielgalaxie mit der Masse m setzt sich aus kinetischer und potenzieller Energie zusammen,

$$E_{ges} = E_{kin} + E_{pot} = \frac{1}{2}mH_0^2d^2 - \frac{GmM(d)}{d} \;, \tag{11.13}$$

mit dem Abstand d zu unserer Beobachterposition auf der Erde. Für die Geschwindigkeit der Galaxie wurde in (11.13) die Rezessionsgeschwindigkeit $v_r = H_0 \cdot d$ eingesetzt. Für die übrige Masse $M(d)$ im Universum, die gravitativ auf die Beispielgalaxie wirkt, ist nur der Anteil innerhalb einer Kugel mit Radius d zu beachten. Diese Kraft wirkt abbremsend auf die Expansionsbewegung. Wir können näherungsweise mit der mittleren Dichte $\bar{\rho}$ innerhalb der Kugel

$$M(d) = \frac{4}{3}\pi d^3 \bar{\rho} \tag{11.14}$$

schreiben, so dass sich (11.13) in

$$E_{ges} = md^2\left(\frac{1}{2}H_0^2 - \frac{4}{3}\pi G\bar{\rho}\right) \tag{11.15}$$

umformen lässt. Man erkennt, dass die Gesamtenergie bei einer kritischen Massendichte

$$\bar{\rho}_k = \frac{3H_0^2}{8\pi G} \tag{11.16}$$

gleich null wird. Das bedeutet, dass die Expansionsbewegung immer langsamer wird und die Ausdehnung des Universums bzw. der Skalenparameter gegen einen asymptotischen Endwert strebt. Für $\bar{\rho} > \bar{\rho}_k$ dehnt sich das Universum zwar abbremsend, aber immer weiter aus, weshalb man von *offenen Universum* spricht. Ein *geschlossenes Universum*, das nach Erreichen einer maximalen Ausdehnung wieder kollabiert, würde für den Fall $\bar{\rho} < \bar{\rho}_k$ vorliegen. Die Szenarien des asymptotischen und des kollabierenden Universums sind in Abb. 11.15 als zeitliche Entwicklung in Blau bzw. Grün wiedergegeben.

Um die letzte Jahrhundertwende hat es aber einige bahnbrechende Entdeckungen gegeben, die mit den dargestellten Szenarien für die Zukunft des Universums nicht vereinbar sind. Genaue Beobachtungen der Rotverschiebungen sehr entfernter Supernovae deuten auf eine wieder beschleunigte Ausdehnung des Raums. Dazu ist Energie notwendig, deren Ursprung vollkommen unbekannt ist. Daher spricht man von **dunkler Energie**. Die Existenz dieser Energie wird auch durch die genaue Analyse der Anisotropie der Mikrowellen-Hintergrundstrahlung bestätigt. Diese Untersuchung ergibt auch einen klaren Hinweis darauf, dass es im Universum sehr viel mehr Masse geben muss, als wir derzeit beobachten. Diese Vermutung wurde schon in den 1930er Jahren geäußert, weil auch die Bewegung der Galaxien nicht mit der sichtbaren Masse und der bekannten Form des Gravitationsgesetzes erklärbar ist. Es muss also mehr Masse vorhanden sein, die als **dunkle Materie** bezeichnet wird.

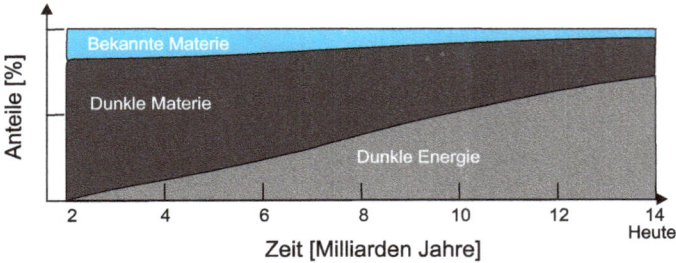

Abb. 11.17: Heutige Vorstellung von der Verteilung zwischen bekannter Materie, dunkler Materie und dunkler Energie im Lebenslauf des Universums.

Das kosmologische Standardmodell mit dem Namen Λ-CDM-Modell (*Lambda cold dark matter model*) geht daher davon aus, dass sich die Anteile von dunkler Energie und Materie sowie sichtbarer Materie im Lauf der Zeit im Universum verschoben haben. Wie in Abb. 11.17 dargestellt, hat der Anteil der dunklen Energie auf Kosten der beiden Massenanteile im Lauf von Milliarden Jahren deutlich zugenommen. Heute kennen wir nur ungefähr 5 % der Masse und Energie im Universum. Der Rest geht zu 26 % auf die dunkle Materie und zu 69 % auf die dunkle Energie zurück, d. h. der Kosmos ist uns weitgehend unbekannt und bleibt ein sehr spannendes physikalisches Forschungsfeld mit möglicherweise großen Auswirkungen auf die Physik und ihre Gesetzmäßigkeiten.

Mit der Zunahme der dunklen Energie wird die beschleunigte Ausdehnung des Universums erklärt, die aus den aktuellen Messungen und Beobachtungen geschlossen wird. Die rote Linie in Abb. 11.15 gibt die zeitliche Entwicklung des Skalenparameters nach dem aktuellen Modell wieder, das offenbar das gleiche Alter des Universums liefert wie die einfache, aber unphysikalische Abschätzung mit der zeitunabhängigen Hubble-Konstanten von oben. Erst verlangsamte sich die Expansion des Universums nach dem Urknall, um dann durch die Zunahme an dunkler Energie beschleunigt zuzunehmen.

11.5.4 Viele offene Fragen

Das Standardmodell der Teilchenphysik beschreibt den Aufbau der Materie und die Wechselwirkungen sehr gut, aber es ist augenscheinlich nicht vollständig, weil es das kosmologische Standardmodell nicht erklären kann. Die Forschung auf diesen Gebieten ist daher sehr intensiv, um Antworten auf die offenen Fragen zu gewinnen. Einige von diesen sind im Folgenden noch einmal aufgelistet:
-   Was ist der Usprung und die Natur der dunklen Energie, die zur Erklärung der beschleunigten Expansion vorausgesetzt werden muss? Hier fehlen noch verifizierbare Hypothesen.

– Wo ist die dunkle Materie verborgen? Die Neutrinomassen sind wohl zu klein, um auf die hohen Dichten dunkler Masse zu kommen, auch wenn die Zahl der Neutrinos extrem groß ist. Es gibt verschiedene Erklärungsansätze, wovon die Hypothese neuer, massiver Elementarteilchen im Standardmodell, die nur über die Gravitationskraft wechselwirken und daher schwer nachzuweisen sind, am vielversprechendsten erscheint. Es werden Massen der sogenannten WIMP (*weakly interacting massive particles*) von einem 10- bis 1 000-fachen Wert der Protonenmasse erwartet. Sie sind heute durchaus in den größten Teilchenbeschleunigern prinzipiell erzeugbar, und entsprechende Experimente sind projektiert.

– Warum überwiegt im Universum die Materie so kollossal über der Anti-Materie? Diese Frage ist bis heute nicht vollständig geklärt. Man vermutet, dass die Lebensdauern von Teilchen und Anti-Teilchen im frühen Universum geringfügig variierten. Als Ursache wird die CP-Verletzung angenommen, wie sie für Prozesse der schwachen Wechselwirkung nachgewiesen wurde.

– Wie können die starke und die elektroschwache Kraft vereinheitlicht werden, wie es für das junge Universum in der GUT-Epoche angenommen wird?

– Warum ist die Gravitationswechselwirkung so schwach? Sind in Beschleunigerexperimenten mikroskopische schwarze Löcher herstellbar, deren Lebensdauern aber extrem kurz sind?

– Wie elementar sind die Elementarteilchen? Es ist durchaus möglich, dass mit dem Vordringen der Streuexperimente in noch höhere Energiebereiche tiefere Strukturen entdeckt werden.

Quellenangaben

[11.1] R. P. Kirshner, *Hubble's diagram and cosmic expansion*, Proceedings of the National Academy of Sciences, Vol. 101 (2004) S. 8ff.

Übungen

1. Schätzen Sie die Reichweite der schwachen Kraft aus der Masse der Austauschteilchen ab.
2. Bestätigen Sie den Umrechnungsfaktor zwischen MPc und Lichtjahren.
3. Warum impliziert eine dauerhaft konstante Hubble-Konstante ein exponentiell expandierendes Universum?

Bildnachweis

- Bayerische Staatsgemäldesammlung: 1.1
- Benjamin Couprie, Institut International de Physique Solvay: 1.2
- Conseil européen pour la recherche nucléaire, CERN: 10.19
- Jun Ye, Joint Institute for Laboratory Astrophysics (JILA), Boulder, USA: 8.30(b), Titelfoto
- Lawrence Berkeley National Laboratory, USA: 10.18
- Lawrence Livermore National Laboratory, USA: 8.14(a), 10.18
- Louis Poyet: 3.4(b)
- Michael Block, Universität Mainz: 8.27(d)
- NASA, USA: 6.17, 6.18
- Pixabay: 4.1
- Physikalisch Technische Bundesanstalt, Braunschweig: 8.24(b), 8.25
- Reiner Keller, Universität Ulm, 8.27(a)
- Rolf Möller, Universität Duisburg-Essen: 5.21(b)
- Wikimedia Commons: 3.5(a), 3.7(a), 3.19, 8.14(b), 10.25

Alle anderen Abbildungen wurden vom Autor selbst angefertigt.

https://doi.org/10.1515/9783110468977-012

Stichwortverzeichnis

https://doi.org/10.1515/9783110468977-013

www.ingramcontent.com/pod-product-compliance
Lightning Source LLC
Chambersburg PA
CBHW080916220326
41598CB00034B/5584